R. Heiss: **Verpackung von Lebensmitteln** (Anwendung der wissenschaftlichen Grundlagen in der Praxis) 306 Seiten, 105 Abb., 21 Tab. Springer-Verlag, Berlin, Heidelberg, New York 1980. Preis. 78,— DM.

Das Buch behandelt vordergründig und praxisorientiert die wissenschaftlichen Grundlagen der Verpackung unter dem Blickwinkel ihrer Zweck- und Schutzfunktion, Lebensmittel rationell vor Schäden und Verderb zu bewahren. Die Darstellungsweise ist problemorientiert und meist deduktiv, wobei durch viele aussagekräftige Diagramme und mathematische Ableitungen ein anwendungsbereites Wissen vermittelt wird. Dieses betrifft besonders einerseits die Behandlung wichtiger funktioneller Eigenschaften der Packmittel und ihrer Kombinationen für Lebensmittel sowie ihre mechanische und chemische Beanspruchungs- sowie Verarbeitungsfähigkeit. Andererseits werden aus lebensmttelwissenschaftlicher und -technologischer Sicht die reaktionskinetischen Gesetzmäßigkeiten der Veränderungen der Lebensmittel behandelt, soweit sich daraus spezielle Anforderungen an die Packmittel ergeben. Daneben wurden allgemein interessierende Probleme, wie volkswirtschaftliche Notwendigkeit der Verpackung, Umweltfragen (Müllverringerung und -beseitigung), Lebensmittelkontamination durch Packstoffe abgehand lt. Der zur Orientierung dienende Bezug auf gesetzliche Bestimmungen der BRD schränkt die Aussagekraf des Buches für an ere Länder nicht ein, da vordergründig dabei jeweils kritisch ihre Auswirkungen sowie allgemeingültige Entwicklungstrends behandelt werden.

Der Verfasser hat selbst seit vielen Jahrzehnten durch seine Forschungen, Veröffentlichungen, Vorlesungen und Vorträge auch international die Lebensmittelverpackung nachhaltig beeinflußt. Dies macht das in seiner Anlage einmalige Buch besonders wertvoll. Es ist gleichermaßen empfehlenswert für Hoch- und Fachschulkader der packstofferzeugenden und -verarbeitenden Industrie sowie der Lebensmittelwissenschaft und -technologie.

J. Herrmann

Meinen langjährigen Mitarbeitern zugeeignet

Rudolf Heiss

Verpackung von Lebensmitteln

Anwendung der wissenschaftlichen
Grundlagen in der Praxis

Mit 105 Abbildungen

Springer-Verlag
Berlin Heidelberg New York 1980

Prof. Dr.-Ing. habil., Dr. rer. techn. h.c. RUDOLF HEISS
emer. Leiter des Instituts für Lebensmitteltechnologie
und Verpackung e.V. an der Technischen Universität München,
Institut der Fraunhofer-Gesellschaft

CIP-Kurztitelaufnahme der Deutschen Bibliothek:

Das Werk ist urheberrechtlich geschützt. Die dadurch begründeten Rechte, insbesondere die der Übersetzung, des Nachdrucks, der Entnahme von Abbildungen, der Funksendung, der Wiedergabe auf photomechanischem oder ähnlichem Wege und der Speicherung in Datenverarbeitungsanlagen bleiben, auch bei nur auszugsweiser Verwertung, vorbehalten.
Bei Vervielfältigungen für gewerbliche Zwecke ist gemäß § 54 UrhG eine Vergütung an den Verlag zu zahlen, deren Höhe mit dem Verlag zu vereinbaren ist.
© Springer-Verlag Berlin, Heidelberg 1980
ISBN-13: 978-3-540-10194-9   e-ISBN-13: 978-3-642-88628-7
DOI: 10.1007/ 978-3-642-88628-7

Die Wiedergabe von Gebrauchsnamen, Handelsnamen, Warenbezeichnungen usw. in diesem Werk berechtigt auch ohne besondere Kennzeichnung nicht zu der Annahme, daß solche Namen im Sinne der Warenzeichen- und Markenschutz-Gesetzgebung als frei zu betrachten wären und daher von jedermann benutzt werden dürften.

Vorwort

Bei der Abfassung dieses Buches über die Verpackung war folgendes zu bedenken:

Beschreibende Verpackungsbücher über das vom Markt Angebotene unter Einschluß dazugehöriger Normen gibt es bereits.

Für ein umfassendes Verpackungshandbuch erscheint es heute noch zu früh, weil sich zu viele Teilgebiete noch im Zustand der Empirie befinden, wogegen andere sich vorerst noch so stürmisch entwickeln, daß sich darauf beziehende Texte rasch veralten, jedenfalls nicht sämtliche Teilgebiete bereits einen tragfähigen wissenschaftlichen Unterbau besitzen.

Dieser Tatbestand bedingte Einschränkungen, zunächst solche gebietsmäßiger Natur. Es bot sich der Teilsektor "Lebensmittelverpackung" an, einmal, weil es sich um das umfassendste Verpackungsgebiet mit den vielseitigsten Einflußfaktoren handelt, zum anderen, weil das Institut für Lebensmitteltechnologie und Verpackung (ILV) München, das ich 34 Jahre lang leitete, vor allem dieses Gebiet auf den Weg der Wissenschaft gebracht hat.

Eine weitere Überlegung beruhte auf der Erkenntnis, daß die Fortschritte auf dem Gebiet der Lebensmittelverpackung vorwiegend von den Forschungen der packstofferzeugenden, von den konstruktiven Lösungen der packstoffverarbeitenden und von den Entwicklungen der Verpackungsmaschinen-Industrie ausgingen, es aber diesem jungen Gebiet noch an "allroundness" fehlt. Das Verbindende bilden immer die *Grundlagen*, deren Verständnis für eine systematische Weiterentwicklung die Voraussetzung bildet. Hier besteht auf dem internationalen Büchermarkt eine Lücke.

Die dritte sich ergebende Einschränkung war stofflicher Natur. Es erschien sinnvoll, die Zweckbestimmung der Verpackung, unter möglichst rationellen Bedingungen das Füllgut vor Schäden jeder Art zu bewahren, in den Vordergrund zu stellen. Davon abzutrennen waren die reinen Fertigungsverfahren und die Meßtechnik. Die Grenzen sind allerdings nicht exakt einzuhalten, denn es müssen ja die Packstoffe so ausgelegt werden, daß sie leicht verarbeitet werden können, wofür einige grundlegende Erkenntnisse im Anhang gebracht werden. Einschlägige Meßverfahren wurden zitiert, jedoch aus Platzgründen nur in wenigen Sonderfällen beschrieben. Daß gerade in der Bundesrepublik Deutschland und speziell im ILV München mehr über das Wechselspiel zwischen den Anforderungen des Lebensmittels und den Eigenschaften der Verpackungen gearbeitet werden konnte als in anderen Ländern, ist dem Weitblick des Bundesministeriums für Ernährung, Landwirtschaft und Forsten und der Industrie zu verdanken. Daraus ergab sich aber auch eine besondere Verpflichtung, die Forschungsergebnisse für die Anwendung in der Praxis aufzubereiten.

Das Fundament dieses Buches bilden Vorlesungen über die wissenschaftlichen Grundlagen der Verpackungstechnik, die ich in Abwandlungen ein Vierteljahrhundert lang an der Technischen Universität München gehalten habe und die durch zwei Kurse an der Sommeruniversität PORI (Westfinnland) in den Jahren 1977 und 1978 vervollständigt wurden. Da immer hervorragende Wissenschaftler am ILV München tätig waren und dort im Laufe der Jahre über 100 wichtige Diplom- und Doktorarbeiten durchgeführt wurden, konnte weitgehend auf Arbeiten aus der eigenen Schule zurückgegriffen werden. Sie wurden durch Forschungen aus aller Welt ergänzt. Manche Sektoren mußten ohne jedes Vorbild aufgebaut werden. Dafür aber gewann man als Dozent die selten gewordene Beglückung, seine Hörer den Aufbau eines neuen Forschungsgebietes mit allen damit verbundenen Erfolgen und Rückschlägen miterleben zu lassen. Lehren bedeutet, dem Nachwuchs die Freude an der Erkenntnis von Zusammenhängen zu vermitteln, außerdem bildet es eine dauernde Herausforderung, das Wesentliche vom Unwesentlichen abzutrennen. Dies wurde versucht. Es bleibt aber immer eine Ermessensfrage; jedenfalls konnten Probleme, die zwar bei der Verpackung von Nichtlebensmitteln, nicht aber speziell bei der von Lebensmitteln eine besondere Rolle spielen - schon im Interesse eines vertretbaren Umfanges des Buches - nicht ausführlicher behandelt werden. Da es sich von vornherein um einen Abriß handeln sollte, also um einen Beitrag, die Zerrissenheit des vorliegenden Schrifttums zu überwinden, wurde zum Zwecke des Nachstudiums von Details auf ergänzende, vor allem auch auf zusammenfassende Literatur verwiesen. Nicht alles hat unmittelbar mit Forschung zu tun, beispielsweise die sich auf Verpackungen erstreckenden bundesstaatlichen Vorschriften. Weil sie sich in einer andauernden Entwicklung befinden, wurde hiervon nur der wesentliche Inhalt wiedergegeben, welcher Vorstellungen darüber vermittelt, wohin voraussichtlich die Entwicklung im Rahmen der EG verläuft.

Angesichts der außerordentlichen Breite eines solchen Querschnittsgebietes wäre vielleicht eine Aufteilung des Stoffes auf eine Vielzahl von Autoren naheliegend gewesen. Dieser Weg wurde jedoch nicht beschritten, weil unter den unterschiedlichen Auffassungen und Interessenslagen erfahrungsgemäß die Einheitlichkeit der Darstellung leidet. Dabei war in Betracht zu ziehen, daß oft gleichzeitig verfahrens- bzw. fertigungstechnische, physikalische, chemische und mikrobiologische Aspekte berücksichtigt werden mußten. Im Interesse der Homogenität und Neutralität der Bearbeitung des Stoffes erschien es deshalb besser, Experten der Verpackungsindustrie bei bestimmten Kapiteln um eine kooperative Beratung zu bitten. Eine Verpflichtung auf Übernahme einer geäußerten Meinung war damit nicht verknüpft; das Risiko der Erstbearbeitung eines Arbeitsfeldes muß der Autor allein tragen. In kritischen Fragen mußten gelegentlich mehrere Experten angehört werden.

Herzlich bedanken möchte ich mich für die wertvollen Ratschläge, die mir im Verlauf der Bearbeitung des Buches besonders folgende Personen gegeben haben: W. Bartusch - München; G. Bosch - Bonn; N. Buchner - Waiblingen; K. Domke - Stuttgart; A. Fincke - Köln; O. Götz - München; D. Georg - Sidney; P. Görling - München; H.-J. Hohmann - München; A. O. Hougen - Oslo; K. Kopetz - Hüls; O. Maercks - Hamburg; F. Mazurkowski - Düsseldorf; J. Penzkofer - München; E. P. Petermann - Bonn; L. Robinson - München; G. Schricker - München; G. Schönbach - Frankfurt-Höchst; M. Semmler - Burghausen; G. Stehle - Ronsberg; U. Ströle - Linnich; R. Tiessler - Teningen; R. Tschaler - Hamburg; E. Werner - Wiesbaden; S. Zarka - Kempten; F. Zeppelzauer - Wien.

Die Forschungsgemeinschaft für Verpackungs- und Lebensmitteltechnik, München, hat durch ihre finanzielle Hilfe die Durchführung dieses zeitaufwendigen Projektes ermöglicht.

Es ist zu hoffen, daß der Versuch einer kritisch-diagnostischen Gesamtschau dazu beiträgt, den technisch interessierten Leser hinsichtlich der Grundlagen des Verpackens in eine kritisch-kreative Denkweise einzuführen, damit er rationelle Gegenmaßnahmen gegen eventuelle Reklamationen rechtzeitig selbst ableiten kann. Vor allem der Abpacker wird feststellen, daß man schon eine Menge weiß, was er bisher noch nicht in seine Überlegungen einbeziehen konnte, daß andererseits zahlreiche Probleme noch ungelöst sind, was aber bei einem so jungen Forschungsgebiet nicht wundernehmen darf. Denen, die im Verpacken nur einen wirtschaftlichen Prozeß erblicken, sollten die technischen Begrenzungen und die wahrscheinlichen Entwicklungstrends verdeutlicht werden, außerdem, wie wichtig für einen Markenartikel die richtige Verpackung ist. Staatlichen Stellen wird es vielleicht damit erleichtert, die Breite der Auswirkungen in Planung befindlicher Regelungen besser zu überblicken. Beim Verbraucher sollte ein mögliches Unbehagen über die das Ausmaß des Verpackens und eine gewisse Unsicherheit über die Unbedenklichkeit des Verpackungsmaterials auf Grund der vorgelegten Fakten behoben werden. Möge das Buch auch einen Beitrag dazu leisten, den Lebensmittelverderb in einer Welt zu verringern, in welcher noch mehr als 500 Millionen Menschen Hunger leiden oder zumindest unterernährt sind, obwohl über 80% der Erdbevölkerung nahrungsmittelbeschaffend tätig ist.

München, den 21. November 1980   Rudolf Heiss

Inhaltsverzeichnis

1 Die Notwendigkeit der Verpackung von Lebensmitteln und
  der Umweltschutz 1
  1.1 Grundvoraussetzungen für den Packmitteleinsatz 1
  1.2 Volkswirtschaftliche Notwendigkeit des Verpackens 3
  1.3 Umweltfragen 5
      1.3.1 Müllverringerung 5
      1.3.2 Müllbeseitigung 6
      1.3.3 Materialsubstitution 8
  1.4 Aufgaben der Verpackungsforschung unter besonderer
      Berücksichtigung der Lebensmittelverpackung 9
  1.5 Ergänzende Informationen 10
      1.5.1 Wichtige Bücher 10
      1.5.2 Zeitschriften 11
      1.5.3 Forschungsinstitute 11
      1.5.4 Ausbildungsmöglichkeiten 12
      1.5.5 Verwendete Abkürzungen 12
  Literatur zu Kapitel 1 12

2 Klimatische Einflüsse auf Packmittel 14
  2.1 Die beim Umschlag wahrscheinlich einwirkenden
      Temperaturen und Feuchtigkeiten 14
  2.2 Instationäre Vorgänge 17
      2.2.1 Behältnis mit warmem Inhalt wird abgekühlt 19
      2.2.2 Das kalte Ladegut wird rasch erwärmt 20
  2.3 Lichtinduzierte Temperatureinflüsse auf verpackte
      Lebensmittel 26
  Literatur zu Kapitel 2 27

3 Die wichtigsten speziell beim Umschlag von Lebensmitteln
  auftretenden mechanischen Beanspruchungen von Packmitteln 28
  3.1 Stauchfestigkeit von Versandschachteln 28
      3.1.1 Lastaufnahme von Versandschachteln ohne Inhalt 28
      3.1.2 Zeitabhängigkeit der Belastungsfähigkeit 31
      3.1.3 Lastaufnahme von Versandschachteln bei mehr oder
            minder mittragendem Inhalt 34

3.2 Dynamische Beanspruchungen 36
   3.2.1 Einführung 36
   3.2.2 Erschütterungen auf der Ladefläche von
        Transportmitteln 38
   3.2.3 Verladestöße 43
   3.2.4 Folgerungen 47
Literatur zu Kapitel 3 49

4 Packmittel für Lebensmittel 51
4.1 Gemeinsame Fragen 51
   4.1.1 Die Kombination von Packstoffen 51
4.2 Kunststoffe 55
   4.2.1 Strecken, biaxiale Orientierung und Schrumpfung
        von Kunststoffen 56
   4.2.2 Spannungsrißbildung (stress crazing) und
        Spannungsrißkorrosion (stress solvent crazing) 60
   4.2.3 Eigenschaften der für die Verpackung wichtigsten
        Kunststoffe 62
4.3 Papier, Karton, Pappe 72
   4.3.1 Unveredelte Papiere 72
   4.3.2 Veredelte Papiere 74
   4.3.3 Kartone 78
   4.3.4 Wellpappe und Vollpappe 81
4.4 Aluminium 83
   4.4.1 Vorteile und Nachteile 83
   4.4.2 Aluminiumfolie als Kombinationspartner 84
   4.4.3 Hauptanwendungsgebiete für Lebensmittel 86
4.5 Korrosion von Weißblech- und Aluminiumdosen 87
   4.5.1 Korrosion von Weißblechdosen 87
   4.5.2 Korrosionsmöglichkeiten bei Aluminium 97
4.6 Hohlgläser (unter besonderer Brücksichtigung der
    Bruchprobleme) 99
   4.6.1 Höhe der verschiedenen Beanspruchungsarten 100
   4.6.2 Die Auswirkung von Schlagbeanspruchungen 105
   4.6.3 Abhilfemaßnahmen 110
Literatur zu Kapitel 4 112

5 Die Auswirkung von Außeneinflüssen auf verpackte Lebensmittel ... 115
5.1 Gase und Dämpfe 115
   5.1.1 Arten des Stofftransports durch Packstoffe 115

Inhaltsverzeichnis XI

    5.1.2 Berechnung der notwendigen Permeationswerte der Packmittel bzw. der zulässigen Umschlagszeiten von Lebensmitteln 124
    5.1.3 Methoden zur Messung der Wasserdampf- und Gasdurchlässigkeit von Packstoffen 127
    5.1.4 Messung der Gasdurchlässigkeit ganzer Packungen 129
    5.1.5 Riechstoffdurchlässigkeit 133
5.2 Flüssigkeitsdurchlässigkeit 137
5.3 Lichtdurchlässigkeit von Packstoffen 140
5.4 Packmittel und Insekten 143
5.5 Mikroorganismen-Einflüsse 148
    5.5.1 Unsterile Lebensmittel 148
    5.5.2 Sterile Lebensmittel 152
Literatur zu Kapitel 5 155

6 Anpassung der Verpackung an die Anforderungen von wasserdampf-, sauerstoff- und lichtempfindlichen Lebensmitteln 159
6.1 Vorwiegend wasserdampfempfindliche Lebensmittel 161
6.2 Vorwiegend sauerstoffempfindliche Lebensmittel 167
6.3 Lichtempfindlichkeit (vorwiegend fetthaltiger Lebensmittel) 176
    6.3.1 Die Abhängigkeit der Oxidationsgeschwindigkeit von der Bestrahlungsstärke 179
    6.3.2 Die Abhängigkeit der Oxidationsgeschwindigkeit von der Wellenlänge des eingestrahlten Lichtes 180
    6.3.3 Die Abhängigkeit der Oxidationsgeschwindigkeit vom Sauerstoffpartialdruck 181
6.4 Druckverhältnisse und Binnenklima in Kunststoffpackungen für Lebensmittel 183
6.5 Anwendungsbeispiele für die Verpackung einiger schutzbedürftiger Lebensmittel 191
Literatur zu Kapitel 6 211

7 Lebensmittel- und Eichrecht in der Bundesrepublik Deutschland im Zusammenhang mit dem Verpacken 215
7.1 Überblick 215
7.2 Anforderungen an Fertigpackungen 218
7.3 Geruchliche und geschmackliche Beeinflussung von Lebensmitteln durch Packmittel 224
    7.3.1 Einführung 224
    7.3.2 Störungsursachen im einzelnen 226
    7.3.3 Analytische Sensorik 229

7.4 Lebensmittelkontaminationen durch Verpackungen 234
    7.4.1 Gesamtmigration 236
    7.4.2 Spezifische Migration 237
    7.4.3 Antragsverfahren und Prüfmöglichkeiten 241
    7.4.4 Korrosionsfolgen bei metallischen Verpackungen 242
Literatur zu Kapitel 7 244

8 Anhang: Packstoffe aus der Sicht ihrer Verarbeitungsfähigkeit 246

8.1 Heißsiegeln und Schweißen 246
    8.1.1 Allgemeine Gesichtspunkte 246
    8.1.2 Verfahrenstechnische Durchbildung 254
    8.1.3 Festigkeit von Heißsiegelnähten und deren Beurteilung 259
    8.1.4 Blocken 263
8.2 Kleben 263
    8.2.1 Physikalisch-chemische Grundlagen 264
    8.2.2 Einteilung der Klebstoffe 267
    8.2.3 Übersicht über die Anwendung von Klebstoffen in der Verpackungsindustrie 267
    8.2.4 Verklebung von Packstoffen, in denen Klebstoffbestandteile wegschlagen 268
    8.2.5 Schmelzkleber (Hotmelts) 271
8.3 Reibung von Packstoffen 274
8.4 Elektrostatische Aufladung 279
8.5 Falten, Rückfedern (und Tiefen) 285
    8.5.1 Falten 285
    8.5.2 Rückfederung 287
8.6 Rillen von Karton 290
8.7 Rollneigung 294
8.8. Wirkung ionisierender Strahlen auf Packmittel 295
Literatur zu Kapitel 8 297

Sachverzeichnis 301

1 Die Notwendigkeit der Verpackung von Lebensmitteln und der Umweltschutz

Der Packmittelbedarf betrug 1977 in der Bundesrepublik Deutschland gemäß Erhebungen der RGV (in Kostenprozenten)

Papier und Pappe	39,4	Glas	9,15
Kunststoffe	25,2	Holz	3,83
Metalle	22,0	Textilien und Weichgummi	0,32

In Schweden ist zwar der Papieranteil höher, jedoch der Metallanteil niedriger. Der Packmittelbedarf je Kopf der Bevölkerung beläuft sich zur Zeit auf ca. 80 kg/Jahr. In den Ländern Mitteleuropas rechnet man augenblicklich für Verpackungen mit 130 bis (Bundesrepublik Deutschland) 340 DM/Kopf und Jahr (USA 434 DM). 1977 betrug der Wert aller erzeugten Packmittel in der Bundesrepublik rund 18,8 Mrd. DM. Bezogen auf das Bruttosozialprodukt sind dies ca.: 1,7%.

Verpackungsdefinitionen (Packung, Packgut, Packmittel) vgl. DIN 55405.

1.1 Grundvoraussetzungen für den Packmitteleinsatz

Inertheit: Toxikologische Unbedenklichkeit und Gewähr dafür, daß keine "Verschmutzung" der verpackten Lebensmittel durch Migration von Begleitstoffen der Packmittel sowie keine Geruchsübertragung vom Packstoff auf das Füllgut erfolgt.

Generelle Gebrauchseignung: Durch Korrosion kann nicht nur eine Qualitätsschädigung des Füllgutes infolge gelöster Metallsalze erfolgen, sondern auch die Verpackung selbst unansehnlich werden wie auch Lochfraß aufweisen. Leckstellen können auch die Folge der Spannungsrißkorrosion einer Kunststofflasche sein. Feuchte Lebensmittel können ein Packmittel durchnässen. Diese Beispiele runden die Einflußmöglichkeiten des Füllgutes auf die Verpackung ab.

Kenntnis der voraussichtlichen *klimatischen* und *mechanischen Beanspruchungen,* denen Packungen beim Umschlag ausgesetzt werden. Deren Wahrscheinlichkeit und Dauer bilden eine der Grundlagen für eine sinnvolle Verpackungsauswahl. Verwendung rutsch- und stapelsicherer Verpackungen.

Verpackung und *Umwelt*: Die Verpackung ist ein Zivilisationsprodukt - genau so wie das Auto - mit dem man leben muß. Der Produktionswert der Verpackung wächst etwa proportional zum Bruttosozialprodukt, einem Indikator für unseren Lebensstandard. Primitive Völker kaufen nur den Tagesbedarf an Lebensmitteln und benötigen hierfür keine Verpackung, höchstens Blätter, gegebenenfalls Zeitungspapier, gebrauchtes Sackpapier und entleerte Pappkartons, Glasflaschen und Kanister. Die erste Entwicklungsstufe für eine Verpackungswirtschaft scheint stets der billig selbst herstellbare LDPE-Beutel zu bilden. In den Tropen beschränkt sich die Vorratshaltung besonders auf Feldfrüchte; in Entwicklungsländern der niedrigsten Entwicklungsstufe findet man kaum Lebensmittel-, höchstens Genußmittelimporte. Das Verpacken beginnt in Entwicklungsländern üblicherweise mit der Erschließung von Exportmärkten für deren Erzeugnisse.

Die sporadisch in Industrieländern auftretende Verteufelung der Verpackung beruht weitgehend auf Denkfaulheit. Man verurteilt sie z.B. wegen der weggeworfenen Verpackungen im Freien, woran man vielleicht sogar selbst mitwirkt (Verwechslung von Ursache und Wirkung). Oder man sieht, daß im eigenen Haushalt der Verpackungsmüll ca. 34% ausmacht, und überträgt dies auf den Gesamtmüll, in dem der Verpackungsmüll nur ca. 2,4% beträgt. Der *Handel* tendiert eher zur Unterverpackung als zur Überverpackung - dies bildet eine echte Gefahr -, dem *Packmittelhersteller* wäre Überverpackung eher ein Anliegen, er wird aber durch die Wettbewerbssituation gebremst. Der *Abpacker* könnte gelegentlich zu Mogelpackungen neigen, hat aber durch gesetzliche Regelungen kaum noch einen Spielraum. Er möchte seine Ware kaufanreizend darbieten; die Verpackung sollte aber wenig kosten: Preisschwankungen der Rohstoffe, Käufergewohnheiten, technologische und funktionelle Anforderungen bilden hier weitere Hauptregulative.

Das Ausmaß des Verpackungsaufwandes bestimmen weitgehend Handel und Verbraucher, sie sind deshalb auch die eigentlichen Verursacher für das Ausmaß des Verpackungsabfalls. Der *Verbraucher* wünscht sich eine problemlose Abfallbeseitigung leerer Verpackungen und würde deshalb - wo möglich - zusammendrückbare Verpackungen starren Verpackungen vorziehen.

1.2 Volkswirtschaftliche Notwendigkeit des Verpackens

Für die Gesamtwirtschaft

Die Verpackung bietet dem verpackten Gut einen Schutz vor Verlusten bzw. wertmindernden Einflüssen zwischen Erzeugung und Verbrauch, also bei der Überbrückung von Raum und Zeit, und zwar

- Schutz vor mechanischen Schäden beim Ent- und Beladen sowie beim Transport selbst (Wettbewerbsfähigkeit im Export);
- Schutz vor klimatischen Beanspruchungen und vor sonstigen Außeneinflüssen, z.B. durch Permeation von Wasserdampf (Erweichen, Klumpen, chemische und mikrobiologische Veränderungen, Hartwerden, Gefrierbrand bei gefrorenen Lebensmitteln, Auskanten von Butter), durch Einwirkung von Sauerstoff, verstärkt durch Licht (Geschmack, Farbe), durch Verlust von Aroma oder Aufnahme von Fremdgerüchen.
- Schutz vor der Einwirkung tierischer Schädlinge und vor Mikroorganismen.

Zur Dichtigkeit zählt auch die Flüssigkeitsdichtigkeit (Wasserdichtigkeit, Fett- bzw. Öldichtigkeit) des Packmittels.

Die genaue Kenntnis der Empfindlichkeit eines Füllgutes ist eine der Voraussetzungen für einen rationellen Verpackungseinsatz. Eine unversehrte Verpackung bildet zudem eine Garantie gegen Diebstahl des Inhalts.

Für den Verbraucher

Die Verpackung schützt vor Berührung und Tröpfcheninfektion, dient also der Hygiene.

Ebenso wichtig ist die Convenience-Funktion hinsichtlich Größe und Ausführung: Das Verpacken ist Voraussetzung für den Vertrieb von fertigen Gerichten (z.B. Babynahrung, sterilisierte, pasteurisierte, getrocknete und gefrorene Erzeugnisse). Vorverarbeitete, z.B. gewaschene, instantisierte, konservierte Lebensmittel benötigen immer eine Verpackung. Durch verbesserte Haltbarkeit vieler verpackter Lebensmittel kann die Hausfrau besser bevorraten und muß daher seltener zum Einkaufen gehen (Vergleich: H-Milch mit Frischmilch). Convenience-Beispiele aus anderen Bereichen: Durchdrücktabletten (Dosierung), Heizölkanister (Gewicht von Kunststoff im Vergleich zu Stahl).

Sichtpackungen erleichtern dem Käufer eine gewisse Beurteilung des Inhalts, z.B. ob Schnittbrot oder Weichfrüchte von Schimmelpilzen befal-

len sind. Portionspackungen können ebenfalls eine Dispositionshilfe
für die Hausfrau darstellen und das Wegwerfen von Überresten vermeiden. Weitere Hilfen für den Verbraucher sind: Leichtes Öffnen, Entnehmen und Wiederverschließen (Easy opening, Twist off-, Pilferproof-Verschlüsse, Aerosoldosen, Quetschflaschen).

Für Handel und Industrie

Die verpackte Ware dient der Personalersparnis beim Handel und ist Voraussetzung für das Supermarkt-System, welches auch dem Verbraucher beim Einkauf Zeit spart. Infolge des Kaufanreizes der verpackten Ware könnte der Handel Informations- und Werbekosten einsparen, zumindest kann er das Produkt am Verkaufsort profilieren. Die Frischhalteverpackung gibt der Industrie und dem Handel bessere Dispositionsmöglichkeiten an die Hand.

Verpackung und Distribution: "Zurückschrauben" auf das frühere Handverpacken wäre mit einer untragbaren Kostenerhöhung verbunden. Die raumsparende Stapelfähigkeit und ein rationeller Transport einer Verpackung sind entscheidende Voraussetzungen für einen kostengünstigen Vertrieb; der Verteilerfunktion der Verpackung kommen Mehrstückpackungen, Sammelpackungen, Ladenverpackungen und Paletten entgegen. Durch den Regalkarton sinken die Auffüllkosten und Warenverluste durch Bruch. Die unmittelbaren Verpackungskosten bilden einen bedeutenden Faktor. Sie liegen z.Z. bei Lebensmitteln im Durchschnitt bei etwa 4,2% des Warenwertes ab Fabrik. (Butter 2%, Zucker 3%, Gefrierkost 5%, Kaffee und Milch 10%, Joghurt, Sahne und Getränke ca. 18%, Dosengemüse ca. 17%). Es kommt aber auf eine Optimierung der *Kosten des Gesamtsystems an* [1]. Die Einbeziehung der Verpackung in die Transport-Verlade- und Stapelsysteme, also in die gesamte Distribution bis zum Auspacken der Ware, bildet die Voraussetzung dafür, Lebensmittel auf allen Märkten preisgünstig anbieten zu können. Das Modulsystem verringert Versand- und Stapelkosten. 1 m Stell-Länge im Regal kann z.Z. bis zu DM 80.--/Monat kosten.

Nicht nur Transport und Verpackung bilden immer eine Einheit. Auch Verpackung und Füllgut müssen gemeinsam betrachtet werden. Voraussetzung für eine reibungslose rationelle Fertigung von Verpackungen auf Verpackungsmaschinen ist die Anpassung der Maschinengängigkeit an die Erfordernisse. Je nach Art des Packmittels kann es sich hier um die unterschiedlichsten Eigenschaften handeln, beispielsweise um Gleitfähigkeit, Heißsiegelfähigkeit, Verklebbarkeit, Bedruckbarkeit, Lackierbarkeit, Verformbarkeit (Tiefziehen, Schrumpfen u.a.), Steifigkeit, Ausmaß der Rückstellfähigkeit, des Blockens, der Rollneigung usw.

1.3 Umweltfragen

1.3.1 Müllverringerung

Systemsubstitution: Der Schwerpunkt liegt beim Großverbraucher und beim Handel: Anlieferung im Silo oder im Tankwagen anstelle von Säcken (Beispiel Zucker), Verwendung von Gitterpaletten, in denen z.B. Gartenerzeugnisse, ohne berührt zu werden, von der Ernte bis zur Kleinverteilung gelangen, Verwendung von Schrumpfpaletten anstelle von Einzelversandpackungen usw..

Materialeinsparung: Da die spezifische Oberfläche bezogen auf den Inhalt bei Großpackungen kleiner ist als bei Kleinpackungen, spart der Großverbraucher vergleichsweise zum Kleinverbraucher Verpackungsmaterialien, aber auch der Kleinverbraucher kann an dieser Bestrebung mitwirken, wenn er eine an seine spezifische Verbrauchsgeschwindigkeit und seine Familiengröße angepaßte Einheit wählt (z.B. für keimarme Frischmilch das Bag in Box-System).

Weiterhin kann der Packmittelbedarf durch Optimierung des *Herstellungsverfahrens* verringert werden, vor allem durch gleichmäßigere Wanddicken oder durch Verminderung des Produktionsausfalles. Beispielsweise gelang es, das Gewicht von Joghurtbechern mit 175 g Inhalt von 12 auf 7,5 g durch Verbesserung von Konstruktion und Verarbeitung zu senken, das von Wein- und Sektflaschen um 37% und den Blechbedarf von Dosen um 36%. Als Folge der Qualitätsverbesserung von Kartonen läßt sich das notwendige Flächengewicht verringern.

Weitere Möglichkeiten der Materialeinsparung [2] bildet das *Produktionsrecycling*, definiert als Kreislaufführung von Packstoffen *innerhalb* des Produktionsprozesses z.B. von Glasscherben beim Hersteller, von Kunststoffverschnitten und -abfällen beim Verarbeiter. Dies war stets schon ein besonderes Anliegen der Industrie.

Bezüglich der Verringerung des Müllaufkommens bildet die *mehrfache Verwendung eines Packmittels*, ohne daß es in den Müll kommt, ein Problem besonderer Art. Die meisten Verpackungen waren bisher nicht wiederverwendbar, man denke z.B. an Einwickler aller Art, Milchkartone, Konservendosen, Marmelade- und Babyfoodgläser. Die Verpackung steht aber damit nicht allein da, denn bei anderen Bedarfsgütern hat sich eine irreversible Hinwendung zum Wegwerfen durchgesetzt, z.B. bei Taschentüchern, Windeln und anderen Hygieneerzeugnissen oder bei Damenstrümpfen. Ketzler [3] hat 15 der wichtigsten Lebensmittelgruppen untersucht und dabei festgestellt, daß nur 7,5% der nach Gewicht und 23,2% der nach Volumen verpackten Lebensmittel von Ein- auf Mehrwegverpackung umstellbar wären, wobei der Hauptanteil die Massengetränke betrifft.

Die Umstellung auf Mehrwegverpackung hat aber auch Nachteile: Die Mehrwegverpackung muß stabiler und schwerer konstruiert sein, damit sie mehrere Transporte und Reinigungsgänge überstehen kann. Hohe Kosten entstehen für Rücknahme und Lagerhaltung des Leergutes sowie vor allem für die Reinigung. Durch letztere entsteht auch ein vermehrter Bedarf an Frischwasser. Das Abwasser wird durch Spülmittel und die in den Mehrwegbehältern enthaltenen Reste organischer Substanzen erheblich belastet. Also bewirkt der Wechsel von Einweg- auf Mehrwegverpackungen in solchen Fällen eine Verschiebung der Probleme vom Bereich Abfall zum Bereich Frisch- bzw. Abwasser. Zudem ist der Verkauf von Mehrwegflaschen in Supermärkten und SB-Geschäften problembehaftet; auch lange Transportwege sind für Mehrwegpackungen ungünstig. Für den Export eignen sich nur Einwegpackungen. Keinesfalls sollte man restriktive Maßnahmen erwägen ohne die gesamtwirtschaftlichen Auswirkungen zu kennen [4].

Es hat nicht an Versuchen gefehlt, auch Kunststoffverpackungen mehrfach einzusetzen. Mit Tragetaschen geschieht dies heute in jedem Haushalt. Ob sich jedoch die Mehrweg-Kunststoff-Flasche durchsetzen wird, dürfte entscheidend davon abhängen, ob Sensoren gefunden werden, welche ungenügend gereinigte - vor allem zweckentfremdete - Flaschen mit *absoluter* Sicherheit auswerfen. Solange dies nicht gesichert ist, wird man sich darauf beschränken müssen, z.B. Flaschen aus PC oder PETP in geschlossenen Systemen, beispielsweise für Schulmilch, einzusetzen. Bei Verwendung von HDPE für Milchflaschen besteht eine besondere Begrenzung darin, daß das von der HDPE-Innenfläche absorbierte Milchfett nach Entleerung leicht ranzig wird.

1.3.2 Müllbeseitigung

Die volkswirtschaftlich sinnvollste Form der Müllbeseitigung ist das Recycling, worunter hier die Wiederverwendung der im Müll enthaltenen Rohstoffe zu verstehen ist. Dies kann in drei Hauptformen durchgeführt werden: direktes Recycling, d.h. Wiederverwendung der Abfallstoffe als Rohstoffe zur Herstellung eines identischen oder doch ähnlichen Produktes; indirektes Recycling, d.h. Verwendung der im Müll

1.3 Umweltfragen

enthaltenen Stoffe zu Produkten, die gegenüber den Ausgangsprodukten minderwertiger sind; sowie schließlich das Energierecycling, d.h. Nutzung der im Müll enthaltenen Energie durch Müllverbrennung oder Pyrolyse (Gewinnung energiereicher Gase).

Das direkte Recycling kann nur mit relativ reinen unvermischten Abfallstoffen durchgeführt werden. Die Schwierigkeiten, die reinen Abfallstoffe aus Gemischen auszusortieren bzw. bei ihrer Entstehung getrennt zu sammeln, nehmen mit jeder Auffächerung im Rahmen der Diversifikation zu [4.6]. Der geringste Energieverbrauch entsteht innerhalb des Produktionsprozesses (Produktionsrecycling), daneben ist z.B. relativ gut zu beherrschen das Sammeln von Pappebehältern in Warenhäusern, von Papierabfällen in Büros, von Glasbruch in Flaschenabfüllanlagen, von Aluminiumbehältern für Fertiggerichte in Großküchen.

Platzmäßig, hygienisch und organisatorisch am schlechtesten durchsetzbar erscheint die getrennte Ablieferung des Verpackungsmülls aus Haushaltungen. Das Ausmaß des direkten und auch indirekten Recyclings der Rohstoffe aus dem Müll [5] ist primär eine Frage verbesserter Trennung des Mülls in seine Bestandteile und einer verbesserten Sammelorganisation. Die Trennung nach dem spezifischen Gewicht (Glas) und die magnetische Abtrennung von Eisen sind relativ einfach durchführbar, die maschinelle Separierung des Restes befriedigt z.Z. noch nicht.

Die Erfolgschancen für Recycling sind bei den einzelnen Verpackungsstoffen recht unterschiedlich. In der Papier- und Pappeindustrie werden gegenwärtig ca. 45% Altpapier bei der Neuproduktion in der Bundesrepublik Deutschland zugesetzt. Bezogen auf den Gesamtverbrauch ergibt sich eine Durchschnittsrücklaufquote von ca. 34%. Bei Papier und Pappe, die als Hausmüll anfallen, beträgt die Rücklaufquote nur 5%. Der überwiegende Teil der Metallverpackungen im Müll besteht aus Weißblechdosen. Gegenwärtig sollen ca. 16% dieser Dosen aus dem Müll sortiert und in den Materialkreislauf zurückgeführt und das Zinn wiedergewonnen werden. Der Behälterglasrückfluß aus dem Hausmüll soll in der Bundesrepublik Deutschland z.Z. bei ca. 8 bis 10% liegen, (in der Schweiz mindestens 35%) und läßt sich weiter steigern, wenn die Erfassungs-, Transport- und Sortiereinrichtungen erweitert und wenn in stärkerem Maße als bisher Weiß- und Buntglas getrennt gesammelt werden. Die Chancen des direkten Recyclings von gebrauchten Kunststoffpackungen sind äußerst gering, da hierzu die Trennung der Kunststoffabfälle nach Kunststoffarten, von denen ca. 50 verschiedene auf dem Markt sind, Voraussetzung ist. Eine derartige Trennung ist aber z.Z. nicht möglich. Allerdings werden in Frankreich in größerem Umfang PVC-Flaschen getrennt gesammelt, granuliert und die Granulate weiterverarbeitet. Aus Mischungen verschiedener Kunststoffarten lassen sich meist nur minderwertigere Produkte herstellen, wie z.B. Zaunpfähle oder Preßplatten (Japan). Als aussichtsreichste Möglichkeit für die Wiederverwendung der Kunststoffabfälle kommt z.Z. nur die Pyrolyse der Kunststoffe in Frage. Wegen des hohen Energiebedarfs bei der Herstellung des Aluminiums aus Bauxit ist neben dem Recycling von Glas auch eine Rückführung von Aluminiumverpackungen besonders wichtig.

1.3.3 *Materialsubstitution*

Der Verpackungsaufwand setzt sich nicht nur aus dem Material- und Energiebedarf zusammen, sondern es sind bei gleicher funktioneller Eignung außer dem Preis für die Packstoffauswahl noch eine Reihe anderer technischer Faktoren in Betracht zu ziehen: Verpackungsgewicht, Frischwasserbedarf, Umweltverschmutzung, Abwasseranfall, Leergut- und Müllvolumen, Stapelfähigkeit. Verallgemeinernd läßt sich vielleicht sagen, daß hinsichtlich des Energieverbrauches von den Getränkeverpackungen eine Mehrweg-Glasflasche, falls sie mit Sicherheit erst nach ca. 20 Umläufen aus dem Kreislauf ausgeschieden wird, am günstigsten abschneidet, am zweitgünstigsten die Kartonverpackung, gefolgt von der Einweg-Kunststoffflasche (besonders günstig bei PVC), während die Metallverpackung und vor allem die Einweg-Glasflasche am ungünstigsten sind.

Bedenkt man, daß die gesamte Verpackungsindustrie in der Bundesrepublik nur annähernd 2,5% der Primärenergie in Anspruch nimmt, wird man das Problem auf diese Größenordnung reduzieren und schwerlich an dieser Stelle bevorzugt mit Energieeinsparungen beginnen.

Die Abwasserbelastung ist dagegen bei Kunststoff und Metall am geringsten, bei Mehrwegflaschen und bei Papier hoch.

Zusammenfassend sind in Bild 1 die wichtigsten Anforderungen, welche die innerhalb einer Verteilerkette Verantwortlichen an eine brauchbare Packung stellen, schematisch dargestellt. Tragtaschen stellen beispielsweise nur geringe Anforderungen, deshalb ist je nach Preis

1.4 Aufgaben der Verpackungsforschung

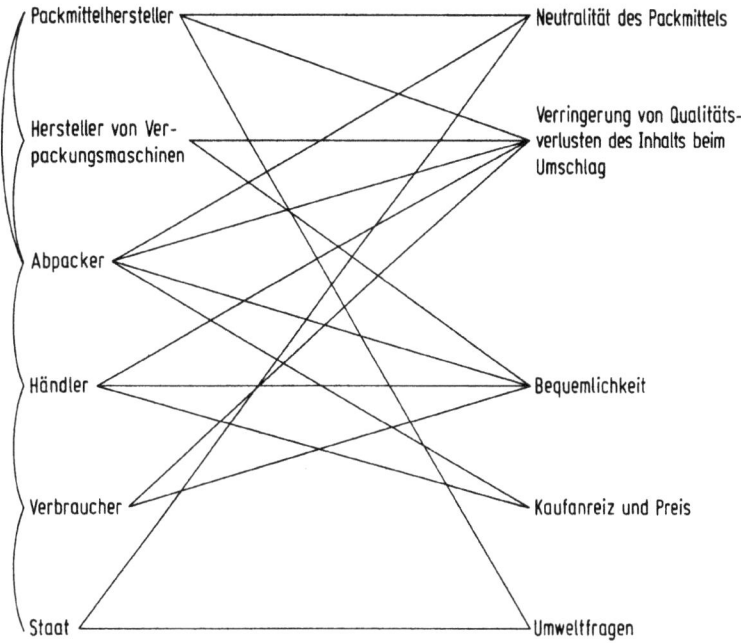

Bild 1. Bevorzugte Anforderungen an eine Packung.

eine Substitution von Papier durch LDPE oder HDPE-HM-Folie immer durchführbar. Anders ist es, wenn von einer Packung Frischhalteeigenschaften verlangt werden. Sie wäre von vornherein wertlos, wenn sie nicht die Bedingungen des Lebensmittelgesetzes erfüllt sowie nicht den Inhalt vor dem Verderb bewahrt (vgl. Kapitel 6 und Abschn. 7.1). Im Rahmen der Harmonisierung der Anforderungen genießen diese beiden Grundforderungen deshalb bei Lebensmitteln vor den ökologischen Forderungen und wohl auch vor den Designforderungen *Vorrang*, was gelegentlich in Vergessenheit gerät. Sie lassen sich im Einzelfall vielfach durch eine bestimmte Bandbreite von Packstoffen erfüllen und erst dabei entscheiden die übrigen Forderungen - vor allem der Preis - über die Packstoffauswahl.

1.4 Aufgaben der Verpackungsforschung unter besonderer Berücksichtigung der Lebensmittelverpackung

Die dienende Rolle der Verpackung beruht auf der Versorgung der Bevölkerung mit Konsumgütern sowie auf der Sicherung des Warenaustausches und damit von Arbeitsplätzen. Diese Aufgabe muß mit einem Minimum an Verpackungsaufwand unter Gewährleistung des jeweils geforderten

Schutzes erreicht werden. Daraus lassen sich folgende Forschungsrichtungen ableiten:

- Klärung der von außen und von innen kommenden *Einflüsse* bzw. Beanspruchungen auf die Verpackungen bei der Herstellung und beim Umschlag. Wovon hängt die statistische Wahrscheinlichkeit ihres Auftretens ab?

- Entwicklung von *Prüfverfahren*, welche diese Beanspruchung in physikalisch einwandfreier Weise wiedergeben oder - falls dies nicht möglich ist - Simulierung eines "angepaßten Prüffalles". Letzterer ist limitiert, da in der Praxis nicht immer die gleichen Randbedingungen vorliegen, erstere führen vielfach zu vereinfachenden Modellversuchen.

- Schaffung der Voraussetzungen für die Packstückberechnung aufgrund der leichter meßbaren Packstoffeigenschaften. Solange Verpackungen nicht vorausberechenbar sind, muß man sie aus Sicherheitsgründen überdimensionieren, was zu einer Rohstoffvergeudung führt.

- Schaffung der Grundlagen für Prüfnormen, weil eine Normung vor einer genauen Kenntnis der Zusammenhänge den Fortschritt kemmen kann.

- Ermittlung von Qualitätsgrenzwerten für den Packmitteleinsatz, dazu auch analytische und sensorische Prüfverfahren als Grundlage für die Lebensmittelgesetzgebung.

- Studium der Veränderungen, welche das *Füllgut* während der Lagerung durchläuft. Welches sind die dominierenden Veränderungen? Lassen sie sich durch die Verpackung in der wahrscheinlichen Umschlagszeit in ausreichendem Maße hemmen oder benötigt man Zusatzverfahren wie Wärme- bzw. Kältebehandlung? Abstimmung der Anforderungen, welche das Lebensmittel an die Eigenschaften des Packmittels stellt und daraufhin Fixierung von Mindestanforderungen an die Verpackung aller wichtigen verderblichen Füllgüter [7].

1.5 Ergänzende Informationen

1.5.1 Wichtige *Bücher*:
Speziell für Versandpackungen: Rockstroh, O.: Handbuch der Industriellen Verpackung. München: Verlag Moderne Industrie, 1972.

1.5 Ergänzende Informationen

Speziell für Lebensmittel: Heiss, R.: Principles of food packaging. An international guide. Heusenstamm: Keppler Verlag 1970. - ILV: Empfehlungen für die Mindestanforderungen an die Beschaffenheit von Lebensmittelverpackungen. Heusenstamm: Keppler Verlag 1972.

Generell: Swalm, Ch. M.: Chemistry of food packaging. A. Chem. Soc. Adv. in Chem. Ser. 135 (1974). - PAINE, F. A.: The packaging media. London: Blackie & Son 1977. - PAINE, F. A.: Fundamentals of packaging. London: Blackie & Son 1962. - Modern packaging enzyclopedia and buyers guide. Modern Packaging 51 (1978) Nr. 12, 5-274. - RGV-Handbuch Verpackung. Berlin: Erich Schmidt-Verlag 1978 (im Entstehen begriffenes Ringbuch).

1.5.2 Zeitschriften

Einzige Zeitschrift mit abgegrenzter wissenschaftlich-technischer Beilage ist die "Verpackungs-Rundschau". Alle übrigen Verpackungszeitschriften geben vorwiegend Überblicke über das Marktgängige, beispielsweise "Neue Verpackung" (Bundesrepublik Deutschland). "Die Verpackung" (DDR), "Tara" (Schweiz), "Modern Packaging" und "Package Engineering" (USA), "Packaging" und "Packaging Technology" (UK), "Verpakking" (Holland), "Emballages" (Frankreich), "Embalajes" (Spanien), "Imballagio" (Italien) usw..

Daneben gibt es zahlreiche werkstoffbezogene Zeitschriften, die Verpackungsfragen behandeln, z.B. "Aluminium", "Werkstoff und Korrosion", "Kunststoffe", "Plastikverarbeiter", "Das Papier", "Papier + Kunststoff-Verarbeiter", "Allgemeine Papier-Rundschau" usw.. Weiterhin behandeln alle Fachzeitschriften auf dem Lebensmittelgebiet für ihre Produkte von Zeit zu Zeit Verpackungsfragen.

Da die Literatur sehr zerstreut ist, werden Referatenblätter immer wichtiger: "Referatedienst Verpackung" des ILV gemeinsam mit der RGV; "Packaging Abstracts" (UK), "Abstract Bulletin of the Institute of Paper Chemistry" (USA) und andere.

1.5.3 Verpackungs-Forschungsinstitute [1]

Austria	Verpackungslaboratorium für Lebensmittel und Getränke an der Universität für Bodenkultur, Wien. Österreichisches Institut für Verpackungswesen an der Wirtschaftsuniversität, Wien.
Denmark:	Danish Packaging Research Institute, Kopenhagen.
Federal Republic of Germany:	Institut für Exportverpackung der Beratungs- und Forschungsstelle für Versandpackungen, Hamburg. Fraunhofer-Institut für Lebensmitteltechnologie und Verpackung (ILV) an der Technischen Universität, München.
Finnland:	The Finnish Pulp and Paper Research Institute, Helsinki.
France:	French Packaging Institute, Paris.
Holland:	Institute TNO for Packaging Research, Delft.
Norway:	The Norwegian Food Research Institute, Ås bei Oslo.

---

[1] Nach Angaben der IAPRI (International Association of Packaging Research Institutes), vgl. IAPRI-Handbuch 1978

Poland:	The Research and Development Centre for Packaging, Warschau.
Sweden:	Swedish Packaging Research Institute, Stockholm
Switzerland:	Associated Materials Testing and Research Institute for the Building and Construction Industries EMPA, St. Gallen (Eidgenössische Materialprüfungs- und Versuchsanstalt für Industrie, Bauwesen und Gewerbe).
United Kingdom:	PIRA (The Research Association for the Paper and Board, Printing and Packaging Industries), Leatherhead, Surrey.
USA:	Rutgers University, Packaging Science and Engineering, New Brunswick, NJ. Michigan State University, School of Packaging, East Lansing, Mich.

1.5.4 Ausbildungsmöglichkeiten

Michigan State University, East Lansing (Graduierte). - Pratt Institute, Brooklyn (Graduierte). - University of California, Davis (Untergraduierte). - Rutgers University, The State University of New Jersey, College of Agriculture and Environmental Science, Department of Food Science, New Brunswick, NJ (zweijähriges Packaging Science- and Engineering-Programm, Graduierte).

Vorlesungen generell über Verpackungstechnik bieten die Technische Universität München (G. Schricker), die Fachhochschulen München (W. Bartusch), Stuttgart (J. Paris), Berlin (D. Berndt) und Hamburg (K.-R. Eschke). - Vorlesungen speziell über Lebensmittelverpackung werden an der Universität Hohenheim (N. Buchner) und an der Universität für Bodenkultur Wien (E. Bojkow) gehalten.

Schließlich gibt es noch eine größere Zahl von Institutionen für die berufliche Weiterbildung durch Lehrgänge.

1.5.5 Verwendete Abkürzungen

ILV: Institut für Lebensmitteltechnologie und Verpackung, München (seit 1978 Fraunhofer-Institut)
TWB: Technisch-wissenschaftliche Beilage der Verpackungs-Rundschau.

Verpackungs-Kunststoffe (vgl. DIN 7728 und ISO/R 1043)

EVA:	Äthylenvinylazetat	PVAL:	Polyvinylalkohol
PA:	Polyamid	PVC:	Polyvinylchlorid
PC:	Polycarbonat	PVDC:	Polyvinylidenchlorid
PE:	Polyäthylen	O:	orientierte Folie
	LDPE: PE niedriger Dichte	PU:	Polyurethan
	HDPE: PE hoher Dichte	ABS:	Acrylnitril-Butadien-Styrol-Copolymer
PETP:	Polyäthylenterephtalat		
PP:	Polypropylen	SAN:	Styrol-Acrylnitril-Copolymer
PS:	Polystyrol		

Literatur zu Kapitel 1

1 Heiss, R.: The product - the pack - the distribution (the problems of a total system), Lebensm.-Wiss. u. -Technol. 11 (1978) 100-103
2 Reuther, B.: Der Substitutionswettbewerb zwischen Konsumverpackungen und unterschiedlichen Packstoffen. Schriftenreihe des Instituts

für Technologie und Warenwirtschaftslehre der Wirtschaftsuniversität Wien 1 (1977) 203
3 Ketzler, E. T.: Fragen der Systematik bei der Erstellung einer Verpackungstechnologie, dargestellt am Beispiel "Einweg-Mehrweg-Verpackung". Forumware 6 (1978) 191-196
4 Hilpert, H.: Das Abfallbeseitigungsgesetz und das Abfallwirtschaftsprogramm der Bundesregierung und ihre Auswirkungen auf die Verpackungsindustrie. Verpack.-Rdsch. 27 (1976) 928-930, 1068-1070. Vgl. hierzu auch: Aktuelle milchwirtschaftliche Verpackungsfragen. Neue Verpackung 33 (1980) 452, 459.
5 Müller-Wenk, R.: Die Getränkeverpackung aus der Sicht der Eidgenössischen Kommission für Abfallwirtschaft. TARA 28 (1976) 669-671
6 Bruck, C. G.; Cmelka, D.; Wolf, F. V.: Verpackung aus der Sicht des Herstellers. Verpack.-Rdsch. 28 (1977), TWB 37-44
7 Heiss, R.; Radtke, R. (ILV): Empfehlungen für die Mindestanforderungen an die Beschaffenheit von Lebensmittelverpackungen. Heusenstamm. Keppler 1972

Bezüglich Verpackung von Lebensmitteln in Entwicklungsländern vgl. Heiss, R. (ILV): The package counts as much as the contents. Ceres FAO-Review 4 (1971) Nr. 6, 38-41.

2 Klimatische Einflüsse auf Packmittel

2.1 Die beim Umschlag wahrscheinlich einwirkenden Temperaturen und Feuchtigkeiten

Grundlage für die Abschätzung der zu erwartenden Klimaschäden sind die Wetterkarten. Sie bilden aus zwei Gründen nur eine notwendige, keine hinreichende Voraussetzung: Einmal schwanken die monatlichen Mitteltemperaturen über das Jahr hinweg ziemlich, man kann aber nicht Verpackungen für jede Jahreszeit herstellen (Schwierigkeiten mit Hartkaramellen in heißen, schwülen Sommern), zum anderen ist das Klima in Häusern und in Transportmitteln mit dem Außenklima nicht identisch, das in Städten nicht das gleiche wie auf dem flachen Land (Strahlungseinfluß der Hauswände). Kochsalz mit einer kritischen Gleichgewichtsfeuchtigkeit (Lösungsbeginn) von 75% pflegt sich im Hauhalt nicht zu lösen, obwohl z.B. im Dezember in Küstengebieten und bewaldeten Mittelgebirgen laut Wetterkarte die relative Feuchtigkeit φ höher als 90% sein kann. Beheizte Räume sind immer trocken. Während eines Tages, ja sogar während eines Jahres noch relativ konstant ist der Dampfdruck [1]. Er ist im Sommer höher als im Winter; deshalb ist der Sommer verpackungstechnisch ungünstiger, denn $(p_{Da} - p_{Di})$ liegt damit höher (p_{Da}: Wasserdampfpartialdruck außen, p_{Di} im Packungsinnern).

Beispielsweise Klima in Aberdeen:

    Januar ϑ = 5 °C; φ = 70%: p_{Da} = 7,0 mbar,
    Juli ϑ = 15 °C; φ = 78%: p_{Da} = 15,3 mbar.

In einem Lagerraum in Aberdeen, in dem zur gleichen Zeit bei anderer Temperatur der Dampfdruck gleich ist, gilt aber:

    Januar ϑ = 16 °C; p_{Da} = 7,0 mbar: φ = 38%
    Juli ϑ = 20 °C; p_{Da} = 15,3 mbar: φ = 56%.

Als gemeinsames Testklima ließe sich deshalb in diesem Fall in Betracht ziehen: ϑ = 18 °C; p_{Da} = 10,0 mbar; φ = 50%.

Mit dem mittleren Dampfdruck und der mittleren Temperatur ist die mittlere relative Feuchtigkeit fixiert. Die Temperatur ist auch des-

2.1 Beim Umschlag einwirkende Temperaturen und Feuchtigkeiten

halb wichtig, weil die Permeationskonstante des Packstoffes von ihr erheblich abhängen kann. Auf dieser Grundlage wurde ein Merkblatt zur Durchführung von Lagerprüfungen verpackter pharmazeutischer Produkte [2] herausgebracht, das auf Lebensmittel übertragbar ist. Es werden dabei drei Klimata mit konstanten Temperaturen und Luftfeuchtigkeiten zugrundegelegt:

I: $\vartheta = 20\ °C \pm 1\ K$; $\varphi = 65 \pm 3\%$ ($p_D = 15{,}2$ mbar),
II: $\vartheta = 25\ °C \pm 1\ K$; $\varphi = 75 \pm 3\%$ ($p_D = 23{,}7$ mbar),
III: $\vartheta = 30\ °C \pm 1\ K$; $\varphi = 75 \pm 3\%$ ($p_D = 30$ mbar).

Diese drei *Klimazonen* werden den verschiedenen Ländern der Erde zugeordnet. Genau genommen ist aber die Zuordnung nicht eindeutig, denn z.B. gehört Mexiko/Hochland zur Zone I, sonst zur Zone III, Guatemala nur in den Küstengebieten zur Zone III.

Für die *Lagerung im Freien* empfiehlt die ISO (vgl. ISO 2233 - 1972 (E)), Packaging-complete, filled transport packages, part II: Conditioning for testing) 8 Prüfklimata von -55 bis +60°C, die aber praktisch nur selten simulierbar sein dürften (vgl. auch DIN 55438 Verpackungsprüfung, Klimatisierung).

Über das Klima in *Supermärkten* berichteten Cairns und Gordon [3]. Sie fanden in England Mittelwerte (Messung in zweistündigem Abstand) von ϑ (und φ): März bis Mai 17,3°C (48,3%); Juni bis August 21,2°C (53,9%); September bis November 18,2°C (55,9%); Dezember mit Februar 14,5°C (48,0%). Im Intervall März bis Mai herrschten in 54% der Zeit Temperaturen zwischen 12,7 und 17,7°C, in 14% der Zeit bis 10°C, in 19% der Zeit bis 21°C, in 5,6% der Zeit bis 23°C und in 1,1% der Zeit bis 26°C. Das Feuchtigkeitsmaximum lag zwischen 50 und 59%, φ über 80% nur in 0,4% der Zeit. Demnach wäre die Temperaturbelastung mancher verpackter Lebensmittel (z.B. Schokolade) wahrscheinlich gravierender als die durch die Einwirkung der relativen Feuchtigkeit. Die täglichen Temperaturschwankungen im Supermarkt beliefen sich zwischen 2,7 und 2,8 K (außen zwischen 4,2 und 8,1 K), die Feuchtigkeitsschwankungen zwischen 4,5 und 6,5% (außen zwischen 19,6 und 37,6%) im Verlauf eines Jahres. Entsprechende statistische Werte aus der Bundesrepublik Deutschland fehlen noch.

Innerhalb von *Transportmitteln* können naturgemäß infolge der Sonneneinstrahlung andere Klimabedingungen herrschen, z.B. in stehenden Waggons ohne Fahrtwind bis 70°C; dies gilt auch auf Quais in den Tropen ohne Schuppen. Bei empfindlichen und wichtigen Gütern und speziellen Routen schließen die erwähnten drei Grundklimata also keineswegs aus, daß man spezielle Messungen durchführen muß und deren Ergebnisse nachbildet.

Tabelle 1. Die klimatischen Verhältnisse in den Frachträumen von Flugzeugen (Boeing 727) bei Mittelstreckenflügen

a) Vorderer unterer Frachtraum

Anfangstemperatur in °C	Frachtraumtemperatur in °C					
+ 30	+ 28	+ 25	+ 20	+ 14	+ 8	0
+ 25	+ 23	+ 21	+ 17	+ 12	+ 6	0
+ 20	+ 19	+ 18	+ 14	+ 10	+ 5	0
+ 15	+ 14	+ 13	+ 10	+ 7	+ 4	0
+ 10	+ 9	+ 8	+ 7	+ 3	+ 2	0
+ 5	+ 4	+ 3	+ 2	+ 1	0	0
0	0	0	0	0	0	0
- 5	- 4	- 3	- 2	- 1	0	0
	0,5	1	1,5	2	2,5	3
	(Flugzeit in h)					

b) Hinterer unterer Frachtraum

Anfangstemperatur in °C	Frachtraumtemperatur in °C					
+ 30	+ 27	+ 23	+ 20	+ 18	+ 15	+ 12
+ 25	+ 23	+ 20	+ 17	+ 15	+ 13	+ 11
+ 20	+ 18	+ 16	+ 14	+ 12	+ 11	+ 10
+ 15	+ 14	+ 13	+ 12	+ 11	+ 10	+ 9
+ 10	+ 10	+ 9	+ 9	+ 8	+ 8	+ 8
+ 5	+ 6	+ 7	+ 8	+ 8	+ 8	+ 8
0	+ 3	+ 5	+ 7	+ 8	+ 8	+ 8
- 5	- 2	0	+ 4	+ 6	+ 8	+ 8
	0,5	1	1,5	2	2,5	3
	(Flugzeit in h)					

Das Klima in Frachträumen von *Flugzeugen* ergibt sich aus den Tabellen 1a und 1b. Die relative Luftfeuchtigkeit stellt sich entsprechend der Anfangsluftfeuchtigkeit, der Gleichgewichtsfeuchtigkeit der verstauten Güter und der Frachtraumtemperatur während des Fluges ein. Dabei ist vor allem im vorderen Frachtraum bei hoher Anfangsluftfeuchtigkeit mit zunehmender Flugdauer die Gefahr von Schwitzwasserbildung an den Frachtraumwänden gegeben, da hier die Temperatur wesentlich schneller und tiefer fällt als im hinteren Frachtraum.

Von der Prüfung von (gefüllten) Packungen zu trennen sind die konventionellen *Prüfbedingungen* für *Packstoffe*, die im allgemeinen nach den Verarbeitungsbedingungen, weniger nach der Gleichgewichtsfeuchtigkeit des zu schützenden Gutes ausgerichtet sind. Die nach DIN 53122 anzuwendenden Prüfbedingungen der Wasserdampfdurchlässigkeit eines Packstoffes sind in Tabelle 2 aufgeführt. Zunehmend als Standard, weil für Druckereien wichtig, führt sich nach DIN 50014 ein: $\vartheta = 23°C$, $\Delta \varphi = 50\%$ gegen 0%.

Tabelle 2. Prüfklimata zur Bestimmung der Wasserdampfdurchlässigkeit nach DIN 53122 Bl. 1

Prüfklima		Partialdruckdifferenz
Temperatur °C	Relative Feuchte %	mbar
24	90	27
38	90	60
25	75	24
23	85	24
20	85	20

2.2 Instationäre Vorgänge

Der Art der Feuchtigkeitsschädigung nach unterscheidet man zwei Grundfälle: daß die Umgebung kälter als das Ladegut und daß das Ladegut kälter als die Raumluft ist. Beiden Fällen ist gemeinsam, daß der Taupunkt der Luft unterschritten werden kann; dies ist die Temperatur, bei der die vorhandene Wasserdampfmenge der Sättigungskonzentration der Luft mit Wasserdampf entspricht und sich damit Wasser in flüssiger Form ausscheidet, im erstgenannten Fall auf der inneren Oberfläche der Raumumrandung (Laderaumdecke, Containerwand), im zweiten Fall auf dem Ladegut. Während einer Reise ist ein Wechselspiel von Trocknen und Betauen von Innenwand und Packgut möglich.

Lagerräume (Kellerräume) sind im Frühjahr gefährdet, weil dann wärmere und feuchtere Luft auf durchgekühltes Gut trifft. In diesem Fall ist Öffnen von Fenstern und Türen bedenklich. Im Herbst besteht diesbezüglich keine Gefahr. Das Hartwerden von Puderzucker als Folge von Feuchtigkeitsschwankungen beruht auf einem Zyklus: Wasserdampfadsorption auf den Kristallen/Wiedertrocknen der angelösten Schicht, wodurch sich harte Brücken bilden.

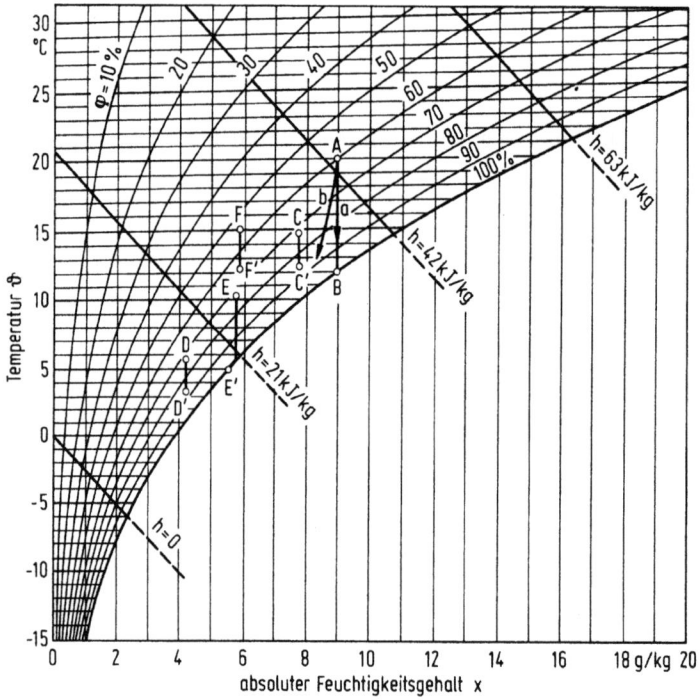

Bild 2. h, x-Diagramm für feuchte Luft nach Mollier. - Linie a Zustandsänderung bei Abkühlung vom Punkt A ohne Zu- oder Abführung von Feuchtigkeit bis zum Taupunkt (B), Linie b bei Abkühlung unter Feuchtigkeitsabgabe an einen hygroskopischen Stoff. Strecken C-C', D-D', E-E' und F-F' Verlauf der Änderung der relativen Luftfeuchtigkeit über einem Gut innerhalb der Verpackung bei der Auslagerung unter verschiedenen Bedingungen (nach Görling).

2.2 Instationäre Vorgänge

Schroffe Temperaturänderungen des Meeres beim *Schiffstransport* bringen ebenfalls Gefahren mit sich. Beim Übergang Golfstrom/Labradorstrom wechselt die Wassertemperatur rasch um ca. 18 K. An Deck von Schiffen erlitten bei einer Versuchsfahrt Container Temperaturänderungen von 12,3 ± 2,5 K, wenn das Schiff im Hafen lag; bei Fahrtwind erniedrigte sich dieser Wert auf 7,5 ± 2,1 K. Im ventilierten Deck im Bereich des Maschinenraumes wurden in Containern Temperaturen von 40°C erreicht. Die Temperatur- und Feuchtigkeitsschwankungen, denen das Ladegut bei Schiffstransporten ausgesetzt sein kann, lassen sich aus den Ergebnissen von Testfahrten entnehmen [4-6].

Luftdruckschwankungen können zudem zu einem "Atmungseffekt" durch Poren oder durch undichte Siegelnähte einer Packung führen, wodurch z.B. keimhaltige Luft eingesogen werden kann.

Die Zustandsänderungen beim Abkühlen und Erwärmen von Luft lassen sich am anschaulichsten im h,x-Diagramm für feuchte Luft darstellen. Dieses Diagramm stellt den Zusammenhang zwischen der Enthalpie h des Luft-Dampfgemisches, der Temperatur ϑ und der absoluten Feuchtigkeit x der Luft dar; es enthält außerdem Linien für konstante relative Feuchtigkeiten φ (Bild 2). In vereinfachter Form wird es für eine Zustandsänderung der Luft bei x = const mit nachfolgender Unterschreitung des Taupunktes auf einem metallischen Packgut im Bild 3 angewandt.

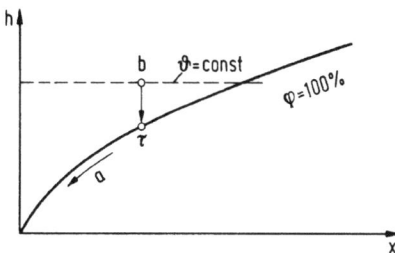

Bild 3. Darstellung der Zustandsänderung der Binnenluft von der Temperatur und Gleichgewichtsfeuchtigkeit des Füllgutes b, wenn die Temperatur der Wandung den Taupunkt der Luft (τ) in Richtung a unterschreitet.

2.2.1 Behältnis mit warmen Inhalt wird abgekühlt

Schiffe werden in den Tropen beladen, fahren nordwärts und werden in der gemäßigten Zone, beispielsweise im Winter, entladen. Befindet sich in einem hermetisch dichten Container kein hygroskopisches Material, z.B. gefüllte Konservendosen, werden sich bei einem Temperaturwechsel infolge der geringen Wasseraufnahmekapazität der eingeschlossenen Luft zwar keine merklichen Wasserdampfpartialdruckdifferenzen im Innern aufbauen, gemäß Bild 3 kann sich aber eine Taupunktsunterschreitung an der kältesten Stelle der Innenwand ergeben, denn mit sinkender Temperatur des unhygroskopischen Gutes steigt die relative Feuchtigkeit im Binnenraum. Auch wenn die Kondensatmenge sehr gering ist, manche Güter (z.B. Eisen) sind äußerst wasserdampfempfindlich, Konservendosen vor allem an den Löt- und Bördelstellen und im Etikettenbereich.

Bedeutend stärker wird die Gefährdung, wenn warme und feuchte Pappbehälter oder aber z.B. Kakaobohnen in Containern verladen werden. Bei fallenden Temperaturen der Umgebung und damit der Containerwandungen übersteigt der Taupunkt der Binnenatmosphäre die Wandtemperatur, was zur Kondensation an den Containerinnenflächen führt, so daß Kondenswasser von der Decke auf die Ladung tropft. Die Gefährdung ist um so höher, je höher die Gleichgewichtsfeuchtigkeit des Gutes ist. Im Kleinen läßt sich dies schon bei Verkaufspackungen von Obst und Gemüse beobachten, welche bei der geringsten Temperatursenkung wegen des bei der Atmung entstehenden Wasserdampfes an der Packungsinnenseite beschlagen. Aber auch bei warm verpacktem Frischbrot bildet, weil bei höheren Temperaturen der Sättigungsdampfdruck der Binnenatmosphäre weit höher ist als bei Umgebungstemperatur, die Verpackung eine Wasserdampfsperre: Die Kruste wird dabei weich und es kann in der von der Packung gebildeten "feuchten Kammer" Verschimmeln auftreten.

2.2.2 Das kalte Ladegut wird rasch erwärmt

Dieser Vorgang läuft z.B. ab, wenn ein Schiff in südlicher Richtung fährt oder in eine warme Wasserströmung kommt. Der Taupunkt der Binnenluft in einem Behältnis steigt an, so daß die Oberfläche des Gutes von einem bestimmten Zeitpunkt an beschlägt.

Um den Klimawechsel beim Aufwärmen von Behältnissen irgendwelcher Art besser überblicken zu können, wurde der Verlauf von Temperatur und Feuchtigkeit im Innenraum bei der Erwärmung eines wasserdampfdichten Behälters gemessen, der zur Simulierung der Masse des Gutes einen Kupferblock enthielt. Als Varianten wurden eingeführt: Wärmeisolierung des Behälters und Einfüllung hygroskopischer Stoffe [7]. Heizt man einen solchen hermetisch dichten, kalten Behälter auf, der innen beschlagen

2.2 Instatinäre Vorgänge

war, so bleibt das *nicht hygroskopische Gut* länger kalt als die Wandung, d.h. das Kondensat verdampft und wechselt von der Innenfläche der Wand auf die Gutsoberfläche über (Bild 4: $p_w > p_k$). Im weiteren Verlauf, wenn die Temperatur der unhygroskopischen Gutsoberfläche steigt, wird mit höherer Temperatur φ fallen. Nach Abtrocknung der Wand (z_2) wird $p_w = p_k$; mit steigender Temperatur nimmt die Luft Wasser auf, bis bei $\vartheta_k = \tau_0$ der Wasservorrat auf dem betauten Gut aufgebraucht ist (z_3). Bei weiterer Temperaturerhöhung bleibt p_0 konstant.

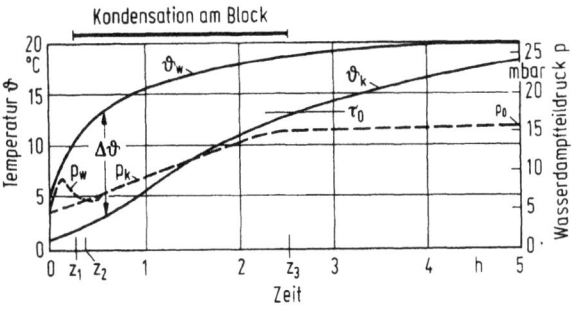

Bild 4. Verlauf der Temperaturen an der Wand (ϑ_w) und am Kupferblock (ϑ_k) bei Aufwärmung des wasserdampfdichten Behälters ohne hygroskopische Stoffe. p_w und p_k sind die aus den gemessenen φ - und ϑ-Werten berechneten Dampfdruckverläufe an der Wand und am Block.
z_1 und z_3: Beginn bzw. Ende der Kondensation am Block,
z_2:   Umkehrpunkt des Dampfdruckgradienten,
τ_0:   Taupunktstemperatur des Ausgangsklimas,
bei $\vartheta_k = \tau_0$ ist $p_k = p_0$ (Ausgangsklima).

Am trockenen Füllgut sind Kondensationsvorgänge vermeidbar, wenn man den Behälter mit trockener Luft füllt oder soviel Trockenmittel beigibt, daß auch bei der größtmöglichen Temperaturänderung keine Kondensation möglich ist. Bei einer Aufwärmung eines wärmegeschützten Behälters würde dabei die Betauung *länger* dauern; dies ist also bei nicht hygroskopischem Füllgut ungünstiger. Zur Berechnung der erforderlichen Anzahl Trockenmitteleinheiten vgl. DIN 55473, 55474 und [8].

Enthält der Behälter als innere Wandauskleidung *hygroskopische Packmittel* (Holz, Pappe), so ergeben sich andere Verhältnisse: Die Feuchtigkeitsaufnahme der hygroskopischen Materialien ist hoch (etwa hundertmal höher als dem Feuchtigkeitsgehalt der im Behälter eingeschlossenen Luft entspricht), weshalb das Binnenklima von deren Sorptionsisothermen bestimmt wird (Bild 5). Dies bedeutet, daß der Einsatz trockener hygroskopischer Packmaterialien der Erhaltung einer niedrigen Luftfeuchtigkeit im Innern dient. Wie aus Bild 5 zu ersehen ist, steigt bei einer langsamen Erhöhung der Temperatur (im Gleichgewichtszustand) im geschlossenen Behälter (x = const) die Gleichgewichtsfeuchtigkeit etwas an; bei Abkühlung ist das Umgekehrte der Fall. Wenn bei der Aufwärmung des Behälters (Bild 6) die durch den Wasserdampfpartialdruck des hygroskopischen Stoffes (p_p) gegebene Taupunktstemperatur τ höher wird als die Temperatur an der Kupferblockoberfläche ϑ_k, beginnt Kondensation am Block (z_1). Wenn die Wasserdampfpartialdrücke über der Einlage und dem Metallblock gleich werden ($p_k - p_p = 0$ bei z_2), beginnt die Rückverdampfung (Ende der Betauung bei z_3).

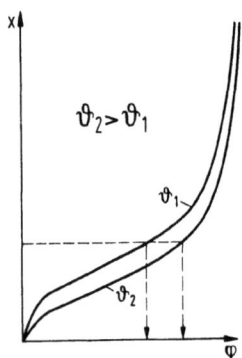

Bild 5. Sorptionsisotherme eines hygroskopischen Gutes. (schematisch)
x: Wassergehalt;
φ: Gleichgewichtsfeuchtigkeit

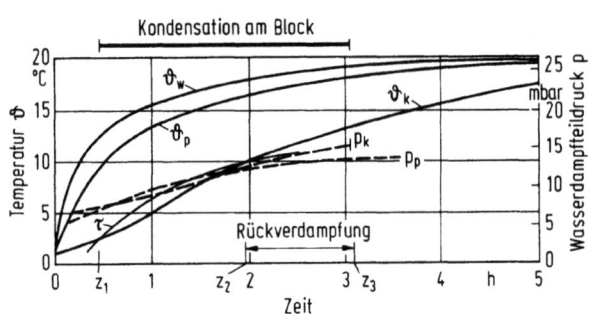

Bild 6. Verlauf der Temperaturen und Wasserdampfteildrucke an der Wand (ϑ_w), an der Pappe (ϑ_p, p_p) und am Kupferblock (ϑ_k, p_k) bei Aufwärmung des wasserdampfdichten Behälters mit hygroskopischen Stoffen (Vollpappe).
$z_1 - z_2$: Dauer des Kondensierens am Kupferblock,
$z_2 - z_3$: Rückverdampfungsdauer des Kondenswassers,
$\tau = f(p_p)$: Verlauf der Taupunktstemperatur über der Pappe.

2.2 Instationäre Vorgänge

Wenn ein Schiff in südliche Zonen fährt, dann erwärmt sich die Binnenluft in dem Behälter rascher als die große Masse des hygroskopischen Gutes, so daß dieses von einem bestimmten Zeitpunkt an Feuchtigkeit aufnimmt, besonders stark, wenn der Container nicht hermetisch abschließt.

Bei sehr wasserdampfempfindlichen Lebensmitteln genügt das Vermeiden eines Unterschreitens des Taupunktes der umgebenden Luft nicht, häufig soll keine höhere relative Feuchtigkeit als ca. 60% auf sie einwirken, sonst können sich Bestandteile lösen (z.B. Zucker) oder Eisenteile rosten (nicht erst bei φ = 100%); mikrobiologischer Verderb ist über φ = 75% möglich. Es gelten gemäß Bild 7 für wasserdampfempfindliche Lebensmittel beim Auslagern aus Kühlräumen alle vorhergehenden Erwägungen. Der dargestellte Fall b ist aufgrund des Vorerwähnten günstiger, sofern Inneneinlagen mit niedriger Gleichgewichtsfeuchtigkeit verwendet werden. Allerdings muß der Karton geruchlos sein, was im Fall a unerheblicher wäre [9,10].

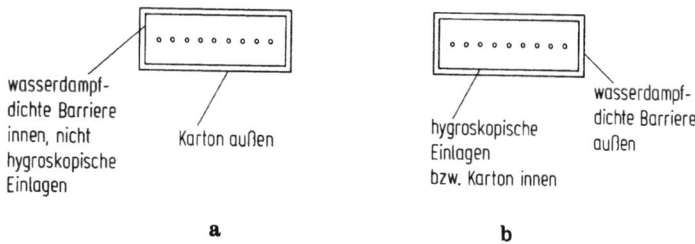

Bild 7. Modell von Pralinenpackungen.

Beim Auslagern eines Kartons (z.B. Milchkarton) aus dem Kühlhaus ist noch folgendes zu bedenken: Kommt das Paket von einem Raum mit dem Zustand A in Außenluft vom Zustand B, so erhöht sich infolge Feuchtigkeitsadsorption aus der umgebenden Luft der Wassergehalt an der Kartonoberfläche, deren Temperatur gleichzeitig ansteigt, wodurch Δp_D zur Außenluft kleiner wird (Bild 8). Bevor die Temperatur der Oberfläche die Raumtemperatur erreicht, überschreitet der Partialdruck der in ihr enthaltenen Feuchtigkeit den Wasserdampfpartialdruck der Luft. Von nun an erfolgt - umgekehrt - bei steigender Temperatur Rückverdampfung von der Oberfläche zur Raumluft bis zum Ausgleich mit dem Luftzustand im Außenraum.

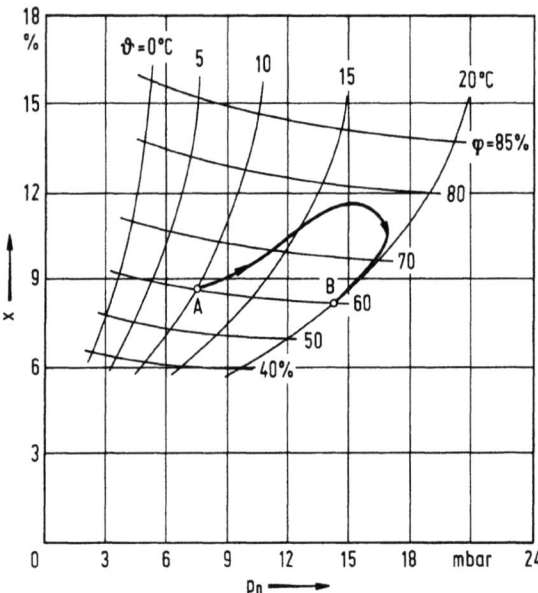

Bild 8. Sorptionsisothermen eines Kartons bei verschiedenen Temperaturen in Abhängigkeit vom Gleichgewichts-Wasserdampfdruck p_D.

Zustandsänderung an der Oberfläche des Packstückes beim Übergang von 10°C, 60% (A) auf 20°C, 60% (B).

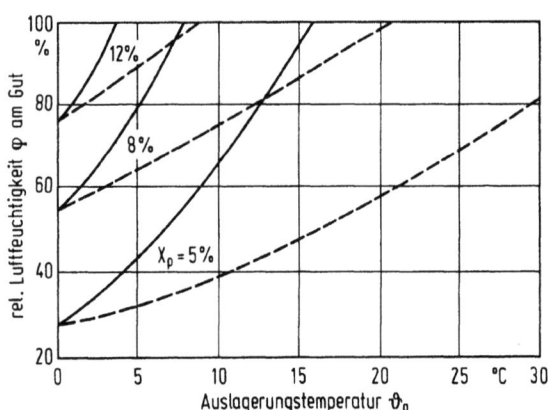

Bild 9. Maximaler Anstieg der relativen Luftfeuchtigkeit an einem kompakten Gut bei Auslagerung des wasserdampfdichten Behälters mit einem Inhalt von 400 g Pappe vom Wassergehalt X_p aus 0°C in verschiedene Umgebungstemperaturen ϑ_a, berechnet aus den bei einer Aufwärmung gewonnenen Werten. Behälter ohne Wärmeschutz (—) (vgl. Bild 6), (---) Behälter mit Wärmeschutz.

2.2 Instationäre Vorgänge

Bei einer Aufwärmung in einem hermetisch schließenden *wärmegeschützten Transportbehälter*, der hygroskopisches Gut enthält, findet im Innern keine Betauung statt, da im Gegensatz zu Bild 6 hierbei die Taupunktstemperatur immer unter der Gutstemperatur bleibt. Garantiert wird dies durch eine genügend langsame Erwärmung bzw. durch einen niedrigen Wassergehalt des hygroskopischen Materials. In Bild 9 ist der Anstieg der Innenfeuchtigkeit beim Aufwärmen eines Kupferblocks mit Pappeeinlagen von verschiedenen Wassergehalten in einem hermetisch dichten Behälter mit und ohne Wärmeschutz dargestellt. Bei einer wärmedämmenden Schutzhülle würde die Feuchtigkeit am Gut weniger rasch ansteigen (gestrichelte Linie).

Insgesamt ergeben sich zur Verringerung von Feuchtigkeitsrisiken beim Transport von feuchtigkeitsempfindlichen Gütern in Containern folgende Möglichkeiten [11]:

a) Man wird unbedingt versuchen, bei den Einbauten, Paletten und Versandschachteln durch Trocknen und Trockenlagerung jeden überhöhten Wassergehalt vor dem Beladen zu vermeiden [12].

b) Man wird versuchen, alle Temperaturschwankungen so gering wie möglich zu halten, z.B. dadurch, daß man die Container weder direkter Sonnenstrahlung noch Strahlungsfrost aussetzt und für Wärmeschutz vor allem am Dach sorgt. Nicht isolierte Container gehören bei Schiffstransporten unter Deck verstaut, wo die Temperaturen ausgeglichener sind.

c) Beim Einbringen darf die Ladung nicht wesentlich wärmer sein als die Containerwände (vor allem nicht als das Containerdach), aber auch nicht kälter als der Taupunkt der Außenluft. Falls man eine Ladung ausbringen muß, deren Temperatur unter dem Taupunkt der Außenluft liegt, ist es besonders schlimm, wenn die Paletten dicht beisammen bleiben und nicht sofort entleert werden können, weil im ersten Fall die gesamte Ladung solange feucht bleibt, bis der Taupunkt der Luft wieder überschritten wird. Hierdurch können Rost, Schimmelpilzwachstum, Aufweichen und schließlich Fleckenbildung sowie auf der Pappenoberfläche Abrieberscheinungen auftreten. Eine interne Feuchtigkeitsdiffusion, z.B. wenn eine Containerwand am Maschinenraum anliegt oder einseitig von der Sonne bestrahlt wird, muß ebenfalls vermieden werden, weil die Feuchtigkeit dem Partialdruckgefälle folgend nach der kalten Seite wandert. Aus dem gleichen Grunde soll man in einen Container auch nicht Ware von verschiedener Ausgangstemperatur einbringen.

2.3 Lichtinduzierte Temperatureinflüsse auf verpackte Lebensmittel

Waren in lichtdurchlässigen Packstoffen unterliegen einem "Glashauseffekt" [13]. Darunter versteht man, daß Glas für kurzwellige Strahlung von 30 - 300 nm einigermaßen durchlässig ist. Wenn diese Strahlung vom Gut absorbiert wird, kommt es zu dessen Erwärmung über die Umgebungstemperatur, wodurch dieses Wärme abzustrahlen beginnt. Diese Strahlung liegt in einem Wellenlängenbereich von 6 bis 60 µm, für welchen Glas vollständig, Kunststoffe mehr oder weniger undurchlässig sind. Es stellt sich also eine zeitabhängige Übertemperatur des Füllgutes ein, welche von der Intensität der Strahlung, dem Absorptionsvermögen des Füllgutes und von den Wärmedurchgangsverhältnissen abhängt. Bei wolkenlosem Himmel im Freien auf der Südseite können sich in Kunststoffverpackungen vergleichsweise zu offener Lagerung ohne weiteres um 10 K höhere Werte einstellen. In künstlich beleuchteten Verkaufstruhen für Frischfleisch kann in verpacktem Zustand der Temperaturunterschied zwischen Ober- und Unterseite 1 K betragen, während die Temperatursteigerung in der Kühltruhe als Folge einer Bestrahlung mit 1100 lx nur 0,2 - 0,4 K beträgt. Der Wärmeschutz einer von oben bestrahlten Fleischschale und eine Behinderung des Stoffaustausches wirken sich temperaturmäßig weit ungünstiger aus als die übliche Truhenbeleuchtung, wogegen bei Wahl eines wasserdampfdurchlässigen Einschlages der Fleischoberfläche Wärme durch Verdunstung entzogen wird [14].

Der Einfluß der Wärmestrahlung von Decken und Wänden auf die oberste Lage von Gefrierdauerwaren in offenen Verkaufstruhen ist bedeutend, ganz abgesehen von der damit verknüpften dauernden Vergeudung der Energie zur Erzeugung von Kälteleistung bei tiefen Temperaturen. Während poliertes Aluminium einen Absorptionskoeffizienten für Wärmestrahlen von $\varepsilon = 0,03$ hat, liegt derjenige von Kunststoffen und Papier zwischen 0,84 und 0,93 und auch eine beeiste Schicht ist mit 0,95 annähernd ein "schwarzer Körper". Dies hat zur Folge, daß die oberste Lage, welche bei $\varepsilon = 0,05$ praktisch keine merkliche Übertemperatur aufweisen würde, im Falle von $\varepsilon = 0,9$ bei 20°C Umgebungstemperatur eine Übertemperatur von 17 K und bei 30°C von 20 K über einer angenommenen Gefriertruhentemperatur von -34°C aufweisen würde [15]. Erreicht man in tieferen Lagen offener Gefriertruhen -18°C und sind sie überfüllt, liegen die Temperaturen in der oberen Lage für eine ausreichende Qualitätserhaltung viel zu hoch, besonders wenn man bedenkt, daß durch "Wühlen" des Käufers immer wieder kalte Packungen nach oben gelangen. Selbst wenn man

Aluminiumfolie als Außeneinschlag verwendet, muß man damit rechnen, daß deren Oberfläche betaut oder vereist, womit die hohe Wärmereflexion von Aluminiumfolie gegenstandslos würde. Leider ist eine Abschirmung durch einen Wärmestrahlenreflektor dem Verkaufsanreiz insofern abträglich, als eine horizontale Blende in einer Höhe von 30 cm über dem Truhenrand angebracht werden müßte, wenn man sich mit lediglich einer Verringerung der Wärmestrahlung um 50% zufrieden gäbe. Da durch eine Blende in 1 m Höhe über dem Truhenrand sich die eingestrahlte Wärmemenge nur noch um 9% verringern ließe, wäre auch eine Auskleidung der Decken und Wände im Truhenbereich mit Aluminiumfolie nicht lohnend [16].

Literatur zu Kapitel 2

1 Postner, H.: Über die Auffindung geeigneter Klimabedingungen für Haltbarkeitsteste verpackter Lebensmittel. Verpack.-Rdsch. 23 (1972) TWB 33-36
2 Spingler, E.: Aufzeichnung von Lagerbedingungen für pharmazeutische Produkte. Verpack.-Rdsch. 25 (1974) TWB 17-21; vgl. auch Verpack.-Rdsch. 25 (1974) TWB 55-56
3 Cairns, J. Q.; Gordon, G. A.: Climatic problems in food distribution. Bericht über die 2. Internationale Verpackungskonferenz, München 1976
4 Mielke, H.: Die Beanspruchung von Ladegut im Überseeversand durch die täglichen Temperatur- und Feuchteschwankungen. Verpack.-Rdsch. 14 (1963) TWB 75-80
5 Mielke, H.: Über Eigenschaften und Schutzwirkungen von Containern. Neue Verpack. 27 (1974) Nr. 10, 1364-1366
6 Mielke, H.: Über die klimatischen Bedingungen in Containern beim Versand in oder durch die Tropen. Verpack.-Rdsch. 23 (1972) TWB 1-5
7 Weiß, A.; Heiss, R.; Görling, P (ILV): Untersuchung des Binnenklimas in Versandbehältern bei äußerer Klimaänderung. Verpack.-Rdsch. 16 (1965) TWB 59-67
8 Becker, K. (ILV): Probleme des Feuchtigkeitsschutzes mit Kunststoff-Folien. Verpack.-Rdsch. 30 (1979) TWB 25-28
9 Görling, P. (ILV): Über die Auslagerung von Schokoladeerzeugnissen aus Kühlräumen. Verpack.-Rdsch. 12 (1961) TWB 89-94
10 Becker, K. (ILV): Klimaänderungen in Pralinenpackungen beim Auslagern aus Kühlräumen. Fette-Seifen-Anstrichmittel 67 (1965) 591-596
11 Middlehurst, J.; Parker, N. S.: Prevention of condensation on canned foods in ISO-Containers. CIRO Fd. Res. Qu. 38 (1978) 25-34
12 Cerveny, L.: Einrichtungen zur automatischen Regelung der Luftfeuchtigkeit in Containern. Verpack. 17 (1976) Nr. 6, 190-192
13 Häckel, H.: Einige Zahlenwerte zum Klima in offenen und folienverspannten Verpackungsschälchen. Verpack.-Rdsch. 26 (1975) TWB 24-25
14 Böhme, F.: Einfluß der Verpackung und des Lichtes auf die Temperatur in Frischfleisch-Portionspackungen. Fleischwirtsch. 56 (1976) 1570-1571
15 Drake, R. I.: Emission and radiation: Their effects on frozen food in display cases. The British Frozen Food Federation Convention, Brighton, 9.4.1976
16 Middlehurst, J.: Australien Refrigeration, Air Conditioning and Heating. 28 (1974) Nr. 8, 29

3 Die wichtigsten speziell beim Umschlag von Lebensmitteln auftretenden mechanischen Beanspruchungen von Packmitteln *

3.1 Stauchfestigkeit von Versandschachteln

Während früher der Versand sehr weitgehend als Stückgut erfolgte, nimmt der Container- und Palettenversand zu, wobei die Stapelhöhe 2,5 m betragen kann. In Lagerhallen ist eine Stapelung bis selbst auf 6 m Höhe keine Seltenheit. Die unterste Versandschachtel unterliegt einer Druckbelastung von $P = (H/h - 1)G$ in der Deckel- und von $P = (H/h)G$ in der Bodenzone. (H: Stapelhöhe, h: Höhe und G: Gewicht der Einzelschachtel). Daß der Inhalt voll mitträgt, ist auf dem Lebensmittelsektor bei Dosen und Gläsern möglich, sonst aber nicht die Regel. Meist muß die Versandschachtel die gesamte Stapellast aufnehmen. Bei einer Überbeanspruchung kann dann die Innenpackung durch Verformung unansehnlich werden und an Verkäuflichkeit einbüßen, auch der Inhalt kann ernsthaft beschädigt werden (z.B. Obst). Sofern nicht genau senkrecht gestapelt wird oder die Last nicht gleichmäßig verteilt ist oder nicht alle Stellen der Schachtel gleich belastbar sind, kann der Stapel schief werden und einstürzen.

3.1.1 Lastaufnahme von Versandschachteln ohne Inhalt

Wird eine Schachtel einem gleichmäßigen Druck ausgesetzt, dann sind die Druckkräfte zunächst gleichmäßig über den Umfang verteilt. Von einer bestimmten Belastungsgröße, der sogenannten kritischen Beullast ab, beginnen die Wände entweder ein- oder auszubeulen. In diesem Zustand ist die Schachtel keineswegs entwertet, sondern besitzt weiterhin eine erhebliche Tragreserve. Die Last verlagert sich in den Bereich der senkrechten Kanten (Bild 10), wobei diese Art der Lastverteilung die Schachtel zunächst sogar versteift. Konzentriert sich die Last schließlich fast ganz im Kantenbereich, so geht das Versagen von einer örtlichen Instabilität aus. Letztere kann z.B. bei Wellpappe in einem Loslösen des Deckenpapiers von der Welle in der Zone der stärksten Belastung bestehen. An den Kanten bilden sich in die Wand verlaufende

---

* Unter freundlicher Mitwirkung von Dr. J. Penzkofer (ILV).

3.1 Stauchfestigkeit von Versandschachteln

scharfe Falten aus, die zum raschen Zusammenbruch der Schachtel führen. Hierauf ist die gegenseitige Verschiebbarkeit der Wände im Bereich der Rillzonen von großem Einfluß; die kritische Beullast wird dadurch herabgesetzt, der Stauchwiderstand der Schachtel vermindert und die Zeit bis zum Bruch verkürzt. Auf eine exakte Rillung ist also größter Wert zu legen.

Nach Überschreiten der Beullast tragen demnach die vier senkrechten Kanten der Schachtel die Hauptlast, während die Seitenwände nur wenig - je nach der Biege- und Schubsteifigkeit der Wände und der Schachtelgeo-

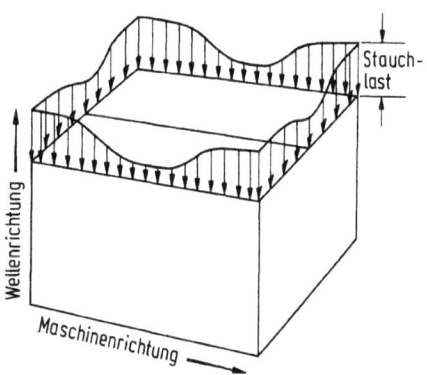

Bild 10. Lastprofil auf den Zargenwänden bei senkrechter Stauchbelastung.

metrie, vielleicht ein Drittel der Last [1] - mittragen. Dies bedeutet, daß im Falle einer waagrechten Verschiebung (Versetzung) einer Schachtel im Stapel oder über den Palettenrand hinaus zwei von den vier Kanten nicht mehr voll mittragen, was zu einem erheblichen Rückgang des Stauchwiderstandes des gesamten Stapels führen kann. In (Bild 11) ist der Einfluß eines Überhangs einer Schachtel innerhalb eines Palettenstapels auf den prozentuellen Verlust an Stauchwiderstand dargestellt [2]. Hieraus erkennt man auch, daß die Bruchlast einer einzelnen Wellpappeschachtel (A) höher ist, als wenn sie im Stapel gelagert wird (B und C). Liegen im Stapel die Kanten genau übereinander (B), so ist der Verlust an Stauchwiderstand nur gering (ca. 10-20%) und zwar wird er dadurch hervorgerufen, daß Boden und Deckel gegenseitig nicht so eben anliegen wie an der Druckplatte einer Stauchpresse und deshalb die Druckverteilung nicht völlig gleichmäßig ist. Werden die Stapel im Verbund gestapelt, dann fällt die Bruchlast ganz erheblich ab (C).

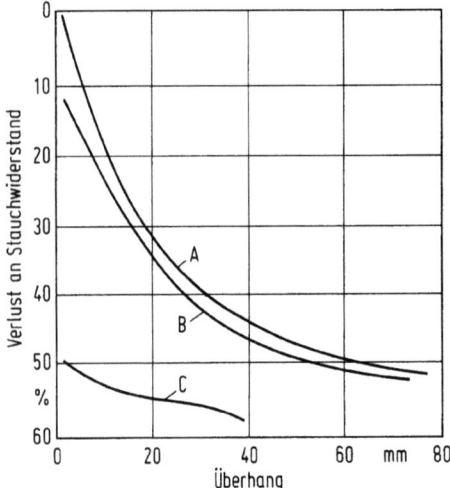

Bild 11. Überhangeffekt von Versandschachteln auf Paletten; Einfluß des Überhangs auf den Verlust an Stauchwiderstand bei Stapelung Kante über Kante (B) vergleichsweise zu der einer einzelnen Schachtel (A). C: versetzte Anordnung (nach Levans).

Bei übereinandergestellten, mit Kunststoffflaschen gefüllten Versandschachteln stellte Penzkofer [10] fest, daß sich in der Stauchpresse der Stauchweg annähernd um das Vielfache der Packstücke erhöht und der Stauchwiderstand beinahe den Wert des einzelnen Packstücks erreicht. Im Stapel, der einer oben offenen Säule gleicht, verteilen sich die Stauchwege im Gegensatz dazu aber nicht gleichmäßig von oben nach unten, sondern nehmen nach unten hin ab, was auf eine vermehrte Konzentration der Gewichtslast in unteren Lagen hinweist.

Vollmer [3,4] untersuchte den Einfluß der Höhe und des Umfanges einer Versandschachtel auf ihren Stauchwiderstand (Bild 12). Demnach gibt es ein kritisches Verhältnis von Höhe (h) zu Umfang (U). Unterhalb desselben liegt eine gleichmäßige Druckbelastung vor. Der Stauchwiderstand steigt mit dem Umfang an (a bis d in Bild 12), fällt andererseits aber oberhalb eines kritischen Umfangs (1160 mm unter den Bedingungen gemäß Bild 12) mit zunehmender Höhe (zwischen 100 und ca. 250 mm in Bild 12) stark ab. Oberhalb dieser Verhältnisse (h/U), d.h. oberhalb des kritischen Umfanges (1160 mm) und oberhalb einer kri-

3.1 Stauchfestigkeit von Versandschachteln

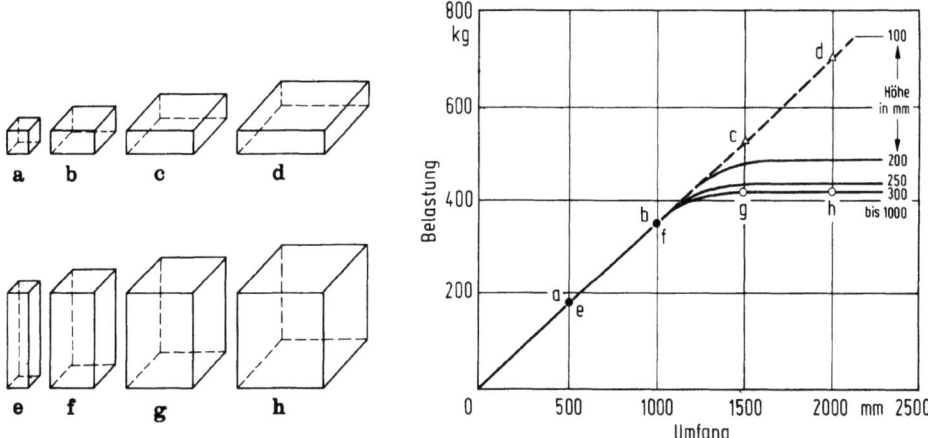

Bild 12. Stauchversuche an Wellpappeschachteln a) bis d) mit steigendem Umfang und einer Höhe von 100 mm.
e) bis h) mit steigendem Umfang und einer Höhe von 250 bis 1000 mm (nach Vollmer).

tischen Höhe (größer 250 mm) bleibt der Stauchwiderstand, unabhängig von Umfang und Höhe, annähernd konstant. Insgesamt nimmt der Stauchwiderstand von der kritischen Höhe ab, mit der Wurzel aus dem Umfang (e bis h in Bild 12) zu. Nach McKee [5] beträgt dieses Verhältnis h/U = 1/7 = 0,143*.

Aus Materialwerten den Stauchwiderstand zu berechnen, ist zur Zeit nicht mit der notwendigen Sicherheit und Genauigkeit möglich. Dazu müssen die geometrischen Einflußgrößen klar von denjenigen des Materials unterschieden und die Randbedingungen eingehalten werden. Beim Kantenstauchwiderstand, der in der McKee-Formal erscheint, liegt das Verhältnis von Höhe zu Breite der Probe unterhalb des kritischen Wertes, und zwar gilt für Platten h/U = 1,0; außerdem bleibt unberücksichtigt, daß die senkrechten Kanten der Probe fest eingespannt sein müssen. Ähnliches trifft für die Bestimmung der Biegesteifigkeit zu, die deshalb bisher noch keinen befriedigenden Aussagestand erreicht hat. Aus diesem Grund steht die experimentelle Bestimmung des Stauchwiderstandes an der Schachtel nach wie vor im Vordergrund.

3.1.2 Zeitabhängigkeit der Belastungsfähigkeit

Die in der Praxis übliche Belastung einer Versandschachtel erfolgt unter gleichbleibendem Druck. Charakteristisch ist demnach die Zeitstandfestigkeit, d.h. die Zeit, bis unter der zu erwartenden Belastung bei

---

* Die McKee-Formel zur Berechnung des Stauchwiderstandes, nach der dieser mit der Wurzel aus dem Umfang und der Wanddicke ansteigt und unabhängig von der Höhe ist, gilt also nur im Bereich h/U ≥ 1/7.

den gegebenen Umweltbedingungen entsprechend einem Weg-Zeit-Diagramm die zulässige Veränderung überschritten wird und damit der Zusammenbruch erfolgt (Bild 13). Eine solche Prüfung wäre als Normmethode viel

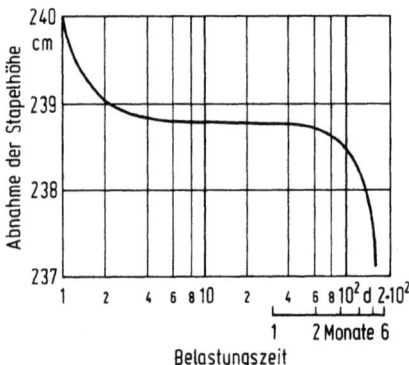

Bild 13. Zeitstandsversuch an einer Versandschachtel unter einer in der Praxis zu erwartenden konstanten Last bei konstanter Feuchtigkeit.

zu zeit- und raumaufwendig, weshalb man in der Praxis mit einer Druckpresse arbeitet, und zwar nicht bei konstanter Last, sondern mit konstantem Vorschub, wobei die Last ansteigt. Dabei wird der Stauchwiderstand ermittelt [6] und es ergeben sich Last-Weg-Diagramme gemäß Bild 14a und 14b.

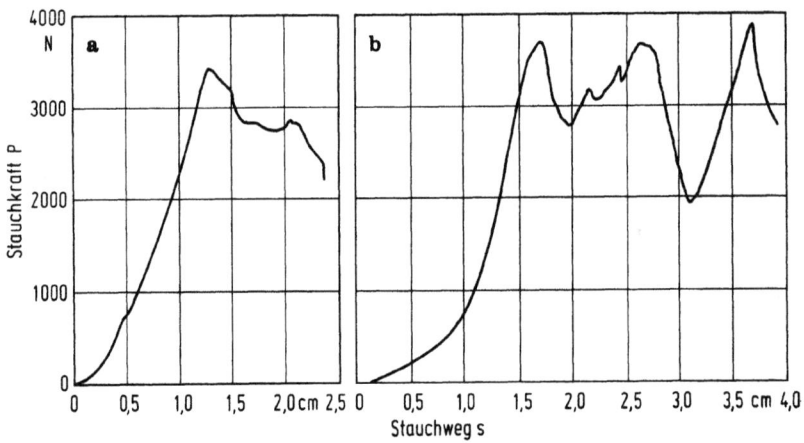

Bild 14. Last-Weg-Diagramme für Vollpappe- (a) und Wellpappeschachteln (b) bei konstanter Feuchtigkeit. Die Maxima bezeichnet man als Stauchmaxima; Bruchwiderstand ist der Stauchwiderstand, bei welchem die Schachtel eine den Verwendungszweck beeinträchtigende Beschädigung erleidet (evtl. identisch mit dem ersten Stauchmaximum).

3.1 Stauchfestigkeit von Versandschachteln

Der Einfluß der relativen Luftfeuchtigkeit bzw. des entsprechenden Gleichgewichtswassergehalts der Pappe auf den Stauchwiderstand der Schachtel ist am Beispiel von Wellpappe in Bild 15 dargestellt. Bezogen auf den Stauchwiderstand bei 20°C, 65% rel.F. fällt dieser Widerstand bei 20°C, 75% rel.F. auf 85%, bei 20°C, 85% rel.F. auf 70%

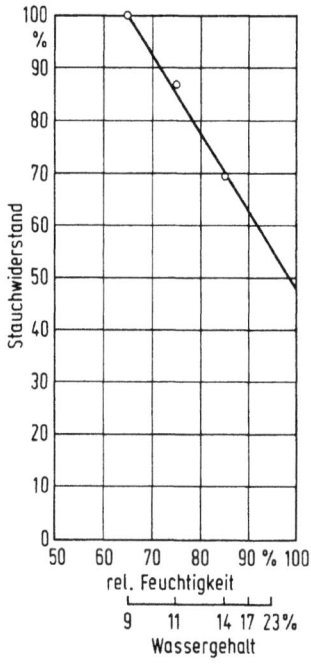

Bild 15. Abhängigkeit des Stauchwiderstandes von Wellpappe-Versandschachteln von der Feuchtigkeit bezogen auf den Wert bei 65% relativer Feuchtigkeit (100%) bei 20°C (nach Penzkofer).

und bei 20°C, 95% rel.F. auf 55% ab. Die Ausgleichsgerade gilt sowohl für ein- als auch für zweiwellige Wellpappen. Im Bereich des Fasersättigungspunktes der Pappe wird der Festigkeitsabfall noch höher. Durch Eintauchen in Wasser würde der Stauchwiderstand nochmals erheblich unter den Wert für eine relative Feuchtigkeit knapp unter 100% absinken. Hinsichtlich des Feuchtigkeitseinflusses ist zu berücksichtigen, daß nicht nur die Umgebungsfeuchtigkeit, sondern auch ein nicht wasserdampfdicht verpacktes feuchtes Füllgut den Anstieg des Wassergehalts der Pappe bestimmen kann.

Um den Einfluß höherer Umgebungsfeuchtigkeit, von Schwitzwasser oder gar von ausfließender Flüssigkeit auf den Stauchwiderstand zu verringern, müssen sie z.B. mit Hotmelts oder mit einer PVDC-Dispersion beschichtet werden, und zwar porenfrei, weil schon kleine Poren, Schnittkanten usw. ausreichen, um einen lokalen Festigkeitsabfall durch Feuch-

tigkeitsaufnahme auszulösen, und diese Schwachstelle den Einsturz eines
Stapels bewirken kann.

Die beschriebenen Effekte addieren sich, d.h. die am Stauchtisch unter
Normklima an einer Versandschachtel ermittelte Bruchlast vermindert
sich um einen Faktor η_1 infolge Ermüdung durch Langzeitbelastung, um
einen Faktor η_2 infolge abweichender Innen- oder Außenfeuchtigkeit, um
einen Faktor η_3 infolge ungünstiger Gegenflächen (mangelhafte Planparallelität) und bei Wellpappe durch einen Faktor η_4 infolge Materialschwächung durch Bedrucken. Andererseits kann durch Mittragen des
Inhalts fallweise die Belastungsfähigkeit um den Faktor η_5 ansteigen.
Damit wird die wahre Belastungsfähigkeit $P_{eff} = P_{STW} \eta_1 \eta_2 \eta_3 \eta_4 \eta_5$. Dieses P_{eff} ist mit dem Wert für die tatsächliche Druckbelastung der
Bodenzone eines Stapels [P = (H/h)G] zu vergleichen.

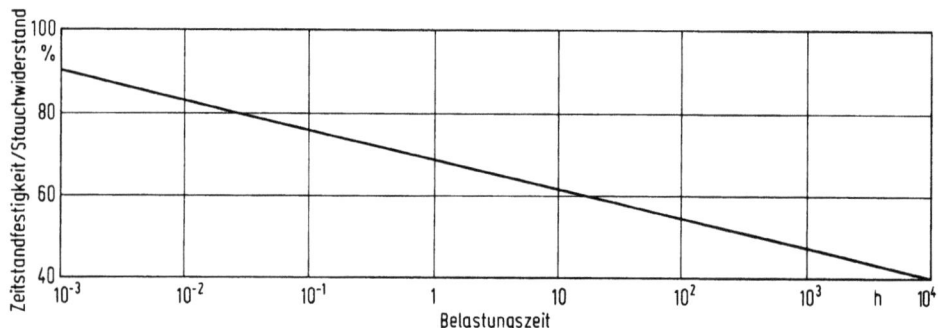

Bild 16. Abhängigkeit der Standzeit vom Verhältnis der Zeitstandfestigkeit zum Stauchwiderstand von Zargen verschiedener Abmessungen und aus unterschiedlichen Materialien bei 65% relativer Feuchtigkeit.

Die Verknüpfung zwischen den Meßanordnungen in den Bildern 13 und 14
wurde durch Kellicutt [7], durch Schricker [1] und Heiss [8] hergestellt.
Aus Bild 16 ergibt sich, daß für das Verhältnis Zeitstandfestigkeit zu
Stauchwiderstand bei konstanter relativer Feuchtigkeit eine einzige Regressionsgerade für eine große Zahl von Parametern brauchbar ist. Sie
hat noch bis 90% relativer Feuchtigkeit Gültigkeit.

3.1.3 Lastaufnahme von Versandschachteln bei mehr oder minder mittragendem Inhalt

Mit Erbsen, Bohnen, Maiskörnern u.ä. gefüllte Schachteln weisen eine
um 10% höhere Stauchfestigkeit als leere Wellpappeschachteln auf, weil
das Ein- und Ausbeulen dadurch behindert wird [7,9]. Schüttbare Güter

3.1 Stauchfestigkeit von Versandschachteln

werden aber selten lose, sondern meist in Beuteln und in Faltschachteln aus Karton abgepackt. Sie leisten, weil sie sich infolge der Transporterschütterungen leicht setzen und frei verschieben, kaum einen Beitrag zur Standfestigkeit der Schachtel im Stapel. In der Praxis wäre es in solchen Fällen also besonders wichtig, daß das Füllgut in die Innenpakkungen von vornherein möglichst satt eingerüttelt wird.

Aber auch starre Dosen und Gläser stellen häufig keinen voll mittragenden Inhalt dar. Packgüter mit hohem spezifischem Flächendruck drücken sich nämlich mit den Endflächen besonders bei den nachgiebigen Wellpappen in die Deckel- und Bodenklappen der Schachtel ein, wodurch zwischen der obersten Gutbegrenzung und der Innenseite der Versandschachtel auf die Dauer ein Spiel entsteht. Oft ist letzteres so groß, daß die Schachtel unter starkem Ein- und Ausbeulen einknickt, bevor das Gut Stapellast aufnimmt. Die Versandschachteln sind dann während des weiteren Umschlags verbeult und gewähren nur noch einen entsprechend verminderten Schutz. Jedenfalls ist auch in diesem Fall darauf zu achten, daß von Haus aus möglichst bündig abgepackt wird.

Bei druckempfindlichem Inhalt, wie es z.B. gefüllte Kunststoffflaschen und Faltschachteln aus Karton darstellen, ist die Lastverteilung zwischen Inhalt und Versandschachtel sehr genau abzuwägen: Innen- und Außenpackung, die für sich allein die Stapellast nicht aufnehmen könnten, würden im Verbund diese Funktion erfüllen. Zweckmäßigerweise wird man den freien Kopfraum einerseits nicht so klein wählen, daß der Lastanteil der Ware zu hoch wird, andererseits aber auch nicht so groß, daß die Außenschachtel vor Erreichen des Stauchdruckmaximums der Innenschachtel zusammenbricht. Die Frage, wie sich die Last zwischen Inhalt und Schachtel aufteilt, läßt sich durch sinngemäße Anwendung der Gesetzmäßigkeit der Parallelschaltung errechnen [10]. Letztere besagt, daß sich die Stauchkräfte der Innen-(P_I) und der Außenpackung (P_V) addieren, sobald der Stauchweg der Innen-(S_I) gleich dem Stauchweg der Außenverpackung (S_V) ist. Die auf das gesamte Packstück ausgeübte Stauchkraft P_P beträgt dann: $P_P = P_I + P_V$. Damit erhält man den auf die Innenverpackung, relativ zum Gesamtpackstück, wirkenden Lastanteil zu: $\frac{P_I}{P_P} = \frac{1}{1+k_V/k_I} \cdot 100$ in %, wobei $k_I = P_I/S_I$ die Federsteifigkeit der Innen- und $k_V = P_V/S_V$ die Federsteifigkeit der Außenverpackung ist. In der Praxis nimmt man das Last-Weg-Diagramm der leeren Versandschachtel und dasjenige des Inhalts einschließlich Deckel- und Bodenklappen auf und verschiebt die beiden gegeneinander, bis sich aus ihrer Summe die für den Inhalt höchstzulässige Stauchkraft bzw. der maximale Stauchwiderstand ergibt. Die notwendige Verschiebung der Diagramme drückt dann den einzustellenden Kopfraum aus. Im wesentlichen unterscheidet man, ob die Steilheit des Lastanstiegs der Schachtel größer ist als diejenige des Inhalts ($k_V > k_I$: bedingt mittragendes Gut) oder umgekehrt ($k_V < k_I$: wesentlich mittragendes Gut).

Häufig muß bei druckempfindlichem Gut sehr sorgfältig abgeschätzt werden, ob eine erhöhte Wellpappenqualität, die richtige Wahl der Schachtelmaße oder aber eine Verbesserung des Stauchwiderstandes der Innenpackung bzw. des entsprechenden Packmittels (bei Faltschachteln aus Karton z.B. der Kartonqualität) die wirtschaftlichere Optimierung herbeiführt. Durch planmäßige Einbeziehung dieser Gesichtspunkte ließe sich vielfach die Sicherheit des Umschlags von Lebensmitteln erhöhen oder Verpackungsmaterial einsparen. Laufende Versuche von J. Penzkofer scheinen zu bestätigen, daß ein Kopfraum von 2 - 3 mm für die untersten Lagen auch hinsichtlich des Langzeit-Standverhaltens richtig ist.

3.2 Dynamische Beanspruchungen

3.2.1 Einführung

Das Ausmaß und die Begleitumstände der Schädigungen beim Güterumschlag seien an einem Beispiel des Fruchthandels dargestellt. In Schweden ist der Vertrieb dieser Güter zu 90% auf drei Handelsgruppen verteilt [11]. Die kürzeste Vertriebskette bildet der Direktverkauf vom Erzeuger an den Einzelhändler. Bei den integrierten Vertriebswegen sind Versteigerung, Fachgroßhandel und Sortimentshandel eingeschaltet. Der Transport zum Sortimentshandel erfolgt zu 77% durch Lastkraftwagen und zu 23% mit der Bahn. Auf den untersuchten Betriebswegen waren vielerlei Formen des Umschlags und der Warenmanipulation (Umpacken, Vorverpacken) anzutreffen. Nur in wenigen Fällen ist bereits ein ununterbrochener Warenfluß mit palettisierten Verbraucherpackungen eingerichtet.

Je nach der Transportart, der Art der Verpackung und den Umlade- bzw. Umpackvorgängen waren die Früchte einer Reihe von Schädigungen ausgesetzt:
a) Schäden durch *Stöße* machten beim LKW-Transport von Tomaten 3% aus, zu 2% war dieser Schaden durch Bremsvorgänge und zu 1% durch seit-

3.2 Dynamische Beanspruchungen

liches Schlingern während der Fahrt verursacht. Beim Bahntransport führten die Rangierstöße zu Quetschschäden. Unsachgemäße oder unachtsame Arbeit beim Umschlag gab zu einem weiteren Schaden von ca. 1% Anlaß.

b) Schäden durch *Fahrterschütterungen* wurden im Straßenverkehr hauptsächlich durch die Beschaffenheit der Straßen und durch schlecht gefederte Fahrzeuge hervorgerufen. Beschleunigungen über 1g (g = 9,81 m/s^2: Erdbeschleunigung) führen in der Regel bereits zu Schäden. Bei guten Straßenverhältnissen beträgt die Beschleunigung weniger als 1g, bei schlechten Wegstrecken dagegen bis zu 1,5g. Die Beschleunigungen der Ladeflächenerschütterungen erreichen bei der schwedischen Reichsbahn Werte zwischen 0,8 und 1,1g.

c) Hauptursache für Druckschäden an den Früchten war die Stapelhöhe. Bei Stapelhöhen über 2m ist der Schaden bereits sehr hoch. Verpackungsart und Ladeweise spielen in diesem Zusammenhang eine große Rolle. So zu stauen, daß die Bewegungsmöglichkeit der Stapel möglichst eingeschränkt wird, ist hier das beste Mittel zur Schadensverhütung.

Insgesamt bildeten mechanische Schäden und Überreife beim Fruchtgroßhandel prozentual bis zu 63% und beim Einzelhandel bis zu 70% den Grund für die Warenverluste. Dieses Beispiel aus der Praxis vermittelt einen Einblick in die Vielfalt möglicher Schadensursachen, die nachfolgend genauer zusammengestellt werden:

- Versandart: Die wichtigsten Transportmittel (Verkehrsträger) sind: Innerbetrieblicher Transport, Nah- oder Fernverkehr, Expreß- oder gewöhnlicher Versand, einzeln (Stückgut) oder palettisiert oder in Containern. Straßen sind unterschiedlich beschaffen.
- Art der Verladevorgänge: Sie beinhaltet den Umschlag von Hand (Sackkarre oder Gabelstapler), automatische Verteiler oder Sortieranlagen (Bundespost, Luftpost), Art der Aufprallböden und -winkel, Schiffskrähne und Bordgeschirr.
- Art der Packstücke (und Versandgüter): Versandschachtel, Kiste, Sack, Gewicht und Abmessungen der Packmittel, Verwendung von Handgriffen, Umschnürungen usw., Sichtbarkeit des Inhalts.

Die vom Transportmittel ausgehenden Beanspruchungen betrachtet man, im Gegensatz zu denjenigen des Umschlags, als unvermeidbar.

3.2.2 Erschütterungen auf der Ladefläche von Transportmitteln

Die Beanspruchung auf Transportmitteln setzt sich aus einem stochastischen Gemisch gleichzeitig wirkender Schwingungen[1] und Stöße[2] zusammen; rein sinusförmige Schwingungen treten sehr selten auf. In Bild 17 ist diese Überlagerung am Beispiel eines Rangierstoßes dargestellt. Neben

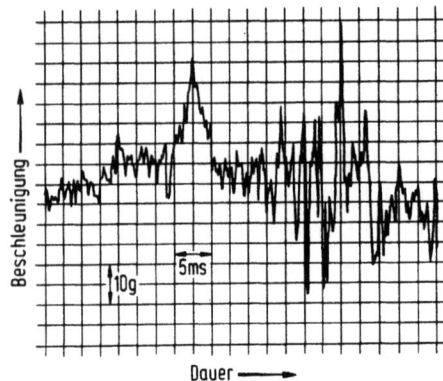

Bild 17. Stoßbeschleunigungen während eines Transports (nach Hoppe)

Schwingungen verschiedener Frequenz sind deutlich zwei Stöße mit einer Stoßbeschleunigung von 30g sowie einer Stoßdauer von 7 ms einerseits sowie einer Stoßbeschleunigung von 39 g und einer Stoßdauer von 1 ms andererseits erkennbar. In Bild 18 sind die Maximalwerte der stochastischen Schwingungen auf der Ladefläche von Lkw, Sattelaufliegern und Anhängern aufgetragen [12].

Als Maß für die stochastischen *Schwingungen* wird die spektrale Beschleunigungsdichte benutzt; rein sinusförmige Schwingungen würden bei dieser Aufzeichnung als diskrete Linien erscheinen. Am rechten Bildrand sind die dazugehörenden mittleren Beschleunigungen, im Maximum 1,05g beim Lkw und 1,3g bei Sattelaufliegern und Anhängern, angegeben. Auf der Ladefläche solcher Transportmittel muß man mit Frequenzen zwischen 3 und 500 Hz rechnen. Die größten Beschleunigungen treten im Resonanzbereich zwischen 5 und 25 Hz auf. Ober- und unterhalb dieser Grenzen fallen die Beschleunigungen stark ab. Leere und teilbeladene Straßenfahrzeuge sind erschütterungsmäßig besonders gefährdet. Für eine Reihe

---

[1] Definiert durch die spektrale Beschleunigungsdichte *und* die Frequenz bzw. den Frequenzbereich.
[2] Definiert durch die Stoßamplitude und -dauer.

3.2 Dynamische Beanspruchungen

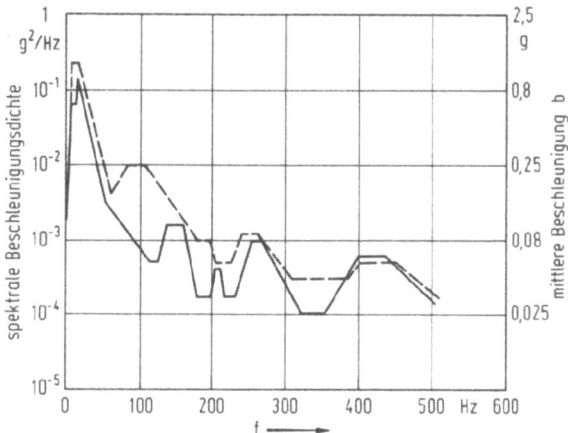

Bild 18. Maximalwerte der stochastischen Schwingungen auf den Ladeflächen von Lkw(-), Sattelaufliegern und Anhängern (----) (nach Hoppe).

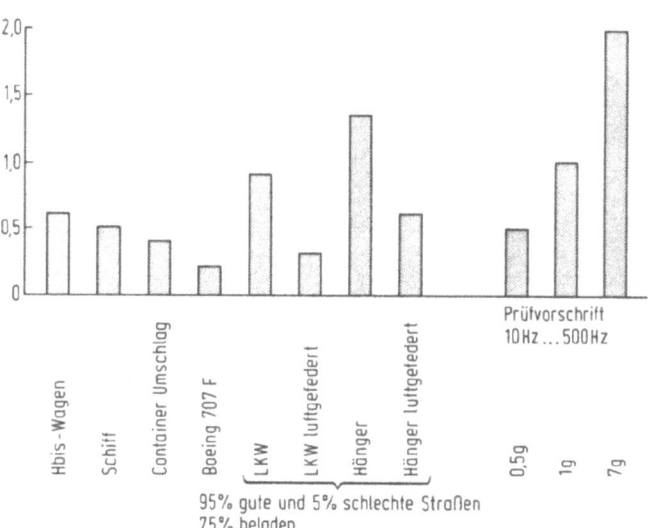

Bild 19. Vergleich der Schwingbeanspruchungen auf den Ladeflächen verschiedener Transportmittel.
Ordinate: Verhältnis der gemessenen Beschleunigungsdichte zu der bei 1 g im Frequenzbereich 10-500 Hz (Skalenwert 1) (nach Hoppe).

40   3 Die mechanischen Beanspruchungen von Packmitteln

von Transportmitteln sind während des Transportes die mittleren *Beschleunigungen* im Resonanzbereich [12-16] senkrecht zur Ladefläche in Tabelle 3 aufgeführt. Einen direkten Vergleich der Schwingungsbeanspruchungen[3] auf den einzelnen Verkehrsmitteln erlaubt die Auftragung in Bild 19 [17]. Am größten sind die Schwingbeanspruchungen demnach auf einem konventionell gefederten Anhänger, am niedrigsten im Laderaum eines Frachtflugzeuges und auf einem luftgefederten Lkw. Eine Mittel-

Tabelle 3. Beschleunigungen, die bei einzelnen Transportmitteln erwartet werden können [12 - 16]

Transportmittel	Gesamter Frequenzbereich Hz	Bevorzugter Resonanzbereich Hz	Mittlere Beschleunigung b g
Lkw (konventionell gefedert)		5...25	1,05
Sattelauflieger und Anhänger (konventionell gefedert)	3...500	5...15	1,3
Lkw (luftgefedert)		3...8	0,4
Anhänger (luftgefedert)		7...14 45...105	0,7
Container (Aufnehmen, Absetzen, Aufeinandersetzen)	2...400	2,5...8	0,5
Frachtflugzeug	3...3000	4...15 95...950	0,6
Schiffstransport (Stampfen) (Tauchen) (Rollen und Schlingern)		0,2 0,2 0,05...0,15	0,5...1 0,3 0,1 (hohe Schiffsneigung)
(Aufschlagen)		−	>1

---

[3] Hoppe führte hierfür den Kennwert $K_v = bb_{max}/f_{max}$ ein, mit b_{max} als größter und b als mittlere Schwingungsbeschleunigungsamplitude im Vielfachem von g sowie f_{max} als maximale Frequenz in Hz, bei der b_{max} aufgetreten ist.

3.2 Dynamische Beanspruchungen

stellung, gleichzusetzen mit dem luftgefederten Anhänger, nehmen Eisenbahnwaggons (Hbis-Wagen) ein. Man beachte, daß die Werte für die Lkw und ihre Anhänger für eine Belastung von 75% und für eine Fahrt zu 95% über gute und zu 5% über schlechte Straßen gelten.

Stöße sind dadurch gekennzeichnet (Bild 17), daß sie verglichen mit Schwingungen und ihrer Stoßdauer vereinzelt vorkommen, aber eine erheblich größere Beschleunigungsamplitude aufweisen. Sie sind meist auf besondere Störursachen, vor allem Schlaglöcher, aber auch auf Eisenbahnübergänge, Kanaldeckel usw. zurückzuführen. Die von der Ladefläche ausgehenden *Stöße* [12-15] während des *Transports* ebenfalls senkrecht zur Ladefläche sind in Tabelle 4 aufgeführt. Zum direkten Vergleich der Stoßbeanspruchungen[4] auf den einzelnen Transportmitteln (Bild 20) dient eine ähnliche Gegenüberstellung wie in Bild 19 [17]. Am größten sind die Stoßbeanspruchungen demnach beim Rangieren von

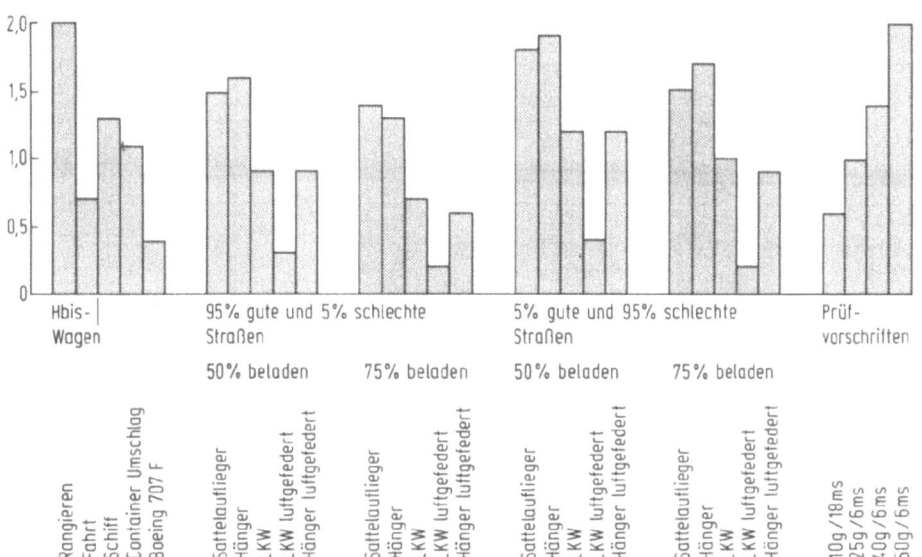

Bild 20. Vergleich der Stoßbeanspruchungen auf den Ladeflächen verschiedener Transportmittel
Ordinate: Verhältnis der gemessenen Beschleunigungsdichte zu der eines Normstoßes (Skalenwert 1) (nach Hoppe)
(Bei den Stoßbeanspruchungen auf Straßen sind jeweils die linken Säulen die Fahrzeuge zu 50%, bei den rechten zu 75% beladen)

---

[4] Hoppe führte hierfür den Kennwert $K_s = b_{max} v_{max} = b_{max}(b\tau)_{max}$ ein, mit b_{max} als größter Beschleunigungsamplitude in Vielfachem von g, v_{max} als größtem errechneten Geschwindigkeitsbetrag in m/s mit der Beschleunigungsamplitude b und der Stoßdauer τ in s.

Tabelle 4. Stöße die bei einzelnen Transportmitteln erwartet werden können [12 - 15]

Transportmittel	Ladezustand	Größte Stoß-beschleunigung b g	Stoßdauer ms	
Lkw (konventionell gefedert)	unbeladen beladen	16 10	≥ 1 57 %	≥ 10 10 %
Sattelauflieger (konventionell gefedert)	unbeladen beladen	16 12	≥ 1 64 %	≥ 10 27 %
Anhänger (konventionell gefedert)	unbeladen beladen	25 17	≥ 1 33 %	≥ 10 10 %
Anhänger (Ankuppler)		2	25	
Lkw (luftgefedert)	unbeladen beladen	11 3,5	≥ 1 91 %	≥ 10 4 %
Anhänger (luftgefedert)	unbeladen beladen	18 14	≥ 1 91 %	≥ 10 4 %
Container (Aufnehmer)	unbeladen beladen	38 32	2 1,6	
Container (Absetzer)	unbeladen beladen	24 33	4 2,5	
Container (Aufeinandersetzer)	unbeladen beladen	15 3	2 1,5	
Frachtflugzeug (Flug)		1,5	15	
Frachtflugzeug (Landung)		5	8	

3.2 Dynamische Beanspruchungen

Eisenbahnwaggons (Hbis-Wagen) und auf Anhängern und Sattelaufliegern, wenn sie konventionell gefedert sind. Sehr hoch liegen die Beanspruchungen aber auch bei Frachtschiffen und beim Containerumschlag. Günstig bezüglich der Stoßbeanspruchung schneiden dagegen luftgefederte Lkw, Frachtflugzeuge und Eisenbahnwaggons während der Fahrt ab. Bei einer höheren Beladung der Fahrzeuge wird diese Beanspruchung im Durchschnitt gesenkt. Die Schwingungen und Stöße quer zur Ladefläche liegen übrigens meist nur knapp unterhalb der in den Tabellen 3 und 4 angegebenen Werte.

3.2.3 Verladestöße

In der Untersuchung über den Fruchthandel in Schweden wurde festgestellt, daß ein ungebrochener Warenfluß mit palettierten Verbraucherpackungen nur in wenigen Fällen existiert. Bei anderen Gütergruppen mögen die Verhältnisse günstiger liegen. Der Stückgutversand spielt jedoch auch bei ihnen häufig noch eine nicht wegzudenkende Rolle. Ein typisches Beispiel für den ausschließlichen Einzeltransport ist der Postversand. Aber auch bei der Bahn und anderen Verkehrsträgern steht ein gemischtes Güteraufkommen und damit die Einzelbehandlung des Versandgutes vielfach noch im Vordergrund. Ein entscheidender Begleitumstand dieses Umschlags ist nach wie vor das Umladen von Hand, wobei die Packstücke geworfen werden. Durch den Einsatz mechanischer Fördergeräte [18] oder die Einrichtung vollautomatischer Sortier- bzw. Verteilerstationen, wie z.B. bei der Post, wird die Transportbeanspruchung durch Verladestöße, im Vergleich dazu, kaum gemindert, eher statistisch wahrscheinlicher. Ihr Beanspruchungspegel ist deshalb besonders wichtig.

Aber auch bei Versandeinheiten, z.B. palettierten Sendungen und Großladeeinheiten, wie sie gestaute Container oder Eisenbahnwagen bilden, entscheidet erst die Ladungssicherung, ob sich die Einheit nicht in einzelne Packstücke auflöst. Die Folgen davon sind besonders schlimm und nur mit der Beanspruchung beim Einstürzen von Stapeln in Lägern vergleichbar. Auch beim Stauen einer Palette, Gitterbox oder eines Containers können Beschädigungen durch Werfen der Einzelstücke auftreten, bei gemischtem Inhalt auch solche durch Fässer, Maschinenteile usw...

In Untersuchungen auf einem schwedischen Güterbahnhof [19] wurde festgestellt, daß beim Werfen von Stückgut auf die Waage die Fallhöhen bei 50% der beobachteten Packstücke kleiner als 15 cm waren, bei 1% der

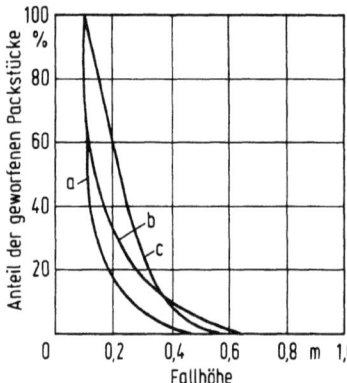 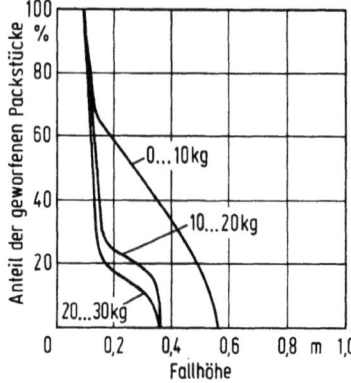

Bild 21. Zusammenhang zwischen dem prozentualen Anteil der geworfenen Packstücke und den Fallhöhen bei Ladevorgängen von Hand, a beim Sortieren, b beim Wiegen, c aus früheren Untersuchungen (nach Dagel, Ackermann und Krosness).

Bild 22. Zusammenhang zwischen dem prozentualen Anteil der geworfenen Packstücke und den Fallhöhen bei Ladevorgängen von Hand in Abhängigkeit von der Gewichtsklasse der Packstücke (nach Dagel, Ackermann und Krosness).

Packstücke aber bis zu 65 cm erreichten. Beim Sortieren lagen die Fallhöhen bei 66% der beobachteten Packstücke unterhalb 15 cm und erreichten bei 1% der Packstücke Höhen bis zu 45 cm. Beim Aufschichten auf eine Ladekarre und beim Palettieren waren die Fallhöhen bei 10% der Packstücke kleiner als 15 cm und wuchsen bei 1% der Packstücke bis auf 60 cm an. Einen Sturz aus 10 cm erlitten bei diesen Manipulationen (Bild 21) alle Packstücke.

Einen wesentlichen Einfluß auf die zu erwartenden Fallhöhen hat das Gewicht des Packstücks. Aus Bild 22 geht hervor, daß Packstücke mit einem Gewicht bis zu 10 kg Fallhöhen bis zu 55 cm, Packstücke zwischen 10 und 20 kg sowie solche zwischen 20 und 30 kg Fallhöhen bis zu 35 cm ausgesetzt sind.

Für Transportbeanspruchungen in Abschnitten, die nicht der visuellen Beobachtung oder dem Filmen zugänglich sind oder nicht mit dem Werfen von Packstücken zusammenhängen, wurde die *Vergleichsfallhöhe* eingeführt. Diese ist diejenige Fallhöhe, welche im Laboratorium mittels eines Falltisches bei dem betreffenden Packstück beim Fall auf eine definierte Aufschlagsfläche den in der Praxis mit Hilfe eines Transportstoßmeßgerätes gefundenen Stoßbeschleunigungswert ergäbe. Dieser Gesichtspunkt

3.2 Dynamische Beanspruchungen

Tabelle 5. Stoßbeanspruchungen von Packstücken beim Umschlag (nach Penzkofer)

Verkehrsträger	Versandart	Zahl der Stöße	Vergleichsfallhöhe in cm
Post M*) (4 Versuche)	Automatische Verteileranlage	33	15
		7	45
		1	65
Post M (5 Versuche)	Innerstädtischer Versand	161	15
		56	45
		9	65
Post WOR/M (5 Versuche)	Nahverkehr	787	15
		80	45
		8	65
Post M/F	Fernverkehr	329	15
		46	45
		4	65
Post M/KE (2 Versuche)	Fernverkehr	3437	2
		122	4
		22	16
		45	75
		5	77
Lkw-KE/M Spedition (2 Versuche)	Fernverkehr	13674	2
		104	4
		31	16
		55	75
		8	77
Eisenbahn HE/M	Fernverkehr	39	1
		23	5
		6	15
Eisenbahn HE/M	Fernverkehr	947	1
		85	5
		7	15
		4	45
Eisenbahn M/F	Fernverkehr	163	15
		42	45
		7	65
		1	97
Flugzeug M/F	Inland	45	15
		10	45
		1	65
Flugzeug	Übersee	46	15
		26	45
		2	65
		1	97

*) Die Abkürzungen beziehen sich auf die Orte des Versandes.

ist insofern wichtig, als in großer Häufigkeit Packstücke auf untere Packstücklagen oder verkantet fallen, womit die Stöße vergleichsweise zu starren Aufprallböden stark gemindert werden. Durch Rückführung auf die gemeinsame Stoßbeschleunigung ist jedoch eine eindeutige Aussage für die Prüfung möglich. Bei Versandversuchen mit dem Transportstoßmeßgerät wurden bei den verschiedenen Verkehrsträgern im Einzel- bzw. Stückgutversand die in Tabelle 5 wiedergegebenen Vergleichsfallhöhen ermittelt; das Packstückgewicht lag dabei jeweils bei 10,5 - 15 kg [20,21].

In der Mehrzahl der Fälle wurde bei der Messung der Transportstöße an Stückgütern im Post-, Lkw-, Eisenbahn- und Flugversand eine größte Vergleichsfallhöhe von 65 cm registriert. Sie bildet in dieser Gewichtsklasse also eine gewisse Orientierungshilfe, wenn man nichts genaueres weiß. Sie stimmt erstaunlich gut mit der beim Werfen von Packstücken auf die Waage beobachteten maximalen Fallhöhe überein. Dies bedeutet, daß die Umschlagsvorgänge bei allen Verkehrsträgern in etwa die gleichen sind. Im Passagiergutversand der Eisenbahn treten Vergleichsfallhöhen von nur 45 cm und sogar von nur 15 cm auf. Hat man es mit dem Postversand, beauftragten Speditionen, Ballungsräumen des Eisenbahnumschlags (z.B. Frankfurt) und Überseeflügen zu tun, so steigt die Vergleichsfallhöhe auf 77 cm und selbst auf 97 cm an. Was den Einfluß des Gewichtes anlangt, wurden beim Lkw-Versand einer Waschmaschine von 100 kg Gewicht zwischen Berlin und München eine größte Vergleichsfallhöhe von 14 cm (entsprechend 50 g) und beim Lkw-Versand palettierter Weinflaschen von 1000 kg zwischen Traben-Trarbach und München[5] eine maximale Vergleichsfallhöhe von 2 cm (ebenfalls entsprechend 50 g) ermittelt.

In einer weiteren schwedischen Untersuchung [22] wurden die Fallhöhen beim Rangieren von Güterwagen rekonstruiert und beim innerbetrieblichen Umschlag palettierter Ladungen mittels Gabelstapler beobachtet [23,24]. In 24 auf einem Bahnhof angekommenen Güterwagen wurden in 20 Fällen zu Boden gefallene Packstücke festgestellt. Im Mittel stürzten 5,7% der in einem Güterwagen geladenen Packstücke (Bild 23) aus einer Höhe von mindestens 50 cm ab, 2,5% aus einer Höhe von 100 cm und 0,5% aus einer Höhe über 170 cm. Das mittlere Gewicht der verladenen Packstücke lag bei 30 kg, das mittlere Gewicht der herabgestürzten Packstücke jedoch bei nur 10 kg. Schwerere Packstücke wurden also seltener von Stürzen in Güterwagen betroffen.

---

[5] Persönliche Mitteilung von Dr. J. Penzkofer (ILV).

3.2 Dynamische Beanspruchungen   47

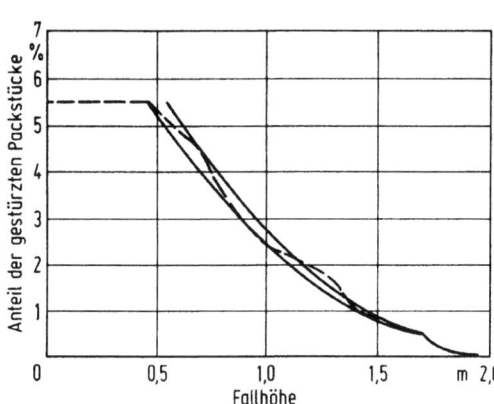 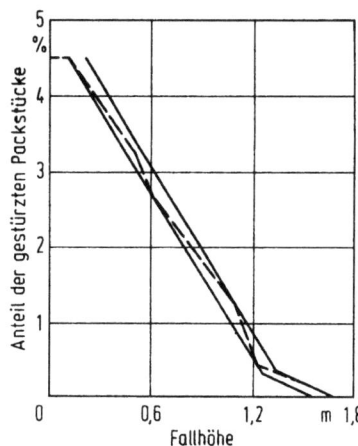

Bild 23. Zusammenhang zwischen dem
         prozentualen Anteil der
         in Güterwagen beim Rangie-
         ren gestürzten Packstücke
         und der Fallhöhe (nach
         Dagel, Ackermann und
         Krosness).

Bild 24. Zusammenhang zwischen
         dem prozentualen An-
         teil der beim inner-
         betrieblichen Trans-
         port mit Gabelstap-
         lern gestürzten Pack-
         stücke und der Fall-
         höhe (nach Dagel,
         Ackermann und
         Krosness).

Bei innerbetrieblichen Verladearbeiten mit 20 Gabelstaplern wurden
Stürze von den palettierten Ladungen hauptsächlich beim Durchfahren von
Kurven und beim Anhalten registriert. Im Durchschnitt stürzten 4,5% der
transportierten Packstücke (Bild 24) aus einer Höhe von mindestens
20 cm, 1,5% aus einer Höhe von 100 cm und 0,15% aus einer Höhe über
150 cm ab.

3.2.4 Folgerungen

Ähnlich wie bei den klimatischen Einflüssen während Versand und Lagerung, bildet auch hinsichtlich der mechanischen Schadensursachen das
vorliegende statistische Material nur eine Orientierungshilfe, um die
wahrscheinlich zu erwartende Beanspruchung einigermaßen abschätzen zu
können. Während aber die Abhilfemöglichkeiten gegen schroffe Tempera-
tureinwirkungen nur begrenzt sind, läßt sich die Häufigkeit mechanischer Beschädigungen vielfach durch Einschränkung menschlicher Unzu-
länglichkeiten vermindern, etwa durch Vermeiden des Werfens von Packstücken, weiterhin durch bessere Ladungssicherungskontrollen, Um-
schrumpfen von Paletteneinheiten, Verbesserungen in automatischen Pa-

ketpostämtern, Einhalten geringerer Auflaufgeschwindigkeiten beim Rangieren, Verwendung von Bändern beim innerbetrieblichen Transport usw.. Außerdem sollte man Transporte mit möglichst wenig Umladungen planen und Packstücke zu größeren Ladeeinheiten zusammenfassen. Wenn es sich um besonders empfindliche und teuere Packgüter handelt oder um solche, bei deren Bruch viel Ware verschmutzt wird, kann es wirtschaftlich sein, sich auch gegen seltene Ausreißer abzusichern. Leider weiß man über die kritischen mechanischen Werte für Lebensmittel in deren Verpackungen - vielleicht von Glasverpackungen abgesehen - noch so gut wie nichts.

Gering ist auch noch unser Überblick über die vorwiegende Art der Baanspruchung, die bei den verschiedensten Lebensmitteln zur Schadensauslösung führt. Beispielsweise können Schwingungen und Stöße kleiner Amplitude aber rascher Aufeinanderfolge zu Schäden durch Scheuern und Knittern führen, rauhere Stöße aber zum Platzen, Zerbrechen und Einreißen. Nach schwedischen Feststellungen scheinen bei Lebensmitteln im Schnitt bisher die während des Eisenbahntransports entstehenden Schäden größer zu sein als beim Be- und Entladen; beim Lkw-Transport waren sie beim Ausladen höher als beim Einladen [23].

Zur *Nachbildung* von Schwingungen im Laboratorium werden Schwingtische benutzt. Ihre Auswirkung ist zumeist sinusförmig, weil die Reproduktion stochastischer Schwingungen sehr aufwendig wäre. Die Prüfung wird überwiegend auf das einzelne Packstück oder Packmittel angewendet. Eine bewährte Einstellung für den Lkw-Versand lautet: Frequenz 10 Hz, Amplitude 5,4 mm. Tatsächlich wäre jedoch die Auswirkung der Schwingungen auf die gesamte Ladeeinheit zu berücksichtigen, die zu Resonanzen innerhalb eines Ladestapels und somit zu unterschiedlichen Beanspruchungen in verschiedenen Stapellagen bzw. -höhen führt [24]. Forschungsprojekte vor allem der jüngsten Zeit befassen sich mit diesem Problem.

Stöße werden im Laboratorium entweder durch Stoßtische (Geräteprüfung in der Elektro- und in der feinmechanisch-optischen Industrie) oder durch Falltische (Verpackungsindustrie) reproduziert. Auf Stoßtischen kann die Stoßbeschleunigung und die Stoßdauer definiert eingestellt werden, indem man diesen Tisch aus bestimmter Höhe auf einen Gummipuffer vorgegebener Dicke und Fläche oder einen ähnlichen Stoßfänger fallen läßt; der Stoßverlauf entspricht einem Halbsinusstoß. Auf dem Falltisch [26] fällt das Packstück oder Packmittel auf eine starr in den Boden eingelassene Stahlplatte; eingestellt wird die Höhe des freien Falls. Die bei Verladevorgängen an Einzelpackstücken beobachteten Fallhöhen und die während des Stückgutversandes aus den Angaben eines Transportstoßmeßgerätes ermittelten Vergleichsfallhöhen können dafür direkt benutzt werden. Ein Transportstoßmeßgerät auf moderner Meßbasis wird von der Firma Bruel & Kjaer, Naemen, Dänemark, vertrieben. Aus den Meßdaten Stoßbeschleunigung und Geschwindigkeitsänderung (Integral über den Stoßverlauf) dieses Gerätes läßt sich nach wenigen Eichversuchen die Vergleichsfallhöhe berechnen.

Literatur zu Kapitel 3

1 Schricker, G.; Schwind, G.; Heiss, R. (ILV): Untersuchungen über die statische Belastbarkeit von Schachteln aus Vollpappe oder Wellpappe unter besonderer Berücksichtigung des Feuchtigkeitseinflusses. VDI-Z 108 (1966) 565-600
2 Levans, U. I.: The effect of warehouse mishandling and stacking patterns on the compression strength of corrugated boxes. Tappi 58 (1975) 108-111
3 Vollmer, W.: Über die Gütebeurteilung von Wellpappe, 3. Teil. Verpack.-Rdsch. 7 (1956) TWB 37-41
4 Vollmer, W.: Komponenten des Stauchwiderstandes von Wellpappe. Verpack.-Rdsch. 24 (1973) TWB 95-99
5 Mc Kee, R. C.; Gander, J. W.; Wachuta, J. R.: Compression strength formula for corrugated boxes: Paperboard Packaging 48 (1963) Nr.8, 149-159
6 DIN 55440 (Teil 1, November 1977, Stauchprüfung; Teil 2, Juli 1978, Zeitstandsprüfung). Versandschachteln aus Vollpappe und Wellpappe
7 Kellicutt, K. Q.; Landt, E. P.; Development of design data for corrugated fibreboard shipping containers. Tappi 35 (1952) Nr. 9, 398-402 sowie Basic design data for the use of fibreboard in shipping containers. US. Dep. Agric. Forest Service. Nr. R 1911 - A, Sept. 1958
8 Heiss, R. (ILV): Zusammenhänge zwischen der Festigkeit von Umkartons und den mechanischen Eigenschaften des Konstruktionsmaterials bei statischer Belastung. Verpack.-Rdsch. 5 (1954) 239-244
9 Kellicutt, K. Q.: Effect of contents and load bearing surface on compression strength and stacking life of corrugated containers. Tappi 46 (1963) Nr. 1, 151 A - 154 A
10 Penzkofer, J.: Lastverteilung zwischen Versandschachtel und darin verpackten Kunststoff-Flaschen im Stauchversuch. Tätigkeitsbericht des ILV, 1978, 69-71.
11 Pickurpack, C.-J.: Qualität im Fruchthandel bewährt sich erst beim letzten Käufer. Warenpflege - eine interessante Soll/Ist-Betrachtung aus Schweden - Beispiel Tomaten. Fruchthandel (1977) Nr. 2, 52-59
12 Hoppe, W.; Gerok, J.: Erschütterungen auf der Ladefläche verschiedener Lkw, Sattelauflieger und Anhänger. Der Vers.- und Forsch-Ingenieur (1974) Nr. 4, 32-36
13 Hoppe, W.; Gerok, J.: Erschütterungen auf der Ladefläche unbeladener und beladener 20'- und 40'-Container beim Hafenumschlag. Hansa 111 (1974) Nr. 14, 107-111
14 Hoppe, W.; Gerok, J.: Erschütterungen auf den Ladeflächen eines luftgefederten Lkw und Anhängers. Transp. u. Lager 27 (1976) Nr. 7/8, 228-231
15 Hoppe, W.; Gerok, J.; Aigner, A.: Erschütterungen im Laderaum einer Boeing 707 F. Transp. u. Lager 27 (1976) Nr. 11, 238-351

16 Mielke, H.: Über die mechanischen Einwirkungen auf Ladegüter im Überseeversand während der Fahrt des Schiffes in glatter und bewegter See. Verpack.-Rdsch. 15 (1964) TWB 49-55
17 Hoppe, W.: Mechanische und klimatische Beanspruchungen von Transportgütern. Verpack.-Rdsch. 30 (1970) 142-149
18 Penzkofer, J.; Semmler, M. (ILV): Ermittlung der Stoßbeanspruchung an stückigen Versandgütern beim Umsetzen mit einer Sackkarre. Verpack.-Rdsch. 29 (1978) TWB 83-89
19 Dagel, Y.: Ermittlung der Fallhöhen von Packstücken beim Verladen auf einem Güterbahnhof mit Hilfe einer Filmmethode. Verpack.-Rdsch. 12 (1961) TWB 41-45
20 Hohmann, H. J.; Härtl, A.; Schricker, G. (ILV): Untersuchungen über mechanische Transportbeanspruchungen an Packstücken. 3. Mitteilung: Ein elektrisches Transportstoßmeßgerät und seine Erprobung in einigen Versandversuchen. Verpack.-Rdsch. 17 (1966) TWB 25-31
21 Penzkofer, J. (ILV): Untersuchungen über mechanische Transportbeanspruchungen an Packstücken. 4. Mitteilung: Ermittlung von Transportstößen und ihre Nachbildung im Laboratorium zur Bestimmung der Versandtauglichkeit eines Packgutes am Beispiel von Bierflaschen aus PVC. Verpack.-Rdsch. 20 (1969) TWB 17-21
22 Ackermann, J.; Krosness, A.: Ermittlung der Fallhöhen von Packstücken beim Verladen auf zwei schwedischen Bahnhöfen. Verpack.-Rdsch. 20 (1969) TWB, 85-89
23 Jönson, A.: Goods damage. Vortrag beim IAPRI-Symposium Mai 1977, St. Gallen
24 Lippmann, R.; Heinrich, Ch.: Schwingungsbeanspruchung von Packungen. Die Verpack. (1977) Nr. 2, 42-46
25 Braune, H. J.: Sicherung und Erprobung von Ladeeinheiten. Die Verpack. (1978) Nr. 6, 191-195
26 Vgl. DIN 55441 sowie hinsichtlich der statistischen Auswertung der Ergebnisse: Deutsche Gesellschaft für Qualität: Das Lebensdauernetz 1975. Weibull-Verteilung Abschn. 1.4., 9-13

4 Packmittel für Lebensmittel

Gleichbleibende Eigenschaften der Packstoffe bilden die Voraussetzung für ihren funktionellen Einsatz und für ihre störungsfreie maschinelle Verarbeitbarkeit. Einzelpackstoffe spielen vorwiegend auf dem Gebiet der Transportverpackungen eine Rolle, auf dem Gebiet der Lebensmittelverpackungen verringert sich dagegen ihre Bedeutung mit der Zunahme verarbeiteter Lebensmittel zusehends zugunsten von Kombinationspackstoffen. Über deren grundsätzliche Bedeutung sollte deshalb zunächst Klarheit bestehen, worauf die Eigenschaften der Einzelpackstoffe als Grundlage für deren sinnvolle Ergänzungsmöglichkeit beschrieben werden.

4.1 Gemeinsame Fragen

4.1.1 Die Kombination von Packstoffen

Da jeder Packstoff bestimmte Vorteile hat, erlaubt erst die Kombination unterschiedlicher Werkstoffe, dem Einsatzzweck entsprechend Packstoffe "maßgeschneidert" zu verwenden. Durch Kombination von Packstoffen lassen sich schlechte Eigenschaften kompensieren, ohne auf die guten verzichten zu müssen.

Thermoplaste sind besonders wichtige Kombinationspartner, so daß auf sie in diesem Zusammenhang besonders eingegangen werden soll. Im groben lassen sich Kunststoffe hinsichtlich dominierender Verpackungseigenschaften folgendermaßen einteilen:
- Sie ertragen höhere Temperaturen, z.B. PA, PETP, PC, HDPE, PP.
- Sie besitzen - insbesondere, wenn sie biaxial orientiert wurden - eine hohe Festigkeit, z.B. PETP, PA, PP, PS (ABS).
- Die Wasserdampfdurchlässigkeit ist gering bei z.B. PVDC, PP, HDPE, LDPE.
- Die Sauerstoffdurchlässigkeit ist gering bei z.B. PVDC, PVA, PA.

Folgende Verfahren stehen für die Herstellung von veredelten bzw. mehrlagigen Packstoffen in der Praxis zur Verfügung:

Beschichten: Ein viel verwendetes Veredelungsverfahren stellt das Lackieren dar, beispielsweise bei Zellglas mit Nitrozellulose (NC) aus organischen Lösungsmitteln oder bei Zellglas, Papier und Kunststoffen das Beschichten mit Harzen auf Basis PVDC, meist aus wäßrigen Dispersionen. Bei Packstoffen, die sich nicht oder nur schwer heißsiegeln lassen, haben auch Beschichtungen auf Basis von Hotmelts und Kaltsiegelmedien große Bedeutung erlangt.

Extrusionsbeschichten: Die nächste Stufe ist das Extrusionsbeschichten mit thermoplastischen und damit heißsiegelfähigen Kunststoffen auf nicht oder höher schmelzenden Trägermaterialien, z.B. Papier, Karton, Aluminium, Zellglas bzw. verschiedenen Kunststoff-Folien.

Coextrusion: Ausschließlich für Thermoplaste ist die Extrusion aus Mehrfachdüsen, die sogenannte Coextrusion, einsetzbar, doch ist das Verfahren ohne Haftvermittler im allgemeinen nur für artverwandte Folien geeignet. Es können dabei sehr dünne Folien (bis zu 12 µm), auch solche mit einer extrem glatten oder extrem rauhen Oberfläche erzielt werden. Bei nicht artverwandten Folien wird aus einem weiteren Extruder Ionomer oder EVA-Schmelze zugeführt. Diese Haftvermittler erlauben fast beliebige Kombinationen. Sie werden im Falle von drei Schichten als Mittelschicht zugesetzt. Die Coextrusion nimmt heute bei der Fertigung tiefziehfähiger Mehrschichtfolien einen bedeutenden Platz ein. Es gibt bereits Anlagen für sechs Schichten [2]. Neuerdings wird die Coextrusion auch auf die Hohlkörperfertigung ausgedehnt (Beispiel HDPE/PA mit Haftvermittler); dieser Markt erscheint entwicklungsfähig.

Kaschieren: Vorgefertigte Packstoffe werden durch Kaschieren, also mit Hilfe eines Dispersions- oder Lösungsmittelklebstoffes, verbunden. Die Lösungsmittel müssen vor der Vereinigung der Packstoffbahnen möglichst weitgehend entfernt werden. Beim Dispersionskaschieren schlägt ein Teil des Wassers in das Papier weg; vor der Vereinigung der Bahnen muß eine ausreichende Wasserverdunstung stattgefunden haben. Es sind auch lösungsmittelfreie Ein- oder Zweikomponentenklebstoffe einsetzbar, welche erst nach völliger Aushärtung nach mehreren Tagen ihre endgültige Festigkeit erreichen. Beim Wachskaschieren wird geschmolzenes Paraffin mittels Dosierwalzen auf eine Packstoffbahn aufgetragen. Noch im erweichten Zustand wird die zweite Bahn zugeführt, wonach durch Anpressen und gleichzeitige Kühlung das Kaschieren erfolgt. Die dabei sich ergebende Spaltfestigkeit ist zwar im allgemeinen gering, aber für viele Zwecke (z.B. für Buttereinwickler) ausreichend. Bei der Extrusionskaschierung kann LDPE aus der Schmelze auf eine Materialbahn

4.1 Gemeinsame Fragen

aufgetragen und noch im zähflüssigen Zustand gegen die zu verbindende Zulaufware kaschiert werden. Beim Heißkaschieren werden die beiden Innenflächen der Ausgangsmaterialien vor dem Zusammenführen durch Heißluft oder mittels Wärmestrahlen aufgeheizt. Da die Temperaturbeanspruchung beim Blasen von LDPE-Folien infolge der niedrigeren Verarbeitungstemperaturen geringer ist als bei der Extrusionsbeschichtung, ist die Geruchsbildung bei kaschierten PE-Folien merklich geringer. Daneben sind kaschierte Verbunde auch steifer als extrudierte und praktisch rollneigungsfrei.

Metallisieren: Eine an Bedeutung zunehmende Art der Kombination ist das Hochvakuumbedampfen von Kunststoffen mit Aluminium. Wegen seiner geringen Dehnung und hohen Festigkeit ist dafür PETP am besten geeignet, aber auch biaxial orientiertes PA von 12 µm beginnt sich hierfür einzuführen. Bei PETP läßt sich durch diese Behandlung die Sauerstoff- und die Wasserdampfdurchlässigkeit um mehr als zwei Zehnerpotenzen senken. Ähnlich ist die Reduktion der O_2-Durchlässigkeit bei PA-6. Die Lichtdurchlässigkeit sinkt auf ca. 2%. Die Haftung der Schicht hängt von der Vorbehandlung ab; sie bleibt aber mechanisch empfindlich, sodaß man sie im allgemeinen überlackiert oder -kaschiert. Gegen den Einfluß säurehaltiger Füllgüter schützt ein PVDC-Überzug. Metallisierte Papiere werden zur Zeit für die Herstellung von Etiketten herangezogen; der Markt dürfte sich aber für das Verpacken ausweiten [3].

Tabelle 6. Verwendungsbereiche coextrudierter Standardfolien in den USA

HDPE/LDPE	Flüssigkeitsverpackung
HDPE/EVA	Kartonbeschichtung für Cerealien; hohe Wasserdampfdichtheit
LDPE/Saran/LDPE	für Duplex-Kaffeebeutel und für Einsatzbeutel hoher Gas- und Wasserdampfdichtigkeit
PA/Surlyn	geröstete Erdnüsse, fettende sauerstoffempfindliche Lebensmittel
HDPE/PA/EVA	Einsatzbeutel
PE/OPP/PE[x]	heißsiegelfähiges OPP (PE[x]: Propylen-Äthylen-Copolymerisat) hohe Wasserdampfdichtheit
EVA/Saran/EVA	für Fleischstücke in Versandschachteln; hohe Wasserdampfdichtigkeit

Verwendung von Kombinationsfolien: In Tabelle 6 sind einige Beispiele von in den USA marktgängigen Zwei- und Dreifachfolien zusammengestellt.

Weitere Beispiele vgl. [1], sowie das "Datenblatt über Verbundfolien" von Kalle, Wiesbaden 1978.

Zur Herstellung von *tiefgezogenen* Mulden werden für sauerstoffempfindliche Lebensmittel vielfach folgende Kombinationen verwendet: PETP/LDPE, PA/LDPE oder PVC/LDPE. Eine zusätzliche PVDC-Beschichtung verringert die Sauerstoffdurchlässigkeit erheblich.

Als weitere sinnvolle Kombinationen werden angegeben [4]:

PS/PVDC/PS (O_2- und wasserdampfdicht, z.B. für Marmeladen-Portionspackungen) ⎫ steif, leicht
PS/LDPE/PS (ziemlich wasserdampfdicht) ⎭ verarbeitbar
PP/PVDC/LDPE (PVDC: O_2- und wasserdampfdicht, PP: wärmebeständig, LPDE: zum Heißsiegeln)
PP/PVDC/PP (O_2-dicht, sterilisierfähig)

Für halbstarre bei 121°C *sterilisierbare* Leichtbehälter verwendet man Kombinationen aus 100 μm einbrennlackierten (Epoxylack) Aluminiumband und 60 μm PP, für sterilisierbare Beutel üblicherweise (außen) 12 μm PETP oder PA bzw. PP gestreckt und thermofixiert bis 70 μm, 9-12 μm Al/70-75 μm ungestrecktes PP bzw. PA oder modifiziertes PE hoher Dichte bzw. Copolymerisate von PP bzw. PE. Auch die Kombination PETP 15 μm/Al 15 μm/PETP 15 μm/PP 50 μm wird angewandt. (In Japan PETP 12 μm/Al 7 μm/OPA-6 15 μm/PP 50 μm [5,6].

Würde man aus Gründen der Energieersparnis gezwungen sein, bei solchen Sterilbehältern auf Aluminium zu verzichten, bedeutete dies jedenfalls eine Verringerung der vielfach zweijährigen Haltbarkeit des Füllgutes auf 3-5 Monate, dafür aber die Möglichkeit der Mikrowellenbehandlung [7]. Für diese Haltbarkeitszeit braucht man eine Sauerstoffdichtigkeit von weniger als 2 $Ncm^3/(m^2 d\ bar)$*. Entscheidend für die Erzielung dieses niedrigen Wertes ist die Verwendung einer PVDC-Mittelschicht, die zur Vermeidung des Delaminierens beidseitig mit hochwasserdampfdichten Schichten geschützt wird. Die Materialien für solche Beutel bestehen z.B. aus PETP 12 μm/PP 30 μm/PVDC 12 μm/PP 50 μm oder aus PC 25 μm/PP 30 μm/PVDC 12 μm/PP 50 μm; für tiefgezogene Weichpackungen z.B. aus PP 50 μm/PVDC 12 μm/PP 50 μm (Ziehtiefe ca. 35 mm). Auch PA (ungestreckt, monoaxial oder biaxial gestreckt) und PETP (biaxial gestreckt) kommen als Trägerfolien in Betracht, PVAL als Zwischenschicht.

Sterilisierbare tiefgezogene Behälter und Siegelrandflachbeutel haben gegenüber Konservendosen und -gläsern den Vorteil, daß bei Erzie-

---
* N: Norm..., nicht Newton.

lung der gleichen mikrobiologischen Haltbarkeit infolge kürzerer Aufheiz- und Kühlzeiten die Beeinträchtigen des Geschmacks und des Wirkstoffgehaltes der Füllgüter verringert wird. Durch den Einsatz von Beuteln, Aluminium-Leichtbehältern und stapelfähigen Schalen bzw. Bechern, werden die Transport- und Lagerkosten gesenkt. Darüberhinaus sind derartige Packungen leichter zu öffnen und sie tragen zur Senkung des Müllvolumens bei. Bei welchen Gütern dadurch ein entscheidender Qualitätsvorteil erreichbar würde, ist allerdings noch nicht hinreichend untersucht worden.

Wenn für Beutel oder Schalen aus Aluminium ein Außenkarton nötig wird, liegen die Materialkosten z.Z. höher als bei Standard-Weißblechdosen. Die Haltbarkeit ist die gleiche wie in (nicht korrodierenden) Dosen.

4.2 Kunststoffe

Kunststoffe sind als Packmittel vielseitig einsetzbar: Aus Flach- und Schlauchfolien werden Säcke und Beutel hergestellt, aus dickeren Folien Dosen, Becher und Schalen tiefgezogen, aus Granulat Hohlkörper geblasen oder spritzgegossen. Andere Anwendungszwecke sind durch Schrumpf- und Streckfolien, Banderolen und Aufreißbänder erzielbar. Durch Additive können ihre Eigenschaften erweitert und vor allem ihre Verarbeitung verbessert werden:

- *Weichmacher* (zur Verbesserung der Schmiegsamkeit und der Dehnfähigkeit;
- *Verarbeitungsstabilisatoren* (zur Vermeidung von Abbaureaktionen);
- *Gleitmittel* , Antiblockmittel;
- *Lichtstabilisatoren* (vor allem UV-Absorber, z.B. Verbindungen des Benzophenons, Ruß);
- *Pigmente*, *Füllstoffe* und *Farbstoffe*;
- *Oberflächenbehandlung* (z.B. Coronaentladung zur Veränderung der Oberflächenspannung und damit der Verkleb- und Bedruckbarkeit, bei LDPE werden Werte von 52 mN/m, bei PP von 46 mN/m erreicht);
- *Antistatika* (zur Verringerung der elektrostatischen Aufladung, z.B. Aminderivate, quaternäre Ammoniumsalze, Phosphatester, Polyäthylenglycolester).

Dazu kommen eventuell noch optische Aufheller und Schlagzähmacher.

Die Minimierung dieser Zusatzstoffe ist weitgehend das Verdienst des Bundesgesundheitsamtes bzw. entsprechender Institutionen des Auslandes.

In der Bundesrepublik Deutschland werden mengenmäßig etwa 30% der Kunststoffe für Verpackungszwecke eingesetzt. Davon umfaßt Polyäthylen niedriger Dichte (LDPE) mehr als 40%, insgesamt die Polyolefine mit Polyäthylen hoher Dichte (HDPE) und Polypropylen (PP) ca. 60%. In z.Z. annähernd gleicher Größenordnung schließen sich daran an: Polyvinylchlorid (PVC), Polyvinylidenchlorid (PVDC), Polystyrol (PS) und "Sonstiges", was Zellglas, Polyamid (PA), Polyterephthalsäureester (PETP), Polyvinylalkohol (PVA) und Polycarbonat (PC) einschließt[1].

4.2.1 *Strecken, biaxiale Orientierung und Schrumpfung von Kunststoffen* [8,9]

Verstreckte Folien stehen im Substitutionswettbewerb mit Stahlbändern; Schrumpfhauben für Paletten ermöglichen die Einschränkung des Einsatzes von Versandschachteln.

Durch *Verstrecken* wird eine anfänglich dicke Folie durch Zugkräfte verdehnt. Eine solche Verformung führt dann zu einer ausgeprägten Orientierung, wenn eine ausreichende Beweglichkeit der Molekülketten vorliegt. Dieser Zustand liegt bei nicht kristallinen Polymeren im Temperaturbereich wenig oberhalb der Glastemperatur (Einfriertemperatur)[2] vor, bei Polymeren mit beträchtlicher Kristallinität wenig unterhalb des Kristallitschmelzpunktes (PE ~ 108°C, PP 140 - 160 °C, PA-6 150 - 180°C). Dabei verhält sich die Folie zäh dehnbar. Der Verstreckkung ist in einigen Fällen eine Fixierung nachgeschaltet (bei PETP bei 180 - 230°C). *Biaxiales Strecken* ergibt Orientierung in allen Richtungen der Folienebene. Die Notwendigkeit hierzu ergibt sich deshalb, weil einseitiges Strecken zwar die Festigkeit in Streckrichtung erhöht, quer dazu aber die Kohäsionskräfte verringert werden, so daß das Aufspleißen erleichtert wird. Biaxiales Strecken vermeidet dies, verringert die Sprödigkeit und ergibt einen Zuwachs an Steifigkeit und Stoßfestigkeit, eine bessere Dickengleichmäßigkeit, eine höhere Transparenz und höhere Dichtigkeitseigenschaften, allerdings bei ungünstigerer Reißdehnung und Weiterreißfestigkeit.

---

[1] Vgl. Wirtschaftliche Bedeutung der Kunststoffe. Verpackung und Transport 27 (1976) 254-255.
[2] Temperaturbereich, in dem beim Abkühlen eines nicht kristallisierenden Kunststoffes ein steiler Anstieg der Viskosität erfolgt (PVDC: -18°C, PETP: 70°C, PS: 100°C).

4.2 Kunststoffe

Schrumpffolien: Die beim Streckprozeß erfolgte Orientierung muß durch Abkühlung unter Spannung fixiert werden. Der Anteil der reversiblen Deformationen, der bis zum Abkühlen der Schmelze nicht relaxieren konnte, bleibt als sogenannte Restschrumpfung in der Folie gespeichert. Um die induzierten Spannungen zu lösen, wird auf Temperaturen oberhalb der Glas- bzw. Kristallitschmelztemperatur erhitzt; dabei wird der innere Zusammenhang so locker, daß die eingefrorenen Spannungen ausreichen, die Folie schrumpfen zu lassen. Neben einer Dickenzunahme ergibt sich in einigen Fällen (nicht bei PP, PETP, PVC) durch das Schrumpfen eine Abnahme der Weiterreißfestigkeit, der Abriebfestigkeit und der Transparenz. Schrumpffolie läßt sich infolge ihrer Temperaturempfindlichkeit langsamer maschinell verarbeiten und erfordert Hitzdrahtschweißung. Das *Ausmaß der Schrumpfung* ist abhängig vom Material sowie von der Temperatur und dem Niveau der anfänglich vorhandenen reversiblen Deformation. Bei steigender Abzugsgeschwindigkeit und zunehmendem Aufblasverhältnis verringert sich die Schrumpfung in Längsrichtung der Blasfolie; in Querrichtung nimmt die Schrumpfung mit steigendem Aufblasverhältnis und steigender Abzugsgeschwindigkeit zu. Das gleiche gilt für die *Schrumpfkraft.* Je ungleichmäßiger die Konturen des Packgutes sind, um so stärker muß das Ausmaß der Schrumpfung sein, je leichter verformbar der zu verpackende Gegenstand ist, desto geringer muß bei normalen Schrumpfwegen die ausgeübte Kraft sein. Zum Verpacken von Backwaren und Wurstwaren mit guter Eigenstabilität sind Qualitäten mit durchschnittlichen Schrumpfwegen und Schrumpfkräften erwünscht. Für Einzel- und Sammelpackungen mit mittleren und hohen Füllgewichten sowie zu Schwergutverpackungen braucht man LDPE-Folien, die hohe Kräfte ausüben; dicke Folien kann man zur Erzielung einer hohen Kraft eng um das einzuschrumpfende Gut legen, dünne Folien erfordern - einen entsprechenden Streckgrad vorausgesetzt - hierzu eine starke Vorschrumpfung bis sie zum satten Anliegen kommen.

Zum besseren Verständnis der Schrumpfeigenschaften muß man zwischen Schrumpfkräften, die während des Schrumpfens bei höheren Temperaturen von den Folien aufgebaut werden, und *Haltekräften* unterscheiden, die dadurch hervorgerufen werden, daß die bei hoher Temperatur schrumpfende Folie sich an das Packgut anlegt und beim Abkühlen auf Lagertemperatur (25°C) durch dieses die thermische Kontraktion verhindert wird [10]. Bei LDPE läßt sich die Schrumpffähigkeit in jeder Richtung einfach berechnen, wenn man die Schrumpffähigkeit in Längs- und Querrichtung kennt. Die Haltekraft ist dagegen von der Winkellage der Probe unabhängig. Zur Erzielung einer maximalen Haltekraft bei 25°C (P_{25}) gibt es eine optimale Aufheizgeschwindigkeit und eine optimale Endtemperatur der Aufheizung, die bei LDPE mit der Kristallitschmelztemperatur identisch ist. Die Schrumpfkräfte sind bei LDPE sehr klein, die bei der Lagertemperatur auf das Gut wirkenden Haltekräfte steigen mit sinkender Gebrauchstemperatur stark an (Bild 25). Die beim Abkühlen entstehende elastische Kraft ist abhängig von der freien Vorschrumpfung, da diese eine Verdickung der Folie bewirkt. Bei weichgemachtem PVC liegen die Verhältnisse anders als bei LDPE. Weich-PVC schrumpft in einem viel größeren Temperaturbereich, an dessen Anfang die Glasübergangstemperatur liegt. (60°C vergleichsweise zum Kristallitschmelzpunkt von ca. 108°C bei LDPE). Bei 60°C ist die Schrumpfkraft bereits maximal. Beim Abkühlen verringert sich die Spannung zunächst bis zu 40°C; erst dann baut sich eine relativ niedrige Haltespannung auf (Bild 26). Diese Haltekräfte sind bei PVC von der Winkellage abhängig.

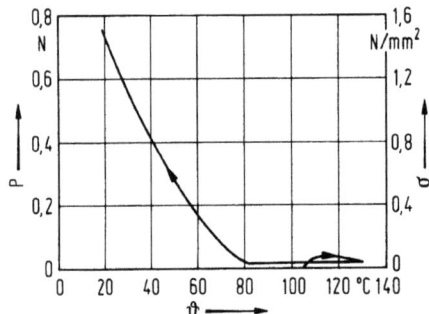

Bild 25. Verlauf der Folienkraft P und der auf den Ausgangsquerschnitt der Probe bezogenen Folienspannung σ in Abhängigkeit von der Temperatur für eine LDPE-Folie; Probe in Folienlängsrichtung entnommen. Anfangsquerschnittsfläche der Probe: 0,5 mm² Zugelassene freie Schrumpfung: 10%.

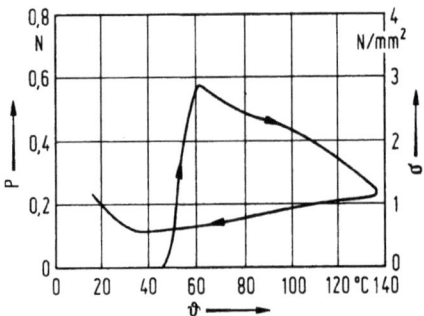

Bild 26. Abhängigkeit der Folienkraft P und der auf den Ausgangsquerschnitt der Probe bezogenen Folienspannung von der Temperatur für PVC-Folie mit 20% Weichmacher (20 μm) bei einer Endtemperatur von 137°C. Keine freie Vorschrumpfung.

Während bei LDPE sich bei zunehmender freier Vorschrumpfung (lockere Folienhülle) ansteigende Haltekräfte ergeben, fallen bei PVC die Haltekräfte mit zunehmender freier Schrumpflänge ab (Bild 27). Während sich mit LDPE-Folie die optimalen thermischen Bedingungen leichter einhalten lassen, kann die Verwendung von Weich-PVC-Folie vor allem bei temperaturempfindlichen Packgütern, die gleichzeitig durch hohe Haltekräfte Schaden erleiden können, günstiger sein.

4.2 Kunststoffe

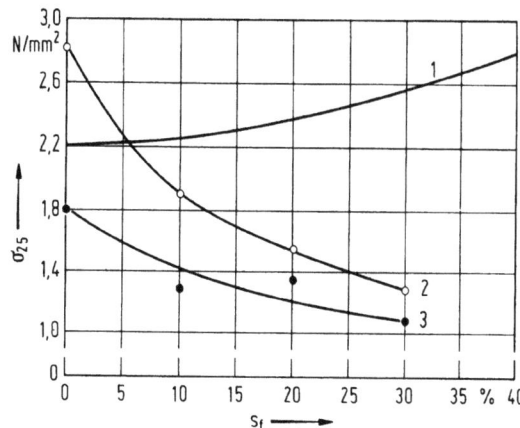

Bild 27. Vergleich der bei 25°C erreichbaren Haltespannungen von LDPE und Weich-PVC in Abhängigkeit von der freien Vorschrumpfung.
1 LDPE thermisch optimal behandelt mit einer konstanten Endtemperatur von 115°C;
2 PVC thermisch optimal behandelt mit genauer Einstellung der Endtemperatur auf die jeweilige freie Vorschrumpfung;
3 PVC mit einer konstanten Endtemperatur von 100°C.

Marktbeherrschend als Schrumpffolien für Ladeeinheiten sind Weich-PVC-Folien (geringere Dicken, vor allem für kleine Artikel bzw. Artikelgruppen) und LDPE-Folien (bis zu großen Dicken). Dabei spielt eine entscheidende Rolle, daß bei PVC der Schrumpfbereich sehr breit ist (60 - 160°C Folientemperatur). Bei LDPE ist er bedeutend schmäler (108 - 123°C, opt. 115°C Folientemperatur), was eine präzisere Temperatureinstellung im Schrumpftunnel als bei PVC verlangt. Dafür ist aber bei LDPE die Verschweißbarkeit leichter und die Schweißnahtfestigkeit höher.

Es gibt Fälle, in denen man lediglich erreichen will, daß eine Schrumpffolie am Gut "hauteng" anschließt, wie z.B. zur Vermeidung von Gefrierbrand bei gefrorenen Hühnern; es gibt aber auch Fälle, in denen durch eine Schrumpfhaube vermieden werden soll, daß beim Kippen einer Ladung sich die erste Schicht gegen die nächste verschiebt. Bei einem Kippwinkel α, einer Hangabtriebskraft der obersten Lage von $H = m\,g\,\sin\alpha$, einer Reibungskraft $R = \mu N = \mu m\,g\,\cos\alpha$ und einer durch die Schrumpfhaube ausgeübte Haltekraft $P = \sigma_H\,d\,U$ (σ_H: Haltespannung, d: Foliendicke und U: Umfang des Packgutes) bleibt die oberste Schicht unverrückt, wenn $R > H$ ist. Im Grenzfall $H = R$ muß die Haltespannung mindestens betragen: $\sigma_H = \dfrac{m\,g(\sin\alpha - \mu\cos\alpha)}{U\,d}$.

Untersuchungen über die notwendige Haltekraft bzw. Haltespannung, über Relaxationserscheinungen verschiedener Folien während der Lagerung des eingeschrumpften Gutes, der zulässigen Haltekraft bei spitzen Teilen (z.B. Hühnerknochen) fehlen noch.

Als sinnvolle Ergänzung zu Schrumpffolien [11] gewinnen *Streckfolien* zu Lasten der Schrumpffolien immer mehr an Bedeutung, weil sie die Schrumpftunnels entbehrlich machen, einen geringeren Energie- und Folienverbrauch (Wegfall von Übermaßen, Beschränkungen auf Banderolieren) ermöglichen und das lästige Zusammenschmelzen der inneren Folienhülle (z.B. Sammelpackungen) mit der äußeren LDPE-Schrumpfhaube vermeiden. Außerdem sind sie für wärmeempfindliches Füllgut (Eiskrem, Schokolade, Frischfleisch) besonders gut geeignet. Die durch die Vordehnung im kalten Zustand aufgebrachte Spannung gewährleistet den Zusammenhalt des Packgutes (Sammelpackungen, palettisierte Ladungen). Schrumpftunnels bilden nicht nur eine unerwünschte Wärmequelle in den Betrieben, sondern sind auch nicht allzu leicht örtlich und zeitlich auf konstante Temperatur zu regeln. Vielfach werden für Streckfolien LDPE, PVDC-Mischpolymerisate und Weich-PVC verwendet. Es müssen Folien mit merklicher Dehnfähigkeit und geringer Relaxation sein. Wegen ihrer hohen viskoelastischen Dehnung werden auch EVA-Mischcopolymerisate eingesetzt. Aus Mischpolymeren hergestellte Folien erlauben eine Dehnung bis zu 15%; LDPE-Folien können bis zu 8% vorgedehnt werden. Die Spannung sinkt nach dem Dehnen um das Packgut zuerst rasch, dann langsamer ab, was zu einer Lockerung führt, womit beispielsweise eine Transportsicherung (vgl. Abschn. 3.2.4) schwer erfüllbar wäre. Bei 5% Dehnung und 23°C ergab sich bei LDPE-Monofolien (100 μm) nach 10 Tagen ein Spannungswert von 78% des Ausgangswertes; nach 150 Tagen war mit 64% der Endwert noch nicht völlig erreicht. Bei einem PE-EVA-Copolymer waren die entsprechenden Werte 90% bzw. 76%. Bei der gleichen Folie, aber 10% Streckung, scheint man sich dagegen nach 10 Tagen bei 35°C schon dem Endwert von etwa 80% anzunähern [12]. Der zeitliche Abbau reversibler Deformationen durch Relaxation einer Folie läßt sich durch eine doppellogarithmische Näherungsformel beschreiben, welche eine Extrapolation der Ergebnisse eines Kurzversuches auf eine Langzeitbeanspruchung erlaubt [12].

4.2.2 *Spannungsrißbildung* (stress crazing) *und Spannungsrißkorrosion* (stress solvent crazing) [13]

Spannungsrißbildung von Kunststoffen entsteht bei Vorhandensein von Mikrokerbstellen an der Oberfläche bei Beanspruchung des Materials auf Spannung. Auch wenn Spannungen eingefroren waren, vergrößern sich bei Überschreitung eines Minimalwertes die Mikrorisse. Maßgeblich ist die

4.2 Kunststoffe

Induktionszeit, bis aus einer Schwachstelle ein Riß entsteht. Die Bruchfestikeit wird durch die Griffith'sche Theorie bestimmt, nämlich durch die zur Rißausbreitung erforderliche Energie und durch die Länge der Mikrorisse (die im Material vorhanden sind oder unter Belastung entstehen). Rißspannung und -dehnung nehmen mit steigender Temperatur ab, desgleichen die Rißzahl. Je länger die Entwicklungszeit der einzelnen Risse ist, um so kleiner ist die maximale Rißwachstumsgeschwindigkeit. Beide Größen werden offensichtlich durch die Kerbzahl der ursprünglichen Schwachstelle bestimmt. (Verbesserung durch verstärkte Vernetzung, z.B. durch Bestrahlung).

Die *Spannungsrißkorrosion* entsteht erst durch Zusammenwirkung von Orientierung (Kristallinität des Kunststoffes), Benetzung und anschließende Quellung. Voraussetzung ist, daß das Material unter äußerer oder innerer Spannung steht, z.B. Schweißnähte, Materialanhäufungen an Flaschenschultern und -böden sowie durch Stapelbelastung, im Zusammenwirken mit polaren Substanzen als Flüssigkeiten oder Dämpfe. Dabei bewirkt das Medium als Folge der Netzmittelspannung eine Herabsetzung der Rißspannung, die man auch als Erhöhung der Kerbspannung beschreiben kann, sowie eine Erhöhung der Rißwachstumsgeschwindigkeit. Die Diffusion ins Innere bewirkt eine Lockerung des Zusammenhalts der Kettenmoleküle, was zu einer Förderung der Rißbildung und Rißerweiterung führt. Unter den Packstoffen sind HDPE und PS besonders gefährdet. Bei PE hängt das Auftreten einer Spannungsrißkorrosion ab: von der Größe der einwirkenden Kräfte, der Einwirkungdauer, der Temperatur, vom Verhältnis amorpher zu kristalliner Anteile (kleinere Molekulargewichte als 25000 sind gefährlich; mit steigendem Molekulargewicht verringert sich die Gefährdung) und von der chemischen Zusammensetzung der angreifenden Medien. Kritisch sind polare, oberflächenaktive Flüssigkeiten wie Saponine, organische und anorganische Säuren, mehrwertige Alkohole, Ester, Ketone, Äther, Pflanzenöle, Siliconöle, Mineralöle, NaOH, KOH, tierische Fette, Metallseifen, Waschmittel. Insgesamt sind Lebensmittel weit weniger gefährdet als technische Füllgüter, doch wurde bei Tiefziehbechern aus PS in Kontakt mit Butterfett bei 10 bis 20°C in 3 Monaten eine Verringerung der Brucharbeit auf die Hälfte festgestellt[3]. Sonnenblumenöl erwies sich gegenüber PS diesbezüglich als besonders aggressiv, auch die Triglyceride C_7 bis C_9 [4]. Bekannt ist

---

[3] Vgl. Fette, Seifen, Anstrichmittel 80 (1978) 73.
[4] Vgl. Verpack.-Rdsch. 22 (1971) 37.

außerdem die Empfindlichkeit von PS gegen Zitronenöl; auch durch Fruchtjoghurt mit Himbeeren sind damit schon Schwierigkeiten aufgetreten.

Quantitativ aussagekräftige Schnellmethoden zur Ermittlung der Spannungsrißanfälligkeit von Kunststoffen für spezifische Füllgüter befinden sich noch in der Entwicklung. Die üblichen Modellversuche beschränken sich auf einen Vergleichstest, der z.B. darin bestehen kann, Hohlkörper aus HDPE mit einer wäßrigen 5prozentigen Tensidlösung zu füllen und die Spannungsrißbildung nach einer festgelegten Zeit (z.B. 100 h) bei erhöhter Temperatur zu beobachten [14].

4.2.3 *Eigenschaften der für die Verpackung wichtigsten Kunststoffe*

4.2.3.1 *Zellglas*

Dieser regenerierte Naturstoff hat seine Bedeutung durch eine ausgeklügelte Lackiertechnik erhalten. Unter den etwa 100 Typen sind die wichtigsten Varianten mit Nitrozellulose (NC) bzw. PVDC (X) beschichtet. Für die maschinelle Verarbeitung sind die vergleichsweise geringe Neigung zu elektrostatischer Auflagung, der breite Heißsiegelbereich bei NC-Typen (90 - 140°C), die geringe Rückstellkraft, die hohe Steifigkeit, die niedrige Reibung, das günstige Schneidverhalten und die hervorragende Bedruckbarkeit von Bedeutung. Für das Selbstbedienungssystem sind hohe Brillianz und glasklares Aussehen wichtig.

Der unbeschichtete Film mit einer Dicke von 22 - 23 µm (32 - 33,5 g/m^2, Dichte 1,45 g/cm^3) hat nur noch als Staub- und Berührungsschutz bei gleichzeitiger Sicht des Inhalts Bedeutung, obwohl er öldicht, einreißfest, ziemlich naßfest (60%), gut bedruck- und verklebbar, und maschinell hervorragend verarbeitbar ist. Seine Sauerstoffdurchlässigkeit ist stark feuchtigkeitsabhängig. Nachteilig ist die Neigung zum Schrumpfen und Quellen. Wetterfestes Zellglas ergibt sich durch eine Lackschicht von 2 - 3 µm, bestehend aus Nitrozelluloselack, Harzen und Paraffin. Die Wasserdampfdurchlässigkeit beträgt bei doppelseitiger NC-Schicht 2 - 5 g/m^{2}d bei 23°C und φ = 85%. Durch doppelseitige Polymerbeschichtung (PVDC) ist eine Wasserdampfdurchlässigkeit von 1 - 2 g/m^{2}d erreichbar. Es verringert sich bei diesem X-Zellglas auch der Feuchtigkeitseinfluß auf die Siegelnahtfestigkeit und auf die Gasdurchlässigkeit erheblich; gleichzeitig steigt die Dimensionsstabilität. Die Sauerstoffdurchlässigkeit beträgt 4 - 8 Ncm^3/m^2 d bar (23°C, 75% rel. F.), ihre Beeinflussung durch Knicke ist gering. NC- und X-Zellgläser sind sehr gut für Zigarettenpackungen geeignet, da sie

4.2 Kunststoffe

Schutz vor Austrocknen bieten und hohe Maschinengeschwindigkeiten erlauben. X-Zellglas wird z.B. zur Verpackung von Toastbrot verwendet, es ist gemeinsam mit NC-Typen in der Süßwaren-, Brot- und Gebäckindustrie weit verbreitet. Zwei Lagen Zellglas, doppelseitig mit NC- oder mit PVDC-Lack beschichtet, wachskaschiert (knisterarm!), sind besonders geeignet für Toast- und Schnittbrot und für gegossene Bonbons.

Durch LDPE-Beschichtung wächst die Belastbarkeit der Siegelnaht beträchtlich, so daß Flüssigkeitsdichtigkeit und eine beträchtliche Sauerstoffdichtigkeit erreicht werden, letztere vor allem bei Verwendung einer mit PVDC lackierten Folie z.B. für Wurstscheiben, Käsestücke, Erdnüsse, Mayonnaise. Eine Kombination mit einer lackierten gestreckten PP-Folie ergibt darüber hinaus eine hervorragende Brillianz (z.B. für Kartoffelchips); Zellglas/Alu/LDPE wird z.B. für Fruchtsäfte, gefriergetrocknete Produkte, Kartoffelpüreepulver eingesetzt.

4.2.3.2 *Packmittel auf Basis von Polyolefinen*

Gemeinsam ist diesen Rohstoffen eine geringe Wasserdampfdurchlässigkeit, ihre Unempfindlichkeit gegen Feuchtigkeit und ihre gute Schweißbarkeit. Auf der hohen Chemikalienbeständigkeit beruht ihre schlechte Bedruck- und Verklebbarkeit und dementsprechend die Notwendigkeit einer Vorbehandlung.

PE niedriger Dichte (LPDE): Bei einer Dichte von 0,91 - 0,925 g/cm^3 besitzt LDPE eine gute Einreiß- und Weiterreißfestigkeit, eine geringe Wasserdampfdurchlässigkeit (1 $g/m^2 d$ (100 µm) bei 23°C und 85% rel. F.). Seine Sauerstoffdurchlässigkeit von ca. 1300 $Ncm^3/m^2 d$ bar (100 µm) und seine Aromadurchlässigkeit sind aber für viele Güter zu hoch. Wenig günstig ist auch seine Ölbeständigkeit. Die maschinelle Verarbeitbarkeit ist wegen seiner geringen Steifigkeit und seiner Elastizität schlechter als z.B. diejenige von Papieren. Die Gebrauchstemperaturen liegen bei - 60 bis 90°C. Eine gute Verkleb- und Bedruckbarkeit setzt eine unmittelbar vorangehende Corona-Vorbehandlung bzw. die Einwirkung eines Plasmas zur "Oberflächenätzung" (Erzeugung polarer Molekülgruppen) voraus, wodurch andererseits die Schweißbarkeit leidet (vgl. Abschn. 8.1). Das wirtschaftlich wichtigste Verfahren zur Herstellung von Folien ist das einfache Schlauchblasverfahren, jedoch ist auch Breitschlitzextrusion möglich. Die Eigenschaften können durch Wahl der Rohstoffe, durch Additive und durch die Verarbeitungsbedingungen in weitem Bereich variiert werden.

Aus LDPE werden auch Tuben und - im Spritzgußverfahren - Behälterverschlüsse hergestellt. Weitere Verwendungsbeispiele: Grobfolien für Säcke, dünnere Folien für Beutel für die verschiedensten Verwendungszwecke, Tragtaschen. LDPE ist ein wichtiges Beschichtungsmedium und auch ein gutes Kaschiermittel (ab 40 µm für Vakuum- und Schutzgaspackungen, ab 60 µm für flüssige und pastöse Füllgüter). Coextrusion einer weißpigmentierten mit einer braun eingefärbten LDPE-Folie (insges. 90 µm) wird zur Herstellung von Trinkmilchbeuteln verwendet. LDPE-Schrumpffolien (vgl. Abschn. 4.2.1) lassen sich in Feinfolie (20 - 50 µm), Folien für mittlere und hohe Füllgewichte wie z.B. Konservendosen, Flaschen usw. (30 - 60 µm) und für Schwergüter einschließlich Palettenverpackung (80 - 200 µm) einteilen.

PE hoher Dichte (HPDE): Bei einer Dichte von 0,935 - 0,965 g/cm^3 besitzt HDPE einen Kristallitschmelzpunkt von ca. 129°C. Neben dem mittleren Molekulargewicht und der Molekülkettenanordnung bestimmt im wesentlichen die Molekulargewichtsverteilung die Eigenschaften (Schrumpfung, Kälteverhalten, Verarbeitbarkeit). Mit steigender Dichte

- steigt die Reißfestigkeit (besonders in Längsrichtung) und die Dauerbelastbarkeit,
- steigt die Kristallinität (LDPE ~ 60 - 75%, HDPE ~ 90%),
- erhöhen sich Steifigkeit und Abriebwiderstand,
- nimmt die Neigung zu Spannungsrißkorrosion zu,
- sinkt die Wasserdampfdurchlässigkeit:
  LDPE 23°C, 85% gegen 0%: 1,0 $g/m^2 d$ (100 µm)
        40°C, "   "   " : 8,1 "   "
  HDPE 23°C, "   "   " : 0,4 "   "
        40°C, "   "   " : 4,5 "   "
- und die Sauerstoffdurchlässigkeit:
  LDPE 20°C (100 µm)   1300 $Ncm^3/m^2 d\ bar$
  HDPE 20°C (100 µm)   505   "
- steigt die Temperaturbeständigkeit. Der Heißsiegelbereich liegt zwischen 135 und 150°C. Gebrauchstemperaturen: - 50 bis + 100°C.

Der Anwendungsbereich für Folien aus HDPE ist im unteren MG-Bereich relativ schmal, z.B. für Kochbeutel (TK-Fertiggerichte, perforierte Beutel für Reis), Kaschierfolien. Hauptanwendungsgebiet sind Hohlkörper (Sterilmilch, Spülmittel) sowie Transportgefäße (Kanister, Fässer), Lagertanks und - als Spritzgußteile - Flaschentransportkästen (hohe Lebensdauer, einfache Reinigung, geringes Gewicht, hohe

4.2 Kunststoffe

Schlagzähigkeit in der Kälte) sowie Paletten. HDPE-Flaschen können leicht im Abfüllbetrieb hergestellt werden, wodurch Lager- und Transportkosten eingespart werden.

Papierähnliche HM-Folien: Folien aus hoch- (HM) und mittelmolekularen (MM) HDPE mit einem Schmelzindex von 0,2 bis 0,5 g/10 min dienen zur Herstellung papierähnlicher Folien mit Dicken bis herunter zu 8 - 10 µm. Sie sind naßfest, zäh, besitzen eine hohe Weiterreiß-, Anreißfestigkeit und Bruchdehnung, sind schweiß- und kochbar. Mit zunehmendem Molekulargewicht verbessern sich die mechanischen Eigenschaften, andererseits wird aber wegen der steigenden Schmelzviskosität die Herstellung schwieriger. Die Festigkeit der HM-Folien ist in Längs- und Querrichtung etwa die gleiche. Die Überlegenheit über Papier beruht vor allem auf der Naß- und Stoßfestigkeit dieser Folie; unterlegen ist sie aber hinsichtlich Klebbarkeit, Faltbarkeit, Maschinengängigkeit, Steifigkeit und Bedruckbarkeit. Hauptanwendungsgebiete: Einwickler für feuchte Güter wie Frischfische, Fleisch (10 µm bei MM), Kochbeutel, Haushaltbeutel, Tragtaschen (HM-Folien mit einer Dicke von 10-20 µm anstelle von ca. 45 µm bei LDPE) sowie als Kaschierpartner. Neu ist LDPE von hoher molarer Masse mit hoher Durchstoßfestigkeit (HT-Folie von 25 - 50 µm).

Polypropylen (PP): Mit einer Dichte von 0,90 - 0,915 g/cm^3 ist PP zur Zeit von den Massenkunststoffen der leichteste und dadurch sehr ergiebig. Seine Vorteile gegenüber HDPE sind vor allem sein Glanz und seine Durchsichtigkeit, seine Abriebfestigkeit und die Erhöhung der Kristallit-Schmelztemperatur auf 160 - 170°C (obere Gebrauchstemperatur je nach Polymerisat 120 - 150°C, Schweißbereich 160 - 200°C). Die Dichtigkeitseigenschaften für Wasserdampf und für Sauerstoff entsprechen in etwa denen von HDPE. Die Öldichtigkeit ist gut. Die Reißfestigkeit ist bei Raumtemperatur etwa doppelt so hoch wie die von LDPE, doch ist die Schlagzähigkeit merklich geringer. Bei Gefriertemperaturen versproden unorientierte PP-Folien. Die Einsatzgebiete für unorientierte PP-Folie sind Beutel aller Art, Dreheinwickler für Hartkaramellen, Gemüsebeutel, doch liegt das Hauptanwendungsfeld auf dem Textilsektor. Weiterhin werden PP-Folien als Kaschiermaterial verwendet. PP-Copolymerisate mit Äthylen besitzen höhere Schlagzähigkeit als PP-Homopolymerisate. Je höher der Äthylengehalt ist, um so besser sind ihre Festigkeitseigenschaften bei tiefen Temperaturen.

Monoaxial gestreckte PP-Folie wird für Verpackungsband, Bindegarn und Webbändchen eingesetzt. Der Vorteil solcher Verpackungsbänder gegenüber

Stahlbändern liegt neben dem niedrigen Preis vor allem in ihrer Korrosionsbeständigkeit; außerdem wird das Öffnen der Verpackungen erleichtert.

Häufig wird PP *biaxial gestreckt* mit Thermofixierung zu dünnsten Verpackungsfolien (bis herunter zu 15 µm) hoher Schlagzugzähigkeit, Steifigkeit und glasklarer Brillianz verarbeitet. Man erhält eine hohe Einreiß- bzw. Durchstoßfestigkeit aber eine geringere Weiterreißfestigkeit; die Kältebruchtemperatur sinkt von 0 auf ca. - 50°C. Dimensionsstabilität ist bis 140°C gegeben. Die Durchlässigkeit gegen Wasserdampf und Sauerstoff sinkt durch die Streckung auf die Hälfte bis auf ein Drittel (ca. 1/5 von LDPE). Die Wasserdampfdurchlässigkeit einer 15 µm-Folie bei 23°C, 85% r. F. beträgt 1,2-2 $g/m^2 d$, die Sauerstoffdurchlässigkeit liegt bei 2000 $Ncm^3/m^2 d$ bar.

Wenn auch die Maschinengängigkeit von OPP-Folie z.Z. noch nicht so gut ist wie bei Zellglas, entwickelte sich diese Folie wegen ihrer übrigen Vorzüge doch zu einem ernsten Wettbewerber für beschichtetes Zellglas. Der Schweißbereich von OPP-Folie ist enger, weshalb eine sehr genaue Regelung der Schweißtemperatur nötig ist, falls man unbeschichtete Folien verwendet. Heißsiegelfähige OPP-Folien, die beschichtet oder coextrudiert sein können, dienen z.B. als Einschlagfolien; PVDC-beschichtet sind sie besonders hoch gasdicht. Unbeschichtete und mit PVDC veredelte OPP-Folien werden in zunehmenden Umfang für Kaschierzwecke eingesetzt. Anwendungsgebiete für OPP-Folien sind Verpackungen für Süßwaren, Trockenfrüchte, Teig- und Backwaren, Snackartikel.

Neben der Folienfertigung eignet sich PP auch zur Herstellung gespritzter, thermogeformter oder geblasener Becher und Behälter. Durch technologische Entwicklungen wurde das Tiefziehen von PP-Bechern gelöst (wenn auch nicht die Ziehtiefen wie bei PS erreichbar sind); PP-Typen mit hohem Schmelzindex sind für den Spritzguß dünnwandiger Verpackungsbehälter von hoher Axialsteifigkeit geeignet. Durch Streckblasen von PP-Flaschen wird die Schlagfestigkeit und die Bruchfallhöhe gesteigert sowie die Transparenz erhöht. Die vorteilhaften thermischen (Heißabfüllung), chemischen (keine Spannungsrißkorrosion) und mechanischen Eigenschaften dürften zu einem verstärkten Einsatz von PP auf Kosten von PS und wohl auch von PVC für Becher führen, sofern die Preisrelation günstig liegt und die Abdeckelfrage noch besser gelöst ist.

Ionomere (z.B. Surlyn (R)): Dichte 0,93 - 0,96 g/cm^3. Sie enthalten sowohl ionische wie auch kovalente Bindungen; erstere befinden sich zwischen den Molekülketten, während letztere die normalen Bindungen innerhalb der Polymeren vorstellen. Ionomere besitzen eine hohe Einreiß-

4.2 Kunststoffe

festigkeit und sind klarer, zäher und z.T. steifer als LDPE. Die mittlere Schweißtemperatur liegt tiefer (85°C) und der Hottack setzt während des Abkühlens der Siegelnaht schneller ein, so daß sich die Rückfederung eines Packstoffes weniger auszuwirken vermag. Gegen Öle und Fette sind Ionomere recht beständig, sogar eine Heißsiegelung damit beschmutzter Folien ist möglich. Ionomere besitzen einen hohen Glanz und bieten Vorteile bei aggressiven Füllgütern. Die Neigung zu Lochbildung ist gering. Die Spannungsrißanfälligkeit ist weit geringer als bei LDPE. Die Wasserdampf- und Gasdurchlässigkeit entspricht etwa derjenigen von LDPE. PA/Ionomer-Kombinationen sind besonders durchstoßfest. Ionomere dienen vielfach als Haftvermittler zwischen PE und PA sowie anderen Kunststoffen. Besonders geeignet sind sie zum Coextrudieren, zur Extrusionsbeschichtung und dort, wo es auf eine besonders leichte Heißsiegelfähigkeit sowie auf ein leichtes Abschälen von Heißsiegelverbindungen ankommt, aber auch für Vakuumverformung, Skinverpackungen und für blasgeformte Flaschen, sofern preislich tragbar.

Polybutylen: Sein Einsatzgebiet liegt auf dem Verpackungsgebiet dort, wo die optischen Eigenschaften eine geringere Rolle spielen, beispielsweise bei Kochbeuteln. Seine Zähigkeit, Schlagfestigkeit und sein Erweichungspunkt liegen hoch. Als Abmischung mit PP ergeben sich niedrigere Verarbeitungstemperaturen und verbessert sich die Schweißbarkeit; als Abmischung mit HDPE verringert es dessen Neigung zur Spannungsrißkorrosion.

Polyvinylchlorid (PVC): (Dichte 1,35 - 1,45 g/cm^3). Die Hauptvorteile von PVC sind seine absolute sensorische Neutralität, verbunden mit einer hohen Dichtigkeit gegen Riechstoffe (ausgenommen Ketone), seine Klarheit, Steifigkeit und Zähigkeit, sowie seine leichte thermische Verformbarkeit und hohe Alterungsbeständigkeit. Die Sauerstoffdurchlässigkeit ist relativ niedrig (20 - 40 $Ncm^3/m^2 d$ bar bei 100 µm und 20°C). Die Wasserdampfdurchlässigkeit ist etwas höher als bei LDPE: für 100 µm bei 23°C und 85% rel. F. ca. 2,5 $g/m^2 d$. Unter 0°C wird ungerecktes PVC zunehmend spröde, die obere Gebrauchstemperatur bei Dauerbelastung ist ca. 75°C. Die Schweißtemperatur liegt bei Hartfolie um 150°C, bei weichmacherhaltiger Folie um 120°C.

Hartfolien dienen als Einschlagfolien anstelle von Zellglas, weil sie feuchtigkeitsunempfindlich sind, sowie als Sortiereinsätze für Pralinen. Sie können glasklar sein, lassen sich mit Pigmenten einfärben, ohne Vorbehandlung bedrucken, außerdem verkleben und im Hochvakuum metallisieren. Große PVC-Mengen dienen wegen ihrer guten Sperreigenschaften zur Herstellung von Bechern und Deckeln für fetthaltige Güter wie Butter, Margarine, Feinkostartikel. Wegen ihrer höheren Bruchfestigkeit und ihres geringeren Gewichtes als Glas werden PVC-Flaschen für die Verpackung von Essig, Speiseöl und kohlensäurefreien Mineralwässern verwendet. Verbreitet ist auch der Einsatz von PVC als Klebefolie. PE-Verbunde mit PVC als Trägerfolie besitzen hervorragende Tiefzieheigenschaften und eine hohe Schlagzähigkeit.

Außer den Hartfolien spielen *weichmacherhaltige PVC-Folien* eine große Rolle. Sie dienen, solange keine preiswürdige weichmacherfreie Folie mit ähnlichen mechanischen Eigenschaften und so hoher Sauerstoffdurchlässigkeit und Transparenz entwickelt ist, als Verpackungsfolien für Frischfleisch und Geflügel (10 - 20 µm); als Schrumpffolien dienen sie u.a. zur Bündelung zu Mehrstückpackungen und für Schrumpfhauben (vgl. Abschn. 4.2.1), aber auch für leichte Packgüter. Weich-PVC dient auch als Dichtungsmaterial für Flaschenverschlüsse.

Polystyrol (PS): Mit einer Dichte von 1,05 g/cm^3 spielt PS in der Verpackungswirtschaft eine große Rolle, da es in einer weiten Reihe von Abwandlungen angeboten wird. Es zeichnet sich durch eine sehr gute Verarbeitbarkeit im Tiefzieh- und Spritzgießverfahren sowie durch eine gute Bedruckbarkeit aus. Im wesentlichen sind folgende Typen zu unterscheiden:

- Standard-PS ist sehr steif, spröde und glasklar. Einsatz findet es vor allem im Spritzguß oder als Abmischung mit schlagfestem PS. Gelegentlich werden biaxial gestreckte Folien gefertigt mit guter Festigkeit und Flexibilität (hauptsächlich Kaschier- und Verpackungsfolie, auch zum Tiefziehen).
- Schlagfestes PS (SB). Durch Mischung bzw. Pfropfpolymerisation mit Butadien lassen sich Steifigkeit, Schlagzähigkeit und Kältebeständigkeit in weiten Grenzen variieren. Schlagfestes PS findet weite Anwendung im Spritzguß und beim Tiefziehen.
- SAN und ABS sind Copolymerisate, die gute Verformbarkeit mit hoher Steifigkeit, Schlagzähigkeit und hoher Temperaturbeständigkeit verbinden; sie neigen im Gegensatz zu Standard-PS nicht zu Spannungsrißkorrosion. ABS wird in verschiedenen Ländern (UK, USA, Finnland) in großem Umfang für die Margarineverpackung eingesetzt.
- Geschäumtes PS findet häufig Anwendung in wärmeisolierenden Packungen und zum Verpacken stoßempfindlicher Güter (z.B. Eier).

Nachteile von Standard-PS sind die hohe Wasserdampfdurchlässigkeit (20 g/m^{2}d bei 23°C und 85% rel. F. für 100 µm), die hohe Sauerstoffdurchlässigkeit (1000-2000 Ncm^3/m^{2}d bar), die Neigung zu Spannungs-

4.2 Kunststoffe

rißbildung und die hohe Sprödigkeit. PS lädt sich leicht statisch auf und ist empfindlich gegen Ketone, Kohlenwasserstoffe und ätherische Öle. Auf einen niedrigen Gehalt an Monomeren muß im Hinblick auf seine sensorische Neutralität geachtet werden. Die Temperaturbelastung für Normaltypen darf 70°C nicht überschreiten. PS ist nur für Lebensmittel geeignet, die nicht allzu sauerstoffempfindlich sind und bei denen ein geringer Wasserverlust in der üblichen Umlaufzeit keine Rolle spielt, wie z.B. für Joghurt, Quark, Automaten-Heißgetränke, Verkaufsschalen für Frischfleisch. Das Hauptanwendungsgebiet liegt z.Z. im Molkereiwesen.

Anhang: Acrylnitril-Styrol-Mischpolymerisate mit 60-85% Acrylnitril (PAN) [15,16]. Ihr spezifisches Gewicht liegt zwischen 1,12 und 1,17 g/cm^3; sie sind chemisch inert, besitzen eine hohe Steifigkeit und Reißfestigkeit. Ihr besonderer Vorzug ist die niedrige Sauerstoffdurchlässigkeit, die nur 1/10 derjenigen von Hart-PVC gleicher Dicke beträgt; das gleiche gilt für die bekannten Aromen. Die Wasserdampfdurchlässigkeit beträgt ca. 6 g (100 µm/m^{2}d bei 23°C und 100% gegen 0% rel. F.) Flaschen aus PAN sind pasteurisierbar. Wegen der hohen Berstfestigkeit und guten Dichtigkeitseigenschaften wird ihr Einsatz für CO_2-haltige Getränke versucht. Die AN-Polymerisate sind derzeit in den USA für Getränkeflaschen nicht zugelassen.

Polyvinylidenchlorid (PVDC) wird nicht in Form des Homopolymerisats verwendet, sondern als Copolymerisat mit VC oder anderen Monomeren. Von allen marktgängigen Kunststoffen hat es die höchste Dichtigkeit gegen Wasserdampf, Gase und gegen Fette und Riechstoffe. Es ist ein spezifisch schwerer Kunststoff (Dichte 1,68 - 1,75 g/cm^3). Der Film ist von großer Klarheit und sehr fettdicht. Der Weichmachergehalt liegt bei 8%. Für Fleischbeutel, Gefrierbeutel u.dgl. verwendet man häufig einen Klippverschluß. PVDC ist als Schrumpffolie verbreitet z.B. für das Verpacken von Käse im Stück (statt Tauchen des Käses in Wachs) und von gefrorenem Geflügel. Wegen seiner hohen Dichtigkeit braucht es nur in sehr geringen Stärken verwendet zu werden. Für Fleisch-Reifebeutel steht es in Wettbewerb mit PA/LDPE und PETP/LDPE.

Bedeutend ist der Einsatz als Dispersions-Beschichtung für Packstoffe aller Art, mit welchen eine besonders hohe Sauerstoffdichtigkeit erreicht werden soll (vgl. Absch. 4.3.2).

Polyamide (PA): Polyamide werden nach der Zahl der Kohlenstoffatome ihrer Grundmonomeren bezeichnet. Für Folien kommen in erster Linie die leichter verarbeitbaren PA-6, PA-11 und PA-12-Marken in Frage (Dichte 1,13 bzw. 1,03 g/cm^3). PA gehört zu den besonders gut tiefziehfähigen Kunststoffen. Außerdem ist sein hoher Kristallitschmelzpunkt (220°C bei PA-6) bemerkenswert, der Sterilisieren bei 135-150°C erlaubt; auch die Dichtigkeitseigenschaften gegenüber Fette, Öle, Aromen und Gase (Wasserdampfdurchlässigkeit q: 12 g/m^{2}d bei 23°C und 100 µm, O_2: 6-10 Ncm^3/m^{2}d bar) sind recht gut. Polyamide besitzen eine hohe Transparenz, Steifigkeit und Abriebfestigkeit. Die Nachteile des PA sind die hohe Heißsiegeltemperatur (180 - 190°C) - deshalb im allgemeinen Kombination mit einem leichter siegelfähigen Kunststoff-, eine gewisse Hygroskopizität und damit sowohl eine beschränkte Naßfestigkeit wie auch eine vom Feuchtigkeitsgehalt abhängige Gasdurchlässigkeit (nicht bei PA-12). Deshalb kombiniert man PA vielfach mit anderen Packstoffen.

Aus PA-6 lassen sich auch biaxial verstreckte Folien herstellen. Die Reißfestigkeit wird hierdurch auf das Dreifache erhöht, die Permeabilität merklich verringert; diese Folien zeichnen sich durch Zähigkeit, hervorragende Durchstoßfestigkeit und besonders gute optische Eigenschaften aus. Sie sind ohne Vorbehandlung bedruckbar. (PA biaxial gestreckt: Sauerstoffdurchlässigkeit 25 - 35 Ncm^3/m^{2}d bar bei 15 µm und 23°C. Sie steigt bei φ höher als 70% stark an).

Da PA ein relativ teurer Packstoff ist, wird er bevorzugt dort eingesetzt, wo seine spezifischen Vorteile voll zur Geltung kommen. Ein wichtiges Einsatzgebiet hat PA coextrudiert oder kaschiert mit LDPE zur Herstellung von tiefgezogenen muldenförmigen Behältnissen für die sauerstoffarme Verpackung von Schnittkäse und von Schnittwurst, außerdem als Kochbeutel und als evakuierter Reifebeutel für Frischfleisch. Falls eine sehr geringe Gasdruchlässigkeit verlangt wird, ist eine zusätzliche PVDC-Beschichtung erforderlich. Eine fünfschichtige Tiefziehfolie PA/PE/PE/PA/PE für optimale Dickenverteilung in den Muldenecken wurde zur Verpackung von Speckseiten, großen Käsestücken, ganzen Schinken u.dgl. entwickelt. Biaxial orientiertes PA wird als Trägerfolie für Verbundfolien eingesetzt; seine Knickfestigkeit ist besonders hoch.

Bratfolien bestehen meist aus geblasenen Monofolien auf der Grundlage eines wärmestabilisierten PA-6,6 (Schmelzpunkt 250°C). Eine gewisse Sonderstellung unter den Polyamiden nimmt PA-12 ein. Es ist feuchtigkeitsunempfindlich, wasserdampfdichter und kältebeständig (bis -70°C). Vor allem wird es für Wurstdärme und für Sterilpackungen (z.B. für Kochschinken) eingesetzt.

4.2 Kunststoffe

Polyterephthalsäureester (PETP) besitzt einen nicht allzu großen aber stabilen Markt auf dem Verpackungssektor. Hervorstechend ist seine hervorragende Zug- und Einreißfestigkeit, weiterhin seine hohe Transparenz, Abrieb- und Kratzfestigkeit, gute Bedruckbarkeit; Verwendungsbereich -50 bis +150°C, eventuell 180°C. Die Folie besitzt eine hohe Dimensionstabilität (erzeugt durch Temperung nach der biaxialen Streckung), gute Dichtigkeitseigenschaften gegenüber Wasserdampf, O_2, Aromen, Öle und Fette (bei 20°C und relativer Feuchtigkeit von 85% und 100 μm für Wasserdampf 2 g/m^{2}d, für O_2 ca. 9,6 Ncm^3/m^{2}d bar). Der hohe Preis wird teils durch die hohe Dichte (ρ = 1,39 g/cm^3) verstärkt, teils jedoch durch den Einsatz vergleichsweise dünner Folien (12 μm) gemildert. Ein großer Nachteil ist die schwierige Verschweißbarkeit. Deshalb werden gestreckte PETP-Folien im allgemeinen vorwiegend als Kombinationsfolien mit LDPE z.B. für Frischfleisch-Reifepackungen und als Außenschutzfolien für Alu/LDPE-Kombinationen verwendet. Einsatzgebiete von PETP/PE ähnlich wie von PA/PE, doch ist letzteres besser tiefziehbar. Übliche Typen sind: unbeschichtetes, polymerbeschichtetes und tiefziehfähiges PETP. Für die Verpackung von Geflügel und von ganzen Schinken wird schrumpffähiges PETP eingesetzt. Flaschen aus Polyester werden in den USA und im UK zunehmend auch für hochkarbonisierte Getränke (bevorzugt für Colagetränke) und in Japan für Sojasauce eingesetzt, wobei vor allem in größeren Gebinden (1-2 l) die Bruchsicherheit höher als bei Glas ist. Die Leergewichtersparnis ist diesem gegenüber fast 90%, die Abfüllanlagen verursachen wenig Lärm. (vgl. hierzu Abschn. 1.2); ihre Bruchfestigkeit ist bei Fallversuchen bis zu 2,5 m Höhe nachgewiesen worden (Berstfestigkeit ca. 15 bar).

PETP-beschichteter Karton wird für die Herstellung von Backschalen (ovenable board, beständig bis 220°C) eingesetzt. Falls die höhere Gasdichtigkeit von Aluminiumfolie nicht benötigt wird, können metallisierte PETP-Folien als Lichtschutz für die Herstellung von Verbundfolien herangezogen werden. Neben Aluminiumfolie dient PETP-Folie auch als Bratfolie (Schmelzpunkt 260°C). Als Umreifung wird monoaxial verstrecktes PETP vor allem in den USA verwendet, da es nicht spleißt und sich über lange Zeiten nur wenig dehnt.

Sonstige Kunststoffe zur Lebensmittelverpackung: Polycarbonat (PC) wird als Folie auf dem Verpackungsgebiet wenig eingesetzt, vor allem für Sichtfenster. Das spezifische Gewicht beträgt 1,2 g/cm^3. Die Folie ist weichmacherfrei, glasklar, alterungsbeständig, dimensionsstabil, zäh, gut verkleb- und verschweißbar. Ihr Anwendungsbereich erstreckt sich von

-200 bis +180°C (150°C bei Dauerbelastung). Die ungereckte Folie ist gut tiefziehfähig, die gereckte Folie besitzt eine hohe Festigkeit. Ihre Sauerstoffdurchlässigkeit ist jedoch beträchtlich, ihre Wasserdampfdurchlässigkeit entspricht etwa derjenigen von PS.

PC-Flaschen sind volumenstabil und sterilisierbar, ihr Gewicht ist gering, sie verursachen bei der Verarbeitung keinen Lärm, splittern nicht und sind geruchs- und geschmacksfrei. Der Verschluß kann durch Alu-Kappen erfolgen. Als Mehrwegflasche scheinen sie eine merklich längere Lebensdauer als Glas aufzuweisen [17]. Solange das Ausmaß der Anquellung und der Retention durch Spülmittel und im Falle einer Zweckentfremdung von Schadstoffen nicht völlig überschaubar ist (die Beständigkeit gegen Säuren, Laugen und organische Lösungsmittel ist mäßig), wird man Behältnisse aus PC lediglich für geschlossene Systeme (z.B. Schulmilch) einsetzen [18].

Zur Erzielung einer sehr hohen Gasdichtigkeit erscheint die Anwendung einer biaxial verstreckten PVAL-Folie als innere Schicht zwischen hoch wasserdampfdichten Folien aussichtsreich, denn unter trockenen Bedingungen soll sie 20mal weniger durchlässig für Sauerstoff und 40mal weniger durchlässig für CO_2 als PVDC sein. Die Schweißtemperatur liegt um 135°C. Sie ist ölbeständig, besitzt eine hohe Reiß- und Durchstoßfestigkeit, gute Transparenz, Maschinengängigkeit und Bedruckbarkeit, ist aber wasserempfindlich und sehr wasserdampfdurchlässig. Deshalb empfiehlt sich ein Außenschutz z.B. durch PVDC-Schichten oder die Kombination PE/PVAL/PA. In Japan dienen Monofolien anstelle von OPP zur Verpackung von Textilien.

4.3 Papier, Karton, Pappe

4.3.1 *Unveredelte Papiere* [5]

Als natürliche Eigenschaften sind vor allem die Festigkeit, Steifigkeit, Porosität und Temperaturbeständigkeit zu nennen. Papiere werden vorzugsweise zum Einschlagen sowie zur Herstellung von Beuteln und Säcken verwendet (Flächengewichte 15 g/m^2 bis üblicherweise 200 g/m^2).

---

[5] Hierüber gibt es eine ausführliche Darstellung von W. Grebe: Die Packstoffe Papier, Karton und Pappe für Verpackungen im RGV-Handbuch Verpackung (Berlin: Erich Schmidt-Verlag 1978), so daß hier nur das für Lebensmittelverpackung Wichtigste gebracht wird. Vgl. hieraus vor allem Pos. 2.2: Zusammensetzung von Papiersorten.

4.3 Papier, Karton, Pappe

Ausgangsmaterial für die Papier- und Kartonbestellung sind heute fast ausschließlich Fasern aus Holz und Einjahrespflanzen. Je nach Art der Behandlung erhält man verschiedenartige Faserrohstoffe. Holzschliff wird durch mechanischen oder thermomechanischen Aufschluß gewonnen. Durch eine Kochung mittels Chemikalien und Dampf gewinnt man Zellstoffe und zwar Sulfatzellstoff unter Verwendung von Laugen und Sulfitzellstoff unter Verwendung von Säuren.

Die Papiere werden nach Stoffklassen unterteilt und unterscheiden sich in der Zusammensetzung der einzelnen Rohstoffe:
a) Altpapier - Packpapiere (AP-Papier); Stoffklassen AP 1 bis AP 4. Die Qualität der Papiere richtet sich nach dem Anteil und der Art des Zellstoffes und des Altpapiers.
b) Zellstoff - Packpapiere (ZP-Papiere): Stoffklassen ZP1 bis ZP5. Die Qualität unterscheidet sich je nach dem Anteil an Holzschliff, an Altpapier und der Menge und Art des Zellstoffs.

Das geringwertigste Papier ist das Schrenzpapier (100%ig geringwertiges unsortiertes Altpapier AP 1, 2 - 4, das hochwertigste ist holzfreies Zellulosepapier (100% Ia Zellstoff). Die Qualität des Papiers wird außer durch den Faserstoffeintrag durch den Füllstoffzusatz, die Leimung und den Mahlgrad bestimmt.

Oberflächenverbesserung innerhalb der Papiermaschine: Einseitig glatte Papiere stellt man mit dem Glättzylinder her. Durch Auftragen von Lösungen oder Dispersionen in der Leimpresse kann die Oberfläche wasserfest, wasserabweisend oder fettdicht präpariert werden. Bei Aufbringen von Pigmentstrichen innerhalb der Papiermaschine spricht man von maschinengestrichenem Papier (bessere Bedruckbarkeit). In getrennten Arbeitsgängen kann Papier satiniert (Kalander) oder mit Pigmentstrichen ausgestattet (Chromopapier) oder durch Beschichten, Imprägnieren oder Kaschieren veredelt werden.

Der Hauptvorteil des Papiers liegt in seiner guten maschinellen Verarbeitbarkeit begründet, die auf seiner geringen Rückfederung (guten Faltbarkeit), seiner geringen Dehnung (Formtreue), seiner guten Steifigkeit bei freiem Vorschub und seiner guten Verklebbarkeit beruht. Dazu kommt noch, daß maschinengestrichene Papiere einen ausgezeichneten Druckträger bilden, auch kann Papier am problemlosesten vom Verpacker selbst bedruckt werden. Kraftpapier (aus Sulfatzellstoff hergestellt), Kraftsackpapier, Kraftliner, Sulfatzellstoff für Deckenpapiere besitzen eine besonders hohe Festigkeit und dienen daher zur Herstellung besonders beanspruchter Verpackungen, z.B. von Säcken und von Wellpappedecken; verallgemeinernd läßt sich sagen, daß alle Eigenschaften, die mit der Festigkeit korrespondieren, in der Faserlaufrichtung und solche, die sich aus der Dehnfähigkeit ableiten, quer zur Faserlaufrichtung höher sind.

Nachteile des unveredelten Papiers sind: Geringe Naßfestigkeit, mangelhafte Dichtigkeitseigenschaften, nicht heißsiegelfähig.

4.3.2 *Veredelte Papiere*

Der Veredlungsprozeß ist vor allem im Hinblick auf die Empfindlichkeit von Packstoffen auf Zellulosebasis gegen Wasser und Wasserdampf notwendig.

Naßfeste Papiere: Durch Zusatz von Harnstoff-Formaldehydharz oder Melamin-Formaldehydharz zum Stoffbrei erhält man eine Naßfestigkeit, die (bezogen auf die Bruchlast) bis zu 35% der Trockenfestigkeit betragen kann (unbehandeltes Papier 5 - 15%). Solche Papiere werden z.B. eingesetzt für Säcke und für den Einschlag von Fleisch und von Fischen. Geringe Chromstearatzusätze verleihen dem Papier wasserabweisende Eigenschaften.

Fettdichte Papiere: Durch starke Mahlung erhält man ein geschlossenes Papierblatt: *Pergamentersatz*. Durch scharfes Satinieren des schmierig gemahlenen Sulfitzellstoffs wird das Papier transparent: *Pergamin*. Wenn die Zellstoffbahn durch Schwefelsäure geführt wird, entsteht ebenfalls eine geschlossene, homogene Struktur: *Echtpergament*.

Die ersten beiden sind nur fettdicht, Echtpergament aber außerdem auch noch naßfest (Naßfestigkeit 35 - 45%) und ziemlich wasserdicht.

Fettabweisende Papiere: Bei oleophobierten Papieren wird eine beschränkte Fettdichtigkeit durch Beschichtung mit Fluorverbindungen oder PVA erreicht, jedoch keine Wasserdichtigkeit. Im Falz ist die Fettdichtigkeit stark herabgesetzt.

Seidenpapier: Dies ist ein schwach gemahlenes Papier von niedrigem Flächengewicht (ca. 20 g/m^2), schmiegsam, luftdurchlässig (z.B. zum Einschlag von Zitrusfrüchten), auch als Kaschiermaterial zu verwenden.

Krepp-Papier: (Stoßschutzpapiere, z.B. für Säcke). Normales Papier hat beim Bruch eine Maximaldehnung von ca. 5%. Wenn man das Papier innerhalb der Papiermaschine oder auch mit Clupaken kreppt, lassen sich dop-

4.3 Papier, Karton, Pappe

pelt so hohe Dehnungswerte erreichen. Kreppt man in getrennten Maschinen (Naßkrepp), erhält man noch höhere Bruchdehnungen. Das erhöhte Arbeitsaufnahmevermögen ist für die Stoßbelastbarkeit von Säcken wichtig.

Wachspapiere: Paraffine: Unverzweigte, gerade Kohlenwasserstoffe,
                             Schmelzpunkte 45 - 65°C.
           Mikrowachse: längere Ketten mit Verzweigungen,
                        Schmelzpunkte 55 - 80°C.

Führt man die Papierbahn durch ein Paraffinbad und dann durch zwei Abpreßwalzen und über einen Kühlzylinder, dann wird das Papier mehr oder minder mit Paraffin *getränkt*. Ein solches Papier ist wasserdicht und wasserabstoßend, aber nicht wasserdampfdicht. Derartige "trockengewachste" Papiere verwendet man für Teller, Trinkbecher, zum Verpacken von Brot, Fleisch, Fischen etc..

Oberflächengewachste Papiere besitzen einen Paraffinfilm auf der Oberfläche, der das Material gut wasserdampfdicht und auch wasserabstoßend macht (Naßwachsung). Sie dienen zum Verpacken von Bonbons, Knäckebrot, Rasierklingen.

Kunststoffbeschichtete Papiere

Die Kunststoffbeschichtung von Papieren verfolgt den Zweck, das Papier als Packstoff universeller einsetzbar zu machen, vor allem ihm fast beliebige Dichtigkeiten zu verleihen und eine Heißsiegelfähigkeit zu erreichen. Beim Heißsiegeln vermeidet die Papierlage ein Ankleben der Thermoplasten an die Siegelbacken. Kunststoffbeschichtete Papiere haben sich als Beutelpackungen und als Innenbeutel in Versandkartonagen bewährt. Beutel aus Papier verrutschen außerdem weniger beim maschinellen Einbringen in Faltschachteln als Folienbeutel. Im Wettbewerb haben Kunststoffe als alleinige Packstoffe allerdings den Vorteil der Transparenz (Sichtpackung) und der Tiefziehfähigkeit.

Zu den wichtigsten Kombinationspartnern von Papier zählen: Polyäthylen (LDPE), Polyvinylidenchlorid (PVDC), Kunststoffmodifizierte Wachse (Hotmelts und Heißsiegelwachse), Latexmischungen (Kaltsiegelmaterialien) und Aluminiumfolien.

Einige Eigenschaften solcher Kombinationen [19] sind in Tabelle 7 wiedergegeben.

Polyäthylen niedriger Dichte wird nach dem Extruderverfahren verarbeitet; es ist vor allem wegen seiner Flexibilität ein idealer Beschichtungs-

Tabelle 7. Eigenschaften von Papierbeschichtungen

Eigenschaften	Polyäthylen (LDPE)	Polyvinylidenchlorid (PVDC)	Kaltsiegelbeschichtungen (Latexmischungen usw.)	Verbund: Papier/Alu/LDPE
Wasserdampfdichtigkeit	hoch	sehr hoch	niedrig	extrem hoch
Gasdichtigkeit	niedrig	sehr hoch	niedrig	extrem hoch
Aromadichtigkeit	niedrig	hoch	niedrig	extrem hoch
Öl- und Fettdichtigkeit	niedrig - mäßig	sehr hoch	niedrig - mäßig	extrem hoch
Chemikalienbeständigkeit	sehr gut	sehr gut	mäßig	gut
Flexibilität	sehr gut	gut - befriedigend	gut	gut
Siegelbarkeit	sehr gut	gut	gut	sehr gut

stoff, falls es wegen einer hohen Wasserdampfempfindlichkeit des Füllgutes oder sehr langer Lagerzeiten nicht auf noch geringere Wasserdampf- (und gegebenenfalls Sauerstoff-, sowie Aroma-) durchlässigkeit ankommt. Papiere mit einer LDPE-Beschichtung von 40 µm weisen größenordnungsmäßig eine Wasserdampfdurchlässigkeit von 3 $g/m^2 d$ bei 85% gegen 0% bei 23°C auf. Der Verbund zwischen LDPE und Papier läßt sich durch Coronavorbehandlung oder durch Haftvermittler verbessern. PE-beschichtetes Seidenpaper wird als Einwickler für feuchte und für wenig fettende Lebensmittel verwendet.

Die nächsthöhere Dichtigkeitsstufe, vor allem auch wegen der besseren Fettbeständigkeit bieten *PVDC-Dispersionen*, vorzugsweise auf sehr glatten Oberflächen. Sie sind völlig geruchs- und geschmacksfrei. Die Flexibilität, die Bruchdehnung sowie auch die Heißsiegelnahtfestigkeit von PVDC-Beschichtungen verringert sich mit fortschreitender Kristallisation während der Lagerung. Man gibt deshalb dem VDC Comonomere bei, die eine Unsymmetrie in den Ketten bewirken und begrenzt damit gleichzeitig Kristallinitätsgrad und -geschwindigkeit. Die Kältebruchfestigkeit von PVDC-Beschichtungen ist nicht hoch. Andererseits ist die Festigkeit der Naht sofort nach dem Siegeln hervorragend.

Die Fettdichtigkeit an Knickstellen kann verbessert werden durch Vorstriche aus Polyvinylacetat oder mit Fluorpräparaten; bewährt hat sich auch eine Zusatzschicht aus LDPD (18 - 25 g/m^2). Mit zwei Strichen und einem Deckstrich aus PVDC von insgesamt 20 g/m^2 ließ sich bei 23°C auf

4.3 Papier, Karton, Pappe

Kraftpapier 40 g/m^2 + 20 g/m^2 LDPE eine Wasserdampfdurchlässigkeit von 2 g/m^{2}d und eine Sauerstoffdurchlässigkeit von 3,3 Ncm^3/m^{2}d bar erzielen. Die LDPE-Schicht sollte üblicherweise außen liegen, da dadurch der Siegelbereich breiter wird. Auch die Knitterfähigkeit ist dann am höchsten [20].

Einsatzgebiete: Besonders wasserdampfempfindliche, fettende und stark riechende Lebensmittel, vor allem, wenn sie außerdem einen Sauerstoffschutz bedürfen. Durch Pigmentieren des PVDC mit Alupulver (klares PVDC als Deckschicht) lassen sich im Wellenlängenbereich 300 - 750 µm Transmissionswerte von 0,2% erreichen; die Wasserdampf- und Gasdurchlässigkeit des PVDC wird allerdings durch ein solches Pigmentieren nicht mehr wesentlich verringert.

Vergleichsweise zu den vorerwähnten kunststoffbeschichteten Papieren haben *hotmelt-bewachste Papiere* einen höheren Preis. Deshalb rechtfertigt sich ihr Einsatz nur auf Grund ganz spezifischer Vorteile, z.B., daß sie sich rezeptmäßig gut anpassen lassen (EVA: Äthylvinylacetat-Co- und Terpolymere gemischt mit Harzen und Kohlenwasserstoffwachsen). *Vorteile:* Gute Faltbeständigkeit, geringe Beeinflussung der Sperrwirkung nach dem Falten, hohe Kaschierfestigkeit, siegelbar sowohl gegen Polyolefine und PVDC wie auch gegen PS und PVC, niedrig siegelnd (schon ab 80°C), Möglichkeit des Durchsiegelns durch bestaubte Stellen, schnelles Abbinden auf Endfestigkeit, keine Geruchsprobleme, hoher Glanz, billige Auftragsgeräte. *Nachteile:* Die Verklebung ist nicht temperaturbeständig, wodurch sich Blockprobleme ergeben können; außerdem Neigung zu kaltem Fluß, Feuchtigkeits- und Chemikalienempfindlichkeit, geringe Fettbeständigkeit. Mit steigendem Gehalt an Vinylazetat steigen die Blockgefahr, der Reibungskoeffizient und der Abrieb an.

Natürlich wird man Hotmelts nicht gerade in den Tropen benutzen, andererseits bietet sich ihre Verwendung bei Eiskrem an. Die relativ niedrige Schmelztemperatur ermöglicht auch eine Façonbeschichtung im Tiefdruck- oder Flexodruckverfahren bzw. das Beschichten von Zuschnitten, so daß kein Abfall von beschichtetem Material bei der Verarbeitung entsteht. Es lassen sich damit Wasserdampfdichtigkeiten erzielen, die denen von PVDC-Beschichtungen nahekommen können; allerdings wird damit nicht die Siegelnahtfestigkeit von LDPE und PVDC erreicht. Ein typisches Anwendungsfeld bildet der Einsatz als Kaschierwachs zwischen Aluminiumfolie und Pergament für einen rückstellfrei faltbaren Buttereinwickler. Es dauert bei jedem neuen Werkstoff einige Zeit, bis man herausgefunden hat, welche Aufgaben er aufgrund irgendeiner Eigenschaft oder einer Summe von Eigenschaften besser löst als bisher eingesetzte Werkstoffe, und dabei seine Nachteile keine Rolle spielen. Beispielsweise deutet das Etikettieren von Bechern beim sogenannten Mould labeling, bei welchem das Etikett mit dem thermogeformten Becher durch die Prozeßwärme verschweißt wird, eine solche Möglichkeit an; Vorteile: Gute Dekorationswirkung, erhöhte Steifigkeit des Bechers, Lichtschutz [21,22].

4.3.3 Kartone

Aus Karton und Pappe lassen sich ausgezeichnet stapelbare Verpackungen herstellen. Ein Karton gilt als Faltschachtelkarton, wenn er sich aufgrund seiner Falt-, Ritz-, Rill-, Nut- und Bedruckbarkeit zum Herstellen von Faltschachteln eignet. Der Begriff "Faltschachteln ist in DIN 55405 verbindlich definiert. Die einzelnen Lagen sind in ihrer Stoffzusammensetzung verschieden und tragen entsprechend Qualitätsbezeichnungen:

Gestrichen: Die Decke ist ein- oder beidseitig mit einer pigmenthaltigen Streichmasse von mehr als 5 g/m^2 bestrichen.
Ungestrichen: Die Decke trägt keinen Strich.
Holzfrei: Die Decke enthält bis auf einen zulässigen Anteil von 5 Gew.-% keine verholzten Fasern.
Holzhaltig: Die Decke enthält mehr als 5 Gew.-% verholzte Fasern.

Kartonsorten: (vgl. Tabelle 8).

Der Fachverband Faltschachtelindustrie und die Vereinigung Maschinenkarton haben für die wichtigsten Kartonsorten Kurzbezeichnungen festgelegt [23]. Sie bestehen aus zwei Buchstaben und einer Ziffer:
1. Stelle: G: Gestrichener Karton
   U: Ungestrichener Karton
2. Stelle: C: Chromo- bzw. Chromoersatzkarton
   T: Triplexkarton
   D: Duplexkarton
   G: Gußgestrichener Hochglanzkarton
3. Stelle: Ziffer 1 oder 2 bedeuten Qualitätsgruppen; 1 schließt immer eine holzfreie Decke ein. Dazu kommt noch - auf dem Lebensmittelsektor besonders - der reine Zellulosekarton.

4.3 Papier, Karton, Pappe

Tabelle 8. Faltschachtelarten

Bezeichnung	Strich	Decke (Oberseite)	Einlage	Rückseite
Chromoersatzkarton UC 1	-	h'frei weiß	hell	h'frei weiß
Chromoersatzkarton UC 2	-	h'frei weiß	hell	hell
Chromokarton GC 1	> 18 g/m²	h'frei weiß	hell	h'frei weiß
Chromokarton GC 2	> 18 g/m²	h'frei weiß	hell	hell
Gußgestrichener Karton GG 1	gußgestrichen	h'frei weiß	hell	h'frei weiß
Gußgestrichener Karton GG 2	gußgestrichen	h'frei weiß	hell	hell
Triplexkarton UT 1	-	h'frei weiß	grau	hell
Triplexkarton UT 2	-	h'frei weiß oder leicht holzhaltig	grau	hell
Chromo-Triplexkarton GT 1	> 18 g/m²	h'frei weiß	grau	hell
Chromo-Triplexkarton GT 2	> 12 g/m²	h'frei weiß oder leicht holzhaltig	grau	hell
Duplexkarton UD 1	-	h'frei weiß	grau	grau
Duplexkarton UD 2	-	h'frei weiß oder leicht holzhaltig	grau	grau
Duplexkarton UD 3	-	holzhaltig	grau	grau
Chromo-Duplexkarton GD 1	> 18 g/m²	h'frei weiß	grau	grau
Chromo-Duplexkarton GD 2	> 12 g/m²	h'frei weiß oder leicht holzhaltig	grau	grau

Ungestrichene Kartonsorten

Chromoersatzkarton: Einseitig glatter Faltschachtelkarton, ein- oder beidseitig holzfrei gedeckt; er besteht meistens aus vier Lagen:
a) Decklage (Vorderseite) aus geleimtem und weiß gebleichtem reinem Zellstoff,
b) Zwischenlagen aus Holzstoff und/oder Altpapier, und
c) Einlage aus Holzstoff und Altpapier sowie
d) Decklage (rückseitige), gelblich-weiß aus Holzstoff oder halbgebleichtem Zellstoff und/oder Altpapier; weiß aus gebleichtem Zellstoff.

Chromoersatzkarton ist im Gegensatz zum Chromokarton ungestrichen.

Triplexkarton: Einseitig glatter, aus folgenden drei Lagen bestehender Karton:
a) Decklage (vorderseitige) aus Zellstoff wie vorher und/oder Altpapier,
b) graue Einlage aus Altpapier,
c) helle Decklage (rückseitig) aus Holzschliff und/oder Altpapier.

Duplexkarton: Einseitig glatter, aus folgenden zwei Lagen bestehender Karton:
a) Vorderseitige Lage aus Zellstoff wie vorher und/oder Holzschliff und/oder Altpapier,
b) rückseitige Lage aus Altpapier, ggf. mit Zellstoffzusatz.

Gestrichener Karton

Chromokarton: Einseitig gestrichener, lackier- und bronzierbarer Karton mit einem Strichgewicht von mindestens 15 g/m^2; als Streichkartone werden durchgearbeitete Kartone oder Chromoersatzkartone verwendet.

Chromotriplexkarton: Einseitig gestrichener, lackier- und bronzierbarer Triplexkarton mit einem Strichgewicht von mindestens 10 g/m^2.

Chromoduplexkarton: Einseitig gestrichener, lackier- und bronzierbarer Duplexkarton mit einem Strichgewicht von mindestens 10 g/m^2.

Gußgestrichener Faltschachtelkarton

Im Gußstreichverfahren einseitig oder beidseitig, weiß oder farbig, hochglänzend gestrichener Karton. Das Trägermaterial für die beiden gußgestrichenen Qualitäten GG 1 und GG 2 sind die Chromoersatzkartonsorten UC 1 und UC 2.

Beschichtete Kartone

Der mit LDPE beschichtete Karton hat ein breites Anwendungsfeld dort, wo es gleichermaßen auf Standfestigkeit und Dichtigkeit ankommt. Er dient vor allem zum Verpacken von Milch (LDPE-Karton-LDPE) und von aseptisch abgepackter, hoch-kurz-sterilisierter Milch (mit Aluminiumfolien-Zwischenschicht). Während die Wanddicke der Kunststoffflasche weitgehend durch ihre Standfestigkeit bestimmt wird und die dadurch bedingte Wasserdampf- und Gasdichtigkeit zumeist gar nicht gefordert wird, kommt man bei Kartonpackungen auf Grund der Funktionstrennung mit dünneren Kunststoffschichten aus. Dies kann bei steigenden Rohölpreisen ein wichtiger Gesichtspunkt werden. Ein weiteres großes Gebiet der LDPE-beschichteten Kartone ist die Verpackung von Gefriererzeugnissen.

4.3 Papier, Karton, Pappe

Gefriererzeugnisse können in beidseitig mit 20 µm PP-kaschierten Kartonen - auch im Mikroofen - auf 120 - 130°C erhitzt werden, bei Verwendung von PETP-Folie auf 225°C; das Verschließen solcher Kartone ist aber schwieriger.

4.3.4 *Wellpappe und Vollpappe* (vgl. hierzu auch Kapitel 3.1)

Die festigkeitsmäßige Beanspruchbarkeit von Pappen wird z.Z. durch die Flächengewichte der glatten Bahnen, durch den Berstwiderstand und durch die Durchstoßarbeit charakterisiert. Sobald der Mindeststapelstauchwert festliegt, gewinnt der Versandschachtelhersteller gewisse Freiheiten im Einsatz von Deckenqualitäten und auch von Wellenmaterial.

Wellpappen: Sie unterscheiden sich durch das Material der Deckenlage und der Welle sowie durch die Wellenarten. Das gewellte Papier kann zwischen mehreren Lagen eines anderen Papiers oder Kartons geklebt sein, wobei bei mehrwelligen Ausführungen vielfach Kombinationen aus verschiedenen Wellenarten bestehen. Die Wellenart ist definiert durch die Wellenteilung t und die Wellenhöhe h in mm.

Die Grobwelle A (t = 8,0 - 9,5; h = 4,0 - 4,8) besitzt gute Polstereigenschaften. Die Feinwelle B (t = 5,5 - 6,5; h = 2,2 - 3,0) besitzt einen höheren Flachstauchwiderstand und bildet einen besseren Schutz gegen Einstiche als A. Die Mittelwelle C (t = 6,8 - 7,8; h = 3,2 - 4). Ihre Eigenschaften liegen zwischen A und B. Die Feinst- oder Mikrowelle E (t = 3,0 - 3,5; h = 1,0 - 1,8) ist vor allem für größere Faltschachteln von höherer Festigkeit bestimmt.

Die verwendeten Rohstoffe für Decken- und Wellenpapiere sind in einem Merkblatt zusammengestellt, das von der Vereinigung Pack- und Wellenpapiere, Darmstadt 1975, herausgegeben wurde. Für die Stapelstauchfestigkeit ist die Qualität der verwendeten Welle von besonderer Wichtigkeit. Die nach Güteklassen geordneten Zahlenwerte für die Summe der Flächengewichte der Deckenpapiere, für den Berstwiderstand (DIN 53141) und die Durchstoßbarkeit (DIN 53142) sind in der DIN 55468 (1973) zusammengestellt. Sie werden durch die "Bestimmungen über die Einheitsverpackung Nr. 1 der Deutschen Bundesbahn" hinsichtlich der Zuordnung der jeweils zulässigen Bruttogewichte ergänzt. In der Vorschrift zur Einheitsverpackung Nr. 3 sind Wellpappe-Versandschachteln für ungefährliche Güter nach dem Stand vom 1. August 1977 aufgeführt [24].

Vollpappen: Vollpappen lassen sich einteilen nach Art der verwendeten Rohstoffe, nach Zahl und Zusammensetzung der Lagen, in Maschinen- und Wickelpappen und je nachdem, ob und wie sie beklebt werden. Für die

Verpackung von Fleisch, Fischen, generell von nassen Gütern, eignet sich Vollpappe besser als Wellpappe. Sie wird zu diesem Zweck porenfrei mit Wachs, Compounds oder LDPE beschichtet.

Eine Zusammenstellung aller Prüfverfahren und Normen, die sich auf Verpackungen aus Vollpappe beziehen, sind in einer Schrift des Verbandes Vollpappe-Kartonagen (1978) enthalten. Die Güte- und Prüfbestimmungen für Versandschachteln aus Vollpappe sind in RAL-RG 491 festgelegt. In den vorerwähnten Bestimmungen des Deutschen Eisenbahn-Verkehrsverbandes über die Einheitsverpackung Nr. 1 (Stand 1.10.1976) fügen sich für die vorgegebenen Bruttogewichte die Berstwiderstände und Durchstoßarbeiten für Vollpappe sinngemäß ein. Für Vollpappe hat die ASCO (Europäische Vereinigung der Hersteller von Transportschachteln aus Vollpappe, Zürich) 1975 ein Beurteilungsverfahren erarbeitet, das sich auf die fertige Verpackung bezieht. Vollpappe-Versandbehälter, welche diesen Güterichtlinien entsprechen, dürfen mit dem ASCO-Qualitätszertifikat versehen werden.

Ziel solcher Festlegungen ist nicht nur, einen bestimmten Gütestandard der zur Herstellung einer Versandschachtel verwendeten Pappe zu garantieren, vielmehr verfolgen sie als weiteres Ziel, einen Zusammenhang zwischen den Eigenschaften der Pappe aus denen eine Versandschachtel hergestellt wird, und deren Stauchfestigkeit zu finden (vgl. Abschn. 3.1), um das Risiko, daß sie langzeitig den zu erwartenden Belastungen nicht entspricht, möglichst klein zu halten. Dazu dienen laufende Entwicklungsarbeiten. In dieser Richtung liegt bereits die Verwendung des Kantenstauchwiderstandes (DIN 53119), und bei Wellpappen zusätzlich der Flachstauchwiderstand. Für Vollpappe und Wellpappe liegen Prüfprogramme in der ISO TC 122 Nr. 77 vor.

Bei Pappen ist eine exakte *Rillung* außer der Planlage und dem Kaliber (Vorschub im Magazin) die wichtigste Verarbeitungsforderung. Da aber Pappen nur selten die primäre Lebensmittelverpackung bilden, kann die Verarbeitung zur Versandschachtel hier nicht so genau behandelt werden wie die von Kartonen. Auch hier ist die Prüfung der Qualität einer Rillung auf die Sichtprüfung beschränkt, wobei die geplatzte Rillung den Hauptfehler, die Knickung neben der Rillung den Nebenfehler vorstellt. Bei Wellpappen beschränken sich die Schwierigkeiten vor allem auf den Fall, daß der Wellenverlauf parallel zur Rillung verläuft. Zu straffe Bündelung, speziell nahe einer Rill-Linie ist häufig die Ursache einer Knickung neben der Rillung und für eine spätere mangelhafte Planlage.

4.4 Aluminium [6]

Sein bevorzugter Einsatz auf dem Verpackungssektor erfolgt als Aluminiumfolie (DIN 1784, Bl. 3 für Dicken von 7 - 20 µm) und als Aluminiumband (DIN 1874, Bl. 2 für Dicken von 21 - 350 µm). Über die Reinheitsgrade von Aluminiumfolien und dünnen Bändern unterrichtet DIN 1712, Bl. 3, über die Festigkeitseigenschaften DIN 1788.

Die in der Praxis bevorzugte Dicke liegt zwischen 7 - 12 µm. Für Zigarettenpackungen und Süßwaren verwendet man vielfach 7 µm, für Schmelzkäse 9 - 15 µm, für Milchflaschenkapseln 40 - 65 µm, bei Leichtbehältern für gefrorene Fertiggerichte und Marmelade-Restaurantpackungen 80 - 150 µm. Durch verbesserte Regelungsverfahren für die Walzen und durch geeignete Zusätze zu den Walzölen kommt man auf Dicken von 4 µm herunter, doch werden diese nur als Kondensatorfolie eingesetzt. Dünnere und damit porösere Folien können durchaus ihren Zweck erfüllen, wenn ein Füllgut nur (und zwar nicht übermäßig) lichtempfindlich ist oder wenn durch Kaschieren der Alufolie mit einer Kunststoff-Folie die mit offenen Poren verbundene erhöhte Sauerstoffpermeation nicht zum Tragen kommt.

4.4.1 *Vorteile und Nachteile*

Vorteile:
- Bereits bei 20 µm kann man eine absolute Dichtigkeit der Folie annehmen, auch gegen Öle und Aromastoffe.
- Weichgeglühte Aluminiumfolie weist nur eine geringe Rückfederung (vgl. Abschn. 8.5) auf, was zu einer guten maschinellen Verarbeitbarkeit und zu einer hervorragenden Formschlüssigkeit führt.
- Gute Bedruckbarkeit.
- Aluminium-Deckelbänder können infolge ihrer geringen Einreiß- und Weiterreißfestigkeit problemlos geöffnet werden.
- Hohes Reflexionsvermögen für Wärmestrahlen der reinen, glänzenden Oberfläche (vgl. Abschn. 2.3).
- Beständigkeit gegen hohe und tiefe Temperaturen. Lebensmittel lassen sich infolge der hohen Wärmeleitfähigkeit des Aluminiumbandes rascher einfrieren, Gefrierprodukte sind ofenfertig und können zusätzlich in der Packung serviert werden.
- Tiefziehfähigkeit innenlackierter Bleche bis h/d = 1/2, neuerdings bis 1:1.

---

[6] Vgl. hierzu auch die Abschnitte 2.3; 4.1.1; 4.5.2; 6.5; 7.4.4; 8.5.

- Sonstiges: Dickere Folien mit dichten Verschlüssen sind praktisch insektensicher. Die Steifigkeit des Werkstoffes wirkt sich bei der Dickendimensionierung von Gefäßen günstig aus. Hygienisch nützlich kann sich die Sterilität der Weichfolie nach dem Glühen auswirken. Weitere Vorteile sind das geringe Müllvolumen und das Nichtauftreten von Sulfidverfärbungen bei Sterilkonserven.

Nachteile:
- Dünne blanke Folie (dünner als 20 µm) besitzen von Natur aus Poren. Porenrisse können zudem bei der Herstellung der Verpackung beim Falten entstehen, insbesondere an scharfen Ecken mit kreuzweisen Überschneidungen. Packstoffe mit offenen Poren sind für sauerstoffempfindliche Lebensmittel nicht, für wasserdampfempfindliche Füllgüter je nach dem Ausmaß deren Empfindlichkeit nur eingeschränkt brauchbar (vgl. Abschn. 5.1.1).
- Aluminium als Werkstoff ist korrosionsempfindlich (vgl. Abschn. 7.4.4), vorzugsweise durch alkalische Bestandteile z.B. durch gewisse Kleber, außerdem durch Kondenswasser in den Rollen infolge Kapillarwirkung und durch SO_2-haltige Füllgüter (z.B. Rosinen).
- Gerichte in Aluminiumfolien lassen sich nur schlecht in Mikrowellenöfen erhitzen (wohl aber bei Höhen < 3 cm bei Verwendung eines nichtmetallischen Deckels). Die hohe Reflexion von Wärmestrahlen wirkt sich nicht günstig beim Aufheizen, Braten und Backen aus. (Entfällt bei schwarzer, äußerer Beschichtung).
- Aluminiumfolien sind nicht schweißbar.
- Die blanke Aluminiumfolie ist nur geringfügig dehnfähig.

4.4.2 *Aluminiumfolie als Kombinationspartner*

Eine weitgehende Vermeidung der vorgenannten Nachteile unter Wahrung der Vorteile ist durch Beschichten - was vor allem die Korrosionsneigung herabsetzt - sowie durch Kaschieren möglich.

Lackieren: Aluminium bildet, wenn es mit der Luft in Berührung steht, eine äußerst dünne, unsichtbare Schicht von Aluminiumoxid, deren Schutzwirkung aber vielfach nicht ausreicht. Deshalb verwendet man bei Aluminiumfolien zumindest eine Schutzlackierung aus Nitrozellulose- oder PVC-Lack. Diese Schicht mit einem Flächengewicht von etwa 1 - 2 g/m^2 bildet einen Schutz gegen die Einwirkung von Kondenswasser und viele korrosive Spurenbestandteile der Luft. Einen besseren Schutz gegen Korrosion bildet eine Beschichtung mit Vinylcopolymeren mit einer Dicke bis höchstens 20 g/m^2. Ähnlich ist der Einsatzbereich von wäß-

4.4 Aluminium

gen Dispersionen auf PVDC-Basis. (Camembert- und Briekäse, Badesalz u.dgl.) Schmelzkäse wird in einer stark lackierten 12 µm-Folie abgepackt. Einbrennlacke werden bei Bändern dicker 30 µm, üblicherweise aber erst bei 100 µm angewandt. Es handelt sich vorwiegend um Epoxy-Phenol-Harzlacke, die bei 260 - 300°C eingebrannt werden. Sie sind sterilisierbar. Für Bierdosen und kohlensäurehaltige Getränke verwendet man Vinylharzlacke.

Kaschieren: Aluminiumfolie verleiht Papieren, Kartonen und Zellglas Licht-, Gas- und Wasserdampfdichtigkeit, welche andererseits deren mechanische Empfindlichkeit verringern. Die Kombination mit Thermoplasten (vgl. Abschn. 4.1.1) verleiht der Aluminiumfolie Heißsiegelfähigkeit sowie bei Vorhandensein von Poren eine wesentlich erhöhte Gas- und Wasserdampfdichtigkeit. Bei der Wahl der richtigen Kaschierpartner kann zudem die Dehnfähigkeit der Kombination ganz beträchtlich gesteigert werden (vgl. Abschn. 8.5). Mit Papieren erfolgt das Kaschieren vielfach dadurch, daß das feuchte Kaschiermittel auf die Aluminiumfolie aufgebracht wird, wonach das Trocknen durch das Papier hindurch stattfindet. Bei Kunststoffbeschichtungen erfolgt die Vortrocknung vor dem Zusammenführen der Partner; das Kaschieren wird unter Druck und Wärme am Ende der Maschinen durchgeführt. Die üblichen Kaschierpartner für Aluminiumfolie auf Kunststoffbasis sind Zellglas, PA, PETP, LDPE und PP. Die Kaschierungen mit Kunststoffdispersionen, Wachsen, Lacken oder mit Polyäthylen umfassen große Marktanteile. Eine grobe Beurteilung ist in Tabelle 9 dargestellt.

Tabelle 9. Eigenschaften von Kaschierklebern für Aluminiumfolie

Kaschierkleber	Widerstandsfähigkeit des Kaschierklebers gegen	
	Wasser und Wasserdampf	höhere Siegeltemperaturen
Stärkeleber	nein	gut
Dispersionskleber	mittel bis gut	mittel bis gut
Wachse	gut	nein
Bitumen mit hohem Erweichungspunkt	gut	beschränkt
LDPE	gut	gut
Thermoplastische Kaschiermassen	gut	gut bis beschränkt
Zweikomponentenkleber	gut	gut

Besonders günstig sind Kaschierungen, bei denen die Aluminiumfolie in der neutralen Zone liegt (vgl. Abschn. 8.5). Hierdurch verringert sich die Gefahr von Einrissen beim Falten in zwei Ebenen (Ecken) erheblich.

4.4.3 Hauptanwendungsgebiete für Lebensmittel

In Europa entfallen 10 - 15% des Aluminiumverbrauchs auf den Verpackungssektor: Aluminiumfässer für Bier, Aufreißkapseln, Aluminiumschraubverschlüsse (Verschlüsse für stille Getränke, Verschlüsse zur Abdichtung unter Innendruck und Vakuumverschlüsse, Milchflaschenkappen), Aufreißdeckel für Dosen und Becher, Aluminiumtuben, zweiteilige Konservendosen (ohne Seitennaht), Portionsdöschen für Marmeladen und andere Brotaufstriche, sowie für Kondensmilch oder Rahm (aseptisch abgefüllt), Haushaltfolien, Einwickler für Butter und Margarine, Beutel und Kartone für besonders sauerstoffempfindliche Lebensmittel (beispielsweise Kartoffelbreipulver, gemahlener Röstkaffee, UHT-Milch, Fruchtsäfte), sterilisierfähige Beutel und Leichtbehälter für Fertigrichte (vgl. Abschn. 4.1.1).

Aluminiumbänder für Deckel bestehen entweder aus 40 - 50 µm Aluminiumband oder aus 12 µm PETP (eventuell Konterdruck)/Zweikomponentenkleber/ Aluminiumband weich 30 µm/Heißsiegellack 10 - 12 q/m^2 oder aber aus bedrucktem gestrichenen Papier 70 - 100 g/m^2/Kleber oder Extrusionskaschierung mit LDPE/Aluminiumfolie 9 - 12 µm/Heißsiegelbeschichtung mit modifiziertem PE oder Ionomer.

Teils aus Preisgründen, vielleicht aber zunehmend auch aus Energiegründen besteht eine Tendenz, Aluminium als Werkstoff gezielter einzusetzen. In dieser Richtung liegt die Entwicklung aluminiumkaschierter Kombidosen und von Tuben aus Aluminiumverbunden (z.B. LDPE/AL/LDPE oder LDPE/Papier/AL/LDPE) anstelle von Alu-Monobändern. In Fällen, in denen in der üblichen Umschlagszeit die hervorragenden Dichtigkeitseigenschaften von Aluminiumfolie nicht voll ausnützbar sind, beginnen metallisierte Kunststoff-Folien Fuß zu fassen (vgl. Abschn. 4.1.1). Andererseits wurde die Korrosionsstabilität bei Verwendung von Aluminium verbessert, beispielsweise ist eine Kombination PETP/AL/PETP/LDPE auch für aggressive Füllgüter wie Zitrussäfte geeignet. Für manche Sterilkonserven, z.B. Heringe in Tomatensauce haben sich kunststoffbeschichtete Aluminiumbehälter als weniger korrosionsanfällig erwiesen als Weißblechdosen. Das Tiefziehen von Aluminiumband 50 µm zu kleinen Bechern wurde durch eine Kaschierung mit 20 µm biaxial orientiertem PP möglich. Nicht ohne weiteres ersetzbar ist beispielsweise bei der maschinellen Verpackung kompakter Lebensmittel die fehlende Rückstellneigung von Aluminiumfolie; überhaupt sind alle Einsätze, die auf der Schmiegsamkeit von Aluminiumfolie beruhen, durch andere Packstoffe vorerst nicht substituierbar, auch nicht der Convenience, den das leichte Eindrücken von Deckeln und das Abreißen von Kapseln aus Aluminiumband ermöglicht sowie das Erhitzen von Fertiggerichten in Aluminium-Großschalen in Selbstbedienungsrestaurants.

Literatur zu Abschn. 4.4

Verpacken mit Aluminium: Merkblätter der Aluminium-Zentrale, Düsseldorf.
"Aluminiumfolie". Herausgegeben von der Aluminiumzentrale Düsseldorf in Zusammenarbeit mit dem "Fachverband Aluminiumfolien und dünne Bänder", Frankfurt.

4.5 Korrosion von Weißblech- und Aluminiumdosen

Der Vorteil von Metalldosen ist ihre Unzerbrechlichkeit, ihre Druckfestigkeit, ihre Sterilisierbarkeit, ihre absolute Dichtigkeit gegen Gase und Flüssigkeiten, ihre Lichtdichtigkeit und ihre Herstellung mit hohen Geschwindigkeiten. Nachteilig ist ihre Korrosionsempfindlichkeit. Durch Korrosion entstehen Veränderungen an der Oberfläche, die in Extremfällen zu Wasserstoffbombagen bzw. zur Perforation führen. Die Korrosionsanfälligkeit bildet zwar relativ selten den wirklich begrenzenden Faktor für die Verwertbarkeit einer Sterilkonserve in der üblichen Umschlagszeit, sondern eher ein abiotischer Abfall im Genußwert und eventuell im Vitamingehalt; sie bildet aber vielfach einen Schönheitsfehler. Damit verknüpft ist eine Metallanreicherung im Füllgut, die auch in physiologisch unbedenklichen Mengen sensorisch in Erscheinung treten kann. (Vgl. Abschn. 7.4.4).

Folgende Verfahren zur Herstellung von Konservendosen haben z.Z. größere industrielle Bedeutung: Die Längsfalz-Löttechnik (Bodymaker für Weißblechdosen), die elektrische Längsnahtschweißung, das Tiefziehverfahren und das Abstreck-Gleitziehverfahren (z.B. für Getränkedosen). Die übliche Weißblechdose ist dreiteilig.

4.5.1 Korrosion von Weißblechdosen

Die zur Herstellung von Weißblechdosen verwendeten Metalle sind unlegiertes kaltgewalztes Stahlblech mit weniger als 0,1% C und eine Zinnbeschichtung (fast ausschließlich durch elektrolytische Verzinnung). Die Eignung von Weißblechdosen für Lebensmittel beruht auf der Schutzwirkung, die der Zinnüberzug auf das darunterliegende Eisen ausübt.

Zwischen Zinn und Stahl entsteht eine dünne Übergangsschicht aus $FeSn_2$. Um die Beständigkeit zu erhöhen, wird die Weißblechoberfläche passiviert, wodurch ein dünner Oberflächenfilm aus Chromoxiden und Zinnoxid entsteht.

TFS: Tin-Free-Steel ist unverzinntes Stahlblech mit Chrompassivierung. Es wird für Lebensmittel nur doppelseitig lackiert verwendet, und zwar vorwiegend für Getränkedosen, für Kronenkorken (Hochleistungsanlagen) sowie für Deckel und Böden von Konservendosen. Für saure Obstarten ist es nicht geeignet. Die Lackhaftung ist hervorragend. Als aussichtsreich wird seine Verwendung auch für Füllgüter angesehen, die in Weißblechdosen eine Marmorierung hervorrufen.

Die elektrolytisch aufgebrachte Zinnmenge für Weißblechdosen ist genormt [7]. Die Auswahl richtet sich nach der Aggressivität des Füllgutes sowie nach der voraussichtlichen Lagerzeit und -temperatur [25,26]. Zum Schutz gegen Rostbildung durch Kondenswasser ist eine zusätzliche Außenlackierung empfehlenswert; bei Wahl einer Außenverzinnung E 1 besteht unter den üblichen Klimabedingungen keine Verrostungsgefahr. Bei blanken Doseninnenseiten ist E 1 nur bei nicht korrodierenden Füllgütern einsetzbar; je nach Aggressivitätstyp und Art der Blechbehandlung verwendet man E 4 oder E 3. Bei unlackierten Milchdosen soll wegen der Möglichkeit einer 1 Jahr überschreitenden Lagerzeit innen eine E 3-Verzinnung verwendet werden.

Bei lackierten Dosen wird zwar vorzugsweise E 1 verwendet, doch ist eine Generalisierung nicht zulässig [25]. In der Bundesrepublik Deutschland wird bei sterilisierten Lebensmitteln die Zinnoberfläche fast immer mit Hilfe von Epoxylacken einbrennlackiert. Durch die Lackschicht kann ein Ionenaustausch zur Metalloberfläche erfolgen, entscheidender ist aber die Porosität der Lackschicht sowie auch der Zinnschicht. Während es üblicherweise nicht allzu häufig vorkommen wird, daß eine Lackpore über einer Pore in der Zinnschicht zu liegen kommt, diese also bis zum Stahlgrund reicht, ist dies bei Kratzern viel wahrscheinlicher. Bei Walzenlackierung ist die Verkratzungsgefahr höher als bei abstreckgezogenen spritzlackierten Dosen, die deshalb auch nur eine geringere Zinnauflage benötigen.

---

[7] Ein Flächengewicht von 2,8 g/m^2 wird E 1 genannt. Das doppelte Flächengewicht, also 5,6 g/m^2, heißt E 2. Entsprechend ist E 3 8,4 g/m^2 und E 4 11,2 g/m^2.

4.5 Korrosion von Weißblech- und Aluminiumdosen

In den Bildern 28 a und b sind die typischen Erscheinungsformen der Zinn- und Eisenkorrosion schematisch dargestellt [27]. Bei einem *zinnlösenden* Füllgut wird Zinn unter der Lackpore flächenhaft aufgelöst und die Lackschicht erscheint abgehoben; Korrosionsvorgänge entsprechend Bild 28 a sind für zinnlösende Füllgüter charakteristisch. Das Zinn wirkt als "Opferanode", wobei das Eisen kathodisch geschützt wird.

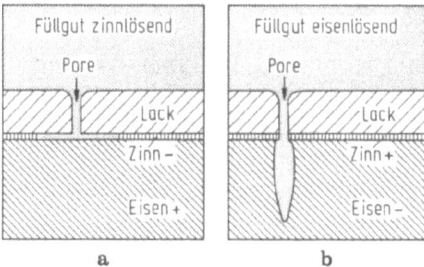

Bild 28. Korrosionsvorgänge an Weißblech, je nach kathodischer oder anodischer Schaltung des Metalls.

Beim *eisenlösenden* Füllgut erfolgt dagegen unter der Lackpore eine nadelstichartige Metallauflösung, die zum Lochfraß führen kann. In Bild 28 b ist ein Kratzer durch die Lack- und Zinnschicht bereits in die Eisenschicht eingedrungen, wobei mehr Eisen als Zinn freigelegt wurde. Polyphenole des Füllgutes ergeben mit Eisen schwarze Verbindungen.

Zusammenfassend kann man sagen, daß folgende Faktoren das Korrosionsverhalten beeinflussen: Blechbehandlung, Zinnschichtdicke, darin Zahl der Poren und Kratzer, Art der Lackschicht und deren Poren und Kratzer, Flächenverhältnis der freiliegenden Eisen- und Zinnfläche, pH-Wert des Füllgutes, Anwesenheit von Sauerstoff und anderen Depolarisatoren.

Ursachen der Korrosion [27]

Wenn man zwei verschiedene Metalle in einen Elektrolyten eintaucht – zunächst ohne metallische Verbindung – so gibt die Anode positiv geladene Ionen ab, wodurch im Metall links (vgl. Bild 29) ein Überschuß an Elektronen (negative Ladung) entsteht, d.h. das Metall wird gegenüber dem Elektrolyten stärker negativ. Die "unedlere" Anode (hier Eisen) geht also schneller in Lösung als das "edlere" kathodische Zinn.

Verbindet man nun die beiden Metalle miteinander metallisch, dann stellt man einen Kurzschluß zwischen ihnen her. Da auf der Elektrode mit dem negativeren Potential mehr freie Elektronen vorliegen als auf der mit

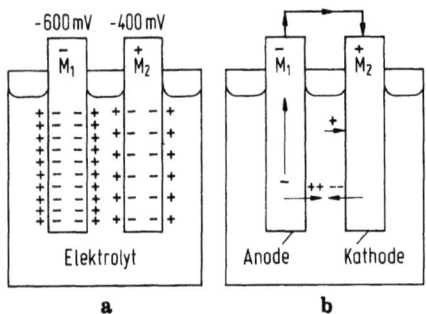

Bild 29. Elektrochemische Korrosion (nach Maercks)
   a) Zwei Metalle in einem Elektrolyten
   b) Die Metalle sind kurzgeschlossen
      (Das unedlere Metall bildet stets den negativen Pol der Zelle).

dem positiveren, findet ein Elektronenausgleich, d.h. durch die Leitung ein Stromfluß von der negativen zur positiven Elektrode statt. Dem "unedleren" Metall (M_1) werden Elektronen entzogen und dem "edleren" (M_2) zugeführt. Da der Lösungsdruck beider Metalle (Lösungsdruck: Neigung eines Metalles in Lösung zu gehen) in dem jeweiligen Elektrolyten aber konstant bleibt, läuft die Metallauflösungsreaktion in der Lösung an jeder Elektrode gerade in der Richtung verstärkt ab, die den Ruhezustand, der ohne Kopplung vorlag, wiederherstellen würde. Das heißt, an der "unedleren" Elektrode M_1 gehen mehr Metallionen unter Zurücklassung freier Elektronen in Lösung (die Reaktion läuft gemäß Bild 29 von links nach rechts verstärkt ab), um den durch die Kopplung erfolgten Elektronenentzug auszugleichen. Die Auflösung von M_1 wird also beschleunigt. Da dem "edleren" Metall M_2 durch den Kopplungsstrom Elektronen zugeführt werden, wird dort die Elektronen freisetzende Reaktion der Metallauflösung von M_2 gebremst, d.h. es lösen sich weniger Metallionen von M_2 auf als in ungekoppeltem Zustand. Werden von dem "unedleren" Metall M_1 so viele Elektronen an das "edlere" M_2 geliefert, daß überhaupt keine Metallauflösung an M_2 mehr stattfinden kann, ist das "edlere" Metall M_2 durch die Kopplung vollständig kathodisch geschützt, es wird nicht mehr korrodiert.

Prinzip der Korrosionsvorgänge [27]

Die Metallauflösung erfolgt nach der Beziehung:
$$Me \rightleftarrows Me^{2+} + 2e^- \quad \text{(Anode)}$$

4.5 Korrosion von Weißblech- und Aluminiumdosen

Die durch diese Reaktion an der Metalloberfläche freiwerdenden Elektronen werden durch folgende Reaktionen gerade verbraucht:

$$2 H_3O^+ + 2 e^- \rightleftharpoons 2 H_2O + H_2 \quad \text{(Kathode)}$$

$$\tfrac{1}{2} O_2 + 2 H_3O^+ + 2 e^- \rightleftharpoons 3 H_2O$$

Die Wasserstoffbildung kann zur Bombage führen, wenn der Unterdruck im Kopfraum nicht groß genug ist.

Die Korrosionsvorgänge erklärt man sich nach der Mischpotentialtheorie. Demnach stellt sich das meßbare Potential E_R einer Metalloberfläche dort ein, wo die beiden Teilreaktionen der Auflösung des Metalls in einer bestimmten Lösung und der H_2-Bildung gleich groß sind ($i_{Me} = i_{H_2}$ in Bild 30). Daraus erklärt sich, daß zwar bei E_R kein äußerlich meßbarer Strom fließt, aber trotzdem Metallauflösung stattfindet. Die resultierende Polarisationskurve, die durch eine Überlagerung der beiden

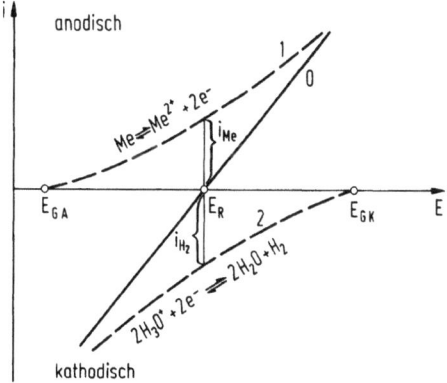

Bild 30. Schematische Darstellung der Gesamt-Stromdichte-Potentialkurve eines korrodierenden Metalls, die sich aus der anodischen und kathodischen Teilkurve durch Überlagerung zusammensetzt. E_{GA}: Gleichgewichtspotential der anodischen, E_{GK}: der katodischen Teilkurve, E_R: Ruhepotential.
0: Gesamtstromdichte-Potentialkurve;
Teilstrom-Potentialkurven:
1: Metallauflösung
2: H_2-Bildung
i_{H_2}: Stromdichte der H_2-Bildung
i_{Me}: Stromdichte der Metallauflösung

Teilkurven, derjenigen für die Metallauflösung und derjenigen für die Wasserstoffbildung, entsteht, wird als Gesamt-Stromdichte-Potentialkurve (0 in Bild 30) bezeichnet. Sie ist elektrisch (galvanisch) direkt meßbar. Direkt nicht meßbar sind dagegen die einzelnen Stromdichten der angeführten anodischen und kathodischen Teilreaktionen. Rechts von E_R ergibt sich eine verringerte Wasserstoffbildung, aber eine gesteigerte Metallauflösung, links das Umgekehrte. Bei E_{GA} erfolgt keine Metallauflösung mehr, bei E_{GK} keine Wasserstoffbildung.

Werden nun zwei Metalle kurzgeschlossen, wie es in einer Weißblechdose der Fall ist, so stellt sich ein gemeinsames Korrosionspotential zwischen den Ruhepotentialen der beiden Metalle dort ein, wo die Gesamt-Stromdichten der beiden Gesamt-Stromdichte-Potentialkurven entgegengesetzt gleich groß sind. Diese Gesamt-Stromdichte kann als galvanischer Kopplungsstrom gemessen werden. Die Potentiale der beiden Metalle "bewegen sich dabei aufeinander zu". (Die Unterdrückung der Korrosion eines Metalles durch Verschiebung seines Ruhepotentials in Richtung E_{GA} (Bild 30) wird beim kathodischen Schutz korrodierender Metalle ausgenutzt).

Die Korrosion in einer Weißblechdose mit Eisen als Anode - Füllgut ist *Eisenlöser* - spielt sich gemäß Bild 31 a ab. E'_R ist dabei das Ruhepotential des Eisens (Anode) und E''_R dasjenige des Zinns (Kathode). Eisen geht mit der Stromdichte i'_{Korr} in Lösung; gleichzeitig findet Wasserstoffbildung gemäß Bild 31 a statt. Daraus geht auch hervor, daß nicht nur Eisen, sondern auch Zinn in Lösung geht und zwar mit der Stromdichte i''_{Korr}. Dies ist meist der Fall, weil die den Lebensmitteln ausgesetzten Metallflächen gleich groß sind. Bei innen lackierten Weißblechdosen kann man annehmen, daß die durch Kratzer oder Poren gebildeten Fehlstellen der Lackierung Eisen und Zinn in erster Annäherung in gleichem Maße freilegen. Ganz anders liegen die Verhältnisse jedoch in der blanken Weißblechdose. Hier ist die Zinnfläche 100 bis 1000 mal größer als die Eisenfläche, da nur an den Verletzungen der Zinnoberfläche Eisen freiliegt. Wird die Fläche des kathodischen Metalls vergrößert, dann steigt der Stromfluß der Flächenvergrößerung entsprechend an. Dadurch verschiebt sich das Korrosionspotential in positiver Richtung (Bild 31 b), womit eine Erhöhung der Metallauflösung des Anodenmaterials (Fe) und eine Verminderung des kathodischen Schutzes des Kathodenmaterials (Sn) verknüpft ist. Füllgüter, die Eisenlöser sind, sollten daher nicht in unlackierte Dosen abgefüllt werden.

Füllgut ist *Zinnlöser:* Entgegen der Normal-Spannungsreihe ist das Zinnpotential in vielen natürlichen Füllgütern negativer als das des Eisens. Diese Potentialverschiebung in negativer Richtung kommt dadurch

4.5 Korrosion von Weißblech- und Aluminiumdosen

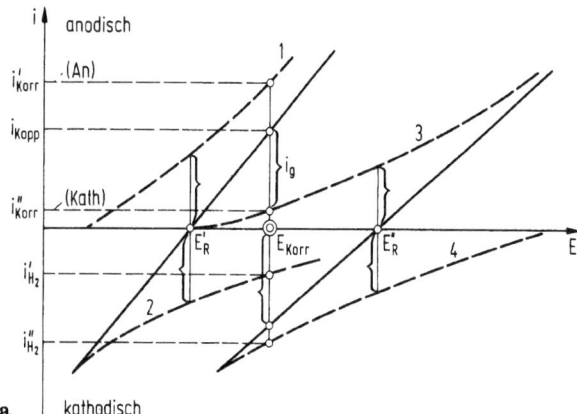

Bild 31 a. Schematische Darstellung der Korrosion von zwei galvanisch gekoppelten Metallen (mit gleichen Flächen) anhand der Stromdichte-Potentialkurven. E_{Korr}: gemeinsames Korrosionspotential, i'_{Korr} und i''_{Korr}: Korrosionsströme der Metalle, i_g: galvanischer Kopplungsstrom. E'_R: Ruhepotential Anode, E''_R: Ruhepotential Kathode.

1: Metallauflösung Anode,
2: H_2 Bildung Anode,
3: Metallauflösung Kathode,
4: H_2 Bildung Kathode

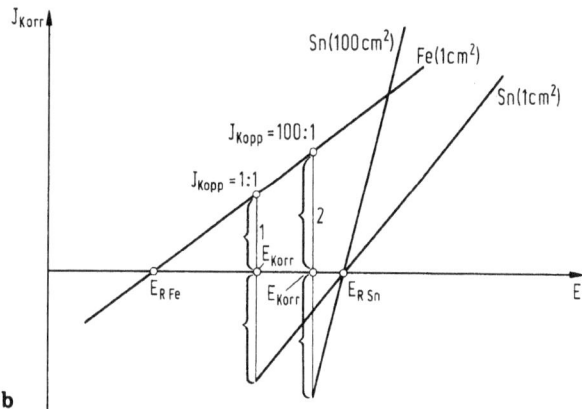

Bild 31 b. Vergleich der Gesamtstromdichte-Potentialkurven und der Kopplungsströme bei einem Eisenlöser (1) lackiertes (1 Sn: 1 Fe) blankes (2) (100 Sn: 1 Fe) Weißblech.

zustande, daß die kathodische Teilreaktion der H_2-Bildung an der Zinnoberfläche sehr gehemmt abläuft. Zur H_2-Bildung ist also am Zinn eine hohe Spannung erforderlich, die als Wasserstoffüberspannung bezeichnet wird. Dadurch verläuft die kathodische Teilkurve flach, wodurch sich das Potential in negativer Richtung verschiebt. Daß Zinn zur Anode wird, bedeutet, daß es langsam in Lösung geht, während an den Porenstellen, an denen Eisen freiliegt, Wasserstoff abgeschieden wird. Aus Bild 32 erkennt man, daß die Fe-Auflösung bei 100 : 1 Null wird, während sie bei 1 : 1 noch merklich ist; die Sn-Auflösung wird bei 100 : 1 größer als bei 1 : 1. Da beim blanken Weißblech aber nur soviel Zinn in Lösung gehen kann, wie äquivalent Wasserstoff an den sehr kleinen

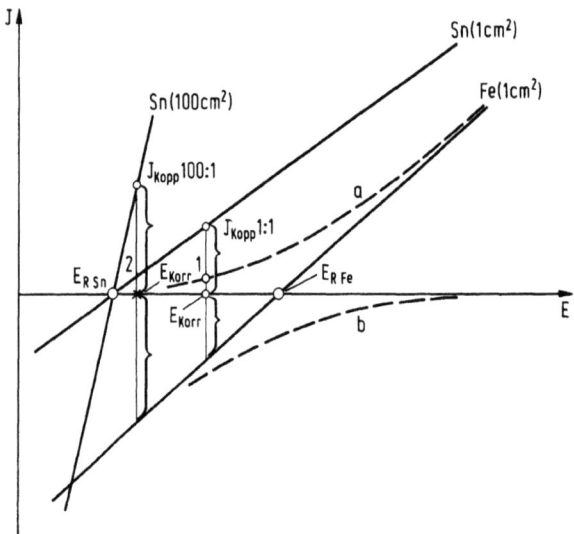

Bild 32. Vergleich der Gesamtstromdichte-Potentialkurven der Kopplungsströme bei einem Zinnlöser (Sn = Anode) bei (1) lackiertem (1: 1) und (2) bei blankem (100: 1) Weißblech
   a: Gleichgewichtskurve der Eisenauflösung (Aus dem Schnittpunkt mit 1 erkennt man, daß I_{Fe}(1: 1) höher ist als bei 2, wo I_{Fe}(100: 1) Null wird)
   b: Gleichgewichtskurve der Wasserstoffbildung.

Eisenoberflächen (100 bis 1000 : 1) abgeschieden wird, erfolgt die Zinnauflösung nur langsam. H_2 wird aber auch an der Sn-Oberfläche selbst abgeschieden. Solange Zinn aufgelöst wird, stellt es einen kathodischen Schutz für die in Kratzern freiliegenden Eisenflächen dar (vgl. Bild 28).

Nach diesen mehr grundsätzlichen Ausführungen erhebt sich die Frage, welche *Lebensmittelbestandteile* besonders korrosionsfördernd wirken. Depolarisierende Füllgutkomponenten sind Sulfit, Nitrat, Nitrit, Schwefel, Aminooxide; weiterhin wirken die zinnkomplexierenden Eigenschaften einiger Fruchtsäuren und auch einiger natürlicher Farbstoffe korrosionsfördernd. Zu hohe Nitratkonzentrationen im Füllgut können durch starke

4.5 Korrosion von Weißblech- und Aluminiumdosen

Stickstoffdüngung hervorgerufen werden. Die korrosionsbeschleunigende Wirkung von Nitrat hängt vom pH-Wert des Füllgutes ab. Auch die Anwesenheit von Nitrit führt zu einer starken Erhöhung des Kurzschlußstromes mit sinkendem pH-Wert. Schon durch Nitritspuren werden Fruchtsäfte zu Eisenlösern. Im Falle unlackierter Dosen ist sowohl in Anwesenheit von Nitrit wie auch von Nitrat neben der Eisenauflösung mit Entzinnung zu rechnen. In lackierten Dosen verursacht Nitrit die Auflösung von Eisen, was zu Lochfraß führen kann, während Nitrat in der Anfangsphase nicht korrosionsbeschleunigend wirkt (Verzögerungseffekt) [28]. Sulfit verursacht in sauren Lebensmitteln einen lochfraßähnlichen Angriff auf die Zinnoberfläche, der auf die Bildung von SO_2 im pH-Bereich unter 4 (z.B. Obstkonserven) zurückzuführen ist. Daraufhin wird das freigelegte Eisen gelöst und kann sich eine Wasserstoffbombage ergeben. Besonders kritisch sind Konzentrationen um 10 mg/kg. Höhere Sulfitkonzentrationen fördern auch die Bildung unerwünschter Schwefelverfärbungen [29].

Bei Gegenwart von *Sauerstoff* wird die Hemmungserscheinung bei Abscheidung von gasförmigem Wasserstoff (Überspannung) insofern aufgehoben, als sofort nach der Reduktion der Wasserstoffionen der atomare Wasserstoff mit Luftsauerstoff Wasser bildet. Die kathodische Teilkurve verläuft steiler als bei Sauerstoffabwesenheit, wodurch sich die Potentiale von Eisen und Zinn in positiver Richtung verschieben. Dabei verschiebt sich das Zinnpotential besonders stark, so daß bei Anwesenheit von Sauerstoff aus einem Zinnlöser ein Eisenlöser werden kann. Die Eisenauflösung und damit die Lochfraßgefahr wird dann erheblich verstärkt. Schon Anfangs-Sauerstoffkonzentrationen von 1-2% führen zu einer Erhöhung der Korrosionsgeschwindigkeit um ein Vielfaches. Dabei vergrößert sich die freie Eisenoberfläche durch Aufrauhung, so daß die erhöhte Korrosionsgeschwindigkeit auch dann erhalten bleibt, wenn der Sauerstoff in der Dose verbraucht ist. Die in Lösung gehenden Zinnionen, bei deren Anwesenheit die Lochfraßkorrosion des Eisens sonst gehemmt wird [30], können das Eisen dann nicht mehr schützen. Deshalb müssen aggressive Füllgüter, in denen Eisen die Anode vorstellt, unbedingt sauerstofffrei abgefüllt werden.

Bleibt aber Zinn die Anode und Eisen die Kathode, was bei einer Reihe von Lebensmitteln der Fall ist, dann wird durch Sauerstoff lediglich die stets flächenhafte Zinnauflösung verstärkt, während die Eisenoberfläche sowohl kathodisch wie auch durch die in Lösung gehenden Zinnionen geschützt wird. Sauerstofffreies Abfüllen führt zu einer Verminderung der aufgelösten Zinnmenge. Aber auch die geringeren gelösten Zinnmengen reichen noch zum Schutz des Eisens vor Lochfraß aus. Dabei verschiebt sich das Eisenpotential in positiver Richtung, womit ein für die Eisenkorrosion unkritischer Zustand entsteht (vgl. Bild 32). Bei Sulfitspuren im sauren Füllgut wird im Zusammenhang mit Sauerstoff die Kopfraumkorrosion begünstigt [29]. Bei lackierten Dosen ist die Lochfraßgefahr des Eisens unabhängig von der Potentiallage der beiden Metalle stets gegeben, weshalb aggressive Lebensmittel in lackierten Weißblechdosen immer sauerstofffrei abgefüllt werden sollten [32].

Bleibt noch die Frage, wovon es abhängt, ob ein Füllgut Eisen- oder Zinnlöser ist und wie dies in günstigem Sinne beeinflußt werden könnte. Man weiß, daß Fruchtsäuren, vor allem Oxalsäure (Spinat, Rhabarber, Tomaten), zu Spontanentzinnungen führen können. Auch anfangs in einer Dose vorhandener Sauerstoff kann die Ruhepotentiale von Eisen und Zinn umkehren, so daß sich nach dem Verbrauch des Sauerstoffs das gesamte Korrosionsverhalten verändert. Planmäßige Arbeiten zu dieser Fragestellung sind im ILV im Gange.

Hinsichtlich der Korrosion von blankem Weißblech durch Fruchtsäfte wurde festgestellt, daß sich die Zinnauflösung mit steigendem pH-Wert verringert; dies ist auch bei Eisen zu erwarten. Mit zunehmender Temperatur wird die Korrosion von Weißblech durch saure Füllgüter beschleunigt. Bei lackierten Dosen nimmt bei steigenden pH-Werten luftgesättigter Pufferlösungen im Bereich pH 4-7 die Anzahl lokaler in die Tiefe gehender Korrosionszentren zu [29]. Zucker, Fett und Stärke wirken korrosionshemmend.

Die Voraussage des korrosionsbedingten Lagerverhaltens von Lebensmitteln in Dosen aus Polarisationskurven ist schwierig. Man kennt z.B. die für bestimmte Lagerzeiten tolerierbaren Korrosionsströme nicht. Die Polarisationskurven bilden aber immerhin eine "Visitenkarte"; sie lassen das Ausmaß der Aggressivität des Elektrolyten und die Lage der Ruhepotentiale erkennen, so daß man weiß, ob Eisen- oder Zinnlösung zu erwarten ist und wie groß die Lochfraßgefahr ist. Daraus lassen sich die richtigen Folgerungen für einen (erfolgversprechenden) Lagerversuch ableiten, der ja selbst nur Globalwerte ergibt. Auf diese Weise kann man risikoarm in die Herstellung von Sterilkonserven gehen, da man bei biologischem Material und bei Verwendung rezeptbedingter Ingredientien vor Überraschungen nie völlig sicher ist. Wahrscheinlich wird man bei bestimmten Lebensmitteln mehr Sorgfalt darauf verwenden, sie sauerstoff-

4.5 Korrosion von Weißblech- und Aluminiumdosen

frei abzufüllen, und zwar nicht nur aus Korrosionsgründen, sondern auch zur längeren Erhaltung der sensorischen Qualität durch Verminderung abiotischer Veränderungen.

Die wirtschaftlichen Trends sind teilweise gegenläufig: einesteils will man Korrosionsneigung und Metallauflösung möglichst gering halten, wozu stärkere Schutzschichten beitrügen, andererseits bilden Preis, Energiebedarf und Rohstoffersparnis Grenzen. Soweit wirtschaftlich gerechtfertigt, ist die abgestreckte, spritzlackierte Dose insofern problemloser als die dreiteilige Dose, als sie kaum Kratzer zeigt und außerdem wegen Wegfall der Boden- und Seitennaht eine erhöhte Sicherheit in der Dichtigkeit gewährleistet. Man sollte aber generell mehr Vorsorge treffen, daß bei der Manipulation mit Metalldosen trotz ihrer hohen Festigkeit auf ihre Kratzempfindlichkeit mehr Rücksicht genommen wird.

4.5.2 *Korrosionsmöglichkeiten bei Aluminium*

Da die Gefährdung durch Korrosion hierbei geringer ist als bei Weißblech, liegen für die Ursache und Verhinderung der Aluminiumkorrosion auch weit weniger Forschungsarbeiten vor. Seine gute Korrosionsbeständigkeit verdankt Aluminium, das an sich ein sehr unedles Metall ist, seinem stabilen, festhaftenden, passivierenden Oxidfilm, der nicht zerstört werden darf, wenn Lochfraß vermieden werden soll. Der Anteil der einzelnen Oxid- bzw. Oxidhydratphasen an der Oxidschicht ist ebenso bestimmend für ihre Wirkung wie deren Dicke. Aluminium ist sowohl in stark sauren (pH < 4,5) - vor allem in Berührung mit Rhabarber-, Grapefruit-, Zitronen- und rotem Johannisbeersaft, Orangen-, aber auch mit Ananas-, Trauben- und Birnensaft - wie auch in stärker alkalischen Lösungen (pH höher als 8,5) unbeständig. Bemerkenswert ist, daß essigsaure, zitronensaure und salzhaltige Bestandteile in tiefgefrorenen Lebensmitteln auch bei -18°C Korrosion hervorrufen, was sich dadurch erklären läßt, daß durch das Ausfrieren von Wasser die Restlösung stark konzentriert wird. Unlackierte Aluminiumschalen, in denen Kuchen gebacken und verkauft werden, können Korrosionsflecken an Stellen entwickeln, an denen geschwefelte Rosinen anliegen.

Ungeschütztes Aluminium wird in der Bundesrepublik Deutschland für Lebensmittel relativ wenig eingesetzt; im allgemeinen verwendet man auf einer durch anodische Behandlung erzeugten Oxidschicht einen Einbrennlack, einen Heißsiegellack oder eine biaxial gestreckte Polypropylenfolie. Stark saure (pH < 4,2), stark gesalzene Produkte und Gewürztunken können aber auch in anodisierten, beschichteten Aluminiumdosen zu Schwierigkeiten führen, falls durch die Beschichtung hindurch eine Oberflächendiffusion korrosiver Bestandteile stattfindet oder diese Makroporen enthält, und dadurch die Oxidschicht angegriffen wird. Weil die Beschichtung des Aluminiums den Angriff nicht in jedem Fall vollständig unterbindet, erleichtert es die Risikoabschätzung, wenn man weiß, daß sterilisierte Erbsen und Mais auch blankes Aluminiumblech nicht angreifen, und daß bei sterilisierten Fleisch- und Fischerzeugnissen die bei Weißblech mögliche Marmorisierung vermieden wird. Grüne Bohnen, Spargel, Rüben und - vor allem - Spinat korrodieren dagegen unlackiertes Aluminium und müssen deshalb in lackierten Aluminiumdosen sterilisiert werden. Marmeladen wirken wegen ihres hohen Zuckergehaltes weniger korrosiv als Kompotte. Für karbonisierte Getränke empfiehlt sich bei der notwendigen Verwendung lackierter Dosen auch noch eine sauerstofffreie Befüllung. Dies gilt auch für Fleischdauerwaren. Günstig ist Sauerstoff jedenfalls in keinem Fall. Besonders korrosiv wirken Tomatensaft und Senfsoßen; hierfür ist entweder eine doppelte Lackierung des anodisierten Bandes oder eine Polyolefinbeschichtung nötig [32]. Der pH-Wert stellt nur eine der Einflußgrößen vor; der Salzgehalt, die Anwesenheit unterschiedlicher organischer Anionen, von Pigmenten (Antocyaninen, Chlorophyll), bei Tomatensaft der Phosphat- und Nitratgehalt, sind von ähnlicher Bedeutung, wogegen Stärke z.B. bei Anwesenheit von Essigsäure inhibierend wirkt.

Bedeutende Anwendungsgebiete: Marmelade-Portionspackungen, tiefgezogene Fischdosen und abgestreckte Bierdosen. Bei Getränkedosen werden Aluminium-Aufreißdeckel in Kombination mit Stahlrümpfen eingesetzt, wobei Aluminium als Schutzanode zur Herabsetzung der Eisenlösung dient [33].

Einschlägige Prüfmerkblätter des ILV

Merkblatt 11: Prüfverfahren für Konservendosenlacke
   Teil 1: Bestimmung der Lackauflage (Lackauflagegewicht).
   Teil 2: Lackhaftung (Klebeband-Abriß).
   Teil 3: Sterilisationstest,
     Verpack.-Rdsch. 22 (1971) Nr. 12, TWB 102-103.
   Teil 4: Prüfung auf Lackfilmunterbrechungen
     Verpack.-Rdsch. 24 (1973) Nr. 1, TWB 6-7.
   Teil 5: Schlagfaltprüfung,
     Verpack.-Rdsch. 25 (1974) Nr. 6, TWB 47-48
   Teil 6: Prüfung der Schwefelfestigkeit,
     Verpack.-Rdsch. 28 (1977) Nr. 7, TWB 58.
   Teil 7: Sterilisationstest mit sauren Prüflösungen auf verschiedenen Grundmaterialien.
     Verpack.-Rdsch. 30 (1979) TWB 38.
Merkblatt 29: Prüfung von Aluminiumfolien und dünnen Bändern - Prüfung auf Poren in Lackschichten auf Aluminiumfolien und dünnen Bändern.
   Blatt 1: Prüfung durch Kupferabscheidung aus schwach saurer Prüflösung. Verpack.-Rdsch. 27 (1976) TWB 93.

Merkblatt 30: Prüfung von Etiketten aus Papier für Weißblechpackungen
auf rostbegünstigende Eigenschaften.
Verpack.-Rdsch. 28 (1977) Nr. 3, TWB 284-286.
Merkblatt 36: Prüfung von Umverpackung aus Papier und Pappe auf rostbegünstigende Eigenschaften gegenüber Weißblech.
Verpack.-Rdsch. 30 (1979) TWB 13-16 und dazu
Holländer, J.: zur Prüfung von Papier und Pappe auf korrosionsbegünstigende Eigenschaften. Verpack.-Rdsch. 30 (1979) TWB. 9-13 sowie Das Papier. 33 (1979) V 67-V 70.

4.6 Hohlgläser (unter besonderer Berücksichtigung der Bruchprobleme)*

Rund 75% der deutschen Hohlglasproduktion geht in den Getränkesektor, 10% sind Konservengläser. Glas ist der inerteste Packstoff, den man zur Verpackung von Lebensmitteln einsetzen kann. Hohlgläser besitzen auch die gleiche absolute Gas- und Dampfdichtigkeit wie metallische Verpackungen. Während deren materialbedingte Schwäche die Korrosionsempfindlichkeit ist, stehen dem universellen Einsatz von Glas dessen geringe Bruchfestigkeit und hohe Tara im Wege. Abgesehen davon, daß bereits durch einen prozentual geringen Glasbruch der Wirkungsgrad einer Fülllinie rasch absinkt, wird die wirtschaftliche Bedeutung dieser Gefährdung dadurch erhöht, daß ein nicht unerheblicher Teil des Bruches auf gefüllte Glasgefäße entfällt. Deshalb beschränken sich die nachfolgenden Ausführungen auf diese Gesichtspunkte. Hierzu ist hervorzuheben, daß Glas zwar ein außerordentlich druckfestes, aber sehr sprödes Material vorstellt. Seine Dehnfähigkeit ist gering; es verträgt also bei normalen Temperaturen keine größeren Deformationen. Um die Güte einer Flaschenkonstruktion zu beurteilen, genügt eine Festigkeitsprüfung an einem frisch hergestellten Hohlglas nicht. Außer angeborener Griffithscher Risse ist der Abnützungseffekt auf den Oberflächen für die Lebensdauer eines Hohlglases entscheidend. Beim Ermüdungsfaktor unter Zugbeanspruchung spielt Wasser eine entscheidende Rolle. In einer Kerbe herrscht eine Spannungskonzentration, die durch den Spannungsvergrößerungsfaktor $k = c\sqrt{\frac{h}{r}}$ ausgedrückt wird (h: Tiefe der Kerbe, r: Krümmungsradius am Grund der Kerbe). Bei einer Kerbe, die sowohl einer Zugbeanspruchung wie auch Wasser ausgesetzt ist, nimmt h zu und r ab (Spannungskorrosion), während unter Wassereinwirkung ohne Zugspannung r zunimmt und h konstant bleibt (Joffe-Effekt). Für die Zeitabhängigkeit der relativen Widerstandsfähigkeit gilt nach Baker eine logarithmische Beziehung, wonach dieser Wert nach 1 min noch ca. 100%, nach einem Tag 69% und nach 20 Jahren 50% beträgt. Schließlich ist es primär eine

---
* Unter freundlicher Mitwirkung von A. O. Hougen-Ås/Oslo.

statistische Frage, ob eine bestimmte Zugspannung bei ausreichendem k-Wert auf ein Kerbstelle so lange einwirkt, bis die Bruchfestigkeit an der Oberfläche überschritten wird. Mit der Bruchempfindlichkeit müssen die wahrscheinlich beim Umschlag eines bestimmten Füllgutes zu erwartenden Beanspruchungen verglichen werden. Diese sind:
Schlagbeanspruchungen bereits beim Abpacken der frisch hergestellten Gläser, auf den Abfüllinien, beim Ettikettieren, beim Transport, beim Entpalletisieren.
Axialdruck beim Stapeln der gefüllten Gläser und beim Verschließvorgang; bei Drehverschlüssen erfolgt Beanspruchung auf *Torsion*.
Thermische Beanspruchung bei der Heißabfüllung, beim Pasteurisieren und vor allem beim Sterilisieren, beim Waschen, besonders bei Mehrwegflaschen im Winter.
Innendruckbeanspruchung ebenfalls bei jeder Wärmeeinwirkung auf ein geschlossenes Behältnis sowie nach dem Abfüllen kohlensäurehaltiger Getränke. Dazu ist auch die Beanspruchung durch Vakuumeinwirkung zu zählen.

4.6.1 *Höhe der verschiedenen Beanspruchungsarten*

Die Höhe der *Schlagbeanspruchungen* bewegt sich zwischen derjenigen, welche zum sofortigen Bruch führt und der sogenannten Grenzschlagzahl bei sehr niedrigen, aber sehr häufigen Schlagbeanspruchungen. In der Praxis bildet das Verpackungsglas in der Mehrzahl der Fälle selbst den Schlagkörper, beispielsweise wenn Gläser auf Abfüllstraßen aufeinanderstoßen oder wenn sie bei ihrem Umschlag auf ein festes Widerlager treffen.

In der Paxis treten unter normalen Bedingungen als Langzeitbeanspruchung *Axialdrücke* auf, die zwischen 300 und 7000 N schwanken können. (>1 kN bei Twist-off-Verschlüssen, > 3 kN bei Omnia- und Schraubvac-Mündungen, 3 - 4 kN bei Kronenkorken und Pilferproofverschlüssen). Dazu kommen noch Radialspannungen. Glasbrüche während des Verschließens sind besonders unangehen, weil sie einen Verlust des Inhalts, den Stillstand der Anlage und eventuell sogar dazu führen können, daß in unverschlossene Gläser Glassplitter gelangen. Beim Füllen von Babyfoodgläsern sollten Brüche deshalb völlig vermieden werden. Bild 33 a könnte zu dem Schluß verleiten, daß die größte Bruchgefahr für ein Hohlglas von der Innenseite ausgeht. Normalerweise ist aber die Bruchfestigkeit der inneren Oberfläche 10 mal größer als außen. Allerdings führt die mit dem (zur Vergleichmäßigung der Glasverteilung eingeführten) Preß-Blasverfahren verbundene Berührung der inneren Oberfläche mit Stahl zu einer höheren Rißgefährdung, so daß dadurch - sofern alle Maßnahmen zur Schonung

4.6 Hohlgläser

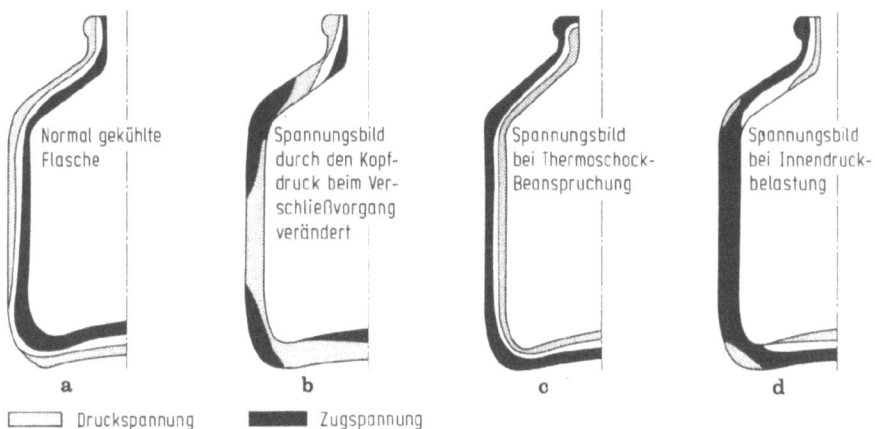

Bild 33. Druckverteilung in einem Glasbehälter unter verschiedenartigen Beanspruchungen.

(vgl. Abschn. 4.6.3) angewandt werden - die Festigkeitsunterschiede zwischen innen und außen sich hierbei stärker ausgleichen. In Bild 33 b ist dargestellt [33], wie sich das Spannungsbild durch den Kopfdruck beim Schließvorgang insofern verändert, als die ungefährliche Druckspannung in der Seitenwand sich zu bedenklichen zirkulären longitudinalen Biegespannungsspitzen an der äußeren Oberfläche im Schulter- und Bodenbereich verwandelt.

In Bild 33 c ist das Spannungsbild bei einer *Thermoschockbeanspruchung* dargestellt. Die Pasteurisiertemperaturen liegen im allgemeinen knapp unter 80°C, die Sterilisiertemperaturen für saure Güter bei 100°C, diejenigen für Güter in einem pH-Bereich höher 4,6 bei 121°C. Obwohl die Maximalspannungen in Glaswandungen nicht sonderlich verschieden sind, wenn die Unterschiede in den Temperatursprüngen relativ klein sind, können sich trotzdem dabei die Zeiten, die sich die Gläser in einem Spannungszustand über dem kritischen Wert befinden, erheblich unterscheiden [34] (Bild 34). Die Spannungsverteilung ändert sich unter den möglichen thermischen Beanspruchungen in folgender Weise:

Flasche wird mit oder ohne heißem Inhalt in kaltes Wasser eingetaucht:	Zugspannung außen
Umgekehrt: Kalte Flasche wird in heißes Wasser eingetaucht:	Zugspannung innen
Die kalte Flasche wird mit heißer Flüssigkeit gefüllt:	Zugspannung außen
Umgekehrt: Kaltes Füllgut wird in eine heiße Flasche gefüllt:	Zugspannung innen.

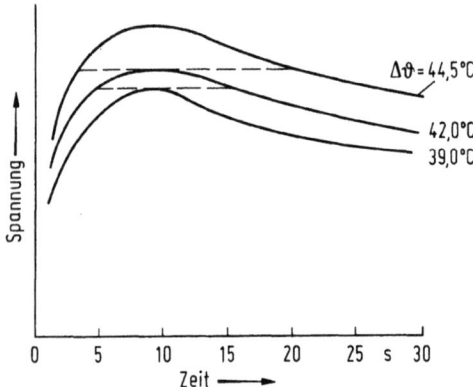

Bild 34. Zeitlicher Spannungsverlauf in einem Glas bei verschiedenen Temperatursprüngen Δϑ. Die Längen der gestrichelten Linien geben die Zeiten an, in denen sich das Glas in einem Spannungszustand über dem kritischen Wert befindet. Für Δϑ = 39,0°C wird dieser kritische Wert nur kurz gestreift. Bei Δϑ = 44,5°C ist diese Zeit entscheidend länger als bei Δϑ = 42°C, so daß man schon von einem Ermüdungseffekt sprechen kann (nach Hougen).

In der Seitenwand sind die Thermospannungen zwar gleich groß, jedoch kommen im Schulter- und vor allem im Bodenbereich Biegespannungen besonders in radialer Richtung dazu. Dabei ist im Gegensatz zum umgekehrten Fall das Einbringen kalter Gläser in eine heiße Umgebung nur wenig problematisch. Vom allseitig einwirkenden Schock unterscheidet sich allerdings erheblich die Wärmebeanspruchung, wenn kalte Flaschen schräg in das warme Wasser einer Waschmaschine eingetaucht werden, bis sie damit gefüllt sind. Dieser lokale Schock ergibt in der Wasserlinie starke Zugspannungen an der äußeren Oberfläche. Gekoppelt mit Schlagbeanspruchungen in der Waschmaschine können sich vor allem in harten Wintern mit kalten Flaschen Schwierigkeiten ergeben.

Wie Bild 33 d zeigt, wirkt sich eine (üblicherweise langzeitige) *Innendruckbelastung* einer runden Flasche in einer durchgehenden Zugspannung in der Seitenwand aus, während in der Schulter und im Boden relativ kleine Biegespannungen sich als Druckspannungen auswirken. Der Innendruck in einem geschlossenen Hohlglas setzt sich aus folgenden Einzelgrößen zusammen:
- Ohne Temperatursteigerung: Sättigungsdruck der Kohlensäure bei der betreffenden Temperatur.
- Mit Temperatursteigerung: Druck, welcher durch die Ausdehnung des flüssigen Inhalts ausgelöst wird, vermindert um die gleichzeitige Ausdehnung des Glases sowie Erhöhung des Partialdruckes der im Gefäß ent-

4.6 Hohlgläser

haltenen Gase und Dämpfe (Luft, Wasserdampf, Kohlendioxid); (vgl. Abschn. 6.4).

In Bild 35 wird die nach der Gasgleichung errechnete Drucksteigerung in einer Flasche mit einem zwischen 1 und 10% variierten luftgefüllten Kopfraum bei Temperatursteigerung dargestellt [35]. Dabei wurde eine Flüssigkeit mit einem Ausdehnungskoeffizienten von 0,04%/°C (Malzbier) gewählt. Alkoholische Getränke (35 Vol.-% Alkohol) besitzen einen merklich höheren Ausdehnungskoeffizienten (0,0712%/°C). Es entspricht der praktischen Erfahrung, daß man bei stillen Wässern einen Kopfraumanteil von 3 - 5%, bei alkoholischen Getränken bis 8%, bei karbonisierten Getränken von 4 - 7% und bei vakuumverpackten Lebensmitteln von 6 - 12% verwenden soll. Durch eine Verringerung des Ausgangsdruckes sowie durch Verwendung einer warmen Aufgußflüssigkeit läßt sich der beim Sterilisieren auftretende Innendruck entsprechend vermindern. Für Konservengläser wird ein Kopfraum von 6 - 8% empfohlen[8].

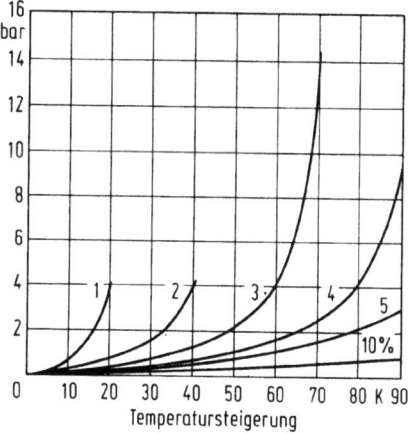

Bild 35. Binnendruck abhängig von der Temperatursteigerung bei unterschiedlichem prozentualen Kopfraum (in % des Volumens). Flüssigkeitsausdehnung 0,04%/°C.

Kohlensäurehaltige Getränke müssen immer unter dem Druck gehalten werden, der dem Sättigungsdruck mit CO_2 bei der betreffenden Temperatur entspricht, damit keine CO_2-Entbindung stattfindet. Bei Bier mit 5 g CO_2/l und 10°C Abfülltemperatur entspräche dies etwa 2,5 bar. Die Flasche muß also vor Füllbeginn auf diesen Abfülldruck vorgespannt werden.

---

[8] Im Gegensatz dazu soll man Konservendosen randvoll füllen, weil die Sicken in Boden und Deckel bereits bei einem Wirkdruck von ca. 0,6 bar um etwa 4% des Dosenvolumens elastisch ausfedern.

Die Werte in Tabelle 10 sind dadurch zu erklären, daß bei einem Temperaturanstieg zwar die Löslichkeit des CO_2 sinkt und damit der CO_2-Partialdruck im Kopfraum zunimmt; da sich aber mit steigendem Druck die Gaslöslichkeit erhöht, wirkt sich - ausgenommen bei sehr kleinen Kopfräumen und hohen Temperaturen - eine Kopfraumverkleinerung dabei im Endeffekt nicht so stark aus wie ohne CO_2 durch Lufteinfluß gemäß Bild 35.

Tabelle 10. Gleichgewichtsdrucke einer in reinem Wasser gelösten CO_2-Menge bei verschiedenen Temperaturen in Abwesenheit von Luft (nach Angaben der British Glass Res. Ind. Assoc.)

Kopfraum %	Temp. °C	Überdruck in bar			
		Volumenanteile CO_2*			
		2	3	4	5
2,5	5	0,58	1,37	2,16	2,95
	20	1,55	2,82	4,10	5,36
	40	3,21	5,29	7,37	9,45
	60	5,32	8,38	11,46	14,52
5	5	0,58	1,37	2,16	2,95
	20	1,53	2,79	4,05	5,31
	40	3,12	5,16	7,20	9,23
	60	5,10	8,05	11,01	13,96
10	5	0,58	1,37	2,16	2,95
	20	1,49	2,73	3,97	5,21
	40	2,96	4,92	6,87	8,83
	60	4,72	7,49	10,26	13,04

* Ein Volumenanteil CO_2 in Wasser entspricht unter Normalbedingungen 1,95 g CO_2/l Wasser.

4.6 Hohlgläser

- Mit der Innendruckfestigkeit verknüpft ist auch das Gefrieren von Flüssigkeiten in Gläsern. Diese springen nur in zwei Fällen, einmal, wenn das Hohlglas sich nach oben verengt, weil die Engstelle zuerst gefriert und sich die Flüssigkeit dann im Raum mit größeren Durchmessern nicht mehr ausdehnen kann. Ein zweiter Grund deckt sich mit dem Bild 35 zugrundeliegenden, wobei die 9%ige Ausdehnung des Wasseranteils beim Gefrieren zu berücksichtigen ist, welche in dicht verschlossenen Gefäßen eine starke Kompression der Gase im Kopfraum verursachen kann.

- Die Vakuumabfüllnng von Konservengläsern erfolgt durch einen Dampfstrahl vor dem Verschließen, der einen Teil der Luft im Kopfraum entfernt. Üblicherweise wird dabei durch das Abkühlen ein Unterdruck von etwa 270 mbar erreicht, wodurch der Deckel dicht schließt, jedoch bei den üblichen mittleren Mündungsdurchmessern das Drehmoment für das Öffnen den Wert von 3 - 3,5 Nm nicht überschreitet. Ein Drehmoment von 3 Nm ließ sich bei 1-l-Konservengläsern bei Raumtemperatur immer manuell problemlos bewältigen, bei 0,4 l-Gläsern aber nur 2 Nm; die Wahrscheinlichkeit der Bewältigung höherer Werte sinkt z.B. mit dem Lebensalter ab [36]. Bei tieferen Temperaturen steigt auch wegen der höheren Kontraktion des Metalldeckels das aufzuwendende Drehmoment.

- Durch eine stoßartige Beanspruchung treten in Flüssigkeitspackungen starke Druckschwankungen auf. Beim Fall einer Flasche folgt der Inhalt mit zeitlicher Verzögerung, hinterläßt örtliche Luft- oder Dampfblasen, die beim Rückprall zusammenbrechen (Kavitation). Spielt sich dies an der Glaswand ab, so kann es vor allem unten an der Seitenwand zu einem sogenannten "Mäuseloch" im Glas führen (Wasserhammerschlag). Setzt man beispielsweise ein gefülltes Konservenglas auf zwei Wellpappescheiben, legt auf den Deckel ebenfalls zwei Wellpappescheiben und schlägt leicht mit der Faust darauf, so kann dies bereits zu einem "Glasbruch durch Hammerschlag" führen. Die Wahrscheinlichkeit des Auftretens eines Wasserhammerschlages steigt mit zunehmendem Vakuum, verringert sich aber erheblich, wenn die Flüssigkeit mit Gas - vorteilhafterweise mit Stickstoff - gesättigt ist [37]. Versandschachteln, in denen sich evakuierte Glasflaschen mit zähflüssigem Inhalt befinden, sollten jedenfalls unbedingt gegen Stürze gesichert werden; durch zunehmende Automatisierung des Abpackvorganges verringert sich ihre Gefährdung.

4.6.2 *Die Auswirkung von Schlagbeanspruchungen*

Erfahrungsgemäß gehen 80 - 90% der Brüche von Hohlgläsern auf Schlageinwirkung in Füllinien und während des Vertriebs zurück. Davon bildet die Splitterbildung an Flaschenmündungen einen hohen Prozentsatz. Bei einer Untersuchung in einer Molkerei wurde festgestellt, daß bei 61% der Fälle Schläge gegen den Verschlußring und bei 26% Schläge gegen die Bodenkante die Bruchursache bildeten und nur bei 8% Schläge gegen die Schulter und Seite [38]. Neben der Höhe der Krafteinwirkungen ist die Zahl der Kerbstellen mit ihren Spannungsspitzen in dem betroffenen Flächenbereich für die Wahrscheinlichkeit der Überschreitung der Bruchgrenze ausschlaggebend. Zur Veranschaulichung der Verhältnisse ist in Bild 36 dargestellt, wie sich bei einem Fruchtsaftglas (gemäß DIN 5077) abhängig von der Fallhöhe die Bruchhäufigkeiten verhalten [39]. Die mittlere Sofortbruchfallhöhe ergibt sich in diesem Fall zu 45 cm. Für

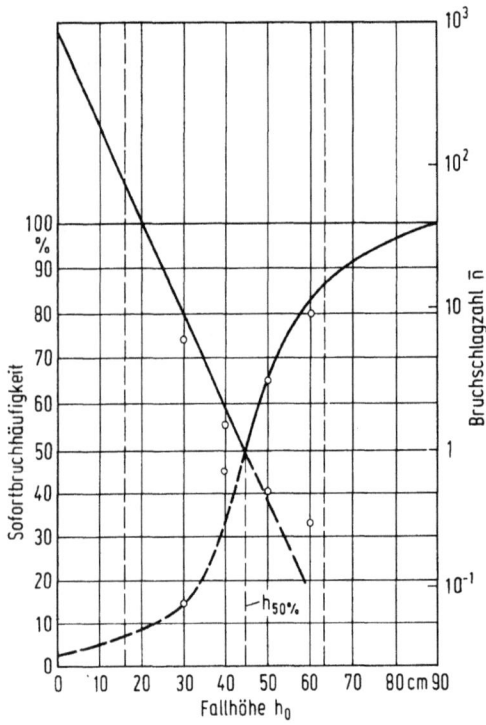

Bild 36. Bruchfallzahl und Sofortbruchhäufigkeit eines zylindrischen Hohlglases abhängig von der Fallhöhe (nach Penzkofer).

die mittlere Bruchschlagzahl ergibt sich eine Gerade, die bei $\bar{n} = 900$ einer nahezu Null gehende Fallhöhe ergibt, die sogenannte "Grenzschlagzahl". Ihre Kenntnis ist wichtig für das Bruchverhalten auf Transportbändern, auf denen Gläser zwar mit geringer Intensität, aber dauernd aufeinanderstoßen. Die zum Bruch führende Schlaggeschwindigkeit nimmt mit zunehmender Masse, z.B. beim Aufeinanderstoßen der Flaschen, ab. Penzkofer [39] fand, daß bei Hohlgläsern zwischen der Sofortbruchhöhe $h_{50\%}$ und der Schlagzahl $\bar{n}$ bei konstanter Fallhöhe h_0 die Beziehung

4.6 Hohlgläser

$h_{50\%} = h_0 \sqrt[5]{n}$ (cm) besteht. Die Sofortbruchfestigkeit scheint demnach für die Schlagfestigkeit von Hohlgläsern auch für Mehrfachstöße eine maßgebliche Beurteilungsgröße zu sein. Nach mehreren leichten Schlägen verringert sich die Bruchfallhöhe bereits merklich.

Da die Druckfestigkeit der Gläser um eine Größenordnung höher ist als ihre Zugfestigkeit, brechen Gläser immer durch Zugspannungen, wobei die Rißrichtung senkrecht zur maximalen Zugspannung verläuft. Aufgrund des Bruchbildes ist bei zerstörten Gläsern die Feststellung möglich, durch welche Einwirkung der Bruch verursacht wurde.

Eine unter Innendruck stehende Flasche kann bei Schlagbeanspruchungen höhere Beanspruchungen als eine gefüllte jedoch drucklose Flasche erfahren. Die höchsten Dehnungen wurden an leeren Flaschen gefunden. Dies erklärt auch, weshalb Hohlgläser bei unvorsichtiger Behandlung vor dem Abfüllen einen besonders hohen Festigkeitsverlust erleiden. Durch Füllung der Flasche tritt vergleichsweise zur leeren Flasche eine Dämpfung ein. Diese fällt bereits weg, wenn der Schlag bei einer halbgefüllten Flasche oberhalb des Flüssigkeitsspiegels erfolgt. Beispielsweise könnte es zu einer Explosion führen, wenn bei einer halbvollen Mineralwasserflasche mit einem Überdruck von 60 N/cm^2 (z.B. infolge Sonneneinstrahlung) auf den oberen Teil ein Schlag ausgeübt würde [41].

In Bild 37 ist schematisch die Spannungsverteilung als Folge eines Schlages senkrecht auf einen liegenden Glaszylinder dargestellt, welcher gegenüber der Stelle der Krafteinleitung auf einem harten Widerlager aufliegt. Der Impuls, welchen Masse und Geschwindigkeit eines Schlagkörpers auf der Kontaktstelle ausüben, ruft dort üblicherweise keinen Bruch hervor, weil die Fläche zu klein ist, um mit einiger Wahrscheinlichkeit eine Stelle mit hoher Spannungskonzentration zu enthalten. Im umliegenden Bereich ergibt sich eine Delle, welche sogenannte "Scharnierspannungen" hervorruft, die zum Dehnungsbruch führen können. Das gleiche, wenn auch im geringeren Ausmaß, ereignet sich auf der dem Widerlager anliegenden Außenseite. Die Scharnierspannungen sind zwar erheblich geringer als die um die Kontaktstelle innerhalb einer Kreisscheibe auftretenden Zugspannungen, aber ihr Wirkungsbereich ist um Größenordnungen ausgedehnter und damit wird auch die Wahrscheinlichkeit des Zusammentreffens mit einer Stelle hoher Spannungskonzentration an Kerben größer. Nach Hougen [42] steigt die Höhe der maximalen Scharnierspannung mit dem Verhältnis D/d (D: Flaschendurchmesser, d: Glasdicke); gleichzeitig verringert sich mit dieser Verhältniszahl der Winkel zwischen Aufschlag- und Bruchstelle. Die Spannungsverteilung auf der oberen Hälfte der

Außenfläche eines Glaszylinders als Folge eines Schlages wird in Bild 38 wiedergegeben [43]. Gegenüber der Aufschlagstelle auf der Innenseite entsteht eine lokale Zugspannung [9], die aber nicht zum Bruch führt, weil

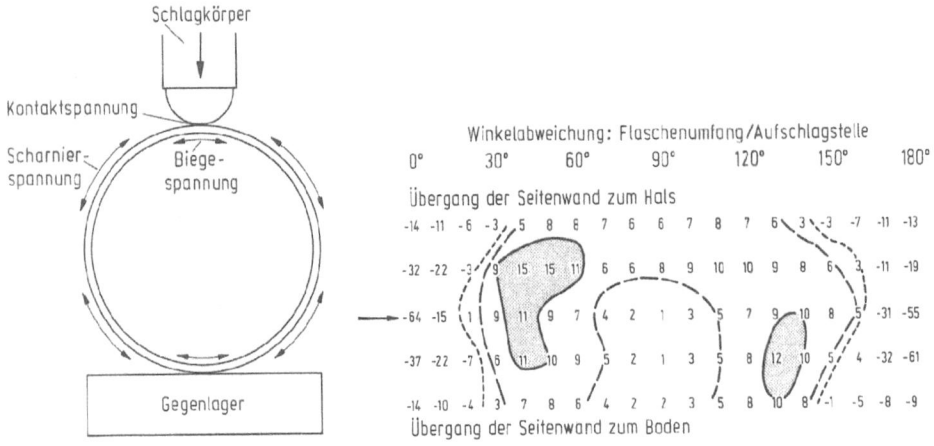

Bild 37. Spannungsverteilung auf der Außen- und Innenseite eines Hohlglases infolge der durch einen Schlag ausgelösten Verformung.

Bild 38. Spannungsverteilung an einem zylindrischen Glas in Umfangs- und Längsrichtung in MN/m^2 (nach Budd)
    x   Aufschlagpunkt (halbe Höhe)
- - -   Niveaulinien mit 5 MN/m^2
-----   Nullinien
———   Niveaulinien mit 10 MN/m^2
neg: Druckspannungen
pos: Zugspannungen.

die Bruchfestigkeit der inneren Oberfläche von neuen Flaschen auch bei Herstellung nach dem Preß-Blasverfahren immer noch höher ist als die der Außenfläche. Ein von der Innenfläche ausgehender Bruch ist nur an Fehlstellen, z.B. hervorgerufen durch Partikel von Chromeisen bei grünen Flaschen, zu erwarten, häufiger bei Mehrwegflaschen, die durch vielmaliges Waschen z.B. durch Sand und Borsten verkratzt wurden.

Die größten Fortschritte der Hohlglasindustrie sind neben der Erhöhung der Bruchfestigkeit der äußeren Oberfläche (vgl. Abschn. 4.6.3) auf eine sorgfältigere Glasverteilung zurückzuführen. Angesichts der Vielfalt von

---
[9] Nach Hougen [42] können vergleichsweise die Kontaktspannungen bei der üblichen Behandlung 150 kN/cm^2 erreichen, die Scharnierspannungen 5 kN/cm^2, die Biegespannungen auf der inneren Oberfläche 25 kN/cm^2.

4.6 Hohlgläser

Form, Größe und Glasdicke läßt sich bezüglich des Zusammenhanges zwischen Konstruktion und den Stellen höchster Schlagempfindlichkeit wenig Verallgemeinerndes aussagen. Sicher sind Bodenwülste, wie man sie gelegentlich bei Marmeladengläsern sieht, besonders ungünstig, denn damit wird automatisch die wahrscheinlichste Schlagstelle zweier aufeinanderschlagender Gläser dorthin verlegt, wo die dickeren Böden versteifend wirken. Versteifungen sind aber auch an den Schultern und an jeder Einschnürung gegeben. Zwar werden die Spannungen im Bereich der Bodenkante je nach der Bodenausführung recht unterschiedlich von der Höhe der wahrscheinlichen Stoßstelle über dem Boden abhängen, generell erscheint aber die Möglichkeit von Schlägen im Bereich zwischen 12 und 25 mm über dem Boden immer gefährlich. Dort sollte also nicht die Stoßstelle liegen. In der Übergangszone vom zylindrischen Teil zum Boden treten bei Innendruckbelastung die höchsten Zugspannungswerte auf der Innenseite auf [44]; auch die Gefahr von Bodenbrüchen steigt dadurch. Um die Zugspannungen auf der Außenseite des Bodens so klein wie möglich zu halten, muß der Zylinderumfang zum Boden hin um so stärker eingezogen werden, je mehr man die Wanddicke verringert. Damit erhöht man die Berstfestigkeit, allerdings auf Kosten der (weniger kritischen) Axialfestigkeit. Bei ovalen Gläsern ist bekannt, daß sich harte Schläge auf die Breitseite, trotz der größeren Wanddicke ungünstiger auswirken als auf die Schmalseite.

Infolge der Vielzahl von Ausführungsformen lassen sich Angaben über die Auswirkungen der *Verringerung* der *Tara* ebenfalls nur wenig verallgemeinern. Bei Verringerung der Dicke steigen bei Schlagbeanspruchungen längs und quer die sich ergebenden Zugspannungen stark an und weisen über dem halben Umfang immer zwei Maxima auf, wobei vor allem die Querspannungen um so stärker zunehmen als die Längsspannungen, je geringer die mittlere Glasdicke ist [43]. Je dünner die Gläser hergestellt werden, um so wichtiger wird zur Vermeidung von Dünnstellen (sog. Kuhaugen) eine geringe statistische Dickenstreuung. Bei geringen Wanddicken wird andererseits ein schnellerer Temperaturabgleich erreicht, wodurch eine entsprechende Verringerung von Wärmespannungen erzielt wird, d.h. dünne Gläser halten merklich höhere Wärmeschocks aus [45]. Der beim Abkühlen zulässige Temperatursprung verhält sich umgekehrt proportional zur Wurzel aus der Glasdicke. Bezüglich des Kopfdruckes gilt allgemein eine lineare Abnahme der Festigkeit mit abnehmender Wanddicke [45]. Bei 0,7-l-Limonadenflaschen und bei 0,5-l-Milchflaschen wurden die höchsten Zugspannungen auf der äußeren Oberfläche im Bereich von 15-20 mm über dem Boden festgestellt [44]. Die höchste Last läßt sich durch eine schlanke Schulter aufnehmen.

4.6.3 *Abhilfemaßnahmen*

Der Möglichkeit, die Festigkeit von Gebrauchsgläsern durch Formgebung ganz erheblich zu verbessern, sind Grenzen gesetzt, leider nicht selten durch die Wünsche des Designers. Leichter realisierbar erscheinen planmäßige Maßnahmen, um die Schlagbeanspruchungen nach der Höhe und Zahl während des Umschlags zu verringern. Dem steht freilich entgegen, daß mit wachsender Ausbringung auch die Abbremskräfte steigen; immerhin bleiben aber noch genügend Abhilfemöglichkeiten, beispielsweise in Hochleistungs-Abfüll- und -Verschließanlagen durch Verwendung von Kunststoff-Führungsleisten, von Stoppleisten und durch stufenlos hochregelndes Anfahren. Man darf nur die Gefahr der Addition auch kleiner Beanspruchungen nie aus dem Auge verlieren, denn vielfach tritt es gar nicht in das Bewußtsein, welche Kräfte bzw. Beschleunigungen in den einzelnen Etappen des Umschlags auftreten. Da die Zugbeanspruchungen auf der Glasoberfläche die Hauptschadensursache bilden und diese sich sowohl bei der Kühlung nach Thermoschocks wie auch durch einen Binnendruck gemäß Bild 33 verstärken, besteht die logische Abhilfemaßnahme darin, jede weitere Maßnahme zu fördern, welche eine Herabsetzung der Bruchwahrscheinlichkeit durch Herabsetzung von Spannungskonzentrationen vermeidet. Die Bruchanfälligkeit wird durch eine Vergütung der Oberfläche vermindert; sie soll verhüten, daß bei Berührung der Glasoberfläche Kratzer entstehen [46].

Bei der *Vergütung am heißen Ende*, wobei bei Temperaturen zwischen 550 und 600°C Zinn-(IV)-Chlorid oder Organozinnverbindungen wie Dimethylzinndichlorid und Monomethylzinntrichlorid oder auch Titanverbindungen wie Tetraisopropylorthotitanat aufgedampft werden, wird in der staubigen Luft von Glaswerken durch die eingelagerten Metalloxide die Glasoberfläche abriebfester aber auch rauher. Eine ausreichende Vergütung mit Dimethylzinnchlorid läßt sich bereits mit 12-18 nm erzielen (Irrisieren würde erst bei 30-45 nm auftreten). Die Heißvergütung ist eine notwendige Voraussetzung für die Verringerung der Bildung von Kerben. Hinreichend wird sie erst, wenn man auch noch den Reibungskoeffizienten der Glasoberfläche verkleinert. Hochleistungsabfüllungen setzen nämlich eine hohe Geschwindigkeit des Flaschentransportes voraus, weshalb gute Laufeigenschaften erforderlich sind. Dieser Effekt wird durch eine *Vergütung am kalten Ende* bei 70 - 130°C vervollständigt. Die aufgesprühte Substanz kann gut wasserlöslich sein, falls nur ein Schutz beim Sortieren, Verpacken und Transport gewünscht wird, wogegen bei Mehrwegflaschen, die gespült werden, wasserunlösliche Kaltvergütungsmittel erforderlich sind. Als Beschichtungsmittel verwendet werden: Polyoxyäthy-

4.6 Hohlgläser

lenglycolfettsäureester bzw. Esterwachse. Das Kaltvergütungsmittel haftet auf dem heißvergüteten Glas besser als auf dem unbehandelten. Das Problem ist die Erzielung einer ausreichenden Dicke an den Berührungsstellen, wogegen die Mündung möglichst freigehalten werden muß, um das zum Öffnen eines Verschlusses erforderliche Drehmoment nicht zu erhöhen bzw. das Verrosten von Kronenkorkverschlüssen unter dem Kappenplissé zu vermeiden. In das Behälterinnere sollen keine Chemikalien gelangen. Für den Boden des Hohlkörpers muß ein ausreichender Reibungskoeffizient verbleiben, damit im Füllerkarussel die bei hohen Durchsätzen, z.B. von Bierflaschen, auftretenden Zentrifugalkräfte die Reibungskraft der Flaschen auf der Unterlage nicht überschreiten. Bezüglich Abstimmung von Gleiteigenschaften und Etikettenhaftung s. [47].

Die kombinierte Heiß- und Kaltendvergütung bildet die entscheidende Voraussetzung für eine Gewichtsreduktion von Hohlgläsern. Außerdem kann die Ausbringung ohne Steigerung der Bruchquote erhöht werden. Werte über die Höhe des Festigkeitszuwachses durch diese Oberflächenbehandlungen lassen sich schwer verallgemeinern. Die Literaturangaben hierüber schwanken stark [48]; bei einer Enghals-Preß-Glasflasche wurde die besonders wichtige Steigerung der Schlagfestigkeit um 10 - 30%, der Berstdruckfestigkeit um 25 - 35% und der Axialdruckfestigkeit um 30 - 60% ermittelt [45]. Budd [49] gibt an, daß die Schlagfestigkeit einer fabrikneuen Flasche durch Abrieb um 25% abnahm, jedoch durch Behandlung mit einer Titanverbindung um 50% gesteigert werden könnte, so daß im zweiten Fall die Steigerung insgesamt 100% betrug. Bei Transportschachteln konnten Zwischenfächer eingespart werden [50].

Über die *Technische Qualitätsspezifikation* für Industrieverpackungsgläser ist ein Merkblatt des ILV erschienen[10]. Den Stichprobenprüfungen liegen viele Fehlerarten zugrunde, welche zu einem erheblichen Teil visuell, nicht meßtechnisch, erfaßt werden. Genormt sind Prüfverfahren z.B. für die thermische Belastbarkeit (nach DIN 52321) sowie für die Innendruckbelastbarkeit (nach DIN 52320). Eine Prüfanweisung über den Pendelschlagversuch an Verpackungsgläsern befindet sich in Ausarbeitung [51].

Die Schwierigkeit der Beherrschung des Glasbruches liegt darin, daß sich in oft nicht völlig voraussehbarer Weise unterschiedliche Beanspruchungen addieren. Beispielsweise kann auf den Thermoschock, der im zylindrischen Bereich eines Glases eine starke Zugbeanspruchung aus-

---

[10] Verpack.-Rdsch. 74 (1973) TWB 99-100.

löst, eine Schlagbeanspruchung in der Spülmaschine folgen. Hougen untersuchte und berechnete den Fall, daß auf die Oberfläche einer mit Mineralwasser gefüllten Flasche in einem weitgehend spannungsfreien Schulterbereich kleine Kerben geritzt wurden, dann die Flasche abgekühlt und beim Ausbringen aus dem Kühlschrank im Ritzbereich anschließend mit einem Finger berührt wurde. Unter besonders ungünstigen Vorbedingungen könnte dies zur Explosion führen [52]. Praktisch können sämtliche einleitend geschilderten Beanspruchungsarten in zeitlicher Verschiebung auftreten. Bei langlebigen Mehrwegflaschen kommt noch der Ermüdungsfaktor hinzu, so daß die Wahrscheinlichkeit schädlicher Beanspruchungen mit der Zeit größer wird.

Literatur zu Kapitel 4

1 Tändler, K.: Verpackungsangebot für Fleisch und Fleischerzeugnisse. Fleischwirtsch. 58 (1978) 1408
2 Djordjeric, D.: Neue Aspekte bei Mehrlagenverbunden. Neue Verpack. 10 (1978) 1464-1469
3 Dolin, C. I.: Metallisierte Folien für Lebensmittelverpackung. Neue Verpack. 8 (1978) 1214-1220
4 Merz, W.: Anwendung von tiefziehfähigen Mehrschichtfolien bei der Verpackung von Lebensmitteln. Neue Verpack. 11 (1976) 1266-1272
5 Heiss, R.: Verpackung und Haltbarkeit von durch Sterilisieren oder Trocknen konservierten Fertiggerichten. Aluminium 54 (1978) 326-329
6 Merkblatt 23 des ILV: Qualitätsanforderungen an Aluminium-Verbundfolien zur Herstellung sterilisierbarer flexibler Packungen. Verpack.-Rdsch. 28 (1977), TWB 59-60
7 Duchatsch, H.: Alternative Möglichkeiten für die Verpackung zu sterilisierender Füllgüter. Fleischwirtsch. 9 (1976) 1244-1246
8 Pinner, S. H.: Modern packaging films. London: Butterworth 1967
9 Breitbach, K.; Dreyer, W.; Predöhl, W.; Schotte, K.; Steinau, P.; Trausch, G.; Werner, E.: Erzielen spezieller Eigenschaften bei Kunststoff-Folien durch Orientieren und Kombinieren. Kunstst. 61 (1971) 356-368
10 Blimetsrieder, H.; Becker, K.; Heiss, R. (ILV): Untersuchungen über die Gebrauchseigenschaften von Schrumpffolien in der Verpackungstechnik. Verpack.-Rdsch 29 (1978) TWB 33-39
11 Brams, H.: Schrumpfen oder Stretchen. Neue Verpack. 29 (1976) 1097-1100
12 Becker, K.: Jahresbericht des ILV (1975) 68; (1976) 59; (1977) 50; Tätigkeitsbericht (1978) 55
13 Stuart, H. A.; Markowski, G.; Jeschke, D.: Physikalische Ursachen der Spannungsrißkorrosion in Mischpolymeren organischer Kunststoffe. Kunstst. 54 (1964) 618-625
14 ILV-Merkblatt 35: Prüfung von Behältnissen und Verschlüssen aus Polyolefinen auf Spannungsrißbildung. Verpack.-Rdsch. 30 (1979) TWB 23-24
15 Salame, M.; Temple, E. J.: High nitrile copolymers for food and beverage packaging. Chemistry and food packaging. Adv. Chem. Ser. (ACS) Washington (1974) 61
16 Rigello-Bericht. Verpack.-Rdsch. 29 (1978) 765-769
17 Heidenreich, K.: Mehrwegflaschen aus Kunststoff. Kunstst. 68 (1978) 636-637

Literatur zu Kapitel 4

18 Landsberg, J. D.; Bodyfelt, F. W.; Morgan, M. E.: Retention and chemical contamination by glass, polyethylene and polycarbonate multiuse milk containers. J. Food Protect. 40 (1977) 772-777
19 ILV-Merkblatt: Anwendungsbeispiele beschichteter Papiere und Kartone für Verpackungen. Verpack.-Rdsch. 27 (1976) 1073-1077
20 IXAN WA®, Beschichtung von Trägermaterialien auf Papierbasis Solvay & Cie. Brüssel
Dazu auch die Artikelserie von G. H. Elschnig et al, Papier- und Kunststoffverarbeitung 1966-1972
21 Will, P.: Veredelte Papierverpackungen durch Hotmeltanwendungen. Neue Verpack. 12 (1977) 1559-1566
22 Prüfung von wachs- und hotmeltbeschichteten Packstoffen auf Fettdurchtritt. Verpack.-Rdsch. 27 (1976) TWB 69-70
23 Faltschachtelkarton. Sortenverzeichnis und Qualitätsmuster: Herausgegeben vom Fachverband Faltschachtelindustrie e.V., Offenbach am Main 1974
Vgl. hierzu auch: Link, K. D.: Faltschachtel Kartonmarkt. Seminar der Papiertechnischen Stiftung. Frankfurt: Deutscher Fachverlag 1977. Technologische Schriftenreihe Nr. 4, 20-24
24 Deutscher Eisenbahn-Verkehrsverband: 799/79. Geschäftsbedingungen für DB/UIC-Spezialverpackungen und DB-Einheitspackungen 1976, A 4 h H12 5c80 in 7 b 350 K 76 50 000 A 1600
Vgl. auch: Stobbe, O.: Wellpappenhandbuch 1. Teil Frankfurt am Main: VDW 1963 und DIN 55429
25 Nehring, P.; Krause, H.: Konserventechnisches Taschenbuch. 15. Aufl. Braunschweig: Verlag Günter Hempel 1969, 732-733
26 Hotchner, S. J.; Poole, C. J.: Neueste Ergebnisse zu den Problemen der Dosenkorrosion. Verpack.-Rdsch. 20 (1969) 9-16 (US-Spezifik. für Obst und Gemüse in Dosen.)
27 Maercks, O.: Dosenkorrosion und ihre Messung. Aeros. Rep. 13 (1974) 90-104
Maercks, O.: Messung der anodischen Zinnauflösung an Fehlstellen der Lackierung von Weißblech. Verpack.-Rdsch. 25 (1974) TWB. 83-88
Maercks, O.: Weitere Untersuchungen zur Wechselwirkung zwischen Metall und Lackierung bei der Korrosion lackierter Weißblechdosen. Verpack.-Rdsch. 28 (1977) TWB. 45-52
Maercks, O.: Die Wechselwirkung zwischen Metall und Lackierung bei der Korrosion von Weißblechdosen. Verpack.-Rdsch. 29 (1978) TWB. 25-30
28 Kolb, H. (ILV): Elektrochemische Untersuchungen zum Einfluß von Nitrat und Nitrit auf die Ausgangsruhepotentiale und den Kurzschlußstrom des Elements Eisen/Zinn in Fruchtsäuren und -säften. Verpack.-Rdsch. 28 (1977) TWB 69-75
29 Holländer, J. (ILV): Einfluß von Oberflächenreaktionen auf die Korrosion von Weißblech. Tätigkeitsbericht des ILV 1978, 40-41. Vgl. auch Holländer, J. und Müller, K. (ILV). Einfluß von Sulfit auf die Korrosion von Weißblech. Jahresbericht des ILV 1976, 41, sowie Holländer, J. (ILV): Sulfitinduzierte Korrosion von Weißblechbehältern. Vortrag auf der 24. Zinntagung, Düsseldorf, Nov. 1979
30 Georg, D.; Meisel, H.; Heiss, R (ILV): Über den Einfluß des Sauerstoffs auf die Korrosion in Dosenkonserven aus Weißblech. Werkst. u. Korrosion 28 (1976) 463-470
31 Jimenez, M. A.; Kane, E. H.: Compatibility of Aluminium for food packaging. Chemistry of food packaging. Am. Chem. Soc. Adv. Chem. Ser. (ACS) Nr. 135, Washington (1974) 35-48
32 Maercks, O.: Korrosionsfragen an Weißblechdosen mit Aluminium-Aufreißdeckel. Verpack.-Rdsch. 19 (1968) TWB. 33-37

Überblick über Aluminiumkorrosion:

Kunze, E. (ILV): Korrosivität verschiedener Lebensmittelgruppen gegenüber Packmitteln aus Aluminium. Verpack.-Rdsch. 27 (1976) TWB. 9-18

33 Rütter, M.: Beanspruchung von Glasbehältern in der Praxis. Ind. Obst- u. Gemüseverwert. 54 (1969) 384-385
34 Hougen, A. O.: Über die Festigkeit von Verpackungen aus Glas und Möglichkeiten zu ihrer Verbesserung. Verpack.-Rdsch. 15 (1964) TWB. 17-21
35 Büssing, D.: Die Bedeutung des Freiraumes von Hohlglasbehältern und deren noch vertretbare materialgerechte Beanspruchbarkeit. Verpack.-Rdsch. 29 (1978) 1508-1510
36 Anwall, A.; Stoeckheit, K.: Wie leicht ist eine Verpackung zu öffnen? Neue Verpack. 29 (1976) 248-255
37 Mould, R. E.; Cormick, Mc J. M.: Practical aspects of the problem of hydrodynamic breakage of bottles. The Glass Ind. 30 (1949) July
38 Bojkow, E.: Produktivitätssteigerung der Flaschenabfüllkolonnen in Molkereien. Verpack.-Wirtsch. Nr. 4, (April 1965)
39 Penzkofer, J. (ILV): Untersuchungen über die Schlagfestigkeit von Verpackungsgläsern. Vortrag bei der Konferenz der International Association of Packaging Research Institutes St. Gallen, Mai 1977 und Jahresbericht des ILV 1976, 65-66
40 Bojkow, E.: Einfluß der Transportverpackung auf die Schlagfestigkeit fabrikneuer Glasflaschen. Verpack.-Wirtsch. (April 1967)
41 Schönbrunn, G.: Schwingungsuntersuchungen an Hohlgläsern bei Schlagbeanspruchung. Meßtech. Briefe 7 (1971) 29-33
42 Hougen, A. O.: Quality of specification and quality assurance in the glass container industrie. Proceedings of the 23. Conference of the European Organisation for quality control, Budapest 1979, Packaging Seminar, Nr. 88
43 Budd, S. M.; Cornelius, W. P.: Impact Studies on glass containers Glass Technol. 17 (1976) 54-59
44 Schönbrunn, G.: Spannungs- und Dehnungsuntersuchungen an Hohlgläsern unter statischer und dynamischer Beanspruchung. Glastech. Ber. 46 (1973) 49-58
45 Hahn, F.: Beitrag zur Entwicklung leichter Glasbehälter. Glastech. Ber. 44 (1971) 415-424
46 Informationsblatt des ILV über die Oberflächenvergütung von Behälterglas. Verpack.-Rdsch. 77 (1976) TWB 61-62
47 ILV: Arbeitsblatt Klebstoffe für oberflächenvergütete Glasflaschen und andere Verpackungsgläser. Verpack.-Rdsch. 27 (1976) TWB 61-62
48 Hougen, A. O.; Augustson, B. O.: Effect of surface treatment on the mechanical properties of glass: Brighton 1974
49 Budd, S. M.; Moody, B. E.: Further improvements in strength and performance of glass: Internationale Konferenz PIRA/IAPRI, London 1972
50 Bojkow, E.: Auswirkungen der Oberflächenvergütung auf die Eigenschaften von Hohlglasbehältern. ZFL. 30 (1979) 308-313
51 Penzkofer, J. (ILV): Persönliche Mitteilung
52 Hougen, A. O.; Damman, H.: Lokale thermische Schocks auf Hohlglasbehälter. Verpack.-Rdsch. 19 (1968) 1006-1012

Überblicksliteratur:

Moody, B.: Packaging in Glass, London: Hutchinson Benkam 1977.

5 Die Wirkung von Außeneinflüssen auf verpackte Lebensmittel

In der Technik allgemein sieht man als Aufgabe des Ingenieurs an, eine Konstruktion aufgrund der Werkstoffeigenschaften zu berechnen und deren Schwachstellen ausschalten zu können. Dieser Wunsch besteht auch in der Verpackungstechnik. Beispielsweise wünscht man aufgrund der Kenntnis der Wasserdampfempfindlichkeit eines Lebensmittels und der Wasserdampfdurchlässigkeit des Packstoffes unter definierten Klimabedingungen dessen Haltbarkeit zu berechnen. Eine Grundvoraussetzung hierfür ist die Kenntnis der Gesetzmäßigkeiten des Stoffüberganges.

5.1 Gase und Dämpfe

5.1.1 *Arten des Stofftransports durch Packstoffe* (Tabelle 11)

Tabelle 11. Art des Transports von Gasen und Dämpfen durch Packstoffe

Ursache des Stoffaustausches	Poren vorhanden	Keine Poren vorhanden
Gesamtdruck und damit verknüpft Partialdruckdifferenz	Poiseuille-Strömung (Gesamtdruck) Knudsen-Strömung ($2r < \lambda$ = freie Weglänge)	Lösungsdiffusion
Nur Partialdruckdifferenz bei gleichem Gesamtdruck	vorrangig Ficksche Diffusion durch die Poren	Lösungsdiffusion

Zu unterscheiden ist bei Gasen und Dämpfen zwischen einer Stoffwanderung durch freie Poren und Lösungsdiffusion durch Packstoffe, außerdem zwischen einem
- Partialdruckunterschied beim Gesamtdruckunterschied Null (Gaspackung) und einem
- Gesamtdruckunterschied (Vakuumpackung oder Schutzgaspackung mit Unterdruck).

Verpackungstechnisch am wichtigsten ist die Lösungsdiffusion. Ficksche Diffusion oder gar Poiseuille-Strömung durch Poren tritt vorwiegend bei Fabrikationsfehlern und Beschädigungen auf.

Lösungsdiffusion und deren Temperaturabhängigkeit [1,2]. Das Gas löst sich im Packstoff, diffundiert durch ihn und desorbiert auf der gegenüberliegenden Seite. Nach dem Fickschen Gesetz folgt die Lösungsdiffusion folgender Beziehung:

$$V = DFt \frac{dc}{dx} \qquad (1)$$

mit V: eindiffundierendes Gasvolumen,
    D: Diffusionskoeffizient für Gas im Packstoff,
    F: Oberfläche des Packmittels,
    c: Konzentration der gelösten Gase im Packstoff,
    x: Packstoffdicke,
    t: Zeit.

Da nach Barrer D bei nicht zu hohen Gasdrücken unabhängig von c ist [4], gilt bei linearem Konzentrationsverlauf im Packstoff

$$V = DFt \frac{\Delta c}{x}$$

c errechnet sich nach dem Henryschen Gesetz aus dem Partialdruck p und dem Löslichkeitskoeffizienten α des Gases:

$$c = \alpha p,$$

womit

$$V = D \alpha F t \frac{\Delta p}{x} \qquad (1\ a)$$

wird. Diese Beziehung gilt, wenn D unabhängig von Ort und Konzentration ist, wenn α nicht von der Konzentration abhängt und sich das Sorptionsgleichgewicht rasch eingestellt hat. Dann beinflussen sich auch mehrere Gase bei gleichzeitiger Diffusion nicht; vielmehr hängt die Durchlässigkeit für jedes Gas von dessen Partialdruckdifferenz ab. Die Voraussetzungen für (1 a) können dann als erfüllt gelten, wenn die Löslichkeit des Gases im Packstoff gering ist. Ist aber die Löslichkeit hoch, und quillt der Packstoff, dann kann man nicht mehr damit rechnen, daß α vom Gasdruck oder D von der Gaskonzentration unabhängig ist.

Das Produkt D α wird Permeationskoeffizient (P) genannt; dieser wird bei Durchlässigkeitsmessungen bestimmt. (1 a) ändert sich damit in

$$V = PFt \frac{\Delta p}{x} \qquad (1\ b)$$

5.1 Gase und Dämpfe

$P \frac{Ncm^3 (100 \ \mu m)}{m^2 d \ bar}$ gibt an, welche Gasmenge in 24 h bei einer Partialdruckdifferenz von 1 bar durch eine Packstofffläche von 1 m^2 diffundiert, wobei man, um vergleichen zu können, auf eine bestimmte Packstoffdicke, z.B. 100 µm, bezieht. Umrechnungsfaktoren* für abweichende Dimensionsangaben in der Literatur:

$$\frac{1 \ Ncm^3 (100 \ \mu m)}{m^2 d \ bar} = 1,52 \cdot 10^{-13} \frac{cm \ (mm)}{s \ Torr} = 25,4 \frac{Ncm^3 (mil)}{(100 \ in^2) d \ bar}.$$

V verändert sich gemäß (1 b) indirekt proportional zu x, d.h. bei doppelter Packstoffdicke verringert sich die Durchlässigkeit auf die Hälfte. Wenn man verschieden durchlässige Folien kombiniert und die Durchlässigkeit eines eventuellen Kaschiermittels vernachlässigen kann, ergibt sich die sogenannte "Impedanz" zu

$$\frac{1}{P} = \frac{x_1}{x} \frac{1}{P_1} + \frac{x_2}{x} \frac{1}{P_2} + \frac{x_3}{x} \frac{1}{P_3}, \ mit \ x = x_1 + x_2 + x_3$$

und der Permeationskoeffizient zu

$$P = \frac{x}{\frac{x_1}{P_1} + \frac{x_2}{P_2} + \frac{x_3}{P_3}}. \quad (2)$$

Bei gleichen Dicken der Kombinationspartner wird

$$P = \frac{1}{\frac{1}{P_1} + \frac{1}{P_2} + \frac{1}{P_3}}. \quad (2 \ a)$$

In Tabelle 12 wird der Einfluß der Gasart auf die Permeation veranschaulicht.

Aufgrund der exponentiellen Abhängigkeit der Konzentrationszunahme eines Gases in einer Packung vom Permeationskoeffizienten und von der Zeit ergibt sich, daß jede Verringerung des Permeationskoeffizienten um eine Zehnerpotenz dazu führt, daß eine bestimmte (zulässige) Gaskonzentration im Innern sich erst in der zehnfachen Zeit einstellt [18].

Temperaturabhängigkeit: Die Kenntnis der Temperaturabhängigkeit der Permeation ist für den Export von Lebensmitteln in wärmere Länder und für die Lagerung von Gefriergütern wichtig.

---

* 1 mil = 0,001 inch = 25,4 micron (µm).

Tabelle 12. Gasdurchlässigkeit P verschiedener Kunststoff-Folien (Es handelt sich hier um orientierende Werte; im Einzelfall können sie fabrikatabhängig sein und erhebliche Unterschiede aufweisen, auch die Verhältniszahlen) bei 20°C [3].

Folie	Gasdurchlässigkeit P in $\frac{Ncm^3 \cdot (100 \mu m)}{(m^2 d\, bar)}$ für			Verhältniszahl
	N_2	O_2	CO_2	P_{CO_2}/P_{O_2}
Polyäthylen niedriger Dichte	510	1350	7550	5,6
Polyäthylen hoher Dichte	140	505	1990	4,0
Polypropylen (ungereckt)	140	628	2270	3,6
Polyvinylchlorid (weichmacherfrei)	1,8	19,1	53	2,8
Polyvinylidenchlorid	-	1,4	-	ca. 7
Polytherephtalsäureester	1,5	8,6	56,5	8,6
Polystyrol	-	1000	3300	ca. 3,3
Polyamid - 6	0,68	5,6	24,8	4,4

Nach Barrer [4] beruht die Temperaturabhängigkeit der Permeation auf folgenden Beziehungen:

$$\alpha = \alpha_\infty \exp(-\Delta H/RT)$$

$$D = D_\infty \exp(-E_D/RT), \text{ daraus}$$

$$P = P_\infty \exp(-E/RT), \text{ wobei } E = \Delta H + E_D$$

oder $\ln P = \ln P_\infty - E/RT$

$\log P = \log P_\infty - 2{,}303\, E/RT$ (vgl. Bild 40); (3)

dabei gelten α_∞, D_∞ und P_∞ für $T = \infty$

E_D: molare Aktivierungsenergie der Diffusion,
H : molare Lösungswärme des Gases im Kunststoff,
E : molare Aktivierungsenergie der Permeation,
R : allgemeine Gaskonstante.

5.1 Gase und Dämpfe

Üblicherweise steigt P mit der Temperatur. Ist jedoch E = (ΔH + E_D) negativ, würde P mit steigender Temperatur abnehmen, E_D ist stets positiv; deshalb hängt die Summe vom Vorzeichen der Lösungsenthalpie ab. Positive Lösungsenthalpie bedeutet, daß man bei einem isotherm geführten Lösungsvorgang Wärme zuführen muß. Wäre die Enthalphiedifferenz vor und nach dem Lösungsvorgang ΔH negativ, aber die Summe (ΔH + E_D) noch positiv, dann steigt P = f (T) weniger steil und erst, wenn das negative ΔH > E_D wird, dann fällt P mit steigender Temperatur. ΔH ist bei permanenten Gasen zwar klein, aber immer positiv. Wenn sich große Gasmengen im Kunststoff lösen (z.B. Wasserdampf in Zellglas) und außerdem der Gasdruck in der Nähe des Sättigungsdrucks liegt (leicht kondensierbare Gase), ist ΔH wegen der negativen Kondensationswärme auch negativ. So ist z.B. zu erklären, daß E = ΔH + E_D $\approx$ 0 für Wasserdampf bei hydrophiler, weichgemachter PVC-Folie und damit P von der Temperatur nahezu unabhängig wird. Da D für unterschiedliche Gase nicht stark abweicht, hängt die Permeation vor allem von der Löslichkeit ab. In Folie mit hohem kristallinem Anteil ist D klein, α klein und damit auch P klein. Hierbei herrscht eine hohe Kettensymmetrie; aber auch eine hohe Kettensteifigkeit sowie eine hohe Polarität [5] und Packungsdichte des Polymeren erhöhen die Sperreigenschaften. Verarbeitungshilfsmittel in größeren Mengen zugesetzt, erhöhen die Permeabilität von Kunststoffen. Weichmacher vermindern E_D und erhöhen damit D. Sehr kleine Mengen können aber eine etwas niedrigere Wasserdampfdurchlässigkeit hervorrufen (PVC, PS). In gleicher Weise wirkt sich auch die Streckung einer Kunststoffolie aus.

Die Neigung der Geraden in Bild 39 u. 40 bestimmt die Aktivierungsenergie der Permeation. Ihre Linearität ist an folgende Voraussetzungen geknüpft:
        D ist unabhängig von der Konzentration des Gelösten
        α folgt dem Henryschen Gesetz.

Im betrachteten Temperaturbereich treten keine Zustandsänderungen (auch nicht solche 2. Art) des Lösungsmittels (Packstoffs) [6] oder des Gelösten (Gase, Dämpfe) auf.

Bei permanenten Gasen kann man im allgemeinen mit Linearität rechnen. Im ganzen verschafft Gl.(3) die Möglichkeit, beim Vorliegen von Meßpunkten für zwei Temperaturen zu interpolieren und in nicht zu weiten Bereichen auch mit einiger Sicherheit zu extrapolieren. Der Gültigkeitsbereich einer konstanten Aktivierungsenergie [3] ergibt sich aus Tabelle 13. Bei Kunststoffen treten vielfach Abweichungen in dem Sinne auf, daß von einer bestimmten Temperatur ab die Aktivierungsenergie mit sinkender Temperatur schneller abfällt, also unterhalb des Gültigkeitsbereiches von Gl.(3) die Gasdurchlässigkeit mit sinkender Temperatur langsamer abnimmt.

Tabelle 13. Intervalle gewährleisteter Linearität im Arrhenius-Diagramm für verschiedene Kunststoffe bei einer Lösungsdiffusion von O_2 und H_2O [3]. Unter -20°C und über +60°C liegen keine Messungen vor

	Sauerstoff °C	Wasserdampf °C
LDPE	+ 60 bis - 10	+ 40 bis - 20
HDPE	+ 60 bis - 20	+ 50 bis - 20
PP	+ 60 bis + 10	+ 50 bis - 10
PVC	+ 60 bis - 20	+ 30 bis - 20
PVDC	+ 60 bis 0	-
PETP	+ 60 bis + 10	+ 40 bis - 20
PS	+ 60 bis + 10	+ 50 bis - 20
PA 6	+ 60 bis - 20	-
PA 11	+ 60 bis 0	+ 50 bis - 20

Die Temperaturabhängigkeit der Wasserdampf- und der Sauerstoffdurchlässigkeit von Packstoffen wird in den Bildern 39 und 40 verglichen. Während sich erstere bei jeder Temperatur auf einen konstanten Druck bezieht, wird die Wasserdampfdurchlässigkeit üblicherweise auf das Verhältnis $\varphi = (p_D/P_{D_S}) \cdot 100$ bezogen, wobei p_D bzw. p_{D_S} temperaturabhängig sind. Entsprechend Gl.(1 b) muß, wenn man nach der Temperaturabhängigkeit fragt, die Wasserdampfdurchlässigkeit auf gleiche Differenzen des Wasserdampfpartialdruckes umgerechnet werden. [7] Man erkennt aus Bild 39, daß bei PS die Wasserdampfdurchlässigkeit mit sinkender Temperatur ansteigt, die Sauerstoffdurchlässigkeit verhält sich dabei (Bild 40) entgegengesetzt. Bei PVC ist die Temperaturabhängigkeit der Wasserdampfdurchlässigkeit vernachlässigbar. Bei PVC und auch bei den Polyolefinen ist die Temperaturabhängigkeit der Sauerstoffpermeation höher als die der Wasserdampfpermeation.

5.1 Gase und Dämpfe

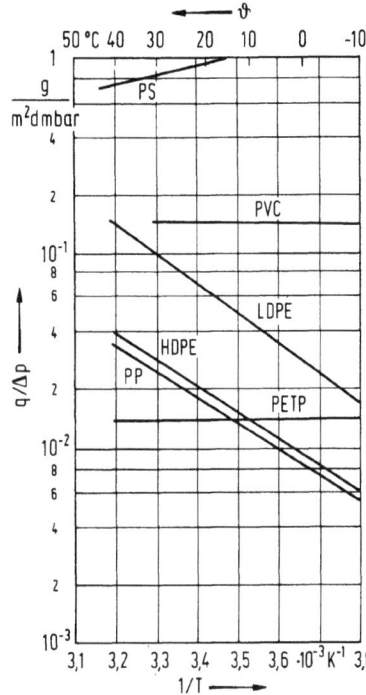 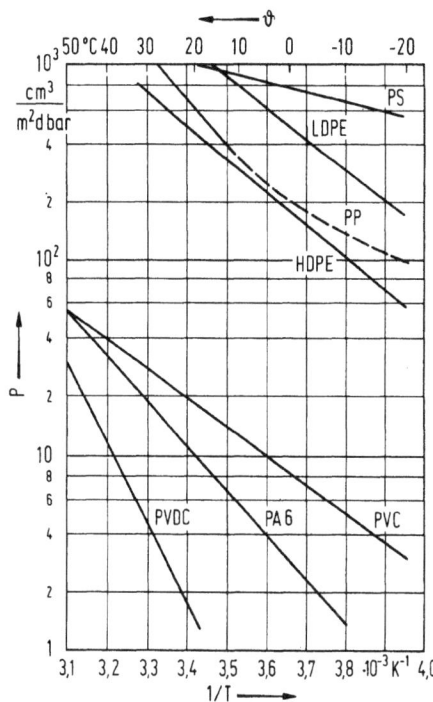

Bild 39. Wasserdampfdurchlässigkeit von 100 µm dicken Kunststoff-Folien bezogen auf ein Gefälle des Wasserdampfpartialdruckes von 1 mbar, abhängig von der Temperatur.

Bild 40. Sauerstoffdurchlässigkeit von 100 µm dicken Kunststoff-Folien abhängig von der Temperatur.

Um die notwendigen Größenordnungen besser zu überblicken, sei folgendes ausgeführt: Wenn man sehr wasserdampfempfindliche Lebensmittel längere Zeit haltbar machen will, wird man mindestens eine LDPE-Folie von 50 µm benötigen, die eine Wasserdampfdurchlässigkeit q von 1,5 g/m²d (23°C, 85% gegen 0%) aufweist[1]. Die Sauerstoffdurchlässigkeit einer LDPE-Folie von 50 µm Dicke betrüge jedoch gemäß Tabelle 12,2700 Ncm³/m²d bar. Die Verhältniszahl P_{H_2O}/P_{O_2} in gleichen Dimensionen errechnet sich bei LDPE zu 35,3, bei HDPE zu 27,7, bei PP zu 19,8, bei PS zu 640, bei PVC zu 5300 und bei PETP zu 11400.* Wäre beispielsweise ein sauerstofffrei verpacktes Füllgut, das bei einer mittleren Gleichgewichtsdifferenz von 50%

---

[1] Für den Gebrauch in der Praxis haben sich die bei (1 b) angegebenen Dimensionen für die Messung der Wasserdampfdurchlässigkeit als zu unbequem erwiesen. Als Wasserdampfdurchlässigkeit (q) wird die Wasserdampfmenge in g definiert, die innerhalb 24 h durch 1 m² Packstoff (z.B. bezogen auf eine Dicke von 100 µm) bei einem bestimmten Feuchtigkeitsgefälle und einer bestimmten Temperatur diffundiert (vgl. DIN 53122).

* Die Werte können bei unterschiedlichen Fabrikaten abweichen.

gegen die Atmosphäre gelagert wird, hundertmal mehr sauerstoff- als wasserdampfempfindlich, dann würde bei dem sich bei 20°C ergebenden Partialdruckverhältnis $\Delta p_{H_2O}/\Delta p_{O_2} = 0,0565$ erst bei $(P_{H_2O}/P_{O_2}) > 1700$ die Gefährdung durch Wasserdampf die kritischere werden. Ist ein wasserdampfempfindliches Gut auch sauerstoffempfindlich, so benötigt man beispielsweise zusätzlich zum LDPE einen Kombinationspartner niedriger Sauerstoffdurchlässigkeit.

Ficksche Diffusion durch Poren: Hier gilt unverändert (1) mit dem Unterschied, daß hier nicht die Proben-, sondern die Porenfläche einzusetzen ist; D ist für Sauerstoff in Luft 0,17 cm^2/s. Für den stationären Zustand und wenn D unabhängig von c ist, kann man schreiben:

$$V = D\, r^2 \pi \frac{\Delta c}{x}\, t, \qquad (4)$$

wobei bei Stickstoff gegen Luft $\Delta c = \Delta p/p_0 = 0,21$ für O_2 ist und r den Porenradius vorstellt.

Für Wasserdampf in Luft wird bei Zimmertemperatur $D = 0,25$ cm^2/s. Die Durchlässigkeit einer Pore je Packung hat Becker für diesen Fall gefunden zu:

$$Wdd \text{ in } g/d = 0,0538\, \frac{r^2}{x}\, \Delta p; \quad (x \text{ in cm}, \Delta p \text{ in mbar})$$

r: Porenradius in cm [8].

Kanälchen in Siegelnähten haben wegen des um Größenordnungen höheren Wertes von x einen geringeren Einfluß auf die Wasserdampfdurchlässigkeit als Flächenporen von ähnlichem Durchmesser.

Poiseuille Strömung: (Bild 41) Wenn im Falle einer Gesamtdruckdifferenz offene Poren vorhanden sind, ist nach Hagen-Poiseuille folgender Ansatz plausibel:

$$V = \frac{r^4 \pi t \cdot p}{8 \eta x} \frac{p_1^2 - p_2^2}{2 p_1}. \qquad (5)$$

Darin bedeuten gemäß Bild 41: V: in der Zeit t eingeströmtes Luftvolumen in cm^3; r: Radius der kreisförmig gedachten Pore in cm; η: dynamische Zähigkeit der Luft; x: Foliendicke in cm, t: Zeit in s; p_1: Atmosphärendruck (1 bar); p_2 Anfangsdruck in der Packung (Null). Zwar ist bei Kanälchen in Siegelnähten ein kreisrunder Querschnitt nicht ohne weiteres anzunehmen, und da x vielfach in der Größenordnung von 2 r sein wird, wird es sich auch kaum um eine laminare Strömung handeln, trotzdem ist dieser Ansatz brauchbar, um einen Begriff von der Größenordnung der trans-

5.1 Gase und Dämpfe

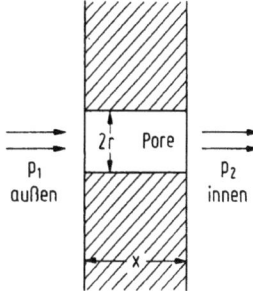

Bild 41. Schema zu Gl. (5)

portierten Gasmenge zu erhalten.
Beispiel: Flachbeutel aus PETP/PE (P = 86 cm^3O_2/m^2 d bar,
F = 0,03 m^2, Außendruck 1 bar,
x = 60 µm, r variabel.
Die Ergebnisse werden in Tabelle 14 wiedergegeben.

Tabelle 14. Sauerstoffaustausch in Ncm^3/h bei verschiedenen Transportmechanismen (gemäß Beispiel)

Lösungsdiffusion (keine Poren)	0,03		
	r = 5	10	50 µm
Ficksche Diffusion in Poren (Packstoff dicht)	0,019	0,076	1,9
Poiseuille-Strömung in Poren (Packstoff dicht)	6,75	115	$6,75 \cdot 10^4$

Die Auswirkung von Poren oder beim Heißsiegeln verbliebener Kanülen ist also völlig unterschiedlich, je nachdem, ob es sich um eine Schutzgaspackung oder eine Vakuumpackung handelt.

In Tabelle 15 wird verglichen, welcher Sauerstoff- und welcher Wasserdampftransport anfangs bei voller Druckdifferenz in offenen und in mit 50 µm LDPE abgedeckten Poren (Alufolie hat eine Pore, Kunststoffkaschierung nicht) erfolgt. Im Falle der Sauerstoffdurchlässigkeit [9] ergibt sich, daß in einer Packung mit einem Hohlraumvolumen von 500 cm^3 eine Sauerstoffkonzentration von 1% im ersten Fall erreicht würde nach 3 s, im zweiten Fall nach 10 h und im dritten Fall nach $3 \cdot 10^6$ d. Es ergibt sich daraus, wie sorgfältig Kontrollmaßnahmen zur Feststellung der Freiheit einer Verpackung von durchgehenden Poren bei sauerstoffempfind-

Tabelle 15. Anfängliche Durchlässigkeit einer 50 μm Pore bei einem treibenden Gefälle: Δp_{O_2} = 213 mbar bzw. $\Delta \varphi$ = 65% gegen 0% relative Feuchtigkeit [9].

Sauerstoff			Wasserdampf		
Vakuumpackung (p_i = 0)	Schutzgaspackung (p_{iO_2} = 0)		Vakuumpackung	Schutzgaspackung	
offene Pore	offene Pore	mit PE abgedeckte Pore	offene Pore	offene Pore	mit PE abgedeckte Pore
1,7 Ncm³/s	1,4 · 10⁻⁴ Ncm³/s	1,5 · 10⁻⁶ Ncm³/d	1,2 · 10⁻¹ Ncm³/s	1,5 · 10⁻⁵ Ncm³/s	3,0 · 10⁻⁶ Ncm³/d

lichen Lebensmitteln durchgeführt werden müssen, deren Toleranzgrenzen ja ohnedies weit niedriger liegen als bei wasserdampfempfindlichen Lebensmitteln.

5.1.2 *Berechnung der notwendigen Permeationswerte bzw. der zulässigen Umschlagszeiten von Lebensmitteln*

Sowohl bei wasserdampf- wie auch bei sauerstoffempfindlichen Lebensmitteln kann man rechnerisch die Haltbarkeitszeit bei Verwendung eines bestimmten Packstoffes wie auch die notwendige Dichtigkeit für eine vorgegebene Haltbarkeitszeit ermitteln. Ersteres entspricht mehr den Wünschen der Packmittelhersteller, letzteres mehr den Erfordernissen der Abpacker. Hierbei sind klare Vorstellungen nötig, welche statistisch wahrscheinliche und eventuell auch welche maximale Umschlagszeit im Einzelfall sinnvoll ist, weil sich dabei die geringsten finanziellen Gesamtbelastungen ergeben.

Wasserdampfempfindliche Lebensmittel: Bei wasserdampfempfindlichen Lebensmitteln ist die Berechnung der Haltbarkeit einfach, weil die eindringende Wasserdampfmenge ausschließlich zur Erhöhung des Wassergehalts des Inhalts dient.

Es sei t_{Kr}: Haltbarkeitszeit in d, G_0: Anfangsgewicht des Lebensmittels in g, Tr: dessen Trockengewicht, X_0, X_{Kr}: Anfangs- bzw. kritischer Wassergehalt bezogen auf Tr in %, $\varphi_0, \varphi_i, \varphi_{Kr}$: entsprechende Gleichgewichtsfeuchtigkeiten in %, φ_a: relative Feuchtigkeit der Außenatmosphäre in %, ($q/\Delta\varphi$): Wasserdampfdurchlässigkeit der Verpackung bezogen auf die Einheit des Meßgefälles. Die je Zeiteinheit in eine Packung bei gegebener

5.1 Gase und Dämpfe

Temperatur eindiffundierende Wasserdampfmenge errechnet sich gemäß
Bild 42 dann nach folgender Beziehung [10]:

$$\frac{dW}{dt} = q/\Delta\varphi(\varphi_a - \varphi_i),$$

woraus sich t_{Kr} für X_{Kr} errechnet zu

$$t_{Kr} = \frac{Tr\Delta\varphi}{100 \cdot q} \int_{X_0}^{X_{Kr}} \frac{dX}{\varphi_a - \varphi_i(X)} \qquad (6)$$

mit

$$Tr = \frac{G_0}{1 + X_0/100}.$$

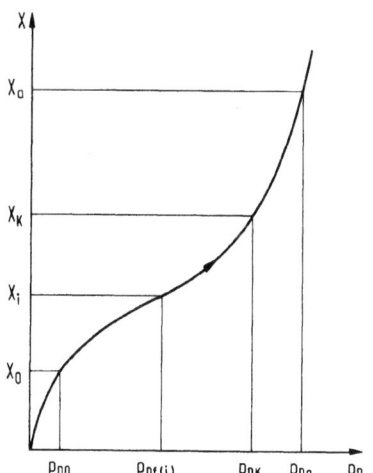

Bild 42. Gleichgewichtswassergehalte eines Gutes, das einer Außenfeuchtigkeit vom Zustand a ausgesetzt ist. X = const,
O: Ausgangszustand; Kr: kritischer Zustand.

Bei den üblichen porösen wasserarmen Lebensmitteln, die einer wasserdampfdichten Verpackung bedürfen, ist der Diffusionswiderstand des Packmittels fast immer merklich höher als derjenige des Lebensmittels selbst, so daß in letzterem kein merklicher Feuchtigkeitsgradient zu erwarten und nur die Permeation durch den Packstoff geschwindigkeitsbestimmend ist.

Nach Becker [11] kann die für eine Packung zur Erzielung einer bestimmten Haltbarkeitszeit zulässige Wasserdampfdurchlässigkeit bzw. die mit einer Packung bestimmter Wasserdampfdurchlässigkeit erreichbare Haltbarkeitszeit bei konstanter Temperatur im allgemeinen nach einer vereinfachten Beziehung errechnet werden:

$$t_{Kr} = \frac{G_0}{X_0 + 100} \cdot \frac{\Delta\varphi}{q} \cdot \frac{X_{Kr} - X_0}{\varphi_{Kr} - \varphi_0} \cdot 2,303 \log \frac{\varphi_a - \varphi_0}{\varphi_a - \varphi_{Kr}} \quad (7)$$

wobei

$$G_0 = Tr + \frac{Tr\, X_0}{100}.$$

Für viele Güter sind φ_{Kr} und X_{Kr} bekannt, weniger jedoch deren Zeit- und Temperaturabhängigkeit [10].

Beispiel: Es wird gefordert, daß ein bestimmtes Biskuit während der Umschlagszeit weich bleiben muß. Eingangsdaten: $G_0 = 82,2$ g; $X_0 = 11,1\%$; $\varphi_0 = 65,2\%$ aus Sorptionsisotherme, daraus Tr: 50 g; $\varphi_a = 30\%$; $X_{Kr} = 7,5\%$; $\varphi_{Kr} = 51,9\%$.

Bei $\Delta\varphi = 84\%$ wurde bei 23°C gemessen
a) q des Packstoffes 1,5 g/m^{2}d, Wasserdampfdurchlässigkeit der gesamten Packung: 0,11 g/d
b) Wasserdampfdurchlässigkeit der gesamten Packung: gemessen 0,79 g/d. Aus (7): $t_{Kr} = 7,5$ d.

Mit der gewählten Verpackung ist demnach, weil sie nicht dicht genug verschlossen ist, keine ausreichende Umschlagszeit zu erreichen. Der Packstoff selbst, richtig verschlossen, würde eine Umschlagszeit von 54 d erwarten lassen. Dabei wurde die Umgebungsfeuchtigkeit ungewöhnlich niedrig angesetzt. Bei $\varphi_a = 50\%$ ergäben sich 37 bzw. 262 d.

Sauerstoffempfindliche Lebensmittel [12]: Da die Geschwindigkeit der Diffusion des betreffenden Gases durch den Packstoff gleich sein muß der Summe der Geschwindigkeiten der Gasaufnahme durch das Gut und der Geschwindigkeit der Sauerstoffansammlung im Kopfraum bzw. in den Hohlräumen (vgl. Bild 43), ergibt sich bei raschem Konzentrationsausgleich im Füllgut:

$$\frac{P_{O_2} F}{m_G} (p_{aO_2} - p_{iO_2}) = v_2(p_{O_2}) + \frac{V_H}{R_{O_2} T\, m_G} \cdot \frac{dp_{iO_2}}{dt} \quad (8)$$

in die Packung diffundierendes O_2 = O_2-Verbrauch des Füllgutes + O_2-Ansammlung im Kopfraum

Hierin bedeuten: P_{O_2}: Sauerstoffdurchlässigkeit des Packstoffes in Ncm^3/m^{2}d bar; p_{aO_2}: Sauerstoffpartialdruck der Umgebung in mbar; p_{iO_2}:

5.1 Gase und Dämpfe   127

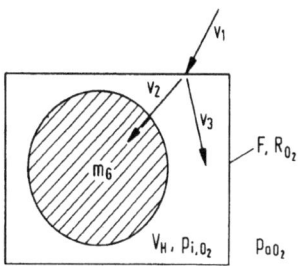

Bild 43. Modell für das Lagerverhalten eines verpackten, sauerstoff-
empfindlichen Lebensmittels
v_1: Geschwindigkeit der Sauerstoffdiffusion durch den Packstoff
v_2: Geschwindigkeit des Sauerstoffverbrauchs des Lebensmittels
v_3: Geschwindigkeit der Sauerstoffansammlung im Hohlraumvolumen.

Sauerstoffpartialdruck im Packungsinnern in mbar; V_H: Hohlraumvolumen in cm^3; F: Packungsfläche in m^2; T: absolute Temperatur in K; R_{O_2}: Gaskonstante des Sauerstoffes kJ/kgK; m_G: Masse des Lebensmittels in g. Löst man (8) nach der zeitlichen Änderung des Sauerstoffpartialdruckes in der Packung auf, so erhält man die Differentialgleichung:

$$\frac{dp_{iO_2}}{dt} = \frac{P_{O_2} F R_{O_2} T (p_{aO_2} - p_{iO_2})}{V_H} - \frac{R_{O_2} T m_G}{V_H} v_2(p_{O_2}) \qquad (9)$$

Zur Lösung dieser Gleichung muß die Sauerstoff-Verbrauchsgeschwindigkeit $v_2 (p_{O_2})$ als Funktion des Sauerstoffpartialdruckes für das betreffende Lebensmittel bekannt sein (µg/gh). Daraus läßt sich der zeitliche Verlauf von p_{iO_2} im Innern und die Haltbarkeitszeit eines verpackten Gutes aufgrund der experimentell bestimmten, charakteristischen sensorischen Toleranzgrenze bestimmen. Die Berechnung ist iterativ mit Hilfe eines Computers möglich.

5.1.3 *Methoden zur Messung der Wasserdampf- und Gasdurchlässigkeit von Packstoffen*

Da die Beschreibung von Meßmethoden nicht Aufgabe dieses Buches ist und zudem eine hervorragende Zusammenstellung der Methoden der Permeationsmessung kürzlich im Fachschrifttum erschien [13], wird nachfolgend mit nur je einem Beispiel über die wichtigsten Meßprinzipien orientiert. Derartige Geräte gehören zur verpackungstechnischen Grundausrüstung eines Betriebes, der wasserdampf- und sauerstoffempfindliche Lebensmittel in Packstoffen bestimmter Durchlässigkeit verpackt. Die gebräuchlichen

Meßvorrichtungen lassen sich unterteilen in Geräte für die Absolutdruckmessung, für eine isostatische und für eine quasi-isostatische Messung.

Die Prüfgeräte für die Absolutdruckmessung beruhen darauf, daß in den beiden Kammern, welche durch den Packstoff getrennt werden, außer dem Meßgas keine anderen Gase vorhanden sind; zwischen beiden Kammern herrscht ein Absolutdruckgefälle. Bei der wohl bekanntesten Ausführung nach Becker [14] trägt die durch den Packstoff wandernde Gasmenge nicht zur Druckerhöhung in der unteren Kammer bei, sondern vergrößert nur deren Volumen. Der Meßbereich wird zu 1 bis 10^4 Ncm^3/m^{2}d bar angegeben. Das Gerät ermöglicht auch mit feuchtem Gas zu messen, weil der Raum zwischen Folie und Hg-Faden sich rascher mit H_2O als mit O_2 füllt, da das Produkt PΔp, welches für die in der Zeiteinheit diffundierte Menge maßgeblich ist, für ersteres höher ist. Dies ist für hydrophile Kunststoffe wichtig.

Bei der isostatischen Meßmethode ist der Gesamtdruck in beiden Kammern gleich, was z.B. erreicht wird, wenn diese mit der Außenatmosphäre im Druckgleichgewicht stehen. Verschieden ist nur der Partialdruck des Meßgases. Die Gase dürfen keine Reaktion mit der Folie eingehen. Der Partialdruck der permeierenden Gase muß bekannt sein. Vertreter dieser Kategorie sind die nach dem Trägerverfahren arbeitenden Wasserdampfdurchlässigkeitsgeräte mit elektrolytischer Zersetzungszelle [6]. Der permeierende Wasserdampf wird dabei in eine solche Zelle eingetragen; der erzeugte Strom ist ein Maß für den Durchgang. Die untere Meßgrenze liegt bei etwa 0,005 g/m^{2}d. Zu dieser Gruppe zählen auch intermittierend arbeitende Betriebsgeräte zur Bestimmung der Wasserdampfdurchlässigkeit mit Hilfe von Sensoren, die vor allem bei hydrophilen Packstoffen allerdings mehr zum raschen Vergleich, ob sich die Durchlässigkeit in bestimmten Intervallen der Fabrikation verändert hat, als zur Absolutmessung geeignet sind [15].

Die quasi-isostatische Meßmethode unterscheidet sich von der vorherigen dadurch, daß mindestens eine der Kammern, zwischen denen die Folie liegt, fest abgeschlossen ist und kein Gesamtdruckausgleich mit der Außenatmosphäre bzw. mit der anderen Kammer besteht. Im Prinzip stellt die wegen ihrer Einfachheit viel angewandte gravimetrische Bestimmung der Wasserdampfdurchlässigkeit nach der Schälchenmethode (DIN 53122) einen solchen Fall dar, wobei die auftretenden Druckdifferenzen sehr klein sind. Der obere Meßbereich liegt, wenn man 10% Fehler zuläßt, bei 250 g/m^{2}d, der untere bei 20°C bei 0,5 - 1 g/m^{2}d.

5.1 Gase und Dämpfe   129

5.1.4 *Messung der Gasdurchlässigkeit ganzer Packungen*

Wasserdampfdurchlässigkeit: Es besteht kein Anlaß, anzunehmen, daß sich die Wasserdampfdichtigkeit einer ganzen Packung von derjenigen des zu ihrer Herstellung verwendeten Packstoffes unterscheidet, wenn die Verschlüsse dicht sind und dieser nicht an mechanisch besonders beanspruchten Stellen (z.B. Ecken) zur Porenbildung neigt. Dies bedeutet, daß man auf die Messung der Wasserdampfdurchlässigkeit einer ganzen Verpackung verzichten kann, wenn man den Nachweis zu führen vermag, daß sich bei der Formgebung und beim Abpacken keine neuen Undichtheiten ergeben. Eine Dichtheitsprüfung läßt sich mit Hilfe einer alkoholischen Rhodaminlösung ausführen (vgl. hierzu Abschn. 5.2). Sie ist leicht durchzuführen und sollte deshalb z.B. nach einer maschinellen Verarbeitung sehr viel häufiger angewandt werden. Bei Behältnissen, deren Aufbau unübersichtlich ist, wie beispielsweise bei Wickeldosen oder auch bei tiefgezogenen Bechern mit unterschiedlicher Wanddickenverteilung und Orientierungseffekten in der Folie [16] (Bild 44), bei einem Verschluß mit Kunststoff- oder Pappdeckel oder bei Kunststoffflaschen, ebenfalls mit ungleichmäßiger Wanddicke, lassen sich keine genauen Werte vorausberechnen. Man kann die Verpackung mit Silicagel füllen und die Gewichtszunahme in einer definierten Atmosphäre wie bei der gravimetrischen Bestimmung der Durchlässigkeit einer Packstoffprobe bestimmen. Die Füllmenge darf dabei aber nicht so groß werden, daß die Wägegenauigkeit nicht mehr ausreicht, um die eindringende Wasserdampfmenge genügend genau erfassen zu können. Auch die bekannten isostatischen Methoden [13] lassen sich häufig solchen Prüffällen anpassen.

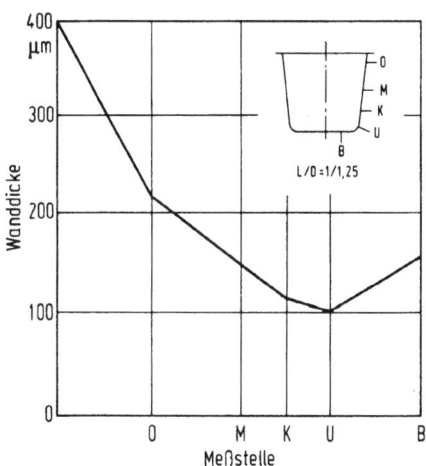

Bild 44. Wanddickenverteilung bei tiefgezogenen Bechern (nach Neitzert).

Sauerstoffdurchlässigkeit: Für die Prüfung der Sauerstoffdurchlässigkeit von Packungen, in denen *keine Poren* zu vermuten sind, gibt es eine Reihe von isostatischen und quasi-isostatischen Meßmethoden, die sich weitgehend an die bei Packstoffen verwendeten anlehnen [17-19]. Dabei konnte beispielsweise festgestellt werden, daß mit Stickstoff gefüllte Beutel aus PETP/Alu/LDPE binnen eines Jahres keinen meßbaren Anstieg der Sauerstoffkonzentration aufwiesen. Bei dem z.Z. am umfassendsten - außer für Folien auch für die verschiedenen Verpackungen einschließlich ihrer Verschlüsse in einem weiten Temperaturbereich - einsetzbaren Geräte, wird die zu untersuchende Verpackung in eine Glasglocke gestellt, welche vorzugsweise mit 100% O_2 gefüllt wird. Durch Bohrungen in der Verpackung läßt man über einen Katalysator ein Gemisch aus 99% N_2 und 1% H_2 strömen. Um den Sauerstoff aus allen Ecken zu verdrängen, ist eine ziemlich lange Einstellzeit bis zum Gleichgewichtszustand erforderlich. Die Sauerstoffdiffusion durch die Verpackung wird im Gasstrom mithilfe eines sauerstoffempfindlichen coulometrischen Detektors (Herschzelle) erfaßt[2]. Die Empfindlichkeitsschwelle der Methode liegt im Bereich 1-20 cm^3/d, die untere Nachweisgrenze der Sensorzelle ist 0,015 $Ncm^3/m^2 d\, bar$, wobei die O_2-Konzentration im Trägergas 0,0042 ppm betrüge [13].

Ein Sonderfall ist die Messung der Sauerstoffdurchlässigkeit von Kunststoffflaschen. Becker [20] wendete dabei den Kunstgriff an, daß er die Flasche nicht mit Stickstoff, sondern mit sauerstofffreiem Wasser füllt. Während im ersten Fall Δp_{O_2} (mbar) = $\Delta V_{O_2} \cdot 1000/V_F$ wäre, ist im zweiten Fall $\Delta p'_{O_2} = \Delta V_{O_2}/V_F \alpha$, wobei V_F den Flascheninhalt in cm^3, V_{O_2} die hineindiffundierende O_2-Menge in cm^3 und α den Löslichkeitskoeffizienten von O_2 in Wasser ($3,1 \cdot 10^{-5}$ $Ncm^3/cm^3 mbar$) bedeuten. Damit wird $\Delta p'_{O_2}/\Delta p_{O_2} = 32,2$, d.h. daß die zweite Methode etwa dreißigmal empfindlicher ist als die erste. Der Druckanstieg des sich im Wasser lösenden Sauerstoffes wird mittels einer Meßelektrode gemessen, die wie ein Polargraph bei der Reduktionsspannung des gelösten Sauerstoffs (0,8 V) arbeitet.

Auf entsprechende Weise läßt sich auch die CO_2-*Durchlässigkeit* von Kunststoffflaschen ermitteln, wobei die Änderung der Leitfähigkeit der Flüssigkeit durch die eingedrungene CO_2-Menge als Analysenmethode dient [21].

---

[2]Herstellen: Pax Tran II der Modern Controls Inc. Minneapolis.

5.1 Gase und Dämpfe   131

In beiden Fällen kann die Dichtigkeit des Verschlusses in die Messung
nicht einbezogen werden.

Bei sauerstoffempfindlichen Lebensmitteln sind die Grenzen zwischen po-
renfreien Packungen und solchen *mit Poren* viel schärfer als bei wasserdampfempfindlichen Lebensmitteln zu ziehen. Da der Einsatz von Gaspak-
kungen mit durchgehenden Poren nutzlos ist, ist das rechtzeitige Aus-
scheiden undichter Packungen ein entscheidendes Anliegen der Abpacker.
Wegen der leichten Durchführbarkeit des Porentestes mit alkoholischer
Rhodaminlösung (Abschn. 5.2) wird man diesen regelmäßig zur Orientierung
anwenden. Zeigt er Poren an, so ist die Packung im allgemeinen unbrauch-
bar. Zeigt er keine Poren an, ist aber im Gegensatz zu Wasserdampf noch
kein eindeutiger Beweis erbracht, daß die Verpackung brauchbar ist.
Dies ist nur wahrscheinlich, sicher deshalb nicht, weil der Rhodamintest Poren kleiner als 5 µm nicht mehr mit Sicherheit anzeigt. Da
sauerstoffempfindliche Güter stets empfindlich gegen Sauerstoffspuren
sind, besonders wenn gleichzeitig auch noch Licht einwirkt, besteht
auch bei einer Inertgaspackung keine Sicherheit auf Brauchbarkeit, wenn
Poren kleiner als 5 µm vorhanden sind, von Vakuumpackungen ganz zu
schweigen (vgl. Tabellen 14 und 15).

Zerstörungsfreie Dichtigkeitsprüfungen: Für pulverförmige gasverpackte
Lebensmittel dient zur Stichprobenprüfung ein stabiles, gasdichtes
Stahlgehäuse, welches bis auf ein geringes Leervolumen durch die gefüllten Faltschachteln ausgefüllt wird. Man evakuiert das Gehäuse,
sperrt die Pumpe ab und beobachtet den Druckanstieg Δp nach ca. 2 min
mittels eines Feindruckmanometers (Bild 45). Dann ergibt sich
$p_t = p_i (1 - \exp(-KRTt/V_L))$. Dabei kann p_i bei großem Volumen der Verpackungen vergleichsweise zum Leerraum V_L im Zeitintervall Δt als
weitgehend konstant angenommen werden. K ist nach der Hagen-Poiseuille-
schen Beziehung $r^4 \pi \Delta p/8\eta x$. Empfindlicher ist eine schlagartige Evaku-
ierung durch Verbinden mit einer evakuierten Kammer, gefolgt vom Ab-

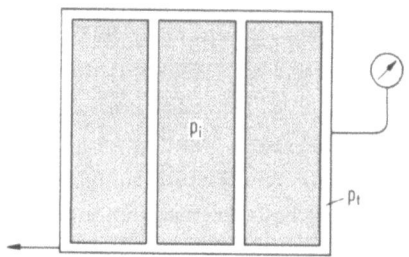

Bild 45. Schema einer Prüfkammer für evakuierte und teilevakuierte
quaderförmige Packungen.

sperren der evakuierten Leitung. Der Druckanstieg erfolgt dann in einem sehr kleinen Außenraum; die Prüfzeit ist sehr kurz. Eine andere Methode der stichprobenartigen Lecksuche besteht darin, daß man in eine Unterdruckkammer Wasser füllt, die Packung einlegt, ein bestimmtes Vakuum einstellt und das Aufsteigen von Blasen beobachtet. Wird der Hüllstoff durch das Eintauchen in Wasser nicht beschädigt, können dichte Packungen wieder dem Vertrieb zugeführt werden [22].

Alle diese Verfahren sind aber strenggenommen nur Notbehelfe, denn durch Stichproben ist ein Fehler nur dann erfaßbar und damit abstellbar, wenn er, z.B. infolge ungenauer Maschineneinstellung, relativ häufig vorkommt. Was man vor allem für teuere und sehr **sauerstoffempfindliche** Füllgüter, bei denen Fehler nur höchst selten vorkommen dürfen, benötigt, sind völlig zerstörungsfreie in-line-Prüfungen (während der Produktion). Beispielsweise kann die Dichtigkeit bestimmter Hohlglasverschlüsse in der Weise geprüft werden, ob sie sich nach dem Abkühlen vom Sterilisieren bzw. Pasteurisieren genügend einziehen. Dementsprechend müßte es möglich sein, auch Beutel eine Unterdruckkammer passieren zu lassen, wobei sie sich aufblähen müssen, wenn sie dicht sind; falls aber dabei der Taster nicht anspricht, sind sie undicht und werden ausgeschieden. Eine Einschränkung in der Anwendung einer solchen Methode dürfte vielfach dadurch begründet sein, daß die Beutel in einem Arbeitsgang in Kartone verpackt werden. Auf diesem Gebiet liegt eine Reihe anderer Vorschläge vor, von denen aber bisher noch keiner eine ausreichende Anwendung gefunden hat. Beispielsweise ist es möglich, eine Packung mit einem Anzeigegas (He, H_2, CO_2) zu füllen und Undichtheiten mittels eines empfindlichen Gasdetektors festzustellen. Bei Vakuumpackungen müßte ein "Härtetester" zum Ziel führen oder man könnte eine Schalldruckanalyse beim Beklopfen oder Fallenlassen der Packung durchführen. Da die letztgenannten Prüfungen aber erst einige Zeit nach dem Füllen Abweichungen erkennen lassen, wird hierdurch gegebenenfalls die Prozeßkontinuität in Mitleidenschaft gezogen. Man wird also, um solche automatische Fabrikationskontrollen für Weichpackungen absolut sicher zu gestalten, noch viel Mühe aufwenden müssen. Zusätzlich ist dabei zu bedenken, daß die Undichtigkeit eventuell erst während des Vertriebs eintritt, z.B. infolge von Abrieb oder durch Ermüdungsbrüche infolge von Vibrationen beim Transport, besonders bei Füllgütern mit scharfen Ecken und Kanten. Das Erkennen solcher nachträglicher Beschädigungen ist für den Käufer bei Vakuumpackungen leichter als bei Inertgaspackungen.

Sonderfall: Verpackung *geschwefelter* Lebensmittel: Trockenfrüchten wird SO_2 zur Inhibierung enzymatischer Bräumungsreaktionen zugegeben. Bei ihrer

5.1 Gase und Dämpfe

Lagerung kann durch Einwirkung von Sauerstoff das Sulfit zu Sulfat oxidiert werden; SO_2 kann aber auch durch die Verpackung nach außen diffundieren oder mit Bestandteilen der Trockenfrüchte reagieren. Durch einen SO_2-dichten Packstoff, eine sauerstoffarme Verpackung und einen kleinen Kopfraum lassen sich diese Veränderungen erheblich verringern. Die Permeationswerte für SO_2 durch Kunststoffe sind partialdruckabhängig und erheblich höher als für O_2; eine Parallelität bei verschiedenen Packstoffen zur O_2- bzw. zur Wasserdampfdurchlässigkeit besteht nicht. Besonders hoch ist das Verhältnis der Durchlässigkeiten SO_2/O_2 bei PC und PVDC-Mischpolymerisat, besonders niedrig bei PVC. Bei 25°C und 75% relativer Feuchtigkeit ergaben sich folgende SO_2-Durchlässigkeiten (in $g(100\ \mu m)/m^2 d\ bar$): LDPE 12700; HDPE 3750; PP 470; PVC 78; PA-11 1430; PETP 132 bei einer SO_2-Konzentration im Kopfraum von < 600 ppm (6 mbar). Die SO_2-Verluste als Folge des eindringenden Sauerstoffes in gefüllten Packungen erweisen sich üblicherweise als doppelt so hoch wie die unmittelbaren SO_2-Verluste durch Permeation [23].

5.1.5 *Riechstoffdurchlässigkeit*

Im Vergleich zur Aussagekraft der Wasserdampf- und Gasdurchlässigkeit bilden das Riechstoffverhalten eines Packstoffes und die Konsequenzen daraus ein viel komplexeres Problem. Dort kann man sich im wesentlichen auf die Beantwortung der Frage beschränken, welche Wasserdampf- bzw. Sauerstoffaufnahme einem Lebensmittel schädlich ist, wobei die Partialdruckdifferenz des Wasserdampfes bzw. des Sauerstoffes und die Durchlässigkeit des Packstoffes die Geschwindigkeit des Vorganges bestimmen. Bei natürlichen Aromen dagegen ist meistens deren genaue Zusammensetzung unbekannt. Der Riechstoff kann zudem den Packstoff anquellen, wodurch sich dessen Durchlässsigkeitswert abhängig von der Zeit ändert. Dabei wird von erheblichem Einfluß sein, ob der Riechstoff die Folie direkt berührt oder der Übergang über den Luftraum erfolgt. Daß die Permeation selektiv ist, wird in Bild 46 in Form der relativen Intensitäten von zehn Massezahlen aus einem Gemisch ätherischer Öle veranschaulicht. Man erkennt daraus, wie sehr die relative Permeation für relevante Aromabruchstücke bei vier Kunststoffen abweicht [24]. Das Ausmaß der Selektivität ist entsprechend dem Löslichkeitsverhalten der Einzelkomponenten auch von unterschiedlicher Temperaturabhängigkeit.

Weiterhin ist von entscheidender Bedeutung, ob es sich um den Aromaverlust eines verpackten Lebensmittels handelt oder um die Wirkung eines Fremdaromas auf ein Lebensmittel. Letzteres ist der in der Praxis häufigere Fall. Im ersten Fall besteht die Frage, welcher Aromaverlust zulässig ist. Wenn man von einigen Gewürzen, Vanillin usw. absieht, ist -

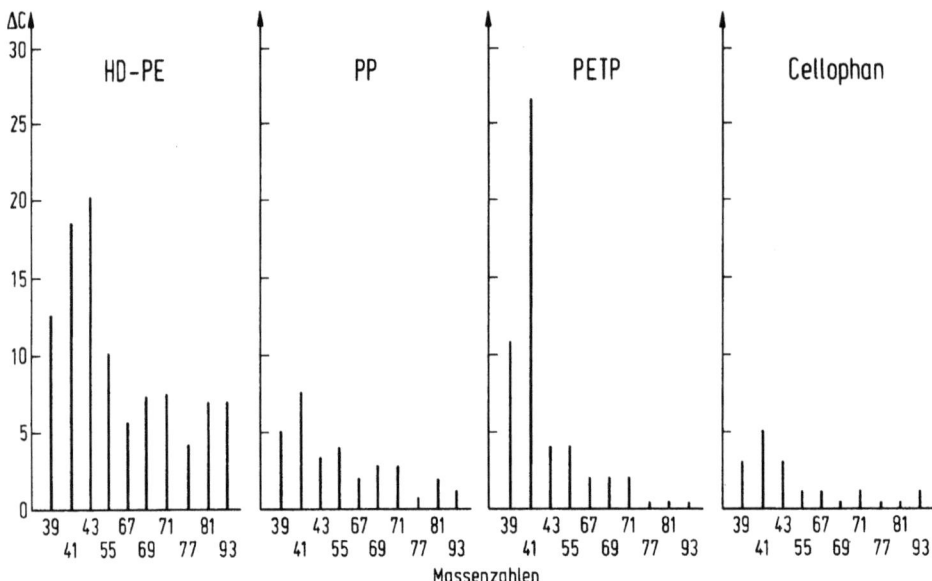

Bild 46. Durchlässigkeit verschiedener Packmaterialien für 10 Aromakomponenten nach 5 d bei 23°C (nach Herrero und Wolf)
(die "Dichtigkeiten" von Cellophan und PP sind verglichen mit denen des Polyäthylens recht günstig, wobei die selektive Permeation gut erkennbar ist.)

man denke an geröstete Kaffeebohnen - der Aromavorrat so hoch, daß erhebliche Mengen an Aromastoffen verloren gehen müßten, bevor man wirklich etwas merkt. Eher ist die sensorische Beeinflussung eines benachbarten Lebensmittels zu befürchten, aber dies ist schon der zweite Fall. Möglich ist eine Aromaverschiebung im Füllgut infolge selektiver Verflüchtigung. Die Geschwindigkeit des Riechstoffverlustes ist andererseits in erster Linie für das Verschwinden von Lösungsmittelgerüchen wichtig.

Während beim Aromaverlust eines Lebensmittels durch einen Packstoff dieses mit ihm in unmittelbarer Berührung steht, ist dies beim Fremdaromeneinfluß nicht der Fall. Welches Fremdaroma während des Umschlags einwirken könnte, ist im allgemeinen unbekannt. Der Dampfdruck des Fremdaromas an der Packstoffoberfläche ist immer kleiner als der, den ein stark riechendes Füllgut abgibt. Ob das Fremdaroma sich schädlich auswirkt, hängt davon ab, wie hoch dessen Löslichkeit im Lebensmittel ist, wie die sensorische Toleranzgrenze für dieses im Füllgut gelöste Aroma ist, ob also das Füllgut selbst maskiert, weiterhin davon, ob sich das Fremdaroma in diesem gleichmäßig verteilen kann (Verdünnungseffekt) oder

5.1 Gase und Dämpfe
135

ob es sich - z.B. bei manchen kompakten Lebensmitteln - ausschließlich in einer dünnen Oberflächenschicht konzentriert.

Schließlich ist auch noch daran zu denken, daß Aromen durch den Packstoff absorbiert werden können. Hat das Lebensmittel ein zartes Aroma (z.B. Tee), oder liegt das Aroma im Füllgut in stark verdünnter Form vor (z.B. in Fruchtsaftgetränken), dann könnte dessen Aromaspitze durch einen Kunststoff während der Lagerung "weggefangen" werden, und zwar in Kunststoffflaschen stärker als in dünnen Beschichtungen. Bei Orangenaromen und bei Pfefferminzöl wurde eine erhebliche Löslichkeit in PE [25] festgestellt. Bei Lösungsmitteln ist anzunehmen, daß sie durch einen Kunststoff absorbiert werden und während der Lagerung langsam in das Lebensmittel desorbieren oder auch, daß ein im Füllgut enthaltenes ätherisches Öl die Packstoffkaschierung zum Delaminieren bringt. In besonderem Maße können Zitrussäfte und Senf deren Haftfestigkeit beeinflussen.

Angesichts der komplexen Problematik ist verständlich, daß die ursprüngliche Tendenz, den Transport eines spezifischen Riechstoffes durch einen Packstoff zur Kennzeichnung zu verwenden, wenig aussagekräftig war. Wenn man auch zwischenzeitlich die Meßverfahren erheblich verbessert hat, muß man sich aber im klaren darüber sein, daß sich dadurch zwar die eine oder andere Gesetzmäßigkeit ableiten ließ, man aber nur wenig der Beantwortung der praktischen Frage näherkam, ob ein Packstoff mit bestimmten Sperreigenschaften ein spezifisches Füllgut gegen sensorisch störende Veränderungen durch Diffusion und Löslichkeit von Aromen genügend lange schützt oder nicht.

Wenn man reine Substanzen oder Gemische aus ihnen permeieren läßt, kann man für diese - z.B. für verwendete Lösungsmittel - eine praktisch brauchbare Aussage machen. Man kann darüber hinaus durch systematische Auswahl von Substanzen eine Art von "Durchlässigkeitsprofil" erreichen, beispielsweise durch parallele Prüfungen mit Essigsäureäthylester, Essigsäureisoamylester, Benzoldehyd, Zimtaldehyd, Äthylvanillin, d-Limonen, Trimethylamin. Wenn man auf diese Weise erfährt, welche Substanz langsam und welche schnell durch einen Packstoff permeiert, kann dies zu einer gewissen Eignungsabschätzung des Packstoffes führen.

Meßverfahren: Mittels Einfügung der Gaschromatographie in eine quasi-isostatische Meßmethode kann man nicht nur dem Lösungsmittelverbleib beim Tiefdruck nachgehen, sondern z.Z. bis zu einer Nachweisgrenze von 10^{-10} g/m²h Einzelkomponenten eines Aromas feststellen [26]. Die Frage ist nur, ob dieser hohe Aufwand für eine Permeationsprüfung, die für die praktische Qualitätsaussage wenig bringt, lohnt. Die Gaschromatographie wurde auch zum Nachweis der Riechstoffadsorption in Kunststoffen verwendet, und zwar war es auf diese Weise möglich, mit Hilfe der sogenannten time lag-Methode nach Barrer [4] Diffusionskonstanten und Löslichkeiten einiger Lösungsmittel mit höheren Dampfdrücken in Polyolefinen und in PVC zu bestimmen. Damit wird auch die Ursache des Delaminierens wie auch in einem bestimmten Meßbereich das Wegfangen von Riechstoffen durch Kunststoffe meßbar [27].

Die sogenannte Witzbach-Aktivierung wurde zum Nachweis des zeitlichen Verlaufs der Permeation definierter Aromastoffe eingesetzt [28]. Aus Bild 47 erkennt man, welche Rolle Anlauf- und Quellvorgänge dabei spielen können. Aus Tabelle 16 läßt sich zusätzlich erkennen, daß die Über-

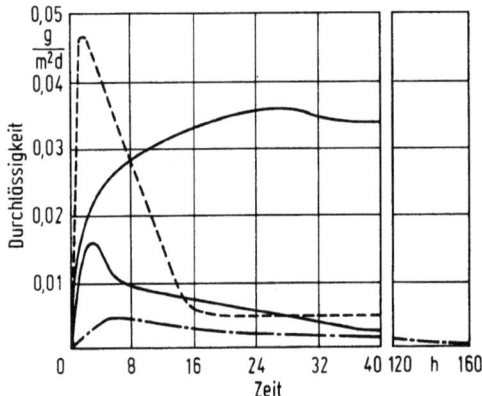

Bild 47. Anlaufvorgänge der Aromadurchlässigkeit von Hostaphan für
——— Zimtaldehyd
----- Eucalyptol
..... Diphenylmethan
-·-·- Menthol
(nach [28]).

einstimmung der permeierten Menge mit der sensorisch feststellbaren "Durchschlagszeit" zum Teil nicht befriedigend ist (vgl. vor allem die mit Pfeilen versehenen Stellen). Bekannt ist, daß die Durchschlagszeit gasförmiger Stoffe mit dem Quadrat der Packstoffdicke ansteigt.

Als der Praxis angepaßter Prüffall bleibt also nur die sensorische Methode, die den Vorteil hat, für ein Originalfüllgut feststellen zu können, ob ein Packstoff dafür gut oder schlecht geeignet ist [29]. Verwendet wird hierbei ein Riechraum mit definiertem Volumen, welcher in be-

5.1 Gase und Dämpfe

Tabelle 16. Aromadurchlässigkeit von Kunststoff-Folien (nach Hoffmann et al.)

Art der Folie 40 μm	Vanillin		Zimtaldehyd		
	q	T	q	t	T
PETP	$6,8 \cdot 10^{-6}$	> 6 Mo	0,034	2 d	--
PE niedrige Dichte	$2,4 \cdot 10^{-3}$	1 Mo	0,8	40 d	10'
PE hoher Dichte ungereckt	$7,1 \cdot 10^{-4}$	5 h	0,8	88 d	"
PE hoher Dichte gereckt	$5 \cdot 10^{-4}$	6 h	0,51	4 d	"
PP ungereckt	$4,5 \cdot 10^{-5}$	2 Mo	$8 \cdot 10^{-3}$	1 h	1 d
PP gereckt	$2,8 \cdot 10^{-6}$	> 4 Mo	$4,3 \cdot 10^{-3}$	40 h	3 d
Zelluloseacetat	$3,9 \cdot 10^{-6}$	> 4 Mo	0,33	3 d	--
PVC	$5,2 \cdot 10^{-6}$	> 3 Mo	0,078	50'	--

q: Permeationsgeschwindigkeit (g/m²d für 40 μm);
t: Zeit bis Beginn der stationären Permeation,
T: Zeit bis zur ersten Geruchswahrnehmung

stimmten Zeiträumen abgeschnüffelt wird. Versuche mit und ohne Berührung sind durch Umdrehen des Gefäßes möglich [30]. Das Urteil wird aufgrund einer fünfstufigen Intensitätsskala abgegeben.

Für die Prüfung eines Lebensmittels gegen nicht voraussehbare Fremdaromen gibt es natürgemäß keine Meßmethode. Höchstens kann man sich an Tabellen, welche die Durchlässigkeit von Folien für die unterschiedlichsten Aromastoffe klassifizieren, allgemein orientieren [31]. Zur Prüfung voraussehbarer Fremdgeruchseinwirkungen läßt sich dagegen die vorbesprochene Meßmethode unter Annahme einer bestimmten Intensität und Einwirkungsdauer des Fremdaromas entsprechend modifizieren und dadurch die Auswirkung auf ein verpacktes Lebensmittel zumindest abschätzen [29].

5.2 Flüssigkeitsdurchlässigkeit

Im Zusammenhang mit der Zunahme der Flüssigkeitspackungen unter Verwendung von Kunststoffbeschichtungen kommt deren Freiheit von Poren sowie von Porenrissen an Knick- und Heißsiegelstellen eine erhöhte Bedeutung zu. Die Verhältnisse beim Austritt einer Flüssigkeit durch eine Pore sind aus Bild 48 zu entnehmen [32].

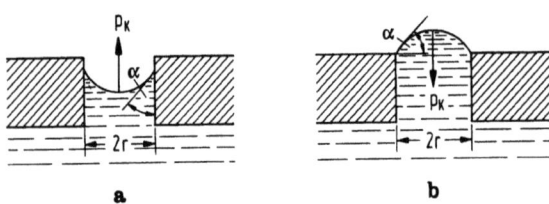

Bild 48. Kapillardruck p_K beim Auspressen einer Flüssigkeit aus einer Pore (nach Becker)
a) Flüssigkeit noch nicht ausgetreten; (wenn α < 90° ist, tritt Flüssigkeit infolge der Wirkung von p_K von selbst in die Pore ein)
b) Flüssigkeit beginnt eben den Porenrand zu überwandern. (Der Krümmungsradius der Kugelkalotte erreicht dabei sein Minimum) [33].
r: Porenradius, α: Benetzungswinkel fest/flüssig
σ: Oberflächenspannung der Flüssigkeit.

Beim minimalen Krümmungsradius ergibt sich demnach der maximale Kapillardruck, der das Tröpfchen wieder in die Pore zurücktreiben will zu:

$$p_{K(max)} = \frac{2\sigma \sin\alpha}{r} . \qquad (10)$$

Dieser Kapillardruck muß mindestens durch den Prüfdruck überwunden werden, wenn eine Prüfflüssigkeit ausgedrückt werden soll.

Ist umgekehrt ein bestimmter Auspreßdruck gegeben (z.B. durch eine bestimmte Flüssigkeits-Standhöhe in der Packung), so errechnet sich der kleinste Porenradius, der noch nachgewiesen werden kann, zu:

$$r_{min} = \frac{2\sigma \sin\alpha}{p_K} .$$

Sollen kleine Poren ohne allzu hohen Druck nachweisbar sein, so erfordert dies kleine Werte von α und besonders von σ. Alle Packstoffe werden gut benetzt durch Äthylalkohol, Petroleum, Terpentinöl. Hierbei ist α < 1 d.h. sinα < 0,017. (Wasser σ = 72,5; Spinat 45; Alkohol 22 mN/m) Beispiel: σ = 50 mN/m, α = 45°, r = 5 µm; daraus ergibt sich

$$p_{K(max)} = \frac{2 \cdot 50 \cdot 0,707}{5 \cdot 10^{-6}} = 14,1 \cdot 10^6 \text{ mPa} = 141 \text{ mbar}.$$

Wegen der Verschiedenheit der Grenzflächenspannungen ergeben unterschiedliche Packstoffe für die gleiche benetzende Flüssigkeit nicht den glei-

5.2 Flüssigkeitsdurchlässigkeit

chen Randwinkel, so daß sich für eine Pore mit r = 5 μm folgendes errechnet:

	α	σ	p_K in mbar
LDPE	78°	72,5	290
PVC	40°	"	245
Aluminium	9°	"	59

Verwendet man dagegen an Stelle von Wasser, Petroleum, so ergäbe sich für LDPE, p_K nur zu 2,7 mbar. Dies macht verständlich, weshalb ein Faß wohl wasserdicht sein kann, deshalb aber noch nicht petroleumdicht sein muß. Darauf baut der alkoholische Rhodamintest auf. Die Durchlässigkeitsmessung von Poren mit Hilfe gut benetzender Flüssigkeiten ist zur praktischen Prüfung der Flüssigkeits- wie auch der Gasdichtigkeit von Folien gleichermaßen gut geeignet[3]. Sie hat ebenso wie das Verfahren, in der Packung einen inneren Überdruck gegen die Umgebung einzustellen und Undichtigkeitsstellen durch Gasbläschen nach Eintauchen in Wasser zu markieren, den Vorteil, daß damit eine Positionserkennung der undichten Stelle verbunden ist.

In Ergänzung zu diesen Gesetzmäßigkeiten ist noch in Betracht zu ziehen, daß hydrophile Packstoffe unter dem Einfluß von Wasser quellen, wodurch sich Porenradien verändern, sowie, daß bei einer quellenden Außenlage (z.B. Karton) der zum Eindringen nötige Kapillardruck einer gut benetzenden Flüssigkeit durch den weit höheren kapillaren Zug feinster Fasern in der Pore unterstützt wird. Ein zusätzlicher Druck ist dann nicht mehr nötig. Bei guter Benetzung wird dabei die Viskosität der Testflüssigkeit und damit auch die Temperatur sowie die Packstoffdicke bestimmend für die Durchschlagszeit.

Die praktische Begrenzung der Zuverlässigkeit dieses Verfahrens liegt weniger darin, daß in hydrophoben Folien Poren < 5 μm kaum mehr nachweisbar sind, sondern darin, daß solche Fehlstellen bei Flüssigkeiten nur sehr selten vorkommen dürfen, weil sie großen Schaden hervorrufen können. Deshalb müßten sehr große Flächen bzw. eine hohe Probenzahl untersucht und gegebenenfalls die Randbeschnitte verworfen werden. Dies gilt auch für Gaspackungen. Ähnliche Überlegungen gelten für die Porenprüfung zur Eignungsprüfung für die Verpackung von Speisefetten. Fett besteht aus flüssigen und kristallinen Anteilen [33]; nur erstere können einen Packstoff durchdringen. Wenn man von Wachspapieren und Kunst-

---

[3] Sog. Fox-check-Farbkontrast der Fa. Hahn & Kolb, Stuttgart, Nr. 1305 a/6.

stoffen absieht, erfolgt der Fetttransport durch Poren. Bei engen Poren und gut benetzenden Flüssigkeiten ergeben sich hohe Werte des kapillaren Zuges. Die Zeitdauer bis zum Durchschlag hängt wesentlich von der Viskosität ab. Aber auch das poröse Netzwerk der Fettkristalle bildet ein Kapillarsystem, welches bezüglich des Aufsaugens des Öls mit dem Kapillarsystem des Papiers in Wettbewerb steht. Jedenfalls wäre es quantitativ nicht aussagekräftig, ein natürliches Fett durch eine flüssige Prüfsubstanz zu ersetzen. Darauf beruht ein Konventionstest unter Verwendung von Palmkernfett (DIN 53116, Sept. 1974), durch welchen die Zahl der Durchschläge z.B. durch Pergamentpapier nach bestimmten Zeiten bei einem definierten Anpreßdruck ausgezählt wird. Es handelt sich dabei um einen Vergleichstest zur Kontrolle der Papiererzeugung. Eine Aussage, ob z.B. ein bestimmtes Papier für Winter- oder Sommerbutter bestimmter Provenienz geeignet ist, läßt sich damit nicht machen. In ähnlicher Weise erfolgt die Messung des Fettdurchtritts durch Wachspapiere, wobei allerdings der Fettdurchtritt nicht ausschließlich vom Vorhandensein von Poren abhängt [34].

Ohne Poren: Zur Beschreibung der Diffusion von Speiseöl durch Polyolefine hat Becker die Diffusionskonstante ermittelt und Robinson das Rechenergebnis mit der experimentell bestimmten Durchschlagszeit verglichen [35]: Die Lösung der Differentialgleichung für den nichtstationären Stofftransport ergibt die Beziehung: (c_S: Sättigungskonzentration, d: Foliendicke)

$$\frac{\ln c_S - c}{c_S} = \ln \frac{8}{\pi^2} - \frac{\pi^2}{d^2} D t \qquad (11)$$

D für PE niedriger Dichte $2,6 \cdot 10^{-10}$ cm²/s bei 30°C,
D für PE hoher Dichte $7,6 \cdot 10^{-10}$ cm²/s bei 50°C.

Daraus ergeben sich die "Durchölzeiten"; Kunststoffe mit polaren Gruppen (PA, PETP, PVC) oder mit relativ hoher Kristallinität (PP und HDPE) sind wenig öldurchlässig.

5.3 Lichtdurchlässigkeit von Packstoffen

Licht kann bei allen lichtempfindlichen Lebensmitteln wie Milch, Mayonnaise, Butter, Margarine usw. bei gleichzeitiger Anwesenheit von Sauerstoff die dominierende Verderbsursache sein.

Maßgeblich für solche lichtinduzierte Qualitätsverluste ist die je Zeit- und Flächeneinheit des Gutes auftreffende Anzahl von Lichtquanten und

5.3 Lichtdurchlässigkeit von Packstoffen

deren Energieverteilung. Für das Ausmaß der Veränderungen spielt eine Rolle:
- Die Intensität der Lichtquelle und deren spektrale Strahlenflußverteilung.
- Die zeitliche Verteilung einwirkender Lichtintensitäten kann dann stark schwanken, wenn das Lebensmittel dem Außenlicht ausgesetzt wird, wenn z.B. Kartoffelchips im Freien verkauft werden oder Waren im Schaufenster liegen.
- Was wird davon durch die Verpackung zurückgehalten und was erreicht die Füllgutoberfläche?
- Was wird davon wiederum durch das Füllgut absorbiert?
- Was wird davon und durch welchen Wellenlängenbereich chemisch umgesetzt und wie wirkt sich dies hinsichtlich des Nähr- und Wirkstoffgehaltes oder sensorisch aus?
- Welche Intensität ist für eine absorbierte Wellenlänge nach einer bestimmten Lagerzeit für ein spezifisches Füllgut kritisch?

Bezüglich der Bestimmung der relativen spektralen Empfindlichkeit, der absoluten Bestrahlungsstärke und auch der Quantenstromdichte aus einem gemessenen Photostrom muß auf Spezialliteratur verwiesen werden [36]. Die Messung der Beleuchtungsstärke in Lux stellt im Gegensatz dazu nichts als eine grobe Orientierung dar, da das Photoelement hierbei der Helligkeitsempfindung des menschlichen Auges angepaßt ist.

Die Transmission einer bestimmten Wellenlänge durch einen Packstoff ist durch die Beziehung $Tr_p = I/I_0$, wobei I in $J/s\ cm^2$ die transmittierte Intensität und I_0 die Intensität ohne Probe im Strahlengang bei Verwendung einer Ulbrichtschen Kugel bedeutet. Die Messung der Strahlendurchlässigkeit von Buttereinwicklern wird in der DIN 10050, Blatt 9 beschrieben. Sie ist auch für andere Packstoffe anwendbar.

Will man die tatsächliche von einem verpackten Lebensmittel absorbierte Lichtenergie wissen, so muß man außer dem Transmissionsvermögen des Packstoffes noch wissen:
- Die eingestrahlte Lichtenergie E in J/cm^2,
- das Remissionsvermögen des Packstoffes, d.h. den reflektierten Anteil R_p, und
- das Remissionsvermögen des verpackten Gutes R_L.

Infolge von Zwischenreflexionen ergibt sich gemäß Bild 49 folgendes:

$$(I_{Gut})_{absorb} = (I - I_1) + (I_2 - I_3) \ldots.$$
(Konvergierende geometrische Reihe).

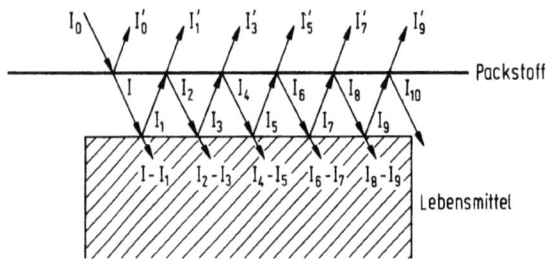

Bild 49. Zur Berechnung des vom Lebensmittel absorbierten Lichtanteils (s. Text) (nach Becker).

Daraus errechnet sich

$$I_{abs} = I_0 T_p \frac{1 - R_L}{1 - R_L R_p} \text{ in J/s cm}^2 \qquad (12)$$

und die vom Lebensmittel/Flächeneinheit absorbierte Lichtenergie [37]

$$E_{abs} = \int_0^t I_{abs(t)} \cdot dt = I_{abs} \, t = I_0 T_p \frac{1 - R_L}{1 - R_L R_p} t \text{ in J/cm}^2. \qquad (13)$$

Wegen der Abhängigkeit der Lichtempfindlichkeit von der Wellenlänge oder der spektralen Energieverteilung des einfallenden Lichtes muß die absorbierte Intensität wellenlängenabhängig angegeben werden, d.h. man gliedert den Bereich 700 - 300 nm mittels Filter in möglichst viele schmale Wellenlängenbereiche auf, wodurch alle Lichtquanten einen annähernd gleichen Energieinhalt haben. Einzelheiten der Berechnung müssen dem Original entnommen werden [37].

In Bild 50 ist der mit (12) errechnete Korrekturfaktor angegeben, mit dessen Hilfe man aus der absoluten spektralen Intensitätsverteilung am Ort des Packstückes gemäß Bild 51, in die gewünschte spektrale Verteilung der vom Lebensmittel absorbierten Lichtleistung umrechnen kann. Als Beispiel ist dies in Bild 52 mit den aus den Bildern 50 und 51 entnommenen Werten geschehen. Integriert man nach (13) über die Bestrahlungszeit, so erhält man damit die absolute spektrale Verteilung der vom Lebensmittel absorbierten *Lichtenergie*.

Da die Kenntnis der wellenlängenabhängigen Lichtempfindlichkeit von Lebensmitteln noch bei weitem nicht so fortgeschritten ist, wie die ihrer Empfindlichkeit gegen Wasserdampf, wird bei der Festlegung der für ein Lebensmittel zulässigen Lichtdurchlässigkeit einer Verpackung leider noch weitgehend empirisch vorgegangen (vgl. Abschn. 6.3).

5.4 Packmittel und Insekten

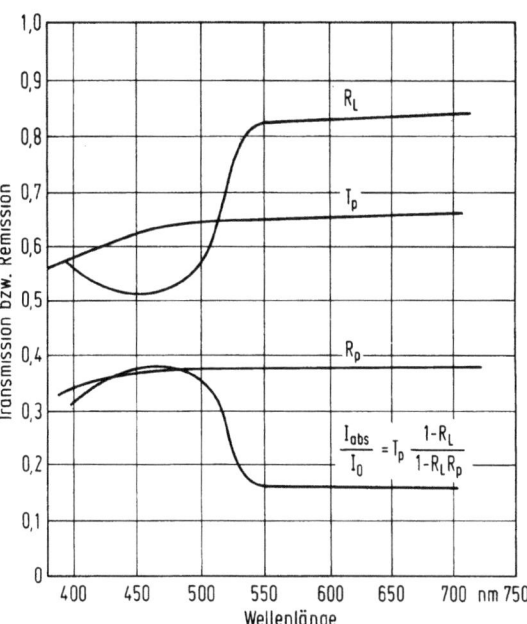

Bild 50. Remissions- und Transmissionsvermögen eines Buttereinwicklers aus Echtpergament (R_p, T_p), Remissionsvermögen einer frischen Molkereibutter (R_L) und der hieraus nach Gl. (12) errechnete Korrekturfaktor $T_p \dfrac{1-R_L}{1-R_L R_p}$ (nach Becker).

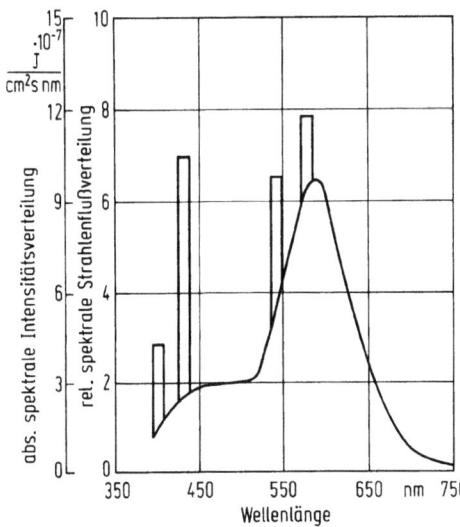

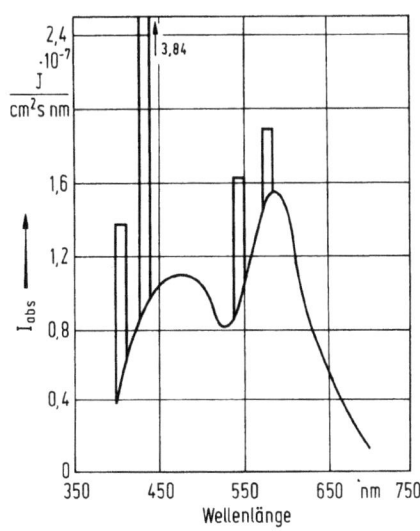

Bild 51. Relative spektrale Strahlenflußverteilung einer Leuchtstoffröhre Philips "Weiß", mit einer zweiten Ordinatenteilung für die absolute spektrale Intensitätsverteilung für ein beleuchtetes Packstück bei einer angenommenen eingestrahlten Gesamtintensität von $1,5 \cdot 10^{-4}$ J/s cm^2 zwischen 400 und 700 nm (nach Becker).

Bild 52. Von Molkereibutter absorbierte Lichtintensität J_{abs} berechnet nach Gl. (12) mit den aus den Bildern 50 und 51 entnommenen Werten (nach Becker).

5.4 Packmittel und Insekten

Die Grundfrage in diesem Zusammenhang ist, wann gegen Insektenbefall verpackungsmäßig etwas geschehen muß, da es ein statistisches Problem ist, ob ein genügendes Angebot an Eindringlingen vorhanden ist, und gleichzeitig die Umschlagszeit kürzer ist, als die Zeit, welche der Entwicklungszyklus vom Ei bis zur Larve bzw. zum geschlechtsreifen Tier und das Eindringen in die Packung erfordern. Die Wahrscheinlichkeit hierfür ist um so höher, je mehr sich die Außentemperatur der Temperatur nähert, bei welcher die Generationszeit besonders kurz wird. Zwar können in beheizten Fabriken und Küchen erhöhte Temperaturen herrschen, doch nicht so hoch wie in den Tropen und Subtropen. Deshalb wird man vor allem beim Export von Nahrungsgütern aus feuchtwarmen Ländern und eventuell auch beim Import in diese, entsprechende Vorsorge zu treffen haben, zumal in diesen Ländern auch das Angebot an Schädlingsarten besonders hoch ist. Wenn man voraussetzt, daß das Lebensmittel im Augenblick des Verpackens schädlingsfrei war, wird man auch in unserem Klima vor allem bei lange haltbaren Güter dafür sorgen, den Zutritt von Schädlingen zu erschweren; die verpackungsmäßigen Anforderungen werden aber hierfür von vornherein weniger streng sein als im ersten Fall.

Die Eindringwahrscheinlichkeit hängt im übrigen von folgenden Faktoren ab:

Art der Schadinsekten : Wenn auch die Mehrzahl Cerealien bevorzugt, mag es davon auch Abweichungen geben; auch die Temperaturoptima sind unterschiedlich. Ein Teil davon sind *Bohrer*, z.B. Rhyzopertha dominica, Stegobium paniceum Tribolium castaneum, Plodia interpunctella (vor allem als Larven) [38,39], für wärmere Länder werden auch genannt: Lasioderma serricorne, Tenebroides mauritanicus (Larven), Trogoderma glabrum und Corcyra cephalonica [40]. Andere Arten sind weitgehend auf bestehende Öffnungen angewiesen, z.B. Tribolium confusum, Jacquelin du Val, Cryptolesarten, Oryzaephilus surinamensis, O. mercato. In dieser Kategorie sind Motten und Milben in unseren Breiten besonders häufige Schadinsekten [39,40].

Art der Verpackung: Absolut dicht sind nur Metalldosen und Gläser. Davon abgesehen besteht kein Zweifel, daß bei *Bohrern* eine größere Dicke des Packstoffes die Penetrationszeit verzögert und die Zahl erfolg-

5.4 Packmittel und Insekten

reicher Arten verringert. Daß hierbei die Geruchsdurchlässigkeit des Packstoffes eine Rolle spielt, ist nicht unmöglich, denn bestimmte Schadinsekten bevorzugen bestimmte Lebensmittel. Andererseits sind die in unserem Klima besonders gefährdeten Lebensmittel vielfach für Menschen ziemlich geruchlos (Getreideprodukte, Kartoffeltrockenerzeugnisse, Teigwaren, Nüsse). Vermutlich verringert die Oberflächenglätte und die Härte des Packstoffes die Intensität des Angriffs. Sehr glatte Packstoffoberflächen bieten auch weniger Möglichkeiten zum "Abstemmen" (foothold) und zum Einnisten. Vor allem PETP (50 µm) aber auch PP (30 µm) erwiesen sich als weit widerstandsfähiger als LDPE, Zellglas oder PS (50 µm). Ungerecktes opakes weichmacherfreies PVC (60 µm) scheint ziemlich stabil selbst gegen Rhizopertha domenica zu sein [39]. Aluminiumfolie mit einer größeren Dicke als 30 µm ist ziemlich - wenn auch unter tropischen Bedingungen nicht völlig - insektendicht. Aluminium-Kunststoff-Kombinationen sind noch sicherer, insbesondere, wenn ein glatter und harter Kunststoff den Insekten zugewandt ist (z.B. PETP 12 µm/Alu 9 µm/LDPE 70 µm) [41]. Es würde jedoch im Hinblick auf die Seltenheit solcher Schäden viel zu teuer sein, grundsätzlich insektendichte Packstoffe zu verwenden. Dies ist auch der Grund, weshalb es auf diesem Gebiet nur wenig Forschungsarbeiten gibt. Im allgemeinen wird man innerhalb der gemäßigten Klimazone bei der Packstoffauswahl auf Dichtigkeit gegen Bohrer als maßgebliche Forderung verzichten dürfen, weil ein Befall von außen weniger die Regel bildet. Wesentlich wichtiger ist hier die Bekämpfung des Auftretens und Verschleppens von Vorratsschädlingen (z.B. von der Rohwaren- zur Fertigwarenseite) in Betrieben [39], d.h. das Sauberhalten des Füllgutes.

Der Schädlingsbefall durch *Invasion* erfolgt durch kleine Öffnungen, z.B. durch Poren, durch Haarrisse an Knickstellen oder an Heißsiegelstellen von Weichpackungen, vor allem in Schachtelecken und an Faltverschlüssen, in den Hohlräumen von Wellpappen, an Fehlstellen im Leimauftrag an den Längsnähten von Papiersäcken, in Sackohren und an Nähverschlüssen von Säcken. Mottenweibchen legen mit Vorliebe ihre Eier in die Nähe von Rissen in der Packung; den eben geschlüpften, etwa 100 µm dicken Mottenlarven gelingt dann leicht ein Eindringen in die Packung. Der Bereich von Knick- und Faltstellen ist insofern immer besonders gefährdet, als die Insekten dort bevorzugt Schutz suchen. Selbst im ausgewachsenen Stadium sind viele Schädlinge nicht sehr groß - durchschnittlich 1,5 - 5 mm lang und 0,5 - 1,5 mm dick.

Abhilfemaßnahmen: Der Befall durch Invasoren könnte weitgehend in Wegfall kommen, wenn einschlägige Spezifikationen beim Herstellen und Verschließen von Verpackungen eingehalten, die Porenfreiheit planmäßig kontrolliert und mechanische Beschädigungen während des Umschlags vermieden werden. Hier ist in erster Linie der Hebel anzusetzen. Beispielsweise konnte man die Gefährdung von Trockengütern durch Milben und Motten mittels Anwendung eines Luftdichtigkeitstestes an den Faltschachteln ganz erheblich vermindern. Gegen Invasoren bildet ein "Labyrinth", das sich von selbst dadurch ergibt, daß man zwei Hüllen an verschiedenen Stellen verschließt, vergleichsweise zur einlagigen Packung einen merklich erhöhten Schutz.

Beschichtung: Vor allem zur Vermeidung der Schäden durch Bohrer wurde in den USA, also in einem größtenteils wesentlich wärmeren Klima, eine Beschichtung (Dispersion, Überdrucklack) mit einem Gemisch aus Pyrethrene mit etwas Piperonylbutoxid als Synergisten für die Außenbeschichtung von Säcken für wasserarme Lebensmittel genehmigt. Gleichzeitig muß natürlich die Packung porenfrei sein, da in der Pore kein Schutz bestünde [42,43]. Um ungeachtet der geringen Toxizität dieses Insektizids eine Migration in das Lebensmittel auch für die Dauer eines Jahres gering zu halten, muß die Innenschicht des Kombinationspackstoffes möglichst dampfdicht sein. (Nach 12 Monaten Penetration 0,3 ppm bei 5 mg Piperonylbutoxid auf 10 dm^2 Außenfläche.) Bewährt hat sich diesbezüglich eine Schmelzkleberkaschierung von imprägniertem Kraftpapier mit PVDC, während die Durchlässigkeit einer LDPE-Schicht auf Papier zu hoch wäre. Für Beutel für Trockensuppen und für Kakao hat sich die Kombination Pergamin 40 g/m^2/Kaschierkleber 11 g/m^2/Al 9 µm/Ionomer 23 g/m^2 bei 22-35°C 6 Monate lang gegen die wichtigsten Bohrer als widerstandsfähig erwiesen, wenn der Kaschierkleber mit einer Kombination von Pyrethrium mit dem Synergisten Piperonlybutoxid (200-400 mg/m^2, davon 10% Pyrethrium) versehen wurde. Nach 12 Monaten konnte diese im Gut analytisch nicht erfaßt werden. Die Pergaminschicht schützt das Ionomer vor einer meßbaren Absorption des Insektizids durch Berührung in der straff gewickelten Rolle.

Lebensmittelhygiene: In besonderem Maße bei Lebensmitteln, die aus tropischen Entwicklungsländern stammen, ist die Gefahr groß, daß das Lebensmittel schon im Freiland, jedenfalls aber vor der Verpackung infiziert war (beispielsweise Nüsse, Mandeln, Datteln, Feigen, Rosinen). Dann kommt eine insektendichte Verpackung zu spät. Bei cow peas - einem wichtigen Nahrungsmittel für den ärmeren Bevölkerungsteil in afrikani-

5.4 Packmittel und Insekten

schen Entwicklungsländern - welche dort unverpackt an den Märkten feilgeboten werden, ist häufig ein Drittel des Volumens im Augenblick des Verkaufs bereits weggefressen, was vom Käufer als unvermeidlich toleriert wird. Bei der Mehrzahl der Getreidearten und Leguminosen erfolgt der Hauptverlust zwischen Acker und Vertrieb. Dies ist deshalb keine Frage der Verpackung [41,44]. Darüber, wie die Freiheit des Inhalts von Insekteneiern und -larven zu erreichen ist, gibt eine umfassende Literatur [41,45] Auskunft. Auch in hochindustrialisierten Ländern muß man mit einem epidemischen Befall von Gebäuden und Maschinen rechnen. Zur Vermeidung einer Neuinfizierung der Lebensmittel muß also die Ungezieferbekämpfung hier beginnen.

Die Lebensmittelhygiene ist mit einer entsprechenden *Verpackungshygiene* zu koppeln: Zusätzlich zur Vermeidung von Ungeziefer im Lebensmittel vor dem Verpacken, wird man die Packmaterialien, z.B. gebrauchte Jutesäcke vor dem Abfüllen sorgfältig reinigen, begasen oder erhitzen sowie Vorsorge treffen, daß Papiersäcke, -beutel und Wellpappeschachteln, welche Schädlingen Unterschlupf bieten könnten, in sauberen Räumen lagern. Durch Ausgasen oder durch ein zugelassenes Insektenvernichtungsmittel und Abpacken unter hygienischen Bedingungen lassen sich alle Wachstumsstadien der Schadinsekten ausschalten.

Die *Desinfektion* von Lebensmitteln *nach dem Verpacken* ist dafür kein vollwertiger Ersatz, aber manchmal nicht zu umgehen. Je nach dem vorliegenden Fall kommt zur Anwendung [45]:
- Ausgasen in Kammern, z.B. mittels Methylbromid oder Phosphin. Trockenobst-Einzelpackungen wird oft in der Verpackungsstraße ein flüssiges Räuchermittel (Äthylformiat) zugeführt. Phosphinerzeugende Tabletten dienen zur Schädlingsbekämpfung in Säcken für Erdnüsse. Das Problem ist gelegentlich, daß zwar die Lethaldosis für Insekten aufrechterhalten werden muß, andererseits aber die toxikologisch unbedenkliche Konzentration eines solchen Fremdstoffes im Produkt nicht überschritten werden darf. Vor allem dessen Absorption durch stark fetthaltige Lebensmittel wird man in Betracht ziehen müssen.
- Sauerstofffreie Verpackung unter Verwendung hochgasdichter Packstoffe, vorzugsweise mit CO_2-Füllung, da CO_2 eine zusätzliche toxische Wirkung auf Schadinsekten ausübt; (z.B. zur Verpackung von Cashew-Nüssen).
- Erhitzung der Packungen auf > 58°C; einheimische Vorratsschädlinge erleiden schon bei 35°C Hitzeschäden.
- Lagerung bei Temperaturen unter 10-15°C, bei Milben unter 5°C, da dann Kältestarre auftritt. Bei -1 bis -2°C ist binnen eines Monats eine Abtötung zu erwarten.

- Besonders gegen die Vermehrung von Milben: niedriger Wassergehalt des verpackten wasserarmen Lebensmittels (Gleichgewichtsfeuchtigkeit niedriger als 50-60%).
- Bestrahlung mit energiereichen Strahlen (200-500 Gy) zur Bekämpfung der Schädlingsvermehrung, sofern dies in dem betreffenden Land erlaubt ist.

Vorbeugungsmaßnahmen, welche chemische Bekämpfungsverfahren vermeiden oder einschränken, dürften zunehmend an Bedeutung gewinnen.

5.5 Mikroorganismen-Einflüsse

Von sterilen Lebensmitteln abgesehen, ist die Vermeidung des mikrobiologischen Verderbs nicht primär eine verpackungstechnische, sondern eine hygienische Aufgabe, wobei vielfach die Aufrechterhaltung der Kühlkette eine entscheidende Rolle spielt. Die Verpackung übt dabei jedoch eine Hilfsfunktion aus, weshalb auf einen kurzen Überblick über die wichtigsten Einflußgrößen nicht verzichtet werden kann.

Außer der Einteilung der Lebensmittel in sterile und solche mit einem natürlichen Gehalt an kolonienbildenden Einheiten lassen sich auch die Packmittel in solche, welche unmittelbar nach ihrer Verarbeitung keimfrei und solche, welche zu diesem Zeitpunkt keimhaltig sind, unterscheiden. Schließlich ist noch zu bedenken, daß in wasserarmen und in tiefgefrorenen Lebensmitteln bei entsprechender Lagerung keine Keimvermehrung stattfindet, so daß der Keimgehalt des Packmittels hierbei von vornherein nur von sekundärer Bedeutung ist.

5.5.1 *Unsterile Lebensmittel*

Keimgehalt: Frischfleisch, Fleischsalat, Obst und Gemüse besitzen, wenn sie in die Verpackung gelangen, einen hohen Gehalt an kolonienbildenden Einheiten - Fleisch beispielsweise 10^4-10^5/cm^2 -, so daß hier das übliche Ausmaß des Keimbefalls der Verpackung sekundär ist (vergleichsweise: Fasergußschalen z.B. 3 Keime/cm^2, Polystyrolschalen für Fleisch weniger als 1 Keim/cm^2). Dies gilt in gewissem Umfang auch noch für pasteurisierte Milch (im Jahresmittel etwa 10^4 Keime/cm^3, also Gesamtkeimzahl einer 1/2-1-Packung $5 \cdot 10^6$): Die coliformen Bakterien werden durch das vorherige Pasteurisieren abgetötet, können jedoch in gewissem Umfang durch Nachinfektionen wieder auftreten.

Schwierigkeiten könnten sich jedoch bei wasserhaltigen Speisefetten durch das Wachstum von Schimmelpilzen in Verpackungsfalten, welche be-

5.5 Mikroorganismen-Einflüsse

günstigt durch Temperaturschwankungen als "feuchte Kammern" wirken, ergeben. Die Gefährdung durch Bakterien, Hefen und Schimmelpilze wird hierbei durch eine hygienische, automatisierte Herstellung herabgesetzt, wobei die Emulsion, aus welcher das wasserhaltige Speisefett besteht, in Form von kleinsten Tröpfchen (3-12 µm) erzeugt wird; die Zellteilung wird hierbei durch die Wasserverteilung bzw. die Größe der Wasserphasentröpfchen limitiert. Durch enganliegende Packmittel von geringer Sauerstoffdurchlässigkeit wird zudem das Wachstum von Schimmelpilzen weitgehend vermieden. Es kann aber erneut erfolgen, wenn mit wasserhaltigen Speisefetten gefüllte Becher mit Stülpdeckel und Kopfraum beim Transport barometrischen Druckschwankungen sowie durch Erschütterungen verursachten elastischen Verformungen ausgesetzt sind, falls der umgebende Versandkarton innen stark mit Schimmelpilzsporen infiziert ist.

Einfluß des Packmittels: Wasserhaltige Fette bilden wohl das hervorstechendste Beispiel für ein keimhaltiges Lebensmittel, das unter besonderen Bedingungen durch die Einwirkung des damit in Berührung stehenden Packmittels, das kolonienbildende Einheiten trägt, in der Haltbarkeit gefährdet werden könnte. Bei Sauermilchgetränken sind Infektionen von Packmitteln durch Hefen und Schimmelpilze gefürchtet. Kunststoffbecher sind nach dem Spritzgießen, Kunststoffflaschen nach dem Blasen, Gläser nach dem Schmelzofen, Aluminiumband nach dem Weichglühen zunächst steril. Dagegen werden bei der Herstellung von Packstoffen auf Zellstoffbasis hitzeresistente, nicht pathogene Sporen der Gattung Bacillus sowie saprophytische Mikrokokken nicht abgetötet, wohl aber mit Sicherheit alle gramnegativen Bakterien, darunter die üblichen coliformen Arten [46]. Der Gehalt kolonienbildender Einheiten aller Packmittel wird während der Verarbeitung und auf dem Wege zum Verkauf erhöht, wahrscheinlich im Mittel im Sommer stärker als im Winter.

Als eine der Infektionsquellen durch Schimmelpilzsporen, Bakteriensporen und grampositive Bakterien wirkt die Raumluft; staubbeladene Raumluft kann besonders dann eine besondere Rolle spielen, wenn Kunststoffe elektrostatisch aufgeladen sind. Dabei ist allerdings nicht immer damit zu rechnen, daß die vorherrschende Art der Infektion auch für das betreffende Lebensmittel verderbserregend ist. Beispielsweise würden bei Wein nur bestimmte Arten von Lactobazillen und Hefen stören, bei Essig Essigbakterien. Bedenklicher schon ist die Berührung von Packungsinnenflächen mit Händen wegen der Gefahr der Übertragung coliformer Bakterien und Staphylococcen. Infektionen können auch beim Bedrucken (Wischwasser) und bei der Lagerung von Folienrollen auf dem Fußboden oder in der Nähe von Infektionsherden (z.B. Schneidemaschinen für Brot) erfolgen. Feuchte Lagerung von Papier ist besonders bedenklich. Die Infektionsgefahr des Füllgutes durch Verarbeitungsschritte, z.B. bei Schnittbrot durch Messeröle, bei Wurst durch Schneidemesser - generell durch ungereinigte oder durch schlecht zu reinigende Maschinenteile - dürfte üblicherweise sämtliche übrigen Infektionsmöglichkeiten an Bedeutung weit überschreiten [47]. Immerhin benötigt man aber Methoden zur Nachprüfung des Gehalts der Packmittel an kolonienbildenden Einheiten vor dem Abfüllen mikrobiologisch empfindlicher Füllgüter [48]. Untersuchungen über den Befall von 250 Packstoffen in 16 Brotfabriken ergaben folgenden Keimbefall je dm^2 [47]:

	Mittelwert	Maximum
Wachspapier	6,2	50
Zellglas	1,4	7
LDPE	2,1	10
PP	2,0	7
PVC	1,7	-
PVC-Schrumpffolie	4,9	21
Aluminiumfolie	11,8	> 30

Man findet in der Literatur aber auch andere Werte [49], wonach Aluminiumfolie praktisch keimfrei war, so daß diese Angaben lediglich eine Orientierung über die Größenordnung einer möglichen Infektion vermitteln.

Ungelöst ist die Entscheidung der Frage, welchen Keimgehalt man je dm^2 Packstoffoberfläche *zulassen* darf. Zweifellos spielt dabei eine Rolle, ob der Packstoff mit einem feuchten Füllgut direkt in Berührung kommt oder nicht, wenngleich auch der bei der Verarbeitung von Packstoffen entstehende Schnittstaub - beispielsweise in Pappe-Versandschachteln - auch ohne unmittelbare Berührung eine unzulässige Nachinfektion auslösen kann. Geringere Ansprüche sind beim Verpacken von Lebensmitteln mit einem pH-Wert unter 4,6 zu stellen, sowie von Lebensmitteln mit einer Gleichgewichtsfeuchtigkeit ≲ 70%. Doch ist diese allein nicht ausschlaggebend, sondern auch der Nährboden als solcher, wie man beim Vergleich der mikrobiellen Gefährdung einer Brotkruste mit der einer Brotkrume erkennen kann, die im Übergangsgebiet annähernd dieselbe Gleichgewichtsfeuchtigkeit aufweisen. Bei einer hohen Anfangskeimzahl wie bei Fleisch oder Gewürzen einen keimfreien Packstoff zu verwenden, wäre sicher sinnlos. Niemand kann andererseits den Beweis erbringen, daß ein bestimmter Keimgehalt des Packmittels für die Haltbarkeit und

5.5 Mikroorganismen-Einflüsse

hygienische Beschaffenheit eines verpackten keimhaltigen Lebensmittels die Grenze des Tragbaren vorstellt. Bei einer solchen Situation versucht man deshalb die Verhältnismäßigkeit zu wahren, d.h. sich mit dem in der Praxis unter Aufrechterhaltung zumutbarer hygienischer Bedingungen Erreichbaren zu begnügen, dies aber unter Kontrolle zu halten. Im großen und ganzen scheinen dies für vorverpackte Lebensmittel 10 bis maximal 50 Keime je dm^2 Packmittel zu sein [50]. Bei vielen Kunststoffpackungen lassen sich jedoch ohne Schwierigkeiten im Mittel 2 Keime/dm^2 erreichen. Bei Butter werden besonders strenge Anforderungen gestellt (im überarbeiteten DIN-Entwurf 10082, 6 Bakterien und Hefen sowie 2 Schimmelpilze je dm^2); Enterobacteriaceen auf Packstoffen werden prinzipiell nicht toleriert. Ein führender Hersteller von Speisefett betrachtet bei Anlieferung im Abnehmerbetrieb, für Einwickler eine Oberflächenkeimzahl von bis zu 10 Bakterien und Hefen und bis zu 4 Schimmelpilzen je dm^2 als gut; höhere Werte werden beanstandet. Bei Schalen, Bechern und Deckeln werden auf Platecount- und Malzextraktagar bei Verwendung der Wischermethode je bis zu 10 Bakterien, Hefen und Schimmelpilze je Einheit noch als gut angesehen [51]. Dies sind aber alles nur Konventionswerte. Immer wird man Folienrollen, Becher, Deckel und Kartonagen so verpacken, daß sie vor äußeren Verunreinigungen beim Umschlag weitgehend geschützt sind.

Zusatzverfahren: Bei unsterilen Lebensmitteln, die nicht durch Trocknen oder Gefrieren mikrobiologisch haltbar gemacht wurden, werden gelegentlich sich spezifisch verpackungstechnisch auswirkende Zusatzverfahren eingesetzt, um ihre Lagerfähigkeit zu erhöhen. Die Auswirkung des Schimmelpilzbefalls von Toastbrot, Kuchen u.dgl. wird durch eine Verpackung in inerten Gasen, vorteilhafterweise in CO_2 oder in Gemischen von CO_2 und N_2, unterdrückt. Durch Wahl einer sauerstoffdichten Verpackung darf dabei üblicherweise während der Lagerung die Sauerstoffkonzentration 1% keinesfalls überschreiten [52], doch bestehen diesbezüglich offenbar Gutsabhängigkeiten, die aber noch nicht genauer untersucht sind. Vakuumverpackungen verhindern praktisch nur das Wachstum von Schimmelpilzen. Selektive Wachstumsstörungen von bakteriellen Verderbserregern durch eine Kombination von sauerstoffdichter Verpackung, CO_2-Anreicherung und Kaltlagertemperaturen werden bei den sogenannten "Reifebeuteln" für Fleisch herbeigeführt.

Der Einsatz von Einwicklern mit Konservierungsmitteln darf zum Verpacken von Lebensmitteln [53] nur vorgenommen werden, wenn das Konservierungsmittel nicht auf das Lebensmittel übergehen kann. Erlaubt ist jedoch die

Verwendung z.B. mit Diphenyl imprägnierter Einwickler zum Schutz von Citrusfrüchten gegen Schimmelpilze mit dem Hinweis, daß die Schale nicht für den Genuß geeignet ist. Für rasch verderbliche Grundnahrungsmittel sind Konservierungsstoffe ohnedies nicht erlaubt; dort, wo sie unter Deklarationszwang zugelassen sind, würde sich der Schutz nur auf die mit dem imprägnierten Einwickler in unmittelbarem Kontakt stehenden Oberflächenschicht kompakter Lebensmittel erstrecken. Beispielsweise bei Käsestücken wäre dies nur von geringem Wert, weil auch die im Haushalt zugefügten Schnittstellen im Kühlschrank anschimmeln. Im europäischen Ausland ist jedoch teilweise bei Schnittkäsen die Imprägnierung der Zwischenlagepapiere zugelassen.

5.5.2 *Sterile Lebensmittel*

Der grundlegende Unterschied zur vorherigen Gruppe besteht darin, daß jeder auf der Verpackung verbleibende lebende Keim, falls das Füllgut dafür einen geeigneten Nährboden vorstellt, zum Verderb führen kann.

Den Übergang zu den sterilen Lebensmitteln bilden pasteurisierte, saure Lebensmittel, in denen sämtliche Keime außer den Bakeriensporen abgetötet sind, welche aber in diesem Milieu nicht wachsen können. Dazu gehört beispielsweise das Heißabfüllen von Obstsäften, wobei alles abgetötet wird, was sauren Produkten schaden könnte. Glasflaschen werden beim Abkühlprozeß mit 1-2 Luftkeimen je dm^2 infiziert. Werden sie in Versandschachteln ausgeliefert, so können diese durch Abrieb und Schnittstaub zu einer Infektionsquelle werden, insbesondere wenn solche Pappen mehrmals verwendet und zwischenzeitlich naß werden. Wird die Flasche vor dem Abfüllen nicht mehr erneut gewaschen, dann ist es möglich, daß der "F-Wert" des sich an der Flaschenwand abegekühlten Inhalts[*] bei ungenügender Haltezeit nicht mehr ausreicht, um eine Verschimmelung während der Lagerung zu vermeiden. Dies gilt auch für Marmeladegläser. Auch bei zu sterilisierenden Lebensmitteln wird man durch Hygienemaßnahmen den Anfangskeimgehalt gering halten (z.B. bei Schnittbrot). Packungen mit Trockenfrüchten von Eßqualität (d.h. z.B. Pflaumen und Feigen mit höherem Wassergehalt) werden nach dem Evakuieren und Verschließen hitzebehandelt, wodurch nicht nur das Vergären verhütet wird, sondern auch die Entwicklungsstadien von Insekten abgetötet werden. Ausgesprochen empfindlich gegen Fremdinfektionen, wobei auch das Packmittel einzubeziehen ist, sind naturgemäß kaltsterilisierte Obstsäfte.

---

[*] F-Wert ist ein sinnvolles Vielfaches der Dezimalreduktionszeit (Abtötung um ein Zehntel des wichtigsten Verderbserregers für das jeweilige Füllgut bei der verwendeten Erhitzungstemperatur.)

5.5 Mikroorganismen-Einflüsse

Hoch-Kurz-Erhitzung: Nimmt man an, daß pasteurisierte Milch 1 Bakterienspore/cm^3 enthält [54] und führt man mit ihr eine thermische Keimredukton um 7-8 Zehnerpotenzen durch, dann würde im Mittel eine Spore in 10000-100000 l Milch übrigbleiben können. Falls eine Ausfallquote von 1°/₀₀ tolerierbar erscheint, könnte im Mittel eine Reklamation bei einer 1-l-Packung unter 1000 Packungen bzw. einer 0,5-l-Packung unter 2000 Packungen auftreten. Nimmt man an, daß 10 Keime in einem leeren Halbliterkarton einen wahrscheinlichen Mittelwert bilden, so braucht man, um hierfür die gleiche Sicherheit von 1°/₀₀ zu erreichen, eine Keimabsenkung von etwa $2 \cdot 10^4$. Mit einer Keimreduktion der Verpackung um 10^6 erziehlt man also in jedem Fall eine genügende Sicherheit, ja ein "Unsterilitätsrisiko" unter 0,1°/₀₀.[5] Um eine ausreichende Keimabsenkung des Packmittels in der Taktzeit schnellaufender Maschinen für das Abpacken einer sterilen Flüssigkeit zu erreichen, benötigt man z.B. eine 30%ige Wasserstoffperoxidlösung bei 80°C in Form eines H_2O_2-Bades, worauf der H_2O_2-Film mit einem Luftrakel entfernt oder aber abgedampft wird [55-57]. Niedriger ist die eingebrachte H_2O_2-Menge, wenn man die Wasserstoffperoxidlösung auf das Innere eines Packmittels aufsprüht oder H_2O_2-Dampf einbläst, der auf der Verpackungsinnenwand in Tröpfchen kondensiert und das H_2O_2 in einem geschlossenen System mittels Heißluft oder IR abdampft [58]. Durch UVC-Bestrahlung war in Laborversuchen bei einer Strahlungsdichte von 30 mJ/s cm^2 eine Keimabtötung um 4 Zehnerpotenzen in 0,3 s bei Bact. subtilis-Sporen und in 1 s bei Penicillium frequentans-Konidien erreichbar [59]. Über die relativ strahlenresistenten Mikrokokken liegen noch keine entsprechenden Erfahrungen vor. Außer von der Mikroorganismenart hängt die Keimabtötungsrate bei gegebener Bestrahlungsstärke von der Oberflächenbeschaffenheit der bestrahlten Probe, vom Alter der Mikroorganismenzellen und vor allem vom Verstaubungsgrad der Oberfläche ab. Bei stark verstaubten Bechern erwies sich die Wirkung einer UV-Entkeimung als gering, sodaß vorher eine Entstaubung nötig wäre. Da diese in der Praxis schwierig zu realisieren ist, sollte man jede Verstaubung von vornherein vermeiden. Bei der UV-Bestrahlung von Aspergillus niger-Konidien in Polystyrolbechern erfolgte selbst nach 16 s Bestrahlungsdauer nur eine Abtötung auf etwa 10% des Anfangskeimgehalts [60]. Im Prinzip wird man eine Kombination beider Verfahren in Betracht ziehen, um auf diese Weise die störende hohe Behandlungstemperatur mit H_2O_2 senken oder die Taktzahl erhöhen zu

---

[5] Das aseptische Abpacken steriler Flüssigkeiten hat vor allem den Vorteil einer qualitätsschonenden Hochtemperatur-Sterilisierung und - durch Wegfall der thermischen Belastung einer Nachsterilisierung - die Verwendbarkeit preiswerterer Verpackungen. Großpackungen lassen sich auf andere Weise nur schwer sterilisieren.

können; es könnte sich aber als günstig erweisen, dabei ein Abrackeln der Oberfläche z.B. mittels Wasserstrahl vorzuschalten.

Nachinfektion nach dem Sterilisieren: Jede Pore im Packmittel, welche den Durchmesser einer gefährdenden Mikroorganismenzelle überschreitet, kann theoretisch den Verderb durch Nachinfektion ermöglichen. Diese Verderbsursache läßt sich bei Vakuumverpackungen für Schnittkäse und für Rohwurst beobachten, wenn der Kunststoff eine Pore aufweist. Sterilpackungen sind dadurch gefährdet, daß bei infiziertem Kühlwasser Keime durch Undichtheiten der Packung in das Innere gelangen könnten. Die beim sogenannten Biotest [61] wegen ihrer Beweglichkeit verwendete Gattung Enterobacter aerogenes hat einen Durchmesser von 0,4 µm. Für die Wahrscheinlichkeit einer Außeninfektion durch eine Pore im Packmittel mit einem Durchmesser von 1-10 µm ist maßgeblich, ob dieser Keim auf die Pore trifft und ob in der Packung ein ausreichender Unterdruck herrscht, um ihn hineinzuziehen. Möglich ist aber auch, daß die Packung zwar eine Pore aufweist, diese aber mit angetrocknetem Füllgut ausgefüllt ist. Wichtig ist das Chloren des Kühlwassers, jedoch werden bei den hierfür üblichen Konzentrationen Sporen nicht abgetötet. Trotzdem wurde die Gefahr, daß eine Clostridium botulinum Spore auf diese Weise in eine Dose gelangt, nur zu $2 \cdot 10^{-6} - 2 \cdot 10^{-7}$ errechnet [62]. Beim Sterilisieren von Lebensmitteln wurden trotz Flüssigkeitsberührung diese auch durch Poren von 33-160 µm Durchmesser nicht immer infiziert. Ob sich dies ereignet, ist nach dem Vorhergesagten eine Frage der Stärke der Infektion des Kühlwassers, sowie wie hoch beim Kühlen der Unterdruck in der Packung wird. Ein merklicher Unterdruck ergibt sich, wenn die Fülltemperatur vor dem Verschließen höher liegt als die Füllguttemperatur am Ende des Kühlens oder wenn sehr schroff abgeschreckt wird. Sollte aber in der Pore ein Luftbläschen sein, dann muß der Kapillardruck $P_K = 2\sigma \cos\alpha/r$ überwunden werden, um das Kühlwasser durch die Pore nach innen zu treiben, also der Unterdruck größer sein. Falls das Kühlwasser infiziert ist, sind selbst Weißblechdosenverschlüsse gefährdet, insbesondere an der Stelle, an der Seiten- und Deckelnaht ineinander übergehen.

Verschmutzte Siegelnähte bei Weichpackungen oder bei halbstarren Behältern bilden naturgemäß immer eine Infektionsquelle. Außer einer laufenden sorgfältigen Kontrolle der Siegelnähte, z.B. durch einen Rhodamintest, ist nach dem Kühlen z.B. von sterilisierten Beuteln wichtig, daß sie sehr rasch abgetrocknet werden, weil aus den vorgenannten Gründen vor allem eine naße Oberfläche eine Infektionsquelle bildet. Barometrische Schwankungen können sich bei stückigem Gut stärker auswirken als bei pastösen Füllungen, welche keine Hohlräume bilden. Falls also im Autoklaven keine Nachinfektion erfolgte, ist die Gefahr einer Nachinfektion einer vor dem Berühren abgetrockneten Packung auch dann verschwindend gering, wenn die Packung Poren bis zu 100 µm Durchmesser aufweisen sollte [63]. Immerhin sollte mit Weichpackungen und Leichtbehältern vorsichtig manipuliert werden; üblicherweise werden sie durch Falteinschläge aus Pappe vor mechanischen Einflüssen geschützt [63].

Es gibt noch keine zerstörungsfreie Betriebsprüfung für die Bakteriendichtigkeit einer Packung. Die Beachtung bestimmter Grundregeln: Genaue Inspektion jeder Packung [64] und stichprobenweise Bebrütung mit dem Biotest ist alles, was man unter Betriebsbedingungen durchführen kann. Wenn dies mit aller Sorgfalt geschieht, benötigt man bei sterilisierten Fertiggerichten keine Quarantäne von 2-3 Wochen bei 20°C, welche ohnedies nur die gasbildenden und nicht z.B. die säurebildenden Bakterien erfaßt [63].

Literatur zu Kapitel 5

1 Buchner, N. (ILV): Theorie der Gasdurchlässigkeit von Kunststoff-Folien. Kunstst. 49 (1959) 401-406
2 Becker, K. (ILV): Die Gasdurchlässigkeit von Kunststoffen VDI Z. (1968) 110, 271-274
3 Becker, K.: Angaben in den Jahresberichten des ILV (1965) 36; (1966) 72; (1967) 45; (1969) 49; (1971) 48
4 Barrer, R. M.: Diffusion in and trough solids. Cambridge: University Press 1941, 401-422
5 König, U.; Schuch, H.: Konstitution und Permeabilität von Kunststoffen. Kunstst. 67 (1977) Nr.1, 27-31
6 Becker, K.; Heiss, R. (ILV): Wasserdampfdurchlässigkeit einiger Packstoffe bei tiefen und höheren Temperaturen. Verpack.-Rdsch. 21 (1970) TWB 75-79
7 Becker, K. (ILV): Probleme des Feuchtigkeitsschutzes mit Kunststoff-Folien. Verpack.-Rdsch. 30 (1979) TWB 25-28
8 Becker, K. (ILV): Die Wasserdampfdurchlässigkeit offener Poren oder anderer offener Fehlstellen in Verpackungen. Verpack.-Rdsch. 30 (1979) TWB 87-89
9 Becker, K.: Die Wirkung von Undichtigkeiten bei Vakuum- und Schutzgaspackungen. Mitteilungen des ILV (1975) 119-121
10 Heiss, R. (ILV): Haltbarkeit und Sorptionsverhalten wasserarmer Lebensmittel. Berlin, Heidelberg, New York: Springer 1968, 30
11 Becker, K.: Ein einfaches Näherungsverfahren zur Berechnung der Haltbarkeitszeit eines wasserempfindlichen Gutes in einer nicht wasserdampfdichten Verpackung. Mitteilungen des ILV 1974 (12) 216-219
12 Herlitze, W.; Becker, K.; Heiss, R. (ILV): Berechnung einer Kunststoffverpackung für sauerstoffempfindliche Lebensmittel. Verpack.-Rdsch. 24 (1973) TWB 51-55
13 Linowitzki, V.: Methoden der Permeationsmessungen an Kunststoff-Folien. Verpack.-Rdsch. 29 (1978) TWB 65-71
14 Becker, K. (ILV): Ein verbessertes Gerät zum Bestimmen der Durchlässigkeit von Kunststoff-Folien für trockene und feuchte Gase. Kunstst. 54 (1964) H. 3, 155-159. Vgl. auch DIN 53380
15 Becker, K. (ILV); Linowitzki, V.; Lözsch, K.; Walter, L.: Meßmethoden zum Erfassen geringster Wasserdampfdurchgangsraten durch Kunststoff-Folien. Kunstst. 61 (1971) 825-828

16 Herrero, F. M.: Einfluß des Tiefziehens von Kunststoff-Folien auf deren Wasserdampfdichtigkeit. Fette, Seifen, Anstrichm. (1974) 469-471
17 Buchner, N.: (ILV) Die Messung der Gasdurchlässigkeit von Packungen aus Kunststoffen und Kunststoff-Kombinationen. Verpack.-Rdsch. 12 (1961) TWB 25-29, 33-38
18 Buchner, N.: Messungen zur Gasdichtigkeit von Weichpackungen. Verpack.-Rdsch. 20 (1969) TWB 25-29
19 Schotte, K.: Messung der Gasdurchlässigkeit tiefgezogener Mulden aus Kunststoff- und Verbundfolien. Verpack.-Rdsch. 23 (1972) TWB 41-43
20 Becker, K. (ILV): Bestimmung der Gasdurchlässigkeit von Kunststoff-Flaschen. 1. Mitteilung: Messung der Sauerstoff-Durchlässigkeit. Verpack.-Rdsch. 20 (1969) TWB 51-56
21 Becker, K. (ILV): Bestimmung der Gasdurchlässigkeit von Kunststoff-Flaschen. 2. Mitteilung: Messung der Kohlendioxid-Durchlässigkeit Verpack.-Rdsch. 22 (1971) TWB 57-60
22 Merkblatt Nr. 29 des ILV: Prüfung auf Poren in Lackschichten auf Aluminiumfolien und dünnen Bändern. Verpack.-Rdsch. 27 (1976) TWB 93 und Nr. 32: Prüfung auf Poren in Kunststoff, Wachs- oder Hotmeltschichten auf Papier und Karton. Verpack.-Rdsch. 29 (1978) TWB 40
23 Davies, E. G.; Mc. Bean, D. Mac. G.; Rooney, M. L.: Packaging foods that contain sulfurdioxide. Food Res. Quart. 35 (1975) 57-62
24 Herrero F. M.; Wolf, F. V.: Das Massenspektrometer als universeller Detektor bei Permeationsmessungen von Gasen und Dämpfen. Vorträge beim 2. Internationalen Verpackungskongress des ILV in München 1976, 43
25 Flück, H.: Permeabilität und Sorption von Plastikbehältern. Deutsche Apothekenzeitschr. 107 (1967) 69-78
26 Niebergall, H.; Homeid, A.; Blöche, W.: Die Aromadurchlässigkeit von Verpackungsfolien und ihre Bestimmung mit einer neu entwickelten Meßapparatur. Lebensm.-Wiss. u. -Technol. 11 (1978) 1-10; vgl. auch 12 (1979) 88-94
27 Becker, K.: Permeation und Löslichkeit von Aromastoffen in Kunststoffen. Jahresberichte des ILV (1974) 47; (1975) 43; (1976) 40
28 Hoffmann, W.; Krämer, H.; Linowitzki, V.: Messung der Aromadurchlässigkeit von Kunststoff-Folien mit Hilfe radioaktiv markierter Substanzen. Chemie-Ing. Tech. 37 (1965) 34-38
29 Heiss, R.; Robinson, L. (ILV): Orientierende Vergleichsversuche über die Aromadurchlässigkeit von Packstoffen und ihre Eignung für Lebensmittel. Verpack.-Rdsch. 15 (1964) TWB 1-7
30 Merkblatt 16 des ILV: Sensorische Methode für die Prüfung der Riechstoffdurchlässigkeit von Packstoffen. Verpack.-Rdsch. 24 (1973) TWB 32-33
31 Ofert van der Veer und Feberwee: Durchlässigkeit von Verpackungsfolien für Aromaverbindungen. Fortschrittsberichte des VDI, Reihe 3 (1970) Nr. 32
32 Becker, K. (ILV): Der Nachweis undichter Stellen in Packstoffen und Verpackungen und ihr Einfluß auf die Gas- und Wasserdampfdurchlässigkeit. Verpack.-Rdsch. 16 (1965) TWB 93-99
33 Riedel, L.: Kalorimetrische Untersuchungen über das Schmelzverhalten von Fetten. Fette u. Seifen 57 (1955) 771
34 Merkblatt 27 des ILV: Prüfung von wachs- und hotmeltbeschichteten Packstoffen auf Fettdurchtritt. Verpack.-Rdsch. 27 (1976) TWB 69-70
35 Robinson, L; Becker, K. (ILV): Untersuchungen über das Verhalten von Polyolefinen in Berührung mit Speiseöl. Kunstst. 55 (1965) 233-239
36 Becker, K. (ILV): Die Messung von Bestrahlungsstärke und Quantenstromdichte bei Belichtungsversuchen sowie der Strahlendurchlässigkeit von Packstoffen. Vortrag gehalten beim Symposium: Licht, Farbe und Lebensmittel am 30.1.1978 in Oslo-Vollebekk

37 Becker, K. (ILV): Über die Bestimmung der von verpackten Lebensmitteln absorbierten Lichtenergie bei Belichtungsversuchen. Verpack.-Rdsch. 11 (1960) TWB 73-78
38 v. Schelhorn - Lubieniecki, M. (ILV): Verpackungen aus Papier, Karton, Folien und Geweben als Schutz für Nahrungsmittel vor Insekten. Verpack.-Rdsch. 7 (1956) TWB 5-9
39 Wohlgemuth, R.: Protection of stored foodstuffs against insect infestation by packaging. Chemistry and Industry (1979) Nr. 10, 330-334 und Schmidt, H.-U.: Vergleichende Untersuchungen über Methoden zur Prüfung der mechanischen Widerstandsfähigkeit von Packstoffen gegen Insektenfraß. Verpack.-Rdsch. 30 (1979) TWB 53-57
40 Highland, H. A.: Protection of packaged foods from insects. Food Process Engineering Congress, Boston 1976
41 Wohlgemuth, R.: Wachsamkeit ist oberstes Gebot. Süßw. 23 (1979) 30-33. Schmidt, H.-U. und Bauder, U.: Insektendichtes Verpacken. Gordian 80 (1980) 70-77
42 Highland, H. A.: Insect-resistand textile bags: new construction and treatment techniques. USDA Tech. Bull. (1975) 1511
43 Highland, H. A.; Cline, L. D.; Simonaitis, R. A.: Insect resistant pouches made from laminates treated whith synergisted pyrethrins. J. of Econ. 70 (1977) 483-485
44 Majumder, S. K.: Packaging and protection against insects in tropical and sub-tropical areas, in Heiss, R. (ILV): Principles of food packaging. Heusenstamm. Keppler 1970, 255-269
45 Highland, H. A.; Melts, C.E.: US Dep. Agric. Agric. Res. Service Rep. ARS 1970 m 51-36
New, J. H.: Verpackung und Schadinsektenbekämpfung. Verpack.-Rdsch. 28 (1977) 803-808
46 Tanner, F. W.: Paperboard and paper food containers - an analysis. J. Milk and Food Techn. 11 (1943) Nr. 6, 1-9
47 Spicher, G.: Die Quellen der direkten Infektion des Brotes mit Schimmelpilzen. Mitteilung I: Das Packmittel als Faktor der Schimmelpilzinfektion. Getreide, Mehl und Brot 31 (1977) Nr. 4, 103-107
48 a) Merkblatt 9 des ILV: Bestimmung der Anzahl von Schimmelpilzen auf der Oberfläche von Wellpappe und Wellpapieren von fertiger Wellpappe. Verpack.-Rdsch. 22 (1971) TWB 70-72
b) Merkblatt 15 des ILV: Bestimmung der Gesamtkeimzahl, der Anzahl an Schimmelpilzen und Hefen und der Anzahl an coliformen Keimen vorgefertigter Verpackungen. Verpack.-Rdsch. 23 (1972) TWB 89-92
c) Merkblatt 19 des ILV: Bestimmung der Gesamtkeimzahl, der Anzahl an Schimmelpilzen und Hefen und der Anzahl an coliformen Keimen in Flaschen und vergleichbaren enghalsigen Behältern. Verpack.-Rdsch. 25 (1974) TWB 569-575
d) Merkblatt 21 des ILV: Bestimmung der Oberflächenkeimzahl (Bakterien, Schimmelpilze, Hefen, coliforme Keime) auf nicht saugfähigen Packstoffen. Verpack.-Rdsch. 25 (1974) TWB 53-55
e) Merkblatt 28 des ILV: Bestimmung von Clostridiensporen in Papier, Karton und Pappe. Verpack.-Rdsch. 27 (1976) TWB 82-84
f) Windaus, G.; Petermann, E.: Ein neuer Einheitsnährboden für die Oberflächenkeimzahlbestimmung und Vorschlag zur Gesamtkeimzahlbestimmung in Vollpappen. Das Papier 20 (1966) 865-874
g) DIN 10050 B. 3 (1972): Keimzahlbestimmung von Buttereinwicklern
h) DIN 54378 (1976): Oberflächenkeimzahl von Papieren, Karton und Pappe
i) DIN 54379 (Entwurf 1976) Gesamtkeimzahl von Karton, Vollpappe und Wellpappe
k) Merkblatt 39 des ILV: Bestimmung von Bakteriensporen in Papier, Karton, Vollpappe und Wellpappe. Verpack.-Rdsch. 30 (1979) TWB 91-93

l) Verein der Zellstoff- und Papier-Chemiker und -Ingenieure, Fachausschuß für Papiererzeugung, Merkblatt VIII/3/68: Prüfung von Papier, Karton und Pappe

m) Cerny, G. (ILV); Petermann, E.: Warum mikrobiologische Packstoffprüfung? Das Papier 32 (1978) 60-64

49 Lubieniecki- v. Schelhorn, M. (ILV): Bedeutung des Keimgehaltes von Packstoffen bzw. Packmitteln für nicht sterile Lebensmittel. Verpack.-Rdsch. 24 (1973) TWB 77-84

50 Roeder, I.: Bakteriologische Bedeutung und Beurteilung von Kartonagen als Versandkartons für Margarine-Fertigware. Das Papier 19 (1965) 828-831

51 Persönliche Mitteilung von Frau R. Zschaler, Hamburg 1976

52 Lubieniecki- v. Schelhorn, M. (ILV): Die Sauerstoffkonzentration als bestimmender Faktor für mikrobielle Vorgänge in Lebensmitteln unter besonderer Berücksichtigung einer sauerstofffreien Verpackung. Verpack.-Rdsch. 26 (1975) TWB 1-6

53 Lubieniecki- v. Schelhorn, M. (ILV): Imprägnierung von Packstoffen mit schimmelverhütenden Mitteln. Packstoffe und Verpackungen. Heusenstamm: Keppler (1959) 194-197

54 Franklin, I. G., et al: Spores in milk problems associated with UHT processing. J. of Appl. Bacteriol. 33 (1970) 180

55 Swartling, P.; Lindgren, B.: The sterilization effect against Bacillus subtilis spores of hydrogen peroxide at different temperatures and concentrations. J. of Dairy Res. 35 (1968) 423-428

56 Toledo, R. T.; Escher, F. E.; Ayres, J. C.: Sporicidal properties of hydrogen peroxide against food spoilage organisms. Appl. and Environm. Microbiol. 25 (1973) 592-597

57 Cerny, G. (ILV): Entkeimung von Packstoffen beim aseptischen Abpakken. 1. Mitteilung: Untersuchungen zur keimabtötenden Wirkung konzentrierter Wasserstoffperoxidlösungen. Verpack.-Rdsch. 27 (1976) TWB 27-32

58 Huber, J. (ILV): Entkeimen von Packstoffen beim aseptischen Abpakken. 3. Mitteilung: Untersuchungen zur Entkeimung vorgefertigter H-Milchpackungen durch Eindüsen von konzentrierten Wasserstoffperoxidlösungen. Verpack.-Rdsch. 30 (1979) TWB 33-37

59 Cerny, G. (ILV): Entkeimung von Packstoffen beim aseptischen Abpacken. 2. Mitteilung: Untersuchungen zur keimabtötenden Wirkung von UVC-Strahlen. Verpack.-Rdsch. 28 (1977) TWB 77-82. Vgl. Cerny, G.: Entkeimen vorgefertigter Polystyrolbecher durch UVC-Bestrahlung oder H_2O_2-Bedüsung. Tätigkeitsbericht 1978 des ILV, 49

60 Lippert, K. G.: Abtötung von Schimmelkonidien in vorgeformtem Verpackungsmaterial durch UV-Strahlung. Verpack.-Rdsch. 30 (1979) TWB 51-52

61 Schmidt-Lorenz, W.: Untersuchungen zur Prüfung der Bakteriendichtigkeit von Heißsiegelnähten halbstarrer Leichtbehälter aus Aluminium-Kunststoff-Verbunden. Verpack.-Rdsch. 24 (1973) TWB 59-66

62 Odlang, T. E.; Pflug, I. J.: Microbiological and sanitizer analysis of water used for cooling containers of food in commercial canning factories in Minnesota and Wisconsin. J. of Food Sci. and Technol. 43 (1978) 954-963

63 Anema, P. J.; Fielibert, J. F.; Michels, J. M.; Tiepel, R. E. C. H.: Leckdichtemessung an halbstarren Behältern. Verpack.-Rdsch. 22 (1971) TWB 97-102.
Anema, P. J.; Michels M. J. M.: Mikrobiologisch-hygienische Probleme an neuen Behältertypen. Chem. Rdsch. 29, Nr. 3, 14.1.1976

64 Vgl. auch ILV: Empfehlungen für Mindestanforderungen an die Beschaffenheit von Lebensmittelverpackungen. IX. Sterilisierte und pasteurisierte Fertiggerichte. Verpack.-Rdsch. 24 (1973) TWB 73-75

6 Anpassung der Verpackung an die Anforderungen von wasserdampf-, sauerstoff- und lichtempfindlichen Lebensmitteln *

Die Qualitätseinbußen von klimaempfindlichen Gütern können folgender Natur sein:

a) Verlust von Nähr- und Wirkstoffen;
b) Einbuße an Farbe, Aroma, Textur und allgemeinem Aussehen;
c) Verlust an funktionellen Eigenschaften, wie Triebvermögen von Backpulver, Synerese, Beeinträchtigung des Gelier-, Schlag-, Dickungsvermögens usw.;
d) Verderb durch Mikroorganismen.

a) bis c) sind vorwiegend *abiotische* Qualitätsveränderungen. Bei d) handelt es sich ausschließlich um einen biologischen Verderb. Die Beeinflussung unerwünschter Veränderungen, vor allem durch thermische Behandlungsverfahren oder Wasserentzug (Sterilisieren, Gefrieren, Kaltlagerung, Trocknen), bildet im allgemeinen die Voraussetzung für die Haltbarkeit verpackter Lebensmittel. Die Art der Verpackung wird hierbei wichtiger als bei unmittelbar mikrobiologisch gefährdeten Füllgütern. Z.B sichert sie Sterilgüter vor Fremdinfektionen. Trockengüter schützt die Verpackung vor Feuchtigkeitsaufnahme, sauerstoffempfindliche Güter vor O_2-Aufnahme und vor Schädigungen durch Licht usw. Niemals darf hierbei der Temperatureinfluß (sowohl auf das Füllgut wie auch auf die Permeation durch die Verpackung) außer acht gelassen werden.

Während der mikrobiologische Verderb meist unmittelbar in Erscheinung tritt, handelt es sich beim abiotischen Verderb noch weitgehend um eine Ermessensfrage, welchen Grenzwert des Qualitätsabfalls man zuläßt [1]. Die Zusammenhänge zwischen dem Ausmaß der Qualitätserhaltung und der Benotung unter Anwendung eines neun Punkte umfassenden sensorischen Bewertungsschemas sind in Bild 53 dargestellt. An sich wäre die zulässige Grenze der Abwertung diejenige, bei welcher ein Qualitätsunterschied zum einwandfreien Frischprodukt gerade sensorisch feststellbar wird, entsprechend 8 Punkten[1]. Damit würden aber im allgemeinen die Um-

---

* Bei den Abschnitten 6.1, 6.2 und 6.4 hat freundlicherweise Dr. habil. K. Eichner (ILV) mitgewirkt.
[1] High quality life of a product is defined as the time fore which it can be stored at a given temperature before a just noticeable difference (JND) is reached (Guadagni).

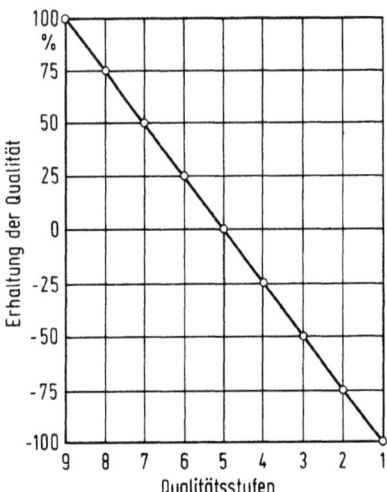

Bild 53. Qualitätserhaltung und Qualitätsstufen von Lebensmitteln.
9 Punkte: vorzüglich; 8 Punkte: sehr gute Qualitätserhaltung; bis 7 Punkte: gute Qualität; bis 6 Punkte: befriedigende Qualität; bis 5 Punkte: mittelmäßige Qualität, die Auslieferung beim Verbraucher muß spätestens beendigt sein; 4 Punkte: noch ausreichende Qualität, Ende der Aufbrauchfrist beim Verbraucher; 3: mangelhaft; 2: schlecht; 1: sehr schlecht.

schlagzeiten so kurz, daß sich der Vertrieb erheblich verteuern würde. Man bezieht deshalb in eine "wünschenswert hohe Qualität" auch noch 7 Punkte ein, was in etwa der Handelsklasse 1 entspricht. Die Definition für ein hochwertiges Produkt kann durch Produktstandards vorgegeben sein. An diese Qualitätsstufe schließt sich nach unten der Bereich der "Verkehrsqualität" an, der, bis es in die Hände des Endverbrauchers gelangt, nicht unterschritten werden soll. Er endigt bei etwa 5 Punkten, was in etwa dem Intervall für die Handelsklasse II entsprechen dürfte. Unter 4 Punkten liegt dann der Bereich, welchen § 17 (1) 2 des LMBG mit "nicht unerhebliche Minderung des Genußwertes" umreißt. Bevor die zwischen 5 und 4 Punkten liegende Qualitätsreserve erschöpft ist, muß das Produkt beim Endverbraucher spätestens aufgebraucht sein. Der objektive analytische Nachweis, ob ein Produkt mit 5 oder mit 4 Punkten zu bewerten ist, fehlt bei den meisten Lebensmitteln noch. Überhaupt sind für die Beurteilung der Qualität reproduzierbar arbeitende, spezialisierte Prüfteams noch unentbehrlich. Ein Markenbetrieb wird durch sein Belieferungssystem zu erreichen versuchen, daß seine Ware verkauft ist, bevor sie nach seinem Standard 7 Punkte unterschreitet und sie bei Erreichung von 6 Punkten zurücknehmen. Es lassen sich aber durchaus Fälle beobachten, wo mangels ausreichender Kontrollen die Ware durch Überlagerung, dem Verbraucher noch mit weniger als 5 Punkten angeboten wird.

6.1 Vorwiegend wasserdampfempfindliche Lebensmittel

Das praktische Problem der Qualitätserhaltung beim abiotischen Verderb liegt also beim Verantwortungsbewußtsein von Abpacker und Handel. Man wird eine Frischhalteverpackung dergestalt auslegen, daß in der wahrscheinlichen Umschlagszeit unter den zu erwartenden Klimabedingungen bis zum Verkauf 7 Punkte möglichst nicht und 5 Punkte keinesfalls unterschritten werden. Dabei kann die Auswahl der Verpackung eine große Rolle spielen.

6.1 Vorwiegend wasserdampfempfindliche Lebensmittel

Die Geschwindigkeit der Einwirkung von Wasserdampf hängt entscheidend von der Differenz der Wasserdampfpartialdrücke außerhalb und innerhalb der Packung ab. Grundlage für die Beurteilung eines wasserdampfempfindlichen Gutes bildet die Sorptionsisotherme, welche den Zusammenhang zwischen Wassergehalt und Gleichgewichtsfeuchtigkeit[2] eines Gutes bei konstanter Temperatur angibt (Bild 54). Es hängt entscheidend vom Vor-

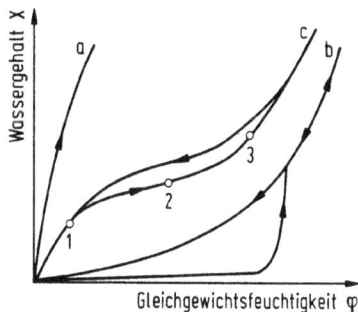

Bild 54. Beispiele für Sorptionsisothermen
    Kurve a: stark hygroskopisches Gut
    Kurve b: in weitem Bereich wenig hygroskopisches Gut
    Kurve c: für viele Lebensmittel typischer Verlauf
            (Punkte 1, 2, 3 auf Kurve c: verschiedene Arten von Veränderungen.

handensein kristalliner Anteile ab, ob ein Unterschied zwischen Adsorptions- und Desorptionsisotherme besteht (Hysterese). Kurve a zeigt ein stark hygroskopisches Füllgut, z.B. gebräunten Zucker oder Orangensaftpulver, Kurve b charakterisiert ein in weiten Bereichen nicht hygroskopisches Füllgut, z.B. eine kristallisierte Zuckerart; eine ansteigende Gleichgewichtsfeuchtigkeit würde hierbei von der Oberflächenadsorption über die gesättigte zur verdünnten Lösung führen, und bei sinkender Umgebungsfeuchtigkeit von ihr zur übersättigten Lösung. Kurve c

---

[2] Zur Definition der Gleichgewichtsfeuchtigkeit vgl. [65].

zeigt die bei Lebensmitteln übliche Sorptionsisotherme, deren Neigung bei vorwiegend eiweißhaltigen Produkten flacher zu sein pflegt als bei vorwiegend stärkehaltigen. Die Sorptionsisotherme, welche die Änderung des Wassergehalts eines Lebensmittels auf Grund der relativen Feuchtigkeit der Umgebung erkennen läßt, ist das *eine* Charakteristikum für die Beurteilung der Haltbarkeit eines verpackten wasserdampfempfindlichen Füllgutes. Das *andere* ist der Punkt auf der Sorptionsisotherme, bei dessen Unter- bzw. Überschreitung eine störende Qualitätsveränderung auftritt. Die möglichen Veränderungen der Textur, der Farbe, des Geschmacks, des Wirkstoffgehalts, ergeben sich keineswegs beim gleichen Wassergehalt, wobei der mikrobiologische Verderb erst bei höheren Wassergehalten dominiert. Auch die Geschwindigkeit des Auftretens chemischer, mikrobiologischer und physikalischer Veränderungen kann völlig unterschiedlich sein. Entscheidend ist jeweils die Veränderung, welche als erste störend in Erscheinung tritt. In Bild 55 ist der Einfluß der Temperatur auf

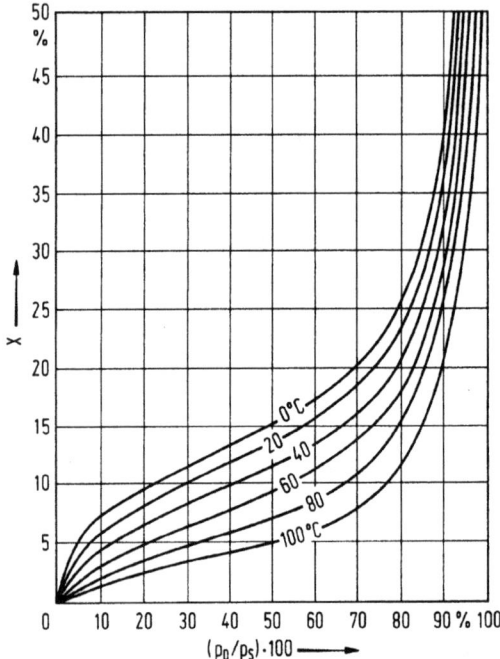

Bild 55. Sorptionsisothermen von Kartoffeln bei verschiedenen Temperaturen (nach Görling)
p_D: Wasserdampfpartialdruck; p_S: Sattdampfdruck
X : Wassergehalt.

den Verlauf einer Sorptionsisotherme dargestellt; dementsprechend nimmt die bei konstanter relativer Feuchtigkeit aufgenommene Wassermenge bei zunehmender Temperatur ab, während die Gleichgewichtsfeuchtigkeit bei konstantem Wassergehalt (geschlossenes Gefäß) dabei zunimmt.

6.1 Vorwiegend wasserdampfempfindliche Lebensmittel 163

In Bild 56 sind schematisch die wichtigsten Wirkungen dargestellt, welche bei verschiedenen Gleichgewichtsfeuchtigkeiten auftreten können [3]. Unterhalb einer Gleichgewichtsfeuchtigkeit von 72-75% ist bei 20°C

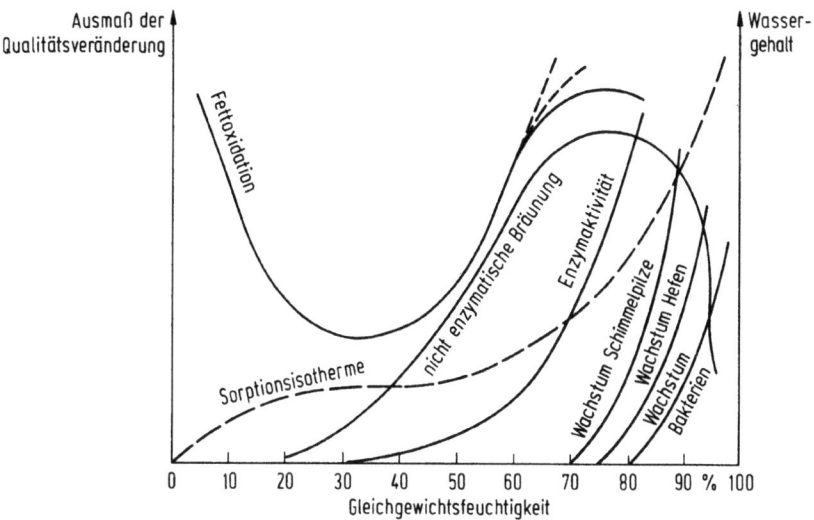

Bild 56. Schematische Darstellung des Verlaufs der verschiedenen Verderbsmöglichkeiten in Abhängigkeit von der Gleichgewichtsfeuchtigkeit (bei konstanter Temperatur und Zeit). Der Wassergehalt bezieht sich auf die Sorptionsisotherme.

üblicherweise kein Verderb durch Mikroorganismen zu erwarten. Darüber setzt mit steigender Gleichgewichtsfeuchtigkeit Wachstum zunächst von Schimmelpilzen ein; bei noch höheren Feuchtigkeiten nach spezifischer Infektion kann Mykotoxinbildung erfolgen. Im tieferen Feuchtigkeitsintervall können noch Enzyme aktiv bleiben. Als Beispiel für die mit steigenden Wassergehalten erfolgende Zunahme der Geschwindigkeit enzymkatalysierter hydrolytischer Reaktionen kann die Bildung freier Fettsäuren in lipasehaltigem braunen Reis herangezogen werden [4 a]. Der Anstieg freier Fettsäuren in parboiled, also erhitztem Reis, in dem die fettspaltenden Enzyme inaktiviert sind, erfolgt dagegen mit einer deutlichen Induktionsperiode [4 b].

Bei Vorhandensein von Kohlenhydraten und Proteinen (bzw. deren Abbauprodukten wie Peptiden und Aminosäuren) können Maillard-Reaktionen, auch als nicht-enzymatische Bräunungsreaktionen bezeichnet, ablaufen, welche zu einer bräunlichen Verfärbung und zu unerwünschten geruchlichen und geschmacklichen Veränderungen führen. Sie weisen bei einem bestimmten Wassergehalt ein Maximum auf, das dadurch bedingt ist, daß bei niedrigeren Wassergehalten eine Hemmung in der Diffusion der Reaktionspartner besteht, bei hohen Wassergehalten aber ein Verdünnungseffekt und eine hemmende Wirkung des Wassers als Folge des Massenwirkungsgesetzes erfolgt

[5]. Im niedrigen Feuchtigkeitsintervall, in welchem die Diffusionshemmung vorherrscht, werden Folgereaktionen stärker gehemmt als der erste Reaktionsschritt, weshalb hier Reaktionen zwar anlaufen, aber noch nicht zu sensorischen Veränderungen führen [4 c]. Die Induktionsperiode für sensorische Veränderungen wird aber dadurch bereits verkürzt.

Bei der Autoxidation ist es umgekehrt; bei niedrigen Wassergehalten ist die Zugänglichkeit aktiver Gruppen gegenüber Sauerstoff besonders gut, während bei höheren Wassergehalten offenbar ein katalytischer Effekt von Schwermetallspuren und eine erhöhte Mobilität reaktionsfähiger Moleküle zur Geltung kommen [6]. Dazwischen liegt ein Minimum der Reaktionsgeschwindigkeit. Dieses ist dadurch bedingt, daß bei niedrigem, aber steigendem Wassergehalt zunächst eine Hydration von Metallkatalysatoren erfolgt, welche die katalytische Wirkung herabsetzt, wobei die durch geringe Wassermengen über Wasserstoffbrücken erfolgende Bindung von Hydroperoxiden ebenfalls einen antioxidativen Effekt zur Folge hat. Für die Geschwindigkeit bzw. das Ausmaß oxidativer Fettveränderungen in wasserarmen Lebensmitteln spielt nicht die Gleichgewichtsfeuchtigkeit, sondern die Menge des vorhandenen Wassers sowie dessen Bindungszustand und Beweglichkeit eine entscheidende Rolle; so erfolgt bei vorliegender Hysterese der Wasserdampfsorptionsisothermen, der oxidative Verderb von höheren Wassergehalten des Desorptionsastes kommend (wobei der Sauerstoffzutritt wegen der "offenen" Struktur erleichtert wird) rascher als bei den niedrigeren Wassergehalten des Adsorptionsastes (Bild 57) [6].

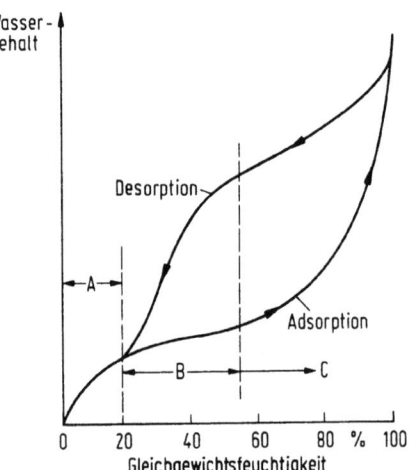

Bild 57. Hysterese bei der Wasserdampfsorption (schematisch)
A: Wasserbindung vorwiegend in monomolekularer Schicht
B: über Wasserstoffbrücken lose gebundenes Wasser
C: Bereich der Kapillarkondensation (nach Labuza).

6.1 Vorwiegend wasserdampfempfindliche Lebensmittel   165

Die in Bild 56 angegebenen Verderbsreaktionen haben weder das gleiche
"Gewicht", noch besitzt die Geschwindigkeitskonstante der Reaktion die
gleiche Temperaturabhängigkeit, so daß sich das Bild bei anderen Temperaturen verschiebt. Weiterhin sind z.B. Enzym und Substrat, wenn sie
durch Zellwände getrennt sind, d.h. im nativen Zustand, nicht ebenso
reaktionsfähig wie im zerkleinerten Zustand, wenn Enzym und Zellinhaltsstoffe miteinander Kontakt gewinnen.

Die unterschiedliche Temperaturabhängigkeit der Geschwindigkeitskonstante von Reaktionen läßt es möglich erscheinen, daß bei Schnellversuchen mit Hilfe einer Temperaturerhöhung ein Reaktionstyp dominiert,
der bei niedriger Temperatur sekundär ist. Es wird aber bei jedem wasserdampfempfindlichen Füllgut bei gegebener Temperatur einen Bereich der
Gleichgewichtsfeuchtigkeit geben, vor dem man sich besonders hüten muß:
bei einer Reihe von Lebensmitteln beispielweise das Feuchtigkeitsintervall etwa zwischen 60 und 80%, in dem zur nicht-enzymatischen Bräunung
neigende Lebensmittel vielfach ein Reaktionsmaximum aufweisen (sowie bei
tropischen Temperaturen das darunterliegende Feuchtigkeitsintervall bis
40%, wobei das Q_{10} der Bräunungsreaktion zwischen 4 und 6 liegen kann,
sie also vielfach die dominierende Verderbsreaktion sein wird). Wenn
eine Maillard-Reaktion zu erwarten ist, müssen solche Lebensmittel jedenfalls auf Gleichgewichtsfeuchtigkeiten unterhalb deren Anstieg oder
oberhalb deren Abfall eingestellt werden, im letzteren Fall eventuell
bei gleichzeitiger Enzyminaktivierung und Inertgaslagerung (intermediate moisture food) [7]. Oxidative Veränderungen lassen sich durch
Lagerung bei niedrigen Sauerstoffpartialdrücken klein halten.

Vielfach wird man einen höchstzulässigen Wassergehalt definieren können,
sei es, daß darüber enzymatische oder nicht enzymatische Veränderungen
stark ansteigen. Bei Trockengemüsen erwies sich der für eine Haltbarkeitszeit von zwei Jahren zulässige Wassergehalt nur als etwa halb so
hoch wie derjenige für ein Jahr. Der Einfluß der Gleichgewichtsfeuchtigkeit auf den zeitlichen Ablauf des mikrobiologischen Verderbs unterschiedlicher Lebensmittel abhängig von der Temperatur ist noch nicht
allzu planmäßig untersucht worden. Aus Bild 58 geht hervor, daß in dem
Bereich, in dem das Wachstum von Schimmelpilzen dominiert, die mikrobiologische Haltbarkeit eines Lebensmittels besonders stark von der
Gleichgewichtsfeuchtigkeit abhängt [8]; die Frage ist allerdings, inwieweit man sich eine Absenkung der Gleichgewichtsfeuchtigkeit im Hinblick auf ihre Auswirkungen auf den Genußwert (z.B. bei Kuchen) er-

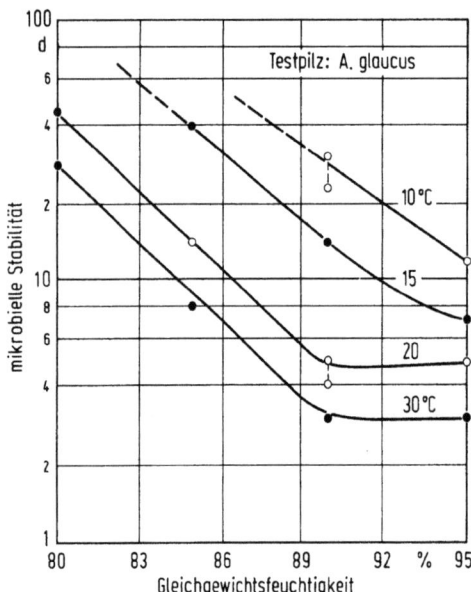

Bild 58. Abhängigkeit der mikrobiellen Stabilität von Sandkuchen von dessen Gleichgewichtsfeuchtigkeit bei verschiedenen Lagertemperaturen (nach Cerny).

lauben darf. Gegebenenfalls muß man eher von Zusatzverfahren (Kaltlagerung, Gefrierlagerung, sauerstofffreie oder CO_2-Verpackung) Gebrauch machen [9].

Bei porösen Substanzen erfolgt die Sorption am Gut vergleichsweise zur Permeation durch den Packstoff sehr schnell, so daß nur die letztere für die Geschwindigkeit eines eventuellen Qualitätsverlustes bestimmend ist. Es gibt nur relativ wenige Fälle, in denen sich der Gleichgewichtszustand in einem feuchtigkeitsempfindlichen und demgemäß relativ wasserdampfdicht verpackten Lebensmittel nicht rasch im gesamten Packungsinneren einstellt. Eines dieser Beispiele ist Butter, die "auskantet", d.h. durch Verdunstung eine gelbe Randschicht bildet, die aus Butterfett besteht. Die kritische Dicke dieser Schicht, welche die Verkäuflichkeit der Butter merklich beeinflußt, wurde zu 130-140 µm gefunden [10].

Ein weiteres Beispiel sind Hartkaramellen, die bei einer höheren Umgebungsfeuchtigkeit als 30% in einer dünnen Oberflächenschicht klebrig zu werden beginnen. Bei einer bestimmten Übersättigung dieser Schicht kristallisiert Sacharose aus (sog. "Absterben"). Die zulässige Feuchtigkeitszufuhr [11] bis zum Auftreten des ersten Klebrigkeitsmaximums bei verpackten Hartkaramellen ist stark von der Zusammensetzung des verwendeten Stärkesirups abhängig. Klebrigkeit würde dadurch vermieden werden können, daß man die Bonbons vorweg "absterben" ließe; durch die Kristallisation der Oberflächenschicht würde aber deren Glanz und Durchsichtigkeit verschlechtert werden. Da hier zu Veränderungen der obersten Schicht geringe Feuchtigkeitsmengen ausreichen, braucht man Packmittel von höchster Wasserdampfdichtigkeit, wenn man die übliche Vertriebszeit bei nicht zu feuchtem Klima überbrücken will.

Eine verwandte Erscheinung liegt übrigens der Verklumpung von Puderzucker zugrunde, dessen frisch gemahlene Oberfläche eine mehr oder minder amorphe Struktur aufzuweisen scheint, weshalb nach Adsorption einer bestimmten Wasserdampfmenge bei einer Umgebungsfeuchtigkeit zwischen 20-40%, Kristallisation einsetzt. Der dabei frei werdende Wasserdampf kondensiert zunächst bevorzugt kapillar in den Zwickeln zwischen den Kristallen und löst die in großer Zahl vorhandenen sehr feinen Zuckerteilchen auf. Hierdurch bildet sich eine Sirupschicht, die durch Dampfdiffusion nach außen an den Kontaktflächen verhärtet, so daß Festkörperbrücken zwischen den Partikeln gebildet werden. Will man ein Verklumpen vermeiden, muß man also Rekristallisation mit nachfolgender Trocknung dem Verpacken vorschalten.

Ein letztes Beispiel für Auswirkungen örtlicher Unterschiede im Wassergehalt von Lebensmitteln bildet der "Gefrierbrand" (freezer burn) bei gefrorenen Lebensmitteln. Er entsteht durch Absublimieren von Eis aus einer dünnen Oberflächenschicht. Theoretisch könnte er durch Verwendung einer zu wasserdampfdurchlässigen Verpackung verursacht sein, in der Praxis ist aber die Menge transportierten Wasserdampfes von der Oberfläche des Gefriergutes an die Innenfläche der Verpackung, ausgelöst durch Temperaturfluktuationen, weit höher [12]. Eine *rasche* Temperatursenkung hat bei einem mit einem Lebensmittel von mittlerem Wassergehalt gefüllten, hermetisch verschlossenen Behälter eine momentane Erhöhung der relativen Luftfeuchtigkeit im Kopfraum zur Folge (vgl. Bild 3), was dazu führen kann, daß der über der Gleichgewichtsfeuchtigkeit eines Gutes mit hohem Diffusionswiderstand liegende Wasserdampfanteil von diesem nur an der Oberfläche absorbiert wird, wodurch das Gut eine lokale Erhöhung des Wassergehaltes mit der Gefahr einer Auslösung chemischer oder sogar mikrobiologischer Veränderungen erfährt. Hierdurch lassen sich letztere auch bei dampfdicht verpacktem Käse befürchten.

6.2 Vorwiegend sauerstoffempfindliche Lebensmittel [13].

Im Gegensatz zum Wasserdampf, der vom Gut nur physikalisch gebunden wird und dann Reaktionen im Gut auslösen kann, geht Sauerstoff chemische Reaktionen mit dem Füllgut ein und bewirkt irreversible Veränderungen des Gutes. Sauerstoffempfindlich sind alle essentiellen Fettsäuren, die Vitamine A, C und E und einige Aminosäuren (Arginin, Histidin, Lysin, Methionin [14]) sowie Farbstoffe und Lebensmittelaromastoffe, insbesondere ätherische Öle. Die Fettoxidation kann durch Schwermetalle und Metallkomplexe wie Chlorophyll, Hämin sowie durch Wirkgruppen bestimmter oxidierender Enzyme beschleunigt werden.

Im wesentlichen gilt es bei der Betrachtung des Sauerstoffeinflusses auf Lebensmittel zwei Gesichtspunkte auseinander zu halten: Der eine ist, ob die Menge an Sauerstoff, die in der Packung enthalten ist, überhaupt ausreicht, um eine unzulässige Qualitätsminderung zu verursachen, der andere ist, ob die Geschwindigkeit, mit der die oxidative Veränderung abläuft, und für welche der Sauerstoffpartialdruck bei der zu erwartenden Temperatur maßgeblich ist, sich innerhalb der Umschlagszeit qualitativ auswirken wird. Wenn die eingeschlossene Sauerstoffmenge zur Auslösung einer merklichen Veränderung nicht ausreicht, dann interessiert auch deren Geschwindigkeit nicht. Wenn aber ein ausreichendes Angebot an Sauerstoff vorliegt, dann ist für ein genügend sauerstoffempfindliches Füllgut die Geschwindigkeit des Verderbsablaufes die interessierende Größe.

Die Angabe der Sauerstoffkonzentration in Prozenten ist zur Charakterisierung der Vorgänge in einer Packung nicht ausreichend, denn die Sauerstoffkonzentration ist definitionsgemäß: $\frac{\text{Partialdruck } O_2}{\text{Gesamtdruck}}$; dies bedeutet, daß bei einem O_2-Partialdruck von z. B. 13,3 mb und einem Gesamtdruck von 1000 mb die O_2-Konzentration 1,33%, bei einem Gesamtdruck von 267 mb (Teilvakuum) dagegen 5% ist. Anstelle der Sauerstoffkonzentration sollte man daher als absolute Größe den Sauerstoffpartialdruck zugrunde legen. Will man aber den Sauerstoffverbrauch des Füllgutes bzw. das ursprüngliche Sauerstoffangebot in einer Verpackung charakterisieren, dann empfiehlt sich in Ergänzung dazu die Angabe µg O_2/g bzw. mg O_2/g Füllgut.

Obwohl in den mit Inertgas arbeitenden Verpackungsmaschinen eine O_2-Konzentration bis herunter zu 0,1-0,5% (bei Normaldruck in der Verpackung) erreichbar ist, muß man bedenken, daß das Füllgut häufig Sauerstoff adsorbiert, der meist erst nach mehrtägiger Lagerung vollständig wieder abgegeben wird. Dies gilt besonders für Sprühmilchpulver, das in Form von Hohlkugeln anfällt, die mit Luft gefüllt sind. Bei stückigen Gütern ist ein Evakuieren von üblicherweise 6-10 s Dauer nicht ausreichend, wenn hierbei der in feinsten Kanälen des Gutes eingeschlossene Sauerstoff wegen der längeren Diffusionswege während dieser Zeitspanne nicht vollständig entfernt werden kann. Dagegen stehen bei Inertgasspülungen wesentlich längere Zeiten für den Gasaustausch zur Verfügung.

Sauerstoffmenge: Die Abhängigkeit der Sauerstoffkonzentration vom Sauerstoffpartialdruck im Gleichgewichtszustand ergibt sich aus der entsprechenden Sorptionsisotherme (Bild 59). Demnach folgt zwar die Adsorption

6.2 Vorwiegend sauerstoffempfindliche Lebensmittel

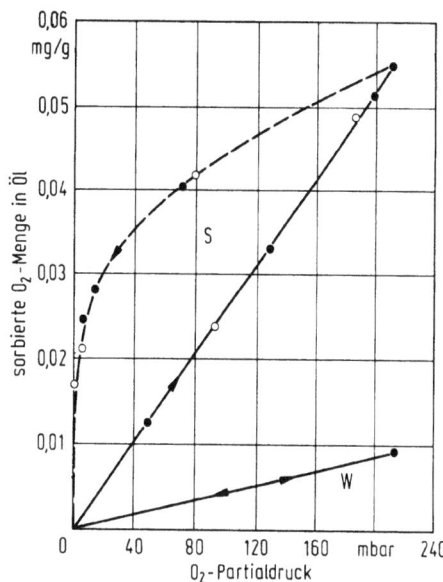

Bild 59. O_2-Sorptionsisothermen von Sojaöl (S) und Wasser (W) bei 20°C ——— O_2-Aufnahme ------- O_2-Abgabe.

dem Henryschen Gesetz, die Desorption aber vielfach nicht [18]. Die Hysterese ist darauf zurückzuführen, daß ein Teil des sorbierten Sauerstoffes durch druckabhängige lose Bindungen bzw. Nebenvalenzen fester an das Lebensmittel angelagert ist. Im Falle des Verbrauchs von Sauerstoff durch chemische Bindung kehrt die Desorptionskurve dagegen nicht mehr zum Koordinatenanfangspunkt zurück.

Über das Ausmaß der Sauerstoffempfindlichkeit von Lebensmitteln, insbesondere solcher, die schon durch Spuren von Sauerstoff deutliche sensorische Veränderungen erleiden, gibt es nur wenige zuverlässige Literaturangaben [15,16]. Dies hängt vermutlich damit zusammen, daß vielfach insofern Mischeffekte geprüft wurden, als in der Praxis in einem bestimmten Ausmaß auch Licht auf Lebensmittel einwirkt. Nachfolgend einige Angaben über Toleranzgrenzen: Bier 0,001-0,004, Wein 0,003, UHT-Milch 0,001-0,008, Fruchtgetränke mit Zitrusaroma 0,020, Coca-Cola 0,040, Volleipulver 0,035, Röstkaffee 0,15 (Atmosphärendruck) und Emmentaler Käse 0,42 mg O_2/g Gut. Ohne daß man bisher über genauere Meßwerte verfügt, scheinen Fleischerzeugnisse, manche Säuglingsnahrungsmittel, sterilisierte Gemüse, Tomatenketchup, Nüsse und viele Trockenerzeugnisse (Gewürze, Milchpulver, Kartoffelpulver) höchstens eine Sauerstoffaufnahme von 0,015 mg O_2/g Gut zu vertragen. Dabei darf man nicht außer acht lassen, daß die sensorische Toleranzgrenze keineswegs identisch sein muß mit z.B. dem zulässigen Vitamin-C-Verlust [17]. Das Verpackungsproblem ist hier auch deshalb schwieriger als bei wasserdampfempfindlichen Lebensmitteln, weil - bezogen auf molare Mengen Wasserdampf bzw. Sauerstoff - die Sauerstoffempfindlichkeit um 2-4 Zehnerpotenzen höher sein kann als die Wasserdampfempfindlichkeit. Dies hat zur Folge, daß der in einer Verpackung befindliche Sauerstoff, sei es im Kopfraum, sei es in Hohlräumen von Pulverschüttungen bzw. in gelöster Form schon völlig ausreichen kann, um eine nicht mehr tolerierbare Qualitätsverschlechterung auszulösen. Da vielfach Flüssigkeiten beim Abfüllen mit Sauerstoff gesättigt werden, ist es ein wichtiger Orientierungspunkt, wenn man weiß, ob die Sauerstofflöslichkeit höher oder niedriger als die vorerwähnten Toleranzgrenzen liegt. Erreicht nämlich die maximal lösliche Sauerstoffmenge annähernd die Toleranzgrenze des betreffenden flüssigen Lebensmittels (z.B. bei manchen Fruchtsaftkonzentraten), dann muß jeder weitere Sauerstoffzutritt über den Kopfraum oder - auch ohne Kopfraum - durch die Verpackungswände und -verschlüsse verhindert werden. Im Falle sauerstofffrei produzierter Trockenlebensmittel ist eine rasche Sauerstoffsättigung des darin enthaltenen Wassers oder Fettes wegen des herrschenden Diffusionswiderstandes unwahrscheinlicher, auch der Flüssigkeitsanteil und der Absolutwert der durch die in Trockenprodukten vorliegende konzentrierte Lösung aufgenommenen Sauerstoffmenge ist merklich niedriger als bei verdünnten Lösungen. Andererseits wird bei Pulvern mit niedriger Schüttdichte der freie Porenraum sehr viel größer sein als üblicherweise der Kopfraum in einer Flasche ist[3]. Da bei gegebenem Sauerstoffpartialdruck im Gleichgewichtszustand zwischen Leerraum und Flüssigkeit im Leerraum 32 mal mehr Sauerstoff je Volumeneinheit enthalten ist als in Wasser[4], ist kopfraumfreies Abfüllen bzw. die Einstellung eines niedrigen Sauerstoffpartialdruckes im freien Packungsraum besonders wichtig, z.B. bei gefriergetrockneten Lebensmitteln. Bei Ölen ist der Kopfraum weniger bedenklich; einmal ist die Sauerstofflöslichkeit in Ölen erheblich größer als in Wasser (vgl. Bild 59) und zum anderen pflegen Öle unempfindlicher als viele Aromastoffe zu sein. Vor allem oberflächlich auf festen Lebensmitteln können schon durch geringe Sauerstoffspuren Oxydationsprodukte

---

[3] Bei Kartoffelflocken wurde beispielsweise festgestellt, daß bereits 15% des im Porenraum enthaltenen Luftsauerstoffes für die Oxidation des darin enthaltenen Kartoffelöls ausreichen.

[4] Bei 20°C in Kontakt mit Luft ist c_{O_2} im Kopfraum $8{,}5 \cdot 10^{-6}$ mol/cm^3

c_{O_2} in Wasser $2{,}7 \cdot 10^{-7}$ mol/cm^3.

6.2 Vorwiegend sauerstoffempfindliche Lebensmittel   171

sensorisch in Erscheinung treten. Sensorisch kritisch können auch Spuren sauerstoffempfindlicher Trennfette in hochporösen Dauerbackwaren wegen deren großen sauerstoffberührten spezifischen Oberfläche sein.

Der Verderb sauerstoffempfindlicher Lebensmittel wird außer von der Höhe der Toleranzgrenze - zunächst bei Vernachlässigung von Diffusionsvorgängen - bei reichlichem Sauerstoffangebot von der Reaktionsgeschwindigkeit des Sauerstoffs im betreffenden Füllgut bestimmt. In Bild 60 sind die Sauerstoffverbrauchsgeschwindigkeiten einiger Lebensmittel

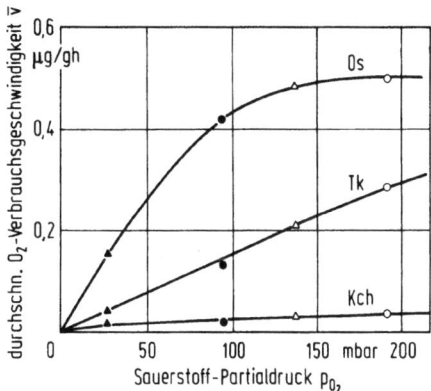

Bild 60. Anfängliche durchschnittliche Sauerstoffverbrauchsgeschwindigkeit v̄ in Abhängigkeit vom Sauerstoffpartialdruck p_{O_2}
(25°C, Dunkellagerung) verschiedener sauerstoffempfindlicher Lebensmittel in dünner Schicht
Os: Orangensaft,
Tk: Tomatenketchup,
Kch: Kartoffelchips.

abhängig vom Sauerstoffpartialdruck dargestellt. Bereits bei diesen wenigen Beispielen ergeben sich Unterschiede von 1:10. Weiterhin ersieht man, daß es sich zwar im Falle von Tomatenketchup anscheinend um eine einfache lineare Abhängigkeit handelt, daß aber auch wesentliche Abweichungen möglich sind [13]. Bei wasserarmen Lebensmitteln hängt die Sauerstoffverbrauchsgeschwindigkeit entscheidend vom Zerteilungsgrad, d.h. von der spezifischen Oberfläche ab (vgl. gemahlener Kaffee gegen ganze Bohnen, Reibkäse gegen Käse im Stück).

Aus Bild 61 ergibt sich am Beispiel von Tomatenketchup, daß bei hohem Sauerstoffpartialdruck mehr Sauerstoff in kürzerer Zeit verbraucht wird als bei niedrigem Sauerstoffpartialdruck, d.h. daß bei niedrigen Sauerstoffpartialdrücken eine wesentliche Verlängerung der Haltbarkeitszeit von Tomatenketchup eintritt gegenüber hohen Sauerstoffpartialdrücken, obwohl die zulässige Sauerstoffaufnahme im ersten Fall - offenbar wegen des Langzeiteinflusses auf das Entstehen sekundärer Reaktionsprodukte - niedriger ist als im zweiten Fall. Die Toleranzgrenze ist also

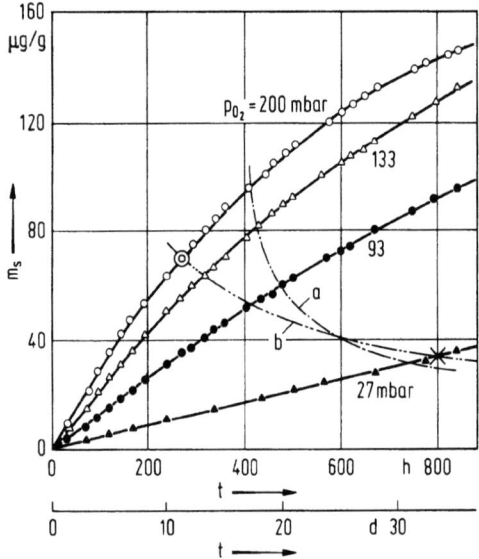

Bild 61. Sauerstoffverbrauchskurven von Tomatenketchup in dünner Schicht bei 25°C, (Dunkellagerung) bei vier Sauerstoffpartialdrücken
a) geschmackliche Verkäuflichkeitsgrenze
b) farbliche Verkäuflichkeitsgrenze
(In der Zuordnung der chemischen und der sensorischen Veränderungen bestehen noch entscheidende Erkenntnislücken).

zeit- bzw. partialdruckabhängig. Will man extrem lange Haltbarkeitszeiten erreichen, dann muß man aus sauerstoffempfindlichen Lebensmitteln vor dem Verschließen der Packung auch letzte Sauerstoffspuren entfernen oder - noch besser - sie nach sauerstofffreier Herstellung (z.B. Gefriertrocknung) vor einem erneuten Sauerstoffzutritt bewahren.

Die Toleranzgrenze bezieht man jeweils auf einen zeitlich konstanten Sauerstoffpartialdruck. In einer Packung bleibt die Ausgangskonzentration des darin eingeschlossenen O_2 aber nicht erhalten. Wenn sie hermetisch dicht ist, wird je nach den Ausgangsbedingungen der Sauerstoffpartialdruck vielleicht vorübergehend durch Desorption aus dem Gut zunehmen (z.B. Milchpulver), kann sich aber weiterhin durch chemische Reaktionen nach einer bestimmten Zeit an Null annähern. Die Grenze der sensorischen Verkehrsqualität als Auswirkung des O_2-Verbrauchs wird nicht sofort oder nach Ablauf einer konstanten Zeit, sondern erst nach einer um so größeren Zeitdifferenz erreicht, je niedriger die Ausgangs-Sauerstoff-

6.2 Vorwiegend sauerstoffempfindliche Lebensmittel

konzentration war: Die Haltbarkeitszeit eines sauerstoffempfindlichen, pulverförmigen Lebensmittels wird also durch den Anfangs-Sauerstoffpartialdruck im Kopfraum, durch die Geschwindigkeit des Sauerstoffverbrauchs sowie durch die spezifische sensorische Sauerstoffempfindlichkeit des betreffenden Lebensmittels bestimmt. Die Sauerstoffverbrauchsgeschwindigkeit wird bei sinkendem Sauerstoffpartialdruck kleiner als bei konstant gehaltenem, auf welche die Toleranzgrenze üblicherweise bezogen wird; damit verlängert sich demgegenüber in einer hermetischen Verpackung bei gleichem Ausgangs-Sauerstoffpartialdruck die Haltbarkeitszeit (vgl. Abschn. 5.1.2).

Mack et al fanden dagegen bei flüssiger Kindernahrung, daß die Ausgangs-Sauerstoffkonzentration auf die Geschwindigkeit des Askorbinsäureabbaues (im Dunkeln) keinen Einfluß hatte [19,20].

Bei Wahl wenig sauerstoffdurchlässiger Packstoffe, d.h. wenn der Diffusionswiderstand der Verpackung sehr viel höher als der des Gutes ist, wird man bei flüssigen und bei porösen Lebensmitteln keinen merklichen, durch die Diffusionsgeschwindigkeit bestimmten Konzentrationsgradienten im Gut erwarten können. In *kompakten* bzw. höher viskosen Lebensmitteln (z.B. Margarine, Schokolade, Mayonnaise, Schmelzkäse) hängt der Verlauf der Sauerstoffkonzentration im Gut dagegen vom Verhältnis der Reaktions- zur Diffusionsgeschwindigkeit ab. Diese Verhältniszahl (G-Wert), welche in einem als Modell verwendeten, mit Indoxyl versetzten CMC-Gel 0,106 beträgt, ist bei Lebensmittelbestandteilen merklich geringer [21,43] und zwar ebenfalls bei 20°C in einem mit Askorbinsäure versetzten Gel $0,324 \cdot 10^{-3}$ und bei Linolsäure in Margarine $0,66 \cdot 10^{-5}$. Bei Lebensmitteln ist dementsprechend ein relativ flacher Verlauf der Konzentration der nicht abreagierten Inhaltsstoffe zu erwarten. Dies wird durch Bild 62 bestätigt, in dem der örtliche Verlauf des gelösten Sauerstoffs und der Konzentration der nicht abreagierten Linolsäure zu verschiedenen Zeiten in einer zu Versuchsbeginn sauerstofffreien unverpackten Margarineplatte dargestellt ist. In tieferen Regionen scheint demnach nach langen Zeiten der physikalisch gelöste Sauerstoff kaum mehr zuzunehmen. Nimmt man an, daß ihr Verkaufswert bei einer Peroxidzahl von 10 (10 µmol O_2/g Fett) merklich geschmälert würde, so ist sie nach 60 Tagen bis in eine Tiefe von 4 mm beeinträchtigt (dort umgesetzte O_2-Menge: 0,32 mg/g, siehe Bild 62). Wäre aber bereits eine Peroxidzahl von 5 kritisch, so wären in dieser Zeit bereits 11 mm beeinträchtigt. Lagert man die Margarine in eine Verpackung von beschränkter Sauerstoffdurchlässigkeit ein, dann führt dies zu einer Verringerung der in das Gut hineindiffundierenden und damit auch der für die Reaktion

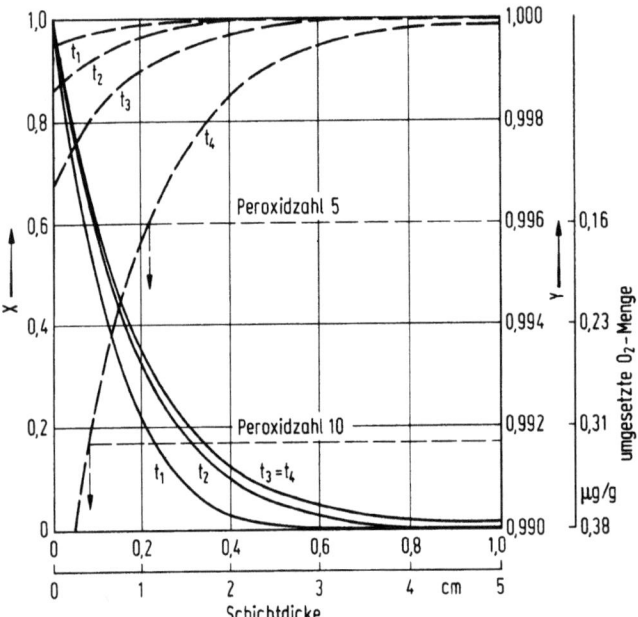

Bild 62. Verlauf der Konzentration des physikalisch gelösten Sauerstoffes X (—) und der nicht abreagierten Linolsäure Y (----) in einer einseitig der Sauerstoffeinwirkung ausgesetzten, ursprünglich sauerstofffreien Margarineplatte in Abhängigkeit von der relativen Schichtdicke nach $t_1 = 2$, $t_2 = 6$, $t_3 = 15$ und $t_4 = 60$ d (die Maßstäbe von X und Y sind verschieden).

zur Verfügung stehenden Sauerstoffmenge und zu einem äußerst flachen örtlichen Verlauf der nicht abreagierten Linolsäure. Also bestünde im Prinzip kein wesentlicher Unterschied mehr zu einem vergleichbaren Speiseöl, in welchem in der gleichen Verpackung örtliche Unterschiede durch Konvektionsströmungen ausgeglichen würden. Anders liegen aber die Verhältnisse bei Belichtung, weil hierdurch die Geschwindigkeit des Sauerstoffverbrauchs erheblich zunehmen kann, die Lichtstrahlen aber nur wenig eindringen. Bei kompakten Gütern kann hierdurch also die Randschicht stark beeinflußt werden, während bei Speiseöl der Konvektionseffekt in einem größeren Flüssigkeitsvolumen auch hierbei ausgleichend wirkt. Über die Diffusion der bei der Fettoxidation entstehenden, riechenden oder schmeckenden Abbauprodukte weiß man noch wenig; sie werden sich sicher infolge Flüssigkeitskonvektion schneller "verdünnen" als in der Tiefe kompakter Lebensmittel. Wegen des höheren G-Wertes bei Askorbinsäure sind beim Abbau dieses Wirkstoffes die Konzentrationsfronten steiler als beim Linolsäureabbau [43].

Bei Gefriergütern ist die Diffusionsgeschwindigkeit äußerst niedrig; hier wird zunächst der nach dem Gefrieren noch in der Restlösung verbleibende Sauerstoff reagieren, wobei sich die Frage erhebt, ob dieser

6.2 Vorwiegend sauerstoffempfindliche Lebensmittel

ausreicht, um zusammen mit dem Sauerstoffangebot von außen bei sehr geringen Reaktionsgeschwindigkeiten innerhalb der üblichen Lagerzeiten eine merkliche Qualitätsveränderung hervorzurufen. Dagegen entfällt im Falle von Gefrierbrand der vorher durch die Eisschicht vorgegebene Diffusionswiderstand in der äußersten Schicht, so daß hier die Oxidationsreaktion rascher ablaufen kann.

Während bei den meisten Lebensmitteln sich der Einfluß des Sauerstoffes auf die Qualität ungünstig auswirkt, liegt bei Frischfleisch der seltene Fall vor, daß zur Erhaltung der ziegelroten Fleischfarbe (oxygeniertes Myoglobin: MbO_2) möglichst viel Sauerstoff herangeführt werden muß. Im Laufe der Zeit wird dieser Farbstoff nach Passieren der reduzierten, d.h. nicht oxygenierten Form oxidiert, wobei sich das im Myoglobinkomplex gebundene Eisen von der zweiwertigen in die dreiwertige Form umwandelt (Bildung des mißfarbigen Metmyoglobins). Diese Umwandlung hat ihr Maximum bei relativ niedrigen Sauerstoffpartialdrücken (Bild 63),

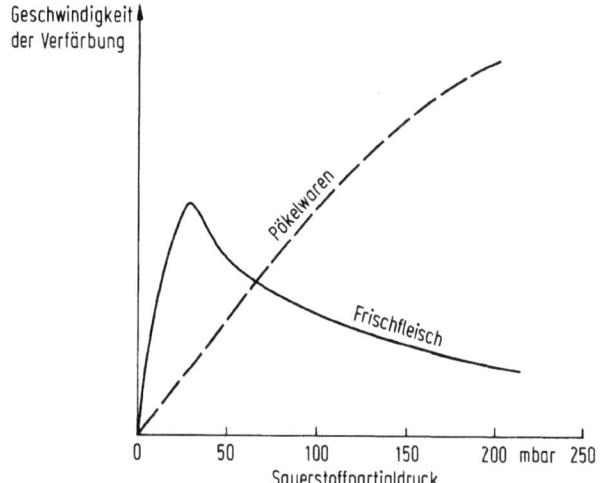

Bild 63. Geschwindigkeit der Verfärbung von Fleisch und Fleischwaren, abhängig vom Sauerstoffpartialdruck (nach Karel).

weshalb man bei sogenannten Reifebeuteln extrem niedrige Sauerstoffpartialdrücke und Packstoffe mit sehr niedriger Sauerstoffdurchlässigkeit bei Temperaturen knapp über dem Gefrierpunkt verwenden muß, um möglichst lange die purpurrote Farbe des reduzierten Myoglobins zu bewahren. Dieses setzt sich bei späterer Luftberührung weitgehend in Oxymyoglobin um (vgl. Abschn. 6.5, Fleisch). Im Gegensatz dazu verläuft die Metmyoglobinbildung aus Nitrosomyoglobin bei gepökelten Fleischerzeugnissen ungefähr proportional zum Sauerstoffpartialdruck [22]. Dies ist der Grund, weshalb man solche Fleischwaren in den Selbstbedienungsläden immer bei niedrigem Sauerstoffpartialdruck und sehr sauerstoffdicht verpackt vorfindet.

6.3 Lichtempfindlichkeit (vorwiegend fetthaltiger Lebensmittel)

Systematische Arbeiten über die Lichtempfindlichkeit von Lebensmitteln und Lebensmittelbestandteilen sind nicht sehr zahlreich [23]. Von der Lichtempfindlichkeit von Fetten und Ölen abgesehen, ist am meisten über die möglichen Ursachen des aktivierten Geschmacks von Milch als Folge des oxidativen Abbaus von Methionin zu Methional mit Lactoflavin (B_2) als Sensibilisator gearbeitet worden [24]. Für Lactoflavin erwies sich der Wellenlängenbereich 415-455 nm als besonders schädlich. Durch UV-Einfluß werden auch die Vitamine C und B_1 in Milch rasch abgebaut. Lichtempfindlich sind eine Reihe von Aminosäuren (Histidin, Tryptophan, Tyrosin, Phenylalanin und die schwefelhaltigen Aminosäuren [25]). Lactoflavin sensibilisiert auch den Abbau von Folsäure und Biotin, die an sich gegen Licht nicht empfindlich sind [26]. Lichtempfindlich sind alle Lebensmittel, welche Milchfett enthalten [25], außerdem in unterschiedlichem Ausmaß Kartoffelpulver, Nüsse, Gewürze, Fruchtsäfte, Buttergebäck, Mayonnaise und schließlich eine Reihe von tierischen und pflanzlichen Lebensmittelfarben. Die nachfolgenden Ausführungen befassen sich mangels anderweitigem wissenschaftlich fundierten Material lediglich mit der Wirkung des Lichtes auf Fette.

Während immerhin bei Frischfleisch im Dunkeln eine hohe Sauerstoffaufnahme erwünscht ist, stellt die unter Lichteinfluß stattfindende Reaktion mit dem Sauerstoff grundsätzlich ein Qualitätsrisiko dar [27]. Deshalb sollte man lichtempfindliche Lebensmittel nur dann dem Wunsch des Verbrauchers entsprechend volltransparent verpacken, wenn der Sauerstoffpartialdruck im Innern annähernd auf Null gehalten werden kann. Es gibt aber Fälle, wo dies unter praktischen Bedingungen nicht immer ausreichend erzielbar ist, wie bei Bier, Wein und Sprühmilchpulver. Manchmal kann es ökonomischer sein, völligen Lichtschutz mit geringeren Anforderungen an die Sauerstoffdichtigkeit zu verbinden.

Die Reaktion des Sauerstoffes mit den in den ungesättigten Fettsäuren vorkommenden Allylsystemen verläuft nach dem bekannten von Farmer und Bolland [28] formulierten Radikalkettenmechanismus und beschleunigt sich infolge des Zerfalls der primär gebildeten Hydroperoxide autokatalytisch. Die Reaktionsgeschwindigkeit bei gegebenem Sauerstoffpartialdruck und gegebener Temperatur ist abhängig von der Fettsäurezusammensetzung, der Konzentration und Wirksamkeit von Pro- und Antioxidantien und der sauer-

6.3 Lichtempfindlichkeit

stoffberührten spezifischen Oberfläche. Eine Reihe von Lebensmittelbestandteilen wie z.B. Schwermetallionen, Häm(in)-Verbindungen und Lipoxygenasen können eine Fettoxidation auslösen. Bis vor wenigen Jahren herrschte die Anschauung, daß zwischen der Autoxidation im Dunkeln und derjenigen bei Lichteinwirkung kein prinzipieller Unterschied bestünde. Die bei Lichteinwirkung erhöhte Oxidationsgeschwindigkeit mit dem Fortfall der Induktionsperiode erklärte man mit der durch Lichtenergiezufuhr vermehrten Radikalbildung. Nach den Erkenntnissen der letzten Jahre [29] konnte diese Theorie einer radikalischen Reaktion der Fettsäuren mit dem Sauerstoff hierfür nicht mehr aufrechterhalten werden. Inzwischen weiß man, daß es zwei Typen der photo-sensibilisierten Oxidation von Allylsystemen gibt. Beim Typ 1 reagiert der durch das Licht aktivierte Sensibilisator mit dem Substrat unter Bildung von Radikalen, beim Typ 2 wird der Sauerstoff durch den angeregten Sensibilisator in dem 1. Singulett-Zustand überführt, aus dem heraus eine direkte Reaktion mit Allylsystemen möglich ist, wobei die Vermittlung bei der Übertragung der Lichtenergie auf den Sauerstoff in Lebensmitteln vielfach durch Chlorophyll bzw. Phäophytin erfolgt. Die Hydroperoxidbildung dieses Reaktionstypes kann bereits durch sichtbares Licht initiiert werden.

Zwischen der normalen Autoxidation und der Photooxidation bestehen einige charakteristische Unterschiede:
- Während die Autoxidation durch eine mehr oder weniger ausgeprägte Induktionsperiode gekennzeichnet ist - im Zusammenhang mit der Qualitätserhaltung eine sehr wichtige Zeitspanne - setzt im Licht die Sauerstoffaufnahme sofort ein (Bild 64).

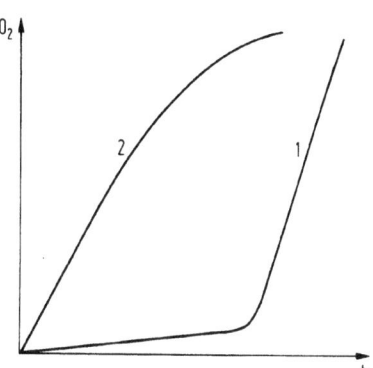

Bild 64. Kinetik der Fettoxidation
   1: inhibierte Reaktion
   2: sensibilisierte Reaktion

- Aufgrund der nichtradikalischen Natur der Photooxidation verläuft diese nicht autokatalytisch beschleunigt und kommt im Unterschied zur radikalischen Autoxidation bei Fortfall der Belichtung weitgehend zum Erliegen, falls nicht bereits die autokatalytische Oxidation eingesetzt hat.
- Die Photooxidation kann durch die gängigen Antioxidantien, wie Tokopherol, BHA usw. - die Radikalfänger sind und vor allem dazu dienen, die Induktionsperiode zu verlängern -, nicht gehemmt werden. Auch dies ist für die Qualitätserhaltung ein wichtiger Gesichtspunkt.

Die Bedeutung des Lichteinflusses im Rahmen der Fettoxidation besteht in der kurzzeitigen Bildung meßbarer Mengen an Hydroperoxiden, die ihrerseits durch Zerfall die Startradikale für die autokatalytisch verlaufende Oxidation liefern. Es laufen also beide Oxidationsarten nebeneinander ab, wobei die letztere sehr bald die dominierende wird.

Die Wirkung des Lichtes auf ein fettreiches Füllgut veranschaulicht das Ergebnis einer mit Erdnußöl durchgeführten Untersuchung. Das Öl wurde während der laufenden Produktion von Kartoffelchips aus einer Industriefriteuse entnommen, um die Frage zu klären, welchen Veränderungen der Fettfilm innerhalb einer Beutelpackung mit fettreichem Füllgut unterliegen kann. Die Dunkelprobe durchlief zunächst eine Induktionsperiode von 50 Tagen, erst dann wurde die Oxidation mit einer Geschwindigkeit der Sauerstoffaufnahme von 0,026 µg O_2/g Öl h gerade meßbar. Das gleiche Öl entwickelte bei Belichtung vom Versuchsstart an eine 150mal höhere Oxidationsgeschwindigkeit von 3,90 µg O_2/g Öl h und erreichte damit in kürzester Zeit einen qualitativ nicht mehr tolerierbaren Oxidationsgrad[5].

Um klarzustellen, ob ein Lichteinfluß auch ohne Sensibilisatoren möglich ist, wurden Versuche mit Linolsäuremethylester durchgeführt, welche ergaben, daß der unter praktischen Bedingungen nur geringe Energieanteil des Spektralbereichs 265-325 nm die Bildung von Hydroperoxiden im Vergleich zur Dunkelreaktion erheblich (exponentiell) beschleunigt, wogegen eine Strahlung mit höheren Wellenlängen als 400 nm ohne Einfluß war. Es zeigte sich, daß hier ein zweiter Typ der Photooxidation auftritt, an dem Singulett-Sauerstoff nicht beteiligt ist, bei der aber ebenfalls Energieüberträger mitwirken. Als solche wurden Fettsäuren mit einem konjugierten Oxodiensystem erkannt, welche in dem Modellsubstrat in geringen Mengen als schwer entfernbare Begleitstoffe vorhanden sind und auch

---

[5] Persönliche Mitteilung von R. Radtke (ILV).

6.3 Lichtempfindlichkeit

in fetthaltigen Lebensmitteln verbreitet vorkommen. Zur Sensibilisierung der Oxodienverbindungen genügt bereits der geringe UV-Anteil von Tageslichtlampen [30].

Für die Verpackung fetthaltiger Produkte konnten vor allem drei Fragen beantwortet werden (s. folgende Abschn. 6.3.1 bis 6.3.3).

6.3.1 Die Abhängigkeit der Oxidationsgeschwindigkeit von der Bestrahlungsstärke [31]

Die Untersuchungen wurden an Sojaöl, Sonnenblumenöl und Erdnußöl durchgeführt, von denen die Kinetik der Sauerstoffaufnahme in einer speziellen Apparatur bei definierter Belichtung verfolgt wurde. Dabei ergab sich für die Öle, daß die Sauerstoffverbrauchsgeschwindigkeit üblicherweise proportional der Quadratwurzel der Bestrahlungsstärke ist (Bild 65 mit tan β = 0,5). Einmal gestartet, schreitet die Oxidation im Dunkeln,

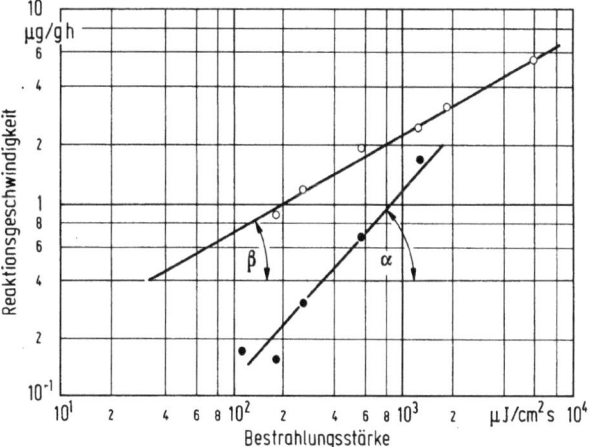

Bild 65. Abhängigkeit der Reaktionsgeschwindigkeit von der Bestrahlungsstärke (Sojaöl).
● für die erste Phase (tan α = 1)
○ für die zweite Phase (tan β = 0,5).

wenn auch mit geringerer Geschwindigkeit, fort, wobei sie im Dunkeln unabhängig von der Bestrahlungsstärke der Vorbelichtung, jedoch umso größer ist, je kürzere Wellenlängen vorher einwirkten. Ein besonderes Verhalten zeigt Sojaöl, bei dem zwei Oxidationsphasen beobachtet wurden. In der ersten Phase besteht ein linearer Zusammenhang zwischen der Sauerstoffverbrauchsgeschwindigkeit und der Bestrahlungsstärke und erst in der zweiten Phase wird die Oxidationsgeschwindigkeit der Quadratwurzel aus der Bestrahlungsstärke proportional; die Reaktion mit dem Sauerstoff kommt nur in der ersten Phase bei Fortfall der Belichtung zum Stillstand.

Bei flüssiger Kindernahrung fanden Mack et al. eine (bis 4284 lx) mit
der Bestrahlungsstärke linear ansteigende Sauerstoffaufnahmegeschwin-
digkeit ausgenommen bei 1 ppm O_2 und 7°C, wo sich die Geschwindigkeit
der Sauerstoffaufnahme unabhängig von der Bestrahlungsstärke erwies.
Sie stieg dabei auch weitgehend proportional zu der Ausgangssauerstoffkonzentration. Bei höheren Bestrahlungsstärken war der Temperatureinfluß auf die Geschwindigkeit der Sauerstoffaufnahme besonders ausgeprägt [19]. Die Geschwindigkeitskonstante des Askorbinsäureabbaues ver-
lief bei einer Sauerstoffkonzentration von 8,9 ppm bis zu 1765 lx linear mit der Bestrahlungsstärke. Darüberhinaus war keine Geschwindig-
keitserhöhung mehr festzustellen. Vergleichsweise zur Dunkellagerung
erhöhte sich die Geschwindigkeit des Askorbinsäureabbaues ganz erheblich [20]. Insgesamt sind hinsichtlich der Lichtempfindlichkeit der
verschiedenen Lebensmittel und der Anpassung der Verpackung an die wahrscheinlichen Bestrahlungsbedingungen noch viele Fragen ungelöst.

6.3.2 *Die Abhängigkeit der Oxidationsgeschwindigkeit von der Wellenlänge des eingestrahlten Lichtes* [32]

Voraussetzung für die Klärung dieser Frage ist, daß man nicht zugleich
mit der Wellenlänge auch die Bestrahlungsstärke verändert. Aussagen über
den Einfluß der verschiedenen Farben können nur gemacht werden, wenn
man das Prüfgut mit gleicher Quantenstromdichte bestrahlt.

Aus Bild 66 ersieht man, daß unter diesen Bedingungen kurzwelliges Licht
(wie blau) im Vergleich zu längerwelligem (wie gelb) die Oxidation in
weit stärkerem Maße anregt - nämlich um das 35fache -, als nach den
Energieinhalten ($E = h\nu$) zu erwarten wäre, die sich nur wie 1:1,3 verhalten. Eine Erklärung hierfür erfordert die Einbeziehung zweier weiterer Kenngrößen, nämlich des Reinabsorptionsgrades der Öle und der
Quantenausbeute der Reaktion. Die Einwirkung von kurzwelligem Licht hat
deswegen eine wesentliche Steigerung der Oxidationsgeschwindigkeit zur
Folge, weil die Zunahme der Reinabsorption höher ist als die Abnahme der
Quantenausbeute. Es ist hier nicht der Ort, auf die theoretischen Zusammenhänge einzugehen, zumal das wellenlängenabhängige Reaktionsge-
schehen in Speiseölen durch die Anwesenheit von Sensibilisatoren noch
verkompliziert wird. Es bleibt jedoch die Schlußfolgerung, daß kurzwelliges Licht in zweifacher Hinsicht schädlich ist: Einmal wegen seiner
ausgeprägten Wirkung auf die Geschwindigkeit der Sauerstoffaufnahme und
zum anderen wegen der erwähnten verstärkten Nachwirkung auf die Dunkelreaktion. Vorsorglich wird man in der Praxis photochemisch als beson-

6.3 Lichtempfindlichkeit

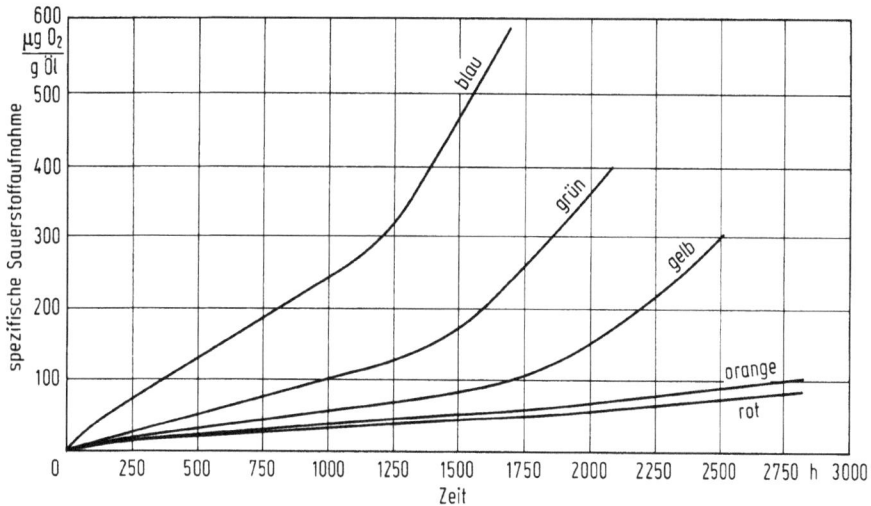

Bild 66. Kinetik der O_2-Aufnahme von Sojaöl in Abhängigkeit von der Wellenlänge des eingestrahlten Lichtes. Quantenstromdichte $615 \cdot 10^{12}$ s^{-1}; O_2-Druck 213 mb; 20°C.

ders wirksam erkannte Wellenlängenbereiche des nahen UV von etwa 300-400 nm sowie die sichtbare Strahlung um 450 nm zu reduzieren bzw. zu eliminieren versuchen.

6.3.3 Die Abhängigkeit der Oxidationsgeschwindigkeit vom Sauerstoffpartialdruck [33]

Auch hier wurden die drei genannten Öle untersucht. Es ergibt sich aus Bild 67, daß die Oxidationsgeschwindigkeit in einem weiten Bereich praktisch unabhängig vom Sauerstoffpartialdruck ist. Angesichts der niedrigen Geruchsschwelle der auftretenden Verderbsprodukte ist verständlich, daß erst bei wesentlich vermindertem Sauerstoffpartialdruck im Bereich von 0-10 mb bei deutlicher Senkung der Oxidationsgeschwindigkeit eine wesentliche Verbesserung der Qualitätserhaltung bzw. der Lagerstabilität erreicht wird. Wie aus Bild 67 gefolgert werden kann, bedarf es bei Anwendung nicht ausreichend lichtschützender Verpackungen für sauerstoffempfindliche Füllgüter eines noch bedeutend niedrigeren Sauerstoffpartialdruckes als bei Lagerung im Dunkeln sowie einer entsprechend niedrigen Sauerstoffdurchlässigkeit der Packung.

In mit 4284 lx belichteter flüssiger Kindernahrung erhöhte sich die Geschwindigkeit des Askorbinsäureabbaues bei einer Ausgangssauerstoffkonzentration zwischen 1 und 4,9 ppm mit steigender O_2-Konzentration nicht, wohl aber im Konzentrationsbereich 4,9-8,9 ppm O_2 [20].

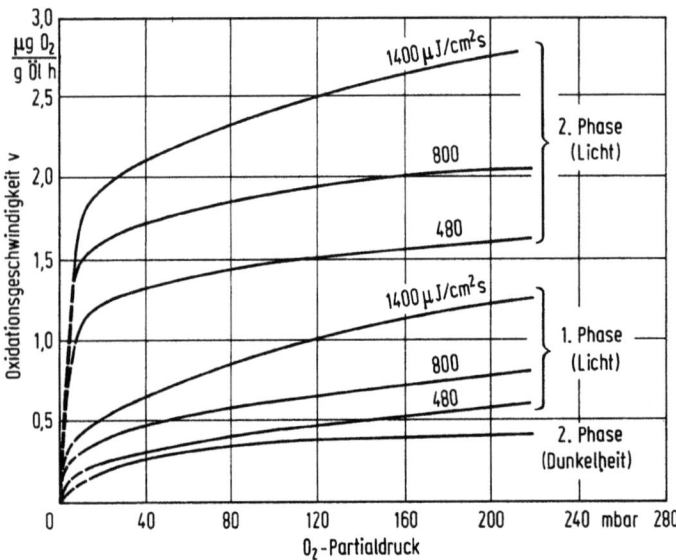

Bild 67. O_2-Druckabhängigkeit der Oxidation von Sojaöl bei Einstrahlung von weißem Licht verschiedener Intensität sowie bei Dunkelheit; 20°C.

Hinsichtlich der Voraussage der Qualitätsgefährdung von Lebensmitteln unter Lichteinfluß ist man bisher nur so weit gekommen, daß man aufgrund der Kenntnis der spektralen Strahlenflußverteilung einer Lichtquelle die Lichtenergie berechnen kann, welche in einer Packung mit gegebenem Remissionsvermögen vom Gut absorbiert wird [34]. Über kritische Wellenlängenbereiche und Intensitäten weiß man z.Z. noch nicht allzuviel. Insgesamt ist man auch noch weit davon entfernt, lichtinduzierte Veränderungen von beliebigen Lebensmitteln in einem geschlossenen Erklärungsschema unterzubringen. Vorläufig wird man sich deshalb darauf beschränken, daß man bei Kenntnis der spektralen Empfindlichkeit des Füllgutes die Färbung des Packstoffes so zu wählen versucht, daß er die kritischen Wellenlängen nicht bzw. möglichst wenig durchläßt. Bei Karotinoiden, deren Absorptionsmaximum um 450 nm liegt und die im blauen Licht einen maximalen Abbau aufweisen, würde eine gelbe Färbung schützen, weil eine so gefärbte Folie Blau ausfiltert [35]. Molkereierzeugnisse bläulich einzufärben, wie es gelegentlich aus Werbegründen zu beobachten ist, kann deshalb für diese qualitativ abträglich sein. Babynahrung in braungefärbten Flaschen zeigte bei starker Belichtung bei 20°C keine Zerstörung der Vitamine A und B_2 (vgl. Abschn. 5.3).

6.4 Druckverhältnisse und Binnenklima in Kunststoffpackungen für Lebensmittel

Wenn man die Druckverhältnisse in einer beliebigen Packung berechnen will, muß man über eine Reihe von Zahlenangaben verfügen:
- Die temperaturabhängigen Permeationswerte für O_2, N_2 und CO_2 für die wichtigsten Kunststoffe. Diese Werte liegen vor (vgl. Abschn. 5.1).
- Werte für die CO_2-Abgabe des Füllgutes. Für geröstete ganze Kaffeebohnen und für auf verschiedene Korngrößen zerkleinerte Kaffeebohnen von unterschiedlichem Röstgrad liegen Angaben über die zu erwartende Desorptionsgeschwindigkeit von CO_2 vor [36]. Für gemahlenen Röstkaffee ist sie für einen Röstgrad bei verschiedenen CO_2-Partialdrücken in der Packung bekannt [37]. Entsprechende Werte für andere Röstgüter kennt man nicht, vielleicht sind sie vergleichsweise bedeutungslos.
- Werte für die CO_2-Bildung und den O_2-Verbrauch der wichtigsten Gartenbauerzeugnisse sind längst bekannt, auch für vegetative Mikroorganismenzellen [38]. Weniger genau kennt man den Gasstoffwechsel bei der Reifung verschiedener Käsesorten und bei der Gewebeatmung von Fleisch [39, 40].
- Vergleichsweise zum Durchgangswiderstand ist der Übergangswiderstand von O_2 und CO_2 auf ruhende Gutsoberflächen außerordentlich gering. Die Zeit zur Sättigung der Oberflächenschicht ist gegenüber der Lagerzeit vernachlässigbar. Bei Flüssigkeitsfüllung ist der Konvektionsanteil so hoch, daß die Lösungsgeschwindigkeit der Kopfraumgase weiter erhöht ist.
- Werte für die Desorptionsgeschwindigkeiten von Gasen aus Füllgütern in die Umgebung sind spärlich. Man weiß beispielsweise, daß der in den Hohlkügelchen von Sprühmilch enthaltene Luftsauerstoff in eine sauerstofffreie Umgebung nur sehr langsam abgegeben wird, wenn die Porosität gering und das Vakuolenvolumen hoch ist. Die Folge davon ist, daß die Sauerstoffkonzentration im Kopfraum einer solchen Packung binnen einer Woche von ca. 0,3% auf annähernd 3% ansteigen kann [41]. Solche Pulver muß man also vor dem Verpacken durch eine Zwischenlagerung in sauerstofffreier Atmosphäre vorentgasen, während eine Vorentgasung bei porösen Pulvern mit niedrigem Vakuolengehalt entfallen kann. Insgesamt bestehen hinsichtlich Desorptionsgeschwindigkeiten und deren Temperaturabhängigkeit noch erhebliche Erkenntnislücken.
- Sauerstoffverbrauchsgeschwindigkeiten: Bekannt sind Werte für eine Reihe von Lebensmitteln bei Atmosphärendruck [16], (vgl. Abschn. 6.2) sowie stöchiometrische Angaben über das mögliche Ausmaß des Sauerstoffverbrauchs bei Ablauf bestimmter Reaktionen, wie beispielsweise bei der Oxidation von Askorbinsäure und Linolensäure. Dann gibt es Werte über

den Verlauf des Sauerstoffverbrauchs von Füllgütern in Packungen. Sie sind jedoch mit der jeweiligen Porosität des Füllgutes und dem Hohlraumvolumen der Verpackung verknüpft und, da der Sauerstoffpartialdruck in der Packung dabei laufend absinkt, nicht generell auswertbar, so praxisnah sie auch sein mögen. Abhängig vom Sauerstoffpartialdruck gibt es dagegen nur wenige Werte über die Sauerstofftoleranzgrenzen [42], abhängig von der Temperatur offenbar überhaupt keine. Hier klafft also auch noch eine erhebliche Lücke. Für den Sauerstoffverbrauch von kompakten Gütern existieren Werte über Diffusions- und einige Reaktionskonstanten sowie über Sauerstofflöslichkeiten, weiterhin Rechenansätze für die zeitlich instationäre Verteilung des physikalisch gelösten Sauerstoffes und der Reaktionsprodukte (vgl. Abschn. 6.2) [43].

<u>Einige wichtige Verpackungsfälle für Lebensmittel: (Bild 68 a bis f)</u>

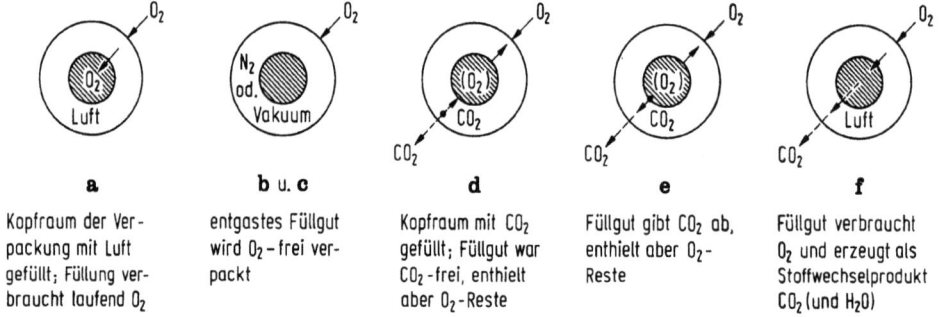

Bild 68. Einige Fälle, die unter Einwirkung des atmosphärischen Sauerstoffes das Binnenklima in einer Kunststoffverpackung für Lebensmittel beeinflussen. —— O_2; ----- CO_2.

Fall a: Der Kopfraum einer Verpackung ist mit Luft gefüllt und das Füllgut verbraucht laufend Sauerstoff. Wenn eine Kunstoffflasche sich einbeult, ist eine der Ursachen dafür, daß der im Füllgut physikalisch gelöste und der Kopfraum-Sauerstoff rascher verbraucht werden als Sauerstoff eindringt. Die Einstellung eines Unterdruckes hängt entscheidend von der Sauerstoffverbrauchsgeschwindigkeit des Füllgutes (z.B. Ketchup, Speiseöl) bei der betreffenden Temperatur ab. Zu unterscheiden ist zwischen dem Betrag des sich maximal einstellenden Unterdruckes und seiner Einstellgeschwindigkeit: Der maximal mögliche Unterdruck wäre $0,21 \cdot p_{ges}$ bei völliger Dichtheit (Glasflasche), und nimmt mit zunehmender Sauerstoffdurchlässigkeit zu, natürlich mit zunehmender Wanddicke weniger. Die Einstellgeschwindigkeit des Höchstbetrages des Unterdruckes hängt neben der Sauerstoffverbrauchsgeschwindigkeit des Gutes vor allem vom Verhältnis des Füll- zum

6.4 Druckverhältnisse und Binnenklima in Kunststoffpackungen

Kopfraumvolumen ab, und zwar nimmt sie damit zu. Ob und wann es freilich dabei zu einem Einbeulen kommt, hängt von konstruktiven und materialmäßigen Einflüssen ab, welche den Einbeuldruck der Flasche bestimmen. Er muß über dem sich einstellenden Unterdruck bleiben. Nach Penzkofer nimmt die Einbeulstabilität einer Kunststoffflasche mit wachsender Wanddicke stärker zu, als der durch die hierdurch verminderte Sauerstoffdurchlässigkeit sich vergrößernde Unterdruck; auch ein hoher Elastizitätsmodul des Flaschenmaterials wirkt dem Einbeulen entgegen. Wenn der Unterdruck länger andauert, würde bei Verwendung von PE infolge des kalten Flusses die Einbeulung bestehen bleiben.

Beim Abkühlen einer heiß eingefüllten Flüssigkeit sinkt nach dem dichten Verschließen der Packung der Innendruck entsprechend deren Dampfdruckkurve bei sich mit sinkender Temperatur verringernden Permeationswerten und der Kontraktion der verbleibenden inerten Gase sowie der Flüssigkeitskontraktion ab, wodurch bei Kunststoffflaschen ebenfalls ein Einbeulen erfolgen kann.

Fall b: Stickstoff-Füllung. Falls man eine sauerstoffempfindliche Flüssigkeit in eine Verpackung von bestimmter Sauerstoffdurchlässigkeit sauerstofffrei abfüllt und als Kopfraumgas Stickstoff verwendet, würde die Gesamtdruckänderung gegenüber dem Fall a erheblich verlangsamt. Gleichzeitig steigt die Haltbarkeit eines sensorisch sauerstoffempfindlichen Füllgutes.

Fall c: Vakuumpackung. Im Gegensatz zur Inertgasfüllung liegt in diesem Fall bei einer Weichpackung der Packstoff von vornherein straff an (z.B. Erdnüsse), was nicht immer erwünscht ist (z.B. Schwierigkeit beim Trennen von Käsescheiben). Gleichzeitig wird jedoch dadurch die Porenfreiheit der Packung augenscheinlich. Ein grundsätzlicher Unterschied im Permeationsverhalten des Luftsauerstoffes im Vergleich zu einer Stickstoff-Füllung besteht bei einem porendichten Packmittel nicht.

Fall d: Kohlendioxidfüllung. Das Füllgut gibt kein CO_2 *ab:* Hierbei wirkt sich aus, daß der Permeationskoeffizient von CO_2 durch Kunststoffe drei- bis siebenmal höher sein kann als für den eindringenden Sauerstoff (für Stickstoff kann der Permeationskoeffizient bei Polyolefinen vier- bis zehnmal niedriger als für O_2 sein (vgl. Tabelle 12)). Wird bei Atmosphärendruck eingefüllt, so ist zudem auch noch die CO_2-Partialdruckdifferenz innen gegen außen höher als die O_2-Partialdruckdifferenz außen gegen innen. War das Füllgut vor dem Füllen nicht mit CO_2 gesättigt, so kann allerdings CO_2 von diesem rasch absorbiert werden. Permeationsverhalten des Packstoffes und Löslichkeitsverhalten im Füllgut bewirken einen Unterdruck in der Packung und damit ein sattes Anliegen am Inhalt. Der im Füllgut gelöste Sauerstoff wird sich zusammen mit dem bei der Inertgasfüllung nicht verdrängten Sauerstoff teilweise chemisch umsetzen, teilweise könnte er aber auch desorbieren und dem sich ergebenden Sauerstoffpartialdruck entsprechend ebenfalls chemisch weiterwirken. Gleichzeitig permeiert O_2 von außen durch die Packungswände, wodurch sich der Unterdruck verringert. Je größer der *Kopfraum* einer solchen Inertgaspackung ist, um so langsamer erschöpft sich z.B. der CO_2-Vorrat und um so langsamer steigt in ihm die O_2-Konzentration an, falls die Permeation den Sauerstoffverbrauch übertrifft. Bei kleinen Kopfräumen erfolgt dagegen ein rascherer Anstieg des Sauerstoffpartialdruckes in der Packung; deshalb können in diesem Fall örtliche oxidative Veränderungen rascher ablaufen.

Fall e: Das Füllgut hat CO_2 gelöst oder gibt CO_2 ab: In Bild 69 ist die experimentell und rechnerisch ermittelte Änderung des Hohlraumvolumens einer Beutelpackung von mit CO_2 *gesättigtem* Emmentalerkäse bei Verwendung von Packstoffen mit stark abweichenden Gasdurchlässigkeiten dargestellt [44]. Emmentalerkäse ist beim Anschnitt mit CO_2 gesättigt, beim Auf-

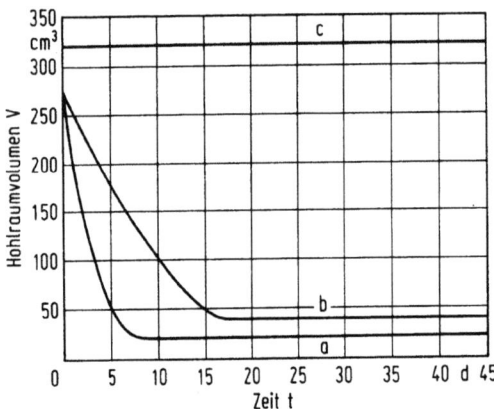

Bild 69. Änderung des Hohlraumvolumens CO_2 gefüllter Packungen unterschiedlicher Gasdurchlässigkeit mit Halbhartkäse bei 10°C
[q in Ncm^3/m^2 d bar]

a: PE   ; q_{O_2} = 1700; q_{N_2} = 290; q_{CO_2} = 7500;
b: PA/LDPE   ; q_{O_2} = 210; q_{N_2} = 17; q_{CO_2} = 1400;
c: PETP/PVDC/LDPE   ; q_{O_2} = 2,0; q_{N_2} = 0,2; q_{CO_2} = 33;

6.4 Druckverhältnisse und Binnenklima in Kunststoffpackungen

schneiden und Verpacken desorbiert dieses, gleichzeitig wird vom Käse aus der Umgebung Sauerstoff aufgenommen und chemisch umgesetzt. Wird der Käse vor dem Verschließen der Verpackung mit CO_2 gesättigt, so tritt bei der Lagerung durch die Kunststoffpackung laufend mehr CO_2 aus als Sauerstoff und Stickstoff eintreten. Solange sich in der Pakkung ungefähr Atomosphärendruck hält, wird mit abnehmender Gasmenge das Hohlraumvolumen kleiner. Ob das Hohlraumvolumen nach langer Zeit infolge des zunehmenden Sauerstoffpartialdruckes wieder zunimmt, hängt von den elastischen Eigenschaften des Packstoffes ab. Ein zu straffes Anliegen der Verpackung am Füllgut kann durch Beimischung von N_2 zum CO_2 vermieden werden.

In gerösteten Kaffeebohnen befindet sich CO_2 *unter Druck*. Bei der Lagerung wird das Gas allmählich nach außen abgegeben. In Bild 70 ist die experimentell und rechnerisch ermittelte Abhängigkeit des Gesamtdruckes

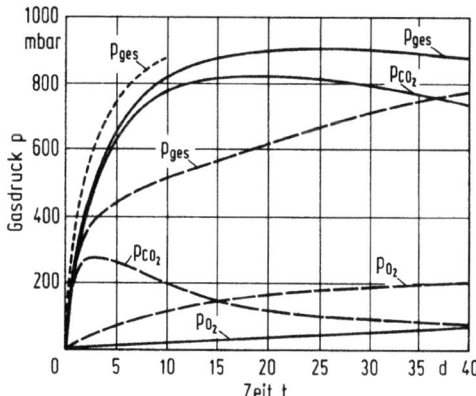

Bild 70. Druckverlauf in einer Vakuumweichpackung für gemahlenen Röstkaffee mit folgenden Gasdurchlässigkeitswerten
——— q_{CO_2} = 100; q_{O_2} = 20 [Ncm³/m² d bar]
- - - q_{CO_2} = 1000; q_{O_2} = 200 [Ncm³/m² d bar]
----- Druckverlauf in einer gasundurchlässigen Vakuumverpackung.

und der Partialdrücke in einer mit gerösteten Kaffeebohnen gefüllten Vakuumpackung von den Durchlässigkeitseigenschaften des Packmittels dargestellt. Bei einer niedrigen Gasdurchlässigkeit sinkt der Gesamtdruck nach einer gewissen Zeit etwas ab, weil die Permeation von CO_2 nach außen höher ist als die Summe der von außen nach innen eindringenden O_2- und N_2-Mengen und weil sich die CO_2-Abgabe der Füllung dabei verringert. Bei Verwendung einer sehr durchlässigen Folie sinkt der CO_2-Partialdruck schon nach wenigen Tagen ab, während der Gesamtdruck weiter ansteigt.

Würde man die Packung mit CO_2 füllen, so würde sich durch den anfangs höheren CO_2-Partialdruck die Gasabgabe der Bohne vermindern, andererseits eine große Gasabgabe nach außen erreicht, was zu einer relativ geringen Änderung des Packungsäußeren führt. Eine Stickstoffbegasung würde dagegen zu einer Volumenzunahme führen. Evakuiert man die Pakkung, dann wird der Zeitpunkt, an dem sich der Packstoff vom Inhalt abhebt oder sich gar eine Kissenform ausbilden kann, erheblich verzögert; unter günstigen Bedingungen (z.B. Vorlagerung, schwache Röstung bzw. starke Zerkleinerung) tritt diese Erscheinung nicht mehr auf.

Fall f: Füllgut wirkt wie ein "Reaktor": Bei der Veratmung des Invertzuckers in frischem *Obst und Gemüse* ist eine Reaktion entsprechend der Summenformel $C_6H_{12}O_6 + 6\ O_2 = 6\ H_2O + 6\ CO_2$ zu erwarten. Anstelle der 6 Mole O_2 bilden sich demnach 6 Mole CO_2. Die Summe der O_2- und CO_2-Konzentrationen bleibt auf diese Weise beim Respirationsquotienten Eins immer 21 Volumenanteile. Da eine solche Konzentrationspaarung im allgemeinen nicht die optimale Lageratmosphäre für Gartenbauerzeugnisse vorstellt, entfernt man bei der Gaskaltlagerung einen Teil des gebildeten CO_2 dauernd mit Hilfe eines Absorbers. In Verpackungen ist dies nicht realisierbar, ganz abgesehen davon, daß man darin keine Kompensationsmaßnahme gegen die Inkonstanz der zeitlich sich ändernden Atmungsgeschwindigkeit (climacteric rise) treffen kann und die Temperaturabhängigkeit der Atmungsgeschwindigkeit mit derjenigen der Permeation nicht übereinstimmt. Angesichts der schwankenden Temperaturen beim Umschlag besteht deshalb keine Aussicht, auf diese Weise einen zuverlässig haltbarkeitsverlängernden Effekt zu erzielen. Um einesteils einen Gasaustausch zu ermöglichen, andererseits aber gleichzeitig die Gefahr des Schrumpfens bzw. Welkens erheblich zu verringern, locht man z.B. die zum Verpacken verwendete LDPE-Folie. Dadurch hemmt man mit einer Veränderung der Binnenatmosphäre auch das Kondensieren des bei der Atmung sich bildenden Wasserdampfes, was den mikrobiologischen Verderb beschleunigen würde.

Der erheblich gesteigerte Stoffwechsel von angeschnittenem oder gar zerkleinertem pflanzlichem Gewebe kann bei Sterilkonserven genutzt werden. Der darin gelöste und im Kopfraum enthaltene Sauerstoff wird rasch veratmet, besonders schnell mit zunehmender Erwärmung der Konserve bevor

6.4 Druckverhältnisse und Binnenklima in Kunststoffpackungen

die Inaktivierungstemperatur der Atmungsenzyme erreicht wird. Dadurch verringert sich die Sauerstoffmenge, welche für einen chemischen Abbau von Füllgutbestandteilen zur Verfügung bleibt; eventuell wird hierdurch der vorhandene Sauerstoff völlig verbraucht.

Ähnlich wie bei der Verpackung von Gartenbauerzeugnissen liegen die Verhältnisse bei *Käsen* mit innerer oder äußerer Reifung. Der Atmungsstoffwechsel während der Reifung erfordert einen hohen Gasaustausch mit der Umgebung. Bei deutschem Camembert muß ein Gasaustausch von 5 cm^3 O_2/ 100 g h möglich sein, wenn eine Fehlreifung verhindert werden soll. Dies entspricht ca. 2400 Ncm^3/m^2 d bar, liegt also mindestens um eine Zehnerpotenz höher als die Durchlässigkeit einer 20 μm-LDPE-Folie. Man muß deshalb für einen entsprechenden Gasaustausch durch Nadelperforierung eines (relativ wasserdampfdichten) Packstoffes sorgen [45]. Bei Tilsiterkäse ist die Gasentwicklung geringer, so daß man bei Wahl genügend gasdurchlässiger Packstoffe auf eine Perforierung verzichten kann.

Recht abweichend liegen die Verhältnisse bei *Frischfleisch*. Der Sauerstoffverbrauch des Gewebes liegt bei + 5°C bei etwa 0,1 cm^3/d g, wobei in den ersten 30 h die Sauerstoffaufnahme durch Hämpigment-Oxygenierung (Myoglobin) und Lösung im Gewebe erhöht war und etwa 50% des Gesamtsauerstoffverbrauchs (Rest Gewebeatmung) ausmachte. Die Gewebeatmung verlangsamte sich nach 10 h [39]. Im Falle einer Eindringtiefe des Sauerstoffes von 10 mm errechnet sich ein Bedarf von 5000 Ncm^3/m^2 d bar. Die Vermeidung einer Sauerstoffverarmung, die zur Bildung des mißfarbigen Metmyoglobins führen kann, bedingt also eine sehr sauerstoffdurchlässige Folie, z.Z. vorwiegend Weich-PVC. Mit zunehmender Vermehrung von Mikroorganismen auf der Oberfläche [38] (O_2-Verbrauch von Pseudomonas fluorescens: $2,3 \cdot 10^{-9}$ dm^3/d·Zelle) wird schließlich beim Schleimigwerden der Oberfläche praktisch der gesamte eindringende Sauerstoff hierdurch abgefangen, also der weiteren Gewebeatmung entzogen.

Lagert man dagegen Fleisch in sogenannten *Reifebeuteln* mit einer Sauerstoffdurchlässigkeit von ca. 10 Ncm^3/m^2 d bar, dann kann das bei der Gewebeatmung entstehende CO_2 nur langsam entweichen, reichert sich also an, während die Sauerstoffkonzentration gegen Null absinkt. Aus beiden Gründen wird das Wachstum von Verderbserregern durch Säurebildner bei 0 - 4°C empfindlich gestört und damit eine längere Haltbarkeitszeit erreicht (vgl. Abschn. 6.5, 1.b). Durch eine mit Abnahme der Gewebeatmung absinkende CO_2-Bildung ergibt sich schließlich eine Verringerung des in der Packung sich ausbildenden CO_2-Partialdruckes. Je gasdichter die Folie ist, um so höher liegt die mittlere CO_2-Konzentration der das Fleisch in der Packung ausgesetzt bleibt und um so stärker wird damit im Bereich 0 - 4°C das Wachstum von Verderbserregern gehemmt (vgl. Abschn. 5.5). Verbleibende geringe Sauerstoffrestmengen könnten als Folge der natürlichen Infektion von wasserreichen Lebensmitteln durch normale Infektion mit Verderbserregern in einer Packung mit geringer Sauerstoffdurchlässigkeit relativ rasch veratmet werden. Hierdurch verlängert sich die Haltbarkeit und verringert sich zusätzlich die Lichtempfindlichkeit während der Lagerung, die bei mikrobiologisch empfindlichen Lebensmitteln immer unter 5°C stattfinden sollte. Bei höheren Temperaturen steigt bei fast allen Kunststoffen der Permeationskoeffizient, während die Löslichkeiten der Gase im Füllgut abnehmen. Die Reaktionsgeschwindigkeiten nehmen dabei im allgemeinen stärker zu als die Permeationskoeffizienten der Kunststoffe (vgl. Abschn. 5.1.).

Anhang: Innendruck beim Sterilisieren.

Nach Einfüllen und Verschließen des zu sterilisierenden Gutes in Behälter (Dose, Glas, Beutel) wird der Innendruck beim Erwärmen aus folgenden Gründen ansteigen:
- Sattdampfdruckerhöhung mit steigender Temperatur,
- Druckerhöhung durch Wärmeausdehnung des Füllgutes vermindert um den kubischen Ausdehnungskoeffizient des Behältnisses,
- Erhöhung des Luftdruckes im Kopfraum mit steigender Temperatur,
- Erhöhung des Luftdruckes infolge verringerter Löslichkeit der Luft, dadurch Freisetzung von Zellgasen und Entcarbonisierung der Aufgußflüssigkeit mit steigender Temperatur.

Während die Erhöhung des Sattdampfdruckes des Füllgutes weitgehend durch den Sattdampfdruck im Autoklaven kompensiert wird, führen die übrigen Einflußgrößen zu einer Steigerung des Wirkdruckes (Innendruck minus Autoklavendruck), die beim Kühlbeginn besonders ausgeprägt ist. Das Wirkdruckmaximum kann auf folgende Weise einzeln oder kombiniert auf das zulässige Maß vermindert werden:
- Vergrößerung des Kopfraumes bzw. Zuschaltung eines weiteren Leervolumens bei Erreichung eines bestimmten Druckes,
- Teilvakuum und Entgasen des Füllgutes vor dem Verschließen,
- Füllen mit heißem Füllgut,
- Überdruck durch entsprechende Preßluftzufuhr in den Autoklaven.

Für die auf dem Markt befindlichen Verpackungen bewegen sich die zulässigen Wirkdrücke je nach Art und Größe des Packmittels zwischen 200 mbar und 2,4 bar. Einzelheiten vgl. [46].

6.5 Anwendungsbeispiele für die Verpackung einiger schutzbedürftiger Lebensmittel

(aufgrund der in den Abschnitten 6.1 bis 6.4 gewonnenen Erkenntnisse.)

Die moderne Entwicklung in der Verpackung von Lebensmitteln geht dahin, daß man nicht nur in abnehmendem Maße eine in jeder Weise optimale Verpackung anstrebt, sondern daß man sie der technischen Notwendigkeit und dem wirtschaftlich Sinnvollen anpaßt. Dabei läßt sich vielfach ein Trend erkennen, den teuren Frischdient ohne Beeinträchtigung der Frische des Gutes dadurch zu entlasten, daß man eine Haltbarkeitsdauer von mindestens 6-8 Wochen anstrebt. Dies ist nicht immer durch eine entsprechende Verpackungsauswahl allein erreichbar, vielfach erfordert es eine bessere Kopplung mit thermischen Maßnahmen wie Pasteurisieren und Kühl- bzw. Kaltlagerung.

Auch die Erfordernisse an die Festigkeit der Verpackung werden mehr den voraussichtlichen Beanspruchungen angepaßt. Beispielsweise haben sich durch den verstärkten Einsatz von Paletten und unter Verwendung von Schrumpffolien die mechanischen Beanspruchungen von Verpackungen verringert. Bei Gütern, die unter Ausschluß von Sauerstoff verpackt werden, muß besonders auf die Vermeidung von Materialbrüchen in Ecken und von Perforierungen beim Umschlag geachtet werden. Dies gilt ganz besonders für sterilisierte Lebensmittel.

Vielfach wird bei der Auswahl der Verpackungen noch nicht genügend Rücksicht darauf genommen, daß der Inhalt vom Verbraucher nicht auf einmal verzehrt wird. Im allgemeinen bedeutet dies, daß die Verpackung gut wiederverschließbar sein muß. (Klemmstreifen bei Aluminiumfolie, Eindruckdeckel bei Gläsern und Dosen). Dort, wo durch das Öffnen die Innenatmosphäre sich völlig verändert hat, wie nach dem Öffnen von Inertgaspackungen, wird man bei vorwiegender Gefahr von Schimmelpilzwachstum gegebenenfalls auf ein Wiederverschließen verzichten und zur Verhütung von Schimmelpilzwachstum lieber eine erhöhte Antrocknungsgefahr der Oberfläche in Kauf nehmen (Beispiel manche Schnittkäse).

Den nachfolgenden Beispielen liegen größtenteils Unterlagen zugrunde, welche für die von R. Heiss und R. Radtke (ILV) herausgegebenen "Empfehlungen für die Mindestanforderungen an die Beschaffenheit von Lebensmittelverpackungen", Keppler-Verlag Heusenstamm, 1972 verwendet wurden. Dort findet man auch spezifische Literaturhinweise.

Frischfleisch, Frischgeflügel

1. *Frischfleisch* ist für den Gebrauch im Haushalt nur mit hellroter Oberfläche (Oxymyoglobin) verkäuflich, die sich bei Zutritt von Sauerstoff bildet. Da durch die Gewebeatmung laufend Sauerstoff verbraucht wird (vgl. Abschn. 6.4), bedeutet dies, daß zur Verpackung von Frischfleisch nur hochsauerstoffdurchlässige Packstoffe geeignet sind. Diese sollten aber gleichzeitig nur eine beschränkte Wasserdampfdurchlässigkeit aufweisen, weil sonst die Oberflächenschicht eintrocknet, dadurch abdunkelt, und außerdem an Verkaufsgewicht eingebüßt wird. Als bisher günstigste Lösung hat sich die Verwendung einer Weich-PVC-Streckfolie erwiesen, die allerdings nicht in allen Ländern für diesen Zweck zugelassen ist. Bei größeren Stücken für eine rasche industrielle Verwertung verwendet man LDPE. Da der mikrobiologische Verderb von Fleisch im Bereich um 0°C sehr stark temperaturabhängig ist, bedarf die Verpackung einer Ergänzung durch eine Kaltlagerung bei einer Temperatur, die sich von 0°C möglichst wenig unterscheidet. Weiterhin muß durch hygienische Schlachtung und hygienisches Zerlegen der Anfangskeimgehalt niedrig gehalten werden. Die Verpackung schützt in der ganzen Kühlkette vor weiteren Fremdinfektionen, welche auf kalten ungeschützten Fleischoberflächen durch Feuchtigkeitskondensation besonders gefördert werden. Bei 4°C läßt sich bei gutem hygienischen Zustand eine hohe Verkaufsqualität für die Dauer bis zu 3, bei 0 - 1°C von 5 Tagen erreichen. Der Einfluß von Licht auf die Verfärbung ist unerheblich, doch kann das Gewebefett darunter leiden. Wenn man Auflegeschalen verwendet, sollte das Fleisch möglichst nicht im Fleischsaft liegen oder direkt auf einem Fleischsaft absorbierenden Medium (Gußpappe), sondern von ihm durch einen gelochten hydrophoben Packstoff (z.B. PS) getrennt werden.
a. Der Frischdienst würde insbesondere für zentrale Vorverpackungsbetriebe verbilligt, wenn die Belieferung nicht mehr so häufig vorgenommen werden müßte. Dies gelingt durch Verwendung einer Innenatmosphäre, bestehend aus 70-80% O_2, wodurch die Dicke der Oxymyoglobinschicht erhöht wird, kombiniert mit 30-20% CO_2, wodurch bei Temperaturen um den Nullpunkt die Vermehrung von Verderbserregern verlangsamt wird [47]. Die Verpackung erfolgt z.B. in gasdichten Mulden aus PVC/PE (470 µm) mit PETP/LDPE/PVDC-Deckel; auf 100 g Fleisch kommen 70-100 cm^3 Gasraum. Eine frische Beschaffenheit von Rind- und Schweinefleisch bleibt bei 4°C und einem niedrigeren Anfangskeimgehalt als 10^3-$10^4/cm^2$ bis zu einer Woche, bei 2°C bis 10 Tage erhalten, bei Kalbfleisch bei 2°C für 4-5 Tage. Bei höheren Temperaturen als 4°C lohnen die Zusatzkosten des Verfahrens nicht. Auf diese Weise wird die Notwendigkeit der Rücklieferung nicht kurzfristig verkaufter Kleinpackungen vermieden, weshalb

dieses Verfahren hierfür aussichtsreicher erscheint als für Großpakkungen, bei denen Verfärbungen keine besondere Rolle spielen.

b. Großabnehmer (Catering) und Weiterverarbeiter von zerlegtem Fleisch stört die purpurrote Farbe nicht, die dadurch entsteht, daß unter Ausschluß von Sauerstoff zunächst reduziertes Myoglobin entsteht [48] [49]. Deshalb machen sie sich die Vorteile einer Vakuumverpackung (Reifebeutel) für den Transport großer, entbeinter Qualitätsstücke von Frischfleisch aus entfernten Schlachtbetrieben zunutze.

Sie bringt den Vorteil weit geringerer Gewichtsverluste als das Abhängen in Vierteln und Hälften. An der Luft bildet sich die ursprüngliche ziegelrote Farbe - je nach der Dauer der Vorlagerung - in wenigen Stunden bis zu 1-2 Tagen weitgehend wieder zurück. Da bereits bei relativ niedrigen Sauerstoffpartialdrücken sich das reduzierte Myoglobin weitgehend irreversibel in braunes Metmyoglobin verwandelt, muß für lange Umschlagszeiten die für diesen Zweck eingesetzte Verpackungsfolie gemäß Bild 63 sehr sauerstoffdicht sein (etwa 10 Ncm^3/m^2 d bar), damit die eindringende Sauerstoffmenge so gering ist, daß sie durch Gewebeatmung verbraucht werden kann. Damit ist auch eine hohe Dichtigkeit für das vor allem bei der Gewebeatmung entstehende CO_2 verknüpft. Wenn man mit einer Vakuumverpackung dieser Art eine Lagerung knapp über dem Nullpunkt verbindet, wird das Wachstum von Verderbserregern (Achromobacter, Pseudomonas) zugunsten des Wachstums von Säurebakterien stark gehemmt, wodurch für Rindfleisch von normalem pH-Wert (5,4-5,5) bei 0 bis 1°C eine Haltbarkeit bis zu 6 Wochen erreichbar ist. Falls das Fleisch für den Ladenverkauf portioniert werden soll, sollte man es nur halb solange lagern. Die Haltbarkeit von Kalbfleisch in Reifepackungen wird zu 10-14 Tagen, von Schweinefleisch zu 8-10 Tagen angegeben. Der Effekt einer sauerstoffdichten Verpackung ist hier also viel kleiner als bei Rindfleisch. Bei diesem tritt zudem eine merkliche Zunahme der Zartheit ein. Da sich in Vakuumpackungen der Flüssigkeitsaustritt verstärkt, empfiehlt es sich, das Vakuum mit N_2 oder einem Gemisch aus CO_2 und N_2 zu brechen oder zumindest für ein enges Anliegen des Packstoffes durch Flächenversiegelung aller das Fleischstück umgebenden freien Folienbezirke zu sorgen. Sofern man lange Haltbarkeitszeiten benötigt, verwendet man zweckmäßigerweise PETP/PE- oder PA/PE-Kombinationen mit PVDC als dritte Schicht bzw. PE/PVDC/PE als Schrumpffolie, verknüpft mit hohem Vakuum und Lagerung bei 0°C. Wo die Gefahr des Durchstechens von Knochen besteht, wird auch eine Kombination PA/Ionomer angewandt.

2. *Geflügel:* Die mikrobiologische Empfindlichkeit von Geflügel ist nicht geringer als die von Frischfleisch. Der Unterschied ist, daß die Farbveränderung in der Bauchhöhle als Folge der Bildung von Metmyoglobin

nicht die gleiche Bedeutung hat wie auf einer Frischfleischoberfläche, andererseits besteht sehr leicht bei unverpacktem Geflügel die Gefahr einer Salmonellen- und Enterokokkenübertragung auf andere Lebensmittel, die gute Nährböden sind, so daß das Verpacken hygienisches Gebot ist. Bei 2°C beträgt die Haltbarkeit bis 9, bei 4°C 5, bei 8°C 2 Tage. Geeignet sind z.B. Beutel aus schrumpffähigem PVDC, PETP, LDPE und Weich-PVC. Will man längere Lagerzeiten erreichen, verwendet man von den genannten Packstoffen diejenigen mit geringerer Sauerstoffdurchlässigkeit, evakuiert, bricht das Vakuum mit CO_2 und lagert möglichst bei 0°C. Dieses Verfahren erfordert weniger Energie als das Gefrieren, welches aber für eine Langzeitlagerung nicht ersetzbar ist. In Beuteln aus einer PA/Ionomer-Kombination wurde durch CO_2-Begasung nach dem Evakuieren bei + 1°C eine Haltbarkeitsverlängerung um 17 Tage erreicht [50]. Die CO_2-Behandlung ist der Vakuumbehandlung bzw. N_2-Begasung deutlich überlegen. Die Haltbarkeit bei 1°C beträgt bereits bei 20% CO_2 4 Wochen, allerdings nur noch mit einer Aufbrauchfrist von einem Tag, während diese bei 100% CO_2 noch 5 Tage betrüge [51].

Gepökelte Fleischwaren [52]

Da gepökelte Fleischwaren *üblicherweise* vielfach ungekocht gegessen werden, spielen hygienische Herstellungsbedingungen und - bei vorwiegend mikrobiologischem Verderb die Aufrechterhaltung der Kühlkette - eine große Rolle. Das zur Pökelung verwendete Salz hemmt das Wachstum vieler Verderbserreger, Nitrit bildet mit Protein einen Komplex, welcher die Sporenbildung hemmt, schützt also gegen Fleischvergifter; gleichzeitig ergibt sich eine Aromaverbesserung und die hellrote Farbe von Nitrosomyoglobin. Bei Sauerstoffeinwirkung bildet sich daraus Metmyoglobin. Gleichzeitig ist die Lichtempfindlichkeit hoch. Es bilden sich auch Verfärbungen infolge Sauerstoffeinwirkung auf erhitzte Pökelwaren (gekochter Schinken) durch Aufspaltung von Porphyrinen. Gewebefett wird außerdem talgig. Da Pökelerzeugnisse während des Verkaufs dem Licht ausgesetzt werden, müssen sie unbedingt sauerstoffarm in Folien hoher Sauerstoffdichtigkeit verpackt werden, und zwar muß diese um so höher sein, je länger die voraussichtliche Umschlagszeit, je stärker der Zerteilungsgrad (in Scheiben) und je höher die Temperatur ist (vgl. Bild 63). Bei hoher Sauerstoffdichtigkeit erreicht man eine Farberhaltung mit niedrigeren Nitritkonzentrationen. Nach dem Evakuieren und Versiegeln sollen Pökelerzeugnisse nicht sofort dem Licht ausgesetzt werden, damit vorher verbliebene Sauerstoffspuren biologisch abgebaut werden können. Soweit es sich um geschnittene Rohwurst handelt, also der mikrobiologische Verderb dominieren kann, könnte zwecks Haltbarkeitsver-

6.5 Verpackung einiger schutzbedürftiger Lebensmittel

längerung eine Füllung der Packungen mit CO_2 in Erwägung gezogen werden, was sich allerdings nur bei Temperaturen unter 4°C genügend auswirken dürfte. Letzteres gilt generell: Nur bei 2-4°C ist vakuumverpackter Brühwurstaufschnitt 2-3 Wochen haltbar. Für Rohpökelwaren (Salami) bringt die Kühlung dagegen keine Vorteile. Bei ungeklärter Umschlagszeit empfiehlt es sich für geschnittene Pökelwaren, Folien mit einer Sauerstoffdurchlässigkeit von nicht mehr als 15 Ncm^3/m^2 d bar bei 20°C zu verwenden, im allgemeinen also Kombinationen unter Mitverwendung von PVDC, also z.B. PVDC/Zellglas/PE oder PETP/PVDC/PE oder PA/PVDC/PE.

UHT-Milch

Der Keimgehalt der inneren Oberfläche des Packmittels sollte vor dem aseptischen Füllen um $10^5 - 10^6$ (vgl. Abschn. 5.5) gesenkt werden. UHT-Milch ist stärker lichtempfindlich als pasteurisierte Frischmilch und als in Flaschen sterilisierte Milch. Unter Umständen kann die geringe Lichtdurchlässigkeit eines mit LDPE beschichteten Kartons (ohne Aluminiumfolie) bereits zur Ausbildung eines deutlichen Lichtgeschmacks ausreichend sein, falls die in Verkaufstruhen übliche Bestrahlungsstärke längere Zeit einwirkt oder die Packung dem Außenlicht ausgesetzt wird. Die Ausbildung des Lichtgeschmacks (vgl. Abschn. 6.3) ist im Gegensatz zu dem durch Licht beschleunigten Oxidationsgeschmack nicht an die Anwesenheit von Sauerstoff gebunden.

Wenn man den Lichteinfluß zuverlässig ausschaltet, unterliegt UHT-Milch folgenden qualitativen Veränderungen:
Kochgeschmack: Er verringert sich nach 1-2 Tagen, bleibt aber doch dominierend. Dabei spielt die Oxidation von Sulfhydrylgruppen durch Sauerstoff eine wichtige Rolle, doch läuft diese erheblich rascher ab als der Kochgeschmack verschwindet. In Abwesenheit von Sauerstoff verliert sich der Kochgeschmack langsamer. Die Geschwindigkeit seines Abbaues ist bei mit Sauerstoff gesättigter Milch am höchsten. Durch höhere Lagertemperaturen wird er beschleunigt. Es wird angenommen, daß α-Lactalbumin die wichtigste Quelle für den Kochgeschmack ist.
Oxidative Veränderungen: Da der Askorbinsäure-(AS)Gehalt von Milch gering ist, kann bereits 13% des in einer mit Sauerstoff gesättigten Milch (8,7 ppm bei 23°C; 11,3 ppm bei 10°C) gelösten Sauerstoffes zum totalen Verlust der AS führen. Parallel dazu erfolgt eine Einbuße an Folsäure. In sauerstoffgesättigter Milch erfolgen diese Verluste bei 20°C in ca. 14 d ziemlich vollständig. Der AS-Verlust ist stark temperaturabhängig. Ein klarer Zusammenhang zwischen ihm und der Erreichung der geschmacklichen Toleranzgrenze für den oxidativen Qualitätsverlust ist

nicht erkennbar. Bei einer Sauerstoffkonzentration von 0,5 ppm bleibt
der AS-Gehalt bei Zimmertemperatur 2-3 Monate konstant.
Maillard-Reaktion: Sie ist sehr temperaturabhängig; bei subtropischen und
tropischen Lagertemperaturen wird sie mit oder ohne Sauerstoff die dominierende Veränderung.

Ergebnis: Würde bei der Herstellung von UHT-Milch kein Kochgeschmack auftreten, wäre es am günstigsten, völlig sauerstofffreie Milch hermetisch
zu verpacken und kühlzulagern. Bei nicht sauerstofffreiem Abfüllen, würde ein mit Inertgas gefüllter Kopfraum zur Desorption von Sauerstoff
aus der Lösung führen, wodurch die Konzentration des gelösten Sauerstoffes unter den Bereich von 2 ppm sinkt und damit den von der Sauerstoffkonzentration abhängigen Veränderungen weitgehend entzogen würde.
Die praktischen Erfahrungen über den Sauerstoffeinfluß auf den Kochgeschmack sind widersprüchlich: Thomas et al [53] haben festgestellt,
daß in den ersten Tagen bei höheren Sauerstoffkonzentrationen die Geschmacksqualität höher sein kann als bei niedrigen. Der praktischen
Erfahrung entspricht, daß infolge Überlappung der verschiedenen Reaktionsmechanismen der Geschmack einer mit O_2 gesättigten UHT-Milch nach
8-15 Tagen bei $\vartheta = 8$ bis ca. 13°C am besten ist; vorher erinnert ein
leichter Beigeschmack an Kohl, nachher tritt ein Altgeschmack stärker
in den Vordergrund. Insgesamt wäre es möglich, daß es für eine Umschlagszeit von 2-3 Wochen, in der der Hauptteil der UHT-Milch in der
Bundesrepublik Deutschland verbraucht wird, günstiger sein könnte, mit
Sauerstoff gesättigte Milch in einer hermetischen Verpackung zu verwenden, wobei ein luftgefüllter Kopfraum für das Ausmaß oxidativer Veränderungen ohne wesentliche Bedeutung wäre [54,55]. Für lange Lagerzeiten
wäre aber eine völlig sauerstofffreie Verpackung vermutlich vorzuziehen.
Es ist aber fraglich, ob sich die wahrscheinliche Umschlagszeit mit der
zeitlichen Lage des Optimums genügend abstimmen läßt. Zudem wurde festgestellt, daß stärker erhitzte Milch geringere Lagerveränderungen erleidet, was durch eine stärkere Inaktivierung von Lipasen und Proteasen
erklärt wird. Die durch die Wirkung dieser Enzyme bei deren nicht vollständigen Hitzeinaktivierung ausgelösten sensorischen Lagerveränderungen können weit stärker ausgeprägt sein, als die von einer Aldehydbildung begleiteten, durch Fettoxidation und Maillard-Reaktion hervorgerufenen Veränderungen [56,57].

Der Vorteil der UHT-Milch zur Erleichterung des Vertriebs außerhalb der
Kühlkette ist so groß, daß es gerechtfertigt erscheint, hierfür sensorisch einen eigenen Qualitätsstandard einzuführen. Die Haltbarkeit
von gasdicht verpackter UHT-Milch in sensorisch hervorragender Quali-

tät wird bei 3°C zu 60 d, bei 20°C zu 20 d angegeben. Eine annehmbare Qualität ist bei 20° noch nach 140 d erzielbar. Ein weiterer Vorteil der Verwendung von UHT-Milch ist ihre weit längere mikrobiologische Haltbarkeit im Kühlschrank nach dem Öffnen der Packung vergleichsweise zu pasteurisierter Frischmilch. Ein bewährter Verbundaufbau besteht (von außen nach innen) aus 20-25 µm LDPE/Druckfarbe/240-280 g/m^2 Duplexkarton/15-30 µm LDPE/7-9 µm Alufolie/50-80 µm LDPE.

Bei der Übertragung dieser Ergebnisse auf andere flüssige Molkereiprodukte ist zu bedenken, daß die Oxidationsempfindlichkeit von Sauermilcherzeugnissen höher, diejenige von Rahm aber geringer ist als die von Vollmilch. Bei Rahm ist auch die Neigung zur Maillard-Reaktion und die Ausbildung des Kochgeschmacks kleiner. Für UHT-Milch sind Mehrwegflaschen deshalb nicht geeignet, da die heutigen Flaschenwaschanlagen keinen genügend tiefen Restkeimgehalt (vgl. Abschn. 5.5.2) sicherstellen.

<u>Konsummilch</u>

Wenn Konsummilch nicht belichtet wird, verdirbt sie primär mikrobiologisch. Wenn Milchkühe am Euter verschmutzt sind, kann sich Milch mit mehr als 10^7 Keimen/cm^3 ergeben. Bei konstanten Pasteurisierbedingungen wird dann auch die verbleibende Keimzahl hoch, von den abgetöteten Keimen bleiben die Stoffwechselprodukte in der Milch. Im weiteren Verlauf der Verarbeitung muß zwischen der bakteriologischen Beschaffenheit nach dem Pasteurisieren und der Nachinfektion mit psychrotoleranten Keimen zwischen Pasteurisieren und Abfüllen unterschieden werden. Die Vermeidung von Reinfektionen ist eine Forderung der Hygiene. Sie bestimmt die Haltbarkeit ebenso entscheidend wie die Umgebungstemperatur beim Vertrieb, die nach Möglichkeit 5°C nicht überschreiten sollte. Unter optimalen Bedingungen lassen sich in der Praxis Haltbarkeitszeiten von mindestens 10 Tagen erreichen, anstelle von ca. 3 Tagen bei rekontaminierter Milch bei 10°C. Bei 10°C ist es für die Qualitätserhaltung gleichgültig, ob die Konsummilchpackung einen Kopfraum besitzt oder nicht [58].

Je länger haltbar die Milch ist, um so stärker ist darauf zu achten, daß die Lichtdurchlässigkeit des Packstoffes praktisch Null ist. Zusätzlich zum Auftreten von Lichtgeschmack werden Askorbinsäure und die Vitamine A mit dem Provitamin Karotin sowie die Vitamine B$_1$ und B$_2$ durch Licht abgebaut; die geschmacklichen Veränderungen werden durch den gelösten Sauerstoff beschleunigt. Für die relativ kurze Umschlagsdauer von Konsummilch reicht die geringe Transmission von LDPE beschichtetem Karton und von coextrudierten, innen braun oder schwarz eingefärbten LDPE-Schläuchen völlig aus. Bei Milchspendern aus LDPE für die Gemeinschaftsverpflegung reicht der Lichtschutz der Wellpappe aus.

Von einem für Konsummilch geeigneten Packmittel werden zusätzlich Flüssigkeitsdichtigkeit, Geschmacksfreiheit, ausreichende Festigkeit und gute Stapelfähigkeit verlangt.

Käse [59]

Entscheidend für die Verpackung von Käse ist, ob in ihr
a) der Käse gereift werden soll, ob es sich
b) nur noch um eine Nachreifung handelt oder ob
c) überhaupt keine Reifung stattfindet.

Zu a). Bei der inneren und äußeren Reifung bilden sich CO_2, Wasserdampf und Aromastoffe; das Ausmaß ist stark von der Käsesorte abhängig. Bei jungen Käsen ohne Schimmelpilz- oder Schmierenbildung muß die Packung sauerstoffarm sein, darf zur Vermeidung von Schimmelpilzwachstum nur eine geringe Sauerstoffdurchlässigkeit aufweisen, muß jedoch CO_2-durchlässig sein, darf nicht allzu wasserdampfdicht sein und soll dicht anliegen. Für die notwendige Lochbildung z.B. in Edamer bzw. Emmentaler sind widersprüchliche Forderungen zu erfüllen. Empirisch ist das Problem gelöst durch Senkung des Stoffwechsels beim Reifen bei niedrigeren Temperaturen, Wachsauftrag nach Ablauf des ersten Reifungsabschnittes usw.. Meßdaten über den dabei erforderlichen Gasaustausch sind nicht bekannt. Als Folien verwendet man weichgemachte PVDC-Copolymerisate oder auch Verbunde von PETP/LDPE.

Zu b). Im Gegensatz dazu soll beim Camembert die Verpackung das Weiterreifen unterstützen. Bei Käsen mit Schimmel- und/oder Schmierenbildung muß das Packmittel eine gewisse Sauerstoffdurchlässigkeit aufweisen; eine sauerstoffdichte Verpackung würde das Wachstum anaerober proteolytischer Bakterien begünstigen. Bei Käsesorten mit Oberflächenreifung hängt die erforderliche Wasserdampfdurchlässigkeit von der Art der Flora ab. Die Kombination einer reduzierten Wasserdampfdurchlässigkeit mit einer hohen Sauerstoffdurchlässigkeit kann z.B. durch feine Perforierungen einer Kombinationsfolie PETP/ALU/LDPE erreicht werden. Bevorzugt wird aber mit Echtpergament punktkaschierte lackierte Aluminiumfolie oder streifenkaschiertes Zellglas/Papier verwendet, wobei die Innenseite paraffiniert wird. Bei allen Rotschmierkäsen, also neben Weinkäsen, Romadur und Limburger, auch beim ursprünglichen Tilsiter, kann die gegen Echtpergament punkt- oder streifenkaschierte Aluminiumfolie z.Z. noch durch keinen anderen Packstoff ersetzt werden.

6.5 Verpackung einiger schutzbedürftiger Lebensmittel

Weitgehend, aber noch nicht restlos abgeschlossen, ist die Reifung z.B. bei Halbhartkäsen im Stück und in Scheiben. Sie sollen evakuiert und anschließend in CO_2 bzw. in einem Gemisch N_2 + CO_2 möglichst gasdicht verpackt werden. Der geringe Sauerstoffrest wird durch Atmung rasch verbraucht. Durch eine solche Verpackung gelingt es, der durch die biologischen Vorgänge der Nachreifung begrenzten Haltbarkeit ohne Verderbsverluste nahezukommen. Wichtig ist, daß die innerhalb des Käses herrschende CO_2-Atmosphäre möglichst weitgehend erhalten bleibt; geht durch Aufschneiden nämlich viel käseeigenes CO_2 verloren, so muß es neu aus der Inertgaspackung absorbiert werden, was ein straffes Anliegen der Verpackung zur Folge haben kann. Andererseits ist der während einer längeren Zeitspanne im aufgeschnittenen Zustand sorbierte Sauerstoff schwerlich noch durch kurzes Evakuieren zu entfernen. Bei einer sauerstofffreien Inertgasverpackung z.B. in Kombinationen von PETP/PVDC/LDPE oder OPA/PVDC/LDPE ist der Lichteinfluß auch bei langer Umschlagszeit gering. Je nach Käseart ist bei 10°C eine Haltbarkeitszeit von 8 Wochen erreichbar. Bei raschem Umschlag reichen im evakuierten Zustand aber auch etwas weniger sauerstoffdichte Kombinationen wie PA/LDPE bzw. PETP/LDPE (meist 40/50 oder 40/60 µm). Bei Stückkäsen eignen sich aufgeschrumpfte PVDC-Copolymerisate oder PETP für eine Haltbarkeitszeit von 6 Wochen. Die Lagerung sollte möglichst bei 4°C stattfinden.

Zu c). Zu dieser Kategorie gehören sowohl Frischkäse wie auch Schmelzkäse. Soweit man die Haltbarkeit von fetthaltigem Frischkäse z.B. durch Pasteurisieren verlängern will, ist eine merkliche Oxidationsneigung, insbesondere bei Vorhandensein von Kupferspuren, und eine hohe Lichtempfindlichkeit in Betracht zu ziehen, weshalb man für verschiedene Arten Kombinationen mit Aluminiumfolie, tiefgezogenes PVC- bzw. zumindest Polystyrol - mit einer inneren schwarzen oder braunen Deckschicht vorsieht.

Dagegen ist die Lichtempfindlichkeit von Schmelzkäse, sofern er hochgasdicht - bei Scheiben z.B. unter Verwendung von CO_2 bzw. N_2 + CO_2 als Schutzgas - in PVC/PVDC/LDPE oder PVC/PVDC (innen) in tiefgezogenen Behältern verpackt wird, unerheblich. Die Haltbarkeitszeit überschreitet dann bei 20°C 2 Monate. Die Sauerstofffreiheit der Verpackung verhindert auch das Wachstum von Schimmelpilzen.

<u>Butter</u>

Der wahrscheinlichste Verderb von Butter erfolgt durch Mikroorganismen, vor allem durch Lipase erzeugende Schimmelpilze (vgl. Abschn. 5.5.1), ist also außer durch Hygienemaßnahmen bei der Herstellung nur durch

Kühllagerung zu steuern. Wenn der Packstoff nicht eng anliegt, bildet sich eine feuchte Kammer, in welcher sich bei Temperaturschwankungen Kondensation und schließlich auf dem Packstoff Stockfleckenbildung ergibt. Während des Vertriebs ist mit Verdunstung und mit Belichtung in den Verkaufstruhen zu rechnen. Übermäßige Verdunstung führt zur sogenannten Kantenbildung, einem Schönheitsfehler. Der Schutz der Butter ist in erster Linie dagegen erforderlich. Wie stark der Lichtschutz sein muß, hängt von Intensität und Einwirkungszeit der Strahlung ab, beides ist meist im Verkaufsregal gering.

Für die übliche Umschlagszeit reicht ein einseitig mit PVDC-Dispersion beschichtetes Papier, außen bewachst. Ein besonderer Lichtschutz kann hierbei durch Einbau von Aluminiumpulver erreicht werden. Die Verwendung von pergamentkaschierter Aluminiumfolie hat demgegenüber den Vorteil, daß in der Verpackungsmaschine sowie beim Wiederverschließen nach Teilentnahmen die Verschlüsse besser "stehenbleiben" und der Verdunstungsschutz vollkommen ist. Auch ausreichend lichtdicht (gelb) pigmentierte oder bedruckte Becher aus PVC oder PP bieten den erforderlichen Schutz für eine Haltbarkeit von 3 Wochen bei 10°C, bei rascherem Umschlag auch aus ABS (vgl. DIN 10082, 53122 Teil 1; 54375; 10050 Teil 9).

Milchpulver (Kindernährmittel auf Milchbasis)
Die Hauptveränderung ergibt sich wohl daraus, daß Milchpulver hygroskopisch ist, bei Wasserdampfaufnahme zur Verschlechterung der Löslichkeit nach Bildung von Lactosehydrat und Maillard-Reaktionsprodukten neigt und einen leimig-käsigen Geruch annimmt. Für die Qualitätsverluste ist einerseits die Maillard-Reaktion, andererseits die Zunahme sensorisch wirksamer kurz- bis mittelkettiger freier Fettsäuren verantwortlich. Bei höheren Temperaturen (Export in die Tropen) verstärkt sich der Einfluß der Maillard-Reaktion, die bis zur Braunfärbung führen kann. Bei sehr niedrigen Wassergehalten steigt andererseits die Gefahr der Autoxidation. Diese könnte durch Stickstoffabfüllung behoben werden; ohne Vorlagerung in Stickstoff vor dem Verpacken ist jedoch die Senkung des Sauerstoffpartialdruckes in der Verpackung auf sehr niedrige Werte kaum möglich, weil Sprühmilch aus Hohlkugeln besteht und deren Luftinhalt bei der Lagerung langsam - etwa im Verlauf einer Woche - in die Zwischenräume des Pulvers diffundiert. Man kann diesen Restsauerstoff zwar durch Sauerstoffadsorber wegfangen, für Kleinpackungen ist dies aber zu teuer. Man versucht einen Wassergehalt einzustellen, bei dem die Summe unerwünschter Veränderungen ein Minimum wird (vgl. Abschn. 6.1). Dieser dürfte bei Sprühvollmilchpulver bei 20°C bei einem Wassergehalt von 2,8-

6.5 Verpackung einiger schutzbedürftiger Lebensmittel

3,3% liegen, während man bei Sprühmagermilchpulver bis 4% gehen kann. Diese Wassergehalte sollten bei der gesamten Lagerung aufrechterhalten werden, was eine sehr wasserdampfdichte Verpackung (z.B. Chromopapier 70 g/m^2/PVDC 20-30 g/m^2) erfordert. Für Lagerzeiten (über 9 Monaten bis zu 1 Jahr) empfiehlt sich die Verwendung eines Inertgasgemisches aus 80% N_2 und 20% CO_2 und dementsprechend eine zusätzlich sauerstoffdichte Verpackung. Beispiele Zellglas/Alu/LDPE oder Alu 12 μm leimkaschiert auf Kraftpapier 40 g/m^2/LDPE 30 μm.

Beim Export von Milchpulver, der vielfach in Kraftpapierflachsäcken mit LDPE-Innensack, auch in LDPE-Säcken, erfolgt, bildet die Vermeidung der Einwirkung von Fremdgerüchen, welche von gleichzeitig oder im gleichen Transportraum vorher versandten, stark riechenden Gütern stammen, ein zu beachtendes Problem.

Kaffee [60]

In die Zellen gerösteter Bohnen ist mit Überdruck CO_2 eingeschlossen, welches langsam entweicht. Wird die Bohne gemahlen, so entweicht während des Mahlprozesses bereits viel CO_2, der Rest (während 2-12 h) in einem sauerstofffreien Zwischensilo[6] und schließlich in der Verpackung. Die Menge des in den Zellen des Kaffees enthaltenen CO_2 steigt mit der Schärfe der Röstung. Bei ganzen Bohnen (bei welchen die erforderliche Zwischenlagerzeit 2-3 Wochen betrüge) kann sie zum Platzen gasdichter Packungen führen. Wenn Röstkaffee der Außenatmosphäre ausgesetzt ist, dann adsorbiert er gleichzeitig Sauerstoff, und zwar in gemahlenem Zustand der großen spezifischen Oberfläche entsprechend ungleich rascher als bei ganzen Bohnen; die Adsorptionsgeschwindigkeit ist insbesondere anfangs hoch. Die Sauerstoffaufnahme führt zunächst zu einer Abflachung des Kaffeearomas, dann zu einer geschmacklichen Unabgeglichenheit und schließlich zu einem Altgeschmack. Die Sauerstofftoleranz unter atmosphärischen Bedingungen liegt bei etwa 0,15 mg O_2/g Kaffee, sinkt aber mit abnehmendem Sauerstoffpartialdruck und dann allerdings verlängerter Aromaerhaltung. Die Veränderungen durch Einwirkung von Wasserdampf sind vergleichsweise zu derjenigen durch Sauerstoffeinwirkung weit weniger kritisch bzw. pflegt in Verpackungen, in denen ein niedriger Sauerstoffpartialdruck aufrechterhalten wird, die Wasserdampfdichtigkeit ebenfalls ausreichend zu sein.

---

[6] Bei sehr feiner Vermahlung ausgesprochen schwach gerösteter Bohnen kann man gegebenenfalls ohne Zwischenlagerung auskommen.

Für *kurze* Umschlagszeiten (Distribution über den Frischdienst) brauchen die Verpackungen lediglich eine beschränkte Wasserdampf- und Aromadichtigkeit aufzuweisen, die Verschlüsse sind bei der üblichen Beutelausführung ohnedies nicht gasdicht. Solche Verpackungen sind bei 20°C für eine Umschlagszeit bis zu 8 Wochen nur für ganze Bohnen geeignet. Sie sollen leicht wiederverschließbar sein. Beispielsweise kann man hierfür einen einlagigen Beutel aus einer heißsiegelbaren Alufolie (9 µm) kaschiert auf ein innen heißsiegelfähiges Natronpapier (100 g/m^2) verwenden.

Für *lange* Umschlagszeiten von sauerstoffarm abgefülltem gemahlenem Kaffee sind hoch sauerstoffdichte Verpackungen erforderlich mit einem gewissen Anfangsunterdruck, damit der durch die Nachgasung des Kaffeepulvers entstehende Gesamtdruck genügend unter dem Atmosphärendruck bleibt und dadurch nicht zum Aufblähen der Packung führt. Da sich bei jeder Entnahme der Kopfraum mit Luft füllt, deren qualitätsabwertende Wirkung sich auf eine laufend abnehmende Füllmenge auswirkt, sollte das Füllgewicht die wöchentliche Bedarfsmenge nicht überschreiten. Vorteilhaft ist die Aufbewahrung der geöffneten Packung im Kühlschrank. Verpackung: Weißblechdose oder Kombinationsformbeutel z.B. aus 12 µm PETP/12 µm Alu/70 µm LDPE, der in einen Karton eingefügt oder in wetterfestes Zellglas eingesiegelt wird. Werden Taktzahl und Abfüllbedingungen der Maschine auf geringe Restsauerstoffgehalte eingestellt (bis max. 1% bei Atmosphärendruck bei Weißblechdosen bzw. generell 30 µg O_2/g Kaffee bei sauerstoffarmer Abfüllung) ist eine Erhaltung des Aromas im oberen Qualitätsbereich 6-9 Monate, die Verbraucherakzeptanz mind. 18 Monate gegeben. Höhere Restsauerstoffgehalte zwischen 1 und 3% (bei Atmosphärendruck) bewirken vor allem ein rascheres Durchlaufen des oberen Qualitätsbereichs. Bei noch höheren Restsauerstoffgehalten erhebt sich die Frage, ob der damit erreichbare Schutz noch dem Aufwand entspricht. Die Haltbarkeit einer begasten bzw. evakuierten Packung mit gemahlenem Röstkaffee bei Raumtemperatur dürfte annähernd die gleiche sein wie unter Belassung des Lufteinflusses bei -20°C. Im einen Fall ist die Verpackung teurer, im anderen sind es die Energie- bzw. Lagerkosten. Will man extrem lange Lagerzeiten erreichen, so soll zwischen Rösten und Füllen der Packung keine Luftberührung stattfinden und der Kopfraum keinen Sauerstoff enthalten. Besonderes Augenmerk ist stets auf eine entsprechende Überprüfung des Sauerstoffpartialdruckes nach dem Verschließen zu richten sowie auf dessen Aufrechterhaltung bei der Lagerung, was eine laufende stichprobenweise Leckagekontrolle voraussetzt.

6.5 Verpackung einiger schutzbedürftiger Lebensmittel

Kakaoerzeugnisse [61]

Die *Temperaturempfindlichkeit*, die Ursache der in der wärmeren Jahreszeit dominierenden Veränderung von Schokolade, läßt sich nicht durch Wahl der Verpackung beheben. Sie beginnt deutlich bei 15-18°C und steigt bereits bei 20°C entsprechend der Schmelzkurve der Kakaobutter, über 23°C rapide an. Die Folge davon ist bei dunkler Schokolade Fettreif und das damit verbundene Auftreten einer bröckligen Struktur mit unbefriedigendem Schmelzverhalten im Mund. Ölhaltige Füllungen (Mandel, Haselnuß) beschleunigen diesen Vorgang. Mit steigenden Temperaturen erhöht sich auch der Stoffaustausch zwischen Kern und Kouvertüre. Die Folge können sensorische Auswirkungen sein, die bei alkoholischen Füllungen besonders unangenehm in Erscheinung treten (Quellen, Austrocknen, Feigengeschmack). Nachteilig sind auch ein hoher Ölgehalt der für die Füllung verwendeten Fette, deren hohe Ungesättigtheit (Sahne- und Butterfettanteil) sowie deren Lipasegehalt. Auch Füllungen mit hoher Gleichgewichtsfeuchtigkeit sind ungünstig. Manche Aromen, wie z.B. Kaffeekonzentrat, schlagen schnell um.

Im Falle einer entsprechenden Rezeptur ist eine ausreichende Haltbarkeitszeit von 4-8 Monaten bis zur Auslagerung aus dem Fabriklager bei niedrigeren Temperaturen als 15°C bei Wahl einer entsprechenden Verpackung ohne weiteres erreichbar. Diese muß vor allem zwei Forderungen erfüllen: Vermeidung von Feuchtigkeits- und von Geruchsstoffaustausch mit der Umgebung. Ein Betauen der Schokoladenoberfläche ist vor allem möglich, wenn der Transport in der Kälte und das Entladen in der Wärme erfolgt (vgl. Absch. 2.2). Es führt zu Zuckerreif und schließlich zu Schimmelpilzwachstum. Letzteres ist bei längerer Einwirkungsdauer bereits bei relativen Feuchtigkeiten über φ = 72-75%, Mattwerden der Oberfläche infolge von Zuckerreif bereits bei φ höher 60% möglich; φ höher 50% kann sich bei Milchschokolade und bei Pralinen mit knusprigen Bestandteilen haltbarkeitsverkürzend auswirken. Deshalb dürfen auch nur trockene Kartonagen verwendet werden. Seltener, aber möglich sind auch Qualitätsschäden durch Verdunstung, z.B. bei Marzipan, Trüffeln, Nougat, Rumkugeln. Wegen des hohen Fettgehalts von Schokolade und vieler Füllungen besteht eine besonders hohe Empfindlichkeit gegen Fremdgerüche aus der Umgebung. Hierzu zählen bevorzugt Gerüche aus Packstoffen (Karton- und Druckfarbengeruch), so daß im Fall von verpackungsmäßigen Umstellungen auf Kontrollprüfungen nicht verzichtet werden darf. Manche Packstoffe adsorbieren auch Aromen; als besonders geruchsinert hat sich PVC bewährt, welches zu Pralineneinlagen verwendet wird. Die Bedeutung der Aluminiumfolie als Einschlagmittel könnte möglicherweise darauf beruhen, daß infolge der hohen Schmiegsamkeit dieses Packstoffes der Sauerstoffaustausch des geringen Sauerstoffeinschlusses mit der Oberflächenschicht gering bleibt, ganz abgesehen vom hohen Aromaschutz, den die Aluminiumfolie gewährt. Insofern erscheint es wenig sinnvoll, daß Pralinen weniger dicht verpackt zu werden pflegen als Schokoladetafeln.

Die notwendige Umschlagszeit vieler aus Kakao hergestellter Konsumartikel ist durch die Spanne zwischen beginnender Produktion und den Bedarfsspitzen an Weihnachten und Ostern vorgegeben. Durch eine Temperatursenkung von 20°C auf 10°C kann die Haltbarkeitszeit besonders empfindlicher Artikel auf das Drei- bis Vierfache gesteigert werden. Die Haltbarkeitszeiten bei 20°C sind bei Tafeln aus Bitterschokolade annähernd sechsmal so lang wie bei Füllungen aus alkoholhaltigen Sahnetrüffeln, Buttertrüffeln, Nußnougat sowie bei Weinbrandbohnen ohne Kruste. In einer Pralinenmischung bestimmen die Stücke mit der kürzesten Lebensdauer die zulässige Umschlagzeit der Gesamtpackung.

<u>Brot [62]</u>

Die Frischhaltung von Ganzbrot ist kein Verpackungsproblem. Das den Genußwert störende Altbackenwerden beschleunigt sich beim Übergang von Roggen- auf Weizenmehl, beim Übergang auf hellere Mehle, bei geringerer Teigsäuerung und auch durch kürzere Gär- und Backzeiten. Die Konsistenz eines Teiges wie ihn die heutige Verarbeitungstechnik verlangt, ist mit frischhaltefreundlichen Teigeigenschaften nicht identisch. Der texturbedingte Genußwert bleibt am längsten bei Temperaturen über 60 und unter -18°C erhalten, am kürzesten bei 0-4°C und wenig länger bei 20°C.

In Tabelle 17 ist die Wirkung einiger Möglichkeiten zur Brotfrischhaltung dargestellt. Das Tiefgefrieren, das einzige sichere qualitätserhaltende Verfahren, sollte zur Vermeidung des Abblätterns der Kruste bei Brötchen sofort nach dem Backen und Abkühlen, bei Roggenmischbrot möglichst 2 h nach dem Backen erfolgen, das mehrstündige Auftauen von Brot bei 30-50°C, mit einer Endphase bei 220°C für die letzten 10 min. Das Verpacken bildet bei Frischbrot eine reine Hygienemaßnahme; notwendig zur Vermeidung einer zu starken Durchfeuchtung der Kruste ist ein möglichst wasserdampfdurchlässiger Packstoff. Geeignet sind vor allem holzfreies, gebleichtes Papier, Wachspapier oder Normalzellglas. Für Brot, das eingefroren wird, verwendet man LDPE-Beutel, die vor dem Auftauen entfernt werden. Für die Lagerung von Brot in ungefrorenem Zustand besitzen Beutel aus Polyolefinen den Nachteil, daß sich der Wassergehalt zwischen Kruste und Krume rascher ausgleicht (zähe Kruste)

6.5 Verpackung einiger schutzbedürftiger Lebensmittel

Tabelle 17. Einfluß der Lagerung auf die Brotfrischhaltung (nach Thomas)

Lagerbedingungen	Schutz vor Redrogradation der Stärke	Schutz vor Schimmelpilzwachstum
$-18°C$	+	++
$+4°C$	--	(+)
$+20°C$	-	-
Hitzesterilisation	-	++
CO_2	-	+
Vakuum	-	+
$+60°C$	++	
Sorbinsäure	-	+
Propionsäure	-	+

als in unverpacktem Zustand, wo die Kruste Wasser abgibt. Jedenfalls darf das Abpacken zur Vermeidung von Schwadenbildung im Verpackungsinneren dabei nur in abgekühltem Zustand erfolgen.

Durch Verwendung von Roggenmehlen sowie schalenhaltigen Mehlen wird das Altbackenwerden verzögert. In besonders auffälliger Weise wird dies bei *Schnitt*-Schrot-Broten deutlich. Hier wird das Wachstum von Schimmelpilzen die dominierende Verderbsursache. Es wird durch Maßnahmen nach Tabelle 17 verzögert, insbesondere durch Sterilisieren. Hierzu verwendet man vorzugsweise Beutel aus PP mit Trennnahtschweißung, die sorgfältig auf Porenfreiheit zu kontrollieren sind. Das Abkühlen sollte in einem keimarmen Raum erfolgen. Bei besonderer Betriebshygiene vor dem Sterilisieren (Messeröle!) ist bei gesäuerten, gut durchgebackenen Roggenschrotbroten (auch ohne Konservierungsstoffe) die Gefahr des Verschimmelns der Scheiben nach einer Entnahme aus der Packung im Verlauf von 4 Tagen bei Raumtemperatur erfahrungsgemäß sehr gering, im angebrochenen Zustand im Kühlschrank erfolgt es erst nach etwa 2-3 Wochen.

Nach einer CO_2-Begasung sollte die Restkonzentration von Sauerstoff 1% nicht überschreiten [38, 61], damit die Wirkung des CO_2, das Wachstum von Schimmelpilzen zu hemmen, erhalten bleibt; als Packstoffe für Schnittbrot werden in Dänemark dabei z.Z. Kombinationen LDPE/PA/PETP verwendet. Auch LDPE/PVDC/PETP kommt in Frage und zwar als Schlauchbeutel und als Muldenpackung. Daß man zur Aufrechterhaltung der CO_2-Atmosphäre Alu-Kombinationen weniger verwendet, dürfte darauf zurückzuführen sein, daß der Verbraucher sich durch Augenschein überzeugen will, daß das Schnittbrot nicht verschimmelt ist. Bei Weißbrot sind mitunter Geschmacksabweichungen durch CO_2 festzustellen, bei Roggenbrot nicht. Die Haltbarkeit beträgt 2 Wochen, entspricht also in etwa derjenigen bei Verwendung von Konservierungsstoffen, allerdings mit dem Vorteil eines besseren Geruchs und Geschmacks, aber dem Nachteil einer höheren Mikroorganismenanfälligkeit nach dem Öffnen und der Zusatzkosten für die gasdichte Verbundfolie.

Dauerbackwaren

Sie sind hygroskopisch und vor allem gegen Wasserdampf empfindlich, sei es, daß sie durch Aufnahme von Feuchtigkeit ihre Knusprigkeit verlieren und eine filzartige Struktur annehmen, sei es, daß sie zu hart werden. Mit steigendem Wassergehalt ist mit einer zunehmenden Lagerzeit eine Geschmacksabflachung und die Ausbildung eines Altgeschmackes verknüpft. Im allgemeinen genügt es, die Wasserdampfdurchlässigkeit der Verpackung so zu wählen, daß die Zunahme des Wassergehalts nach dem Backen bis zum Verbrauch kleiner bleibt als dem Verlust der Rösche entspräche (vgl. Abschn. 5.1.2). Diese, der voraussichtlichem Umschlagszeit entsprechende Wasserdampfdichtigkeit, muß sich auf die Gesamtverpackung einschließlich Verschlüsse beziehen, welche entsprechend zu kontrollieren sind. Fetthaltige Dauerbackwaren (z.B. Buttergebäck und Gebäcke mit hohem Eigehalt) sind lichtempfindlich. Bei porösen Gebäcken, d.h. solchen mit hoher spezifischer Oberfläche (Zwieback, Knäckebrot) genügen schon Spuren von Trennfett zum Ranzigwerden bei der Lagerung. Eine Inertgasverpackung ist zwar nicht erforderlich, wohl aber eine lichtdichte Verpackung, zumindest ein weitgehend lichtdichter, vollflächiger Druck. Vielfach verwendet man für die Verpackung von Dauerbackwaren mit LDPE oder PVDC beschichtete Papiere oder polymer-beschichtetes Zellglas entsprechender Wasserdampfdichtigkeit oder PP-Folie wie auch Kombinationen von Aluminiumfolien mit LDPE, für Tiefziehverpackungen PVC. Einige Dauerbackwaren bewegen sich in ihrem Feuchtigkeitsgehalt so nahe an der Wachstumsgrenze für Schimmelpilze, daß hierbei besondere Vorsicht hinsichtlich der Einstellung des Wassergehalts beim Verlassen des Backofens und bei der Abkühlung geboten erscheint, vor allem, falls aufgrund einer Senkung des Wassergehalts in den mikrobiologisch sicheren Bereich das Gebäck nicht mehr saftig genug wäre. Dazu gehören z.B. Makronen, kokosfetthaltige Füllungen, Elisenlebkuchen und Marzipan. Hierbei ist auch die Überwachung der Hygienemaßnahme zur Ausschaltung osmotoleranter Hefen und fettspaltender Mikroorganismen besonders wichtig. Mögliche Abhilfemaßnahmen sind: Genaue Einstellung der Gleichgewichtsfeuchtigkeit

6.5 Verpackung einiger schutzbedürftiger Lebensmittel

beim Abpacken, eventuell Verwendung von kleinen Mengen Glycerins zur Senkung der Gleichgewichtsfeuchtigkeit. Bei Lebkuchen wird CO_2-Verpackung erprobt. In den Fällen, in denen ein Feuchtigkeitsausgleich zwischen feuchter Füllung und trockener bzw. knackiger Kruste zu befürchten ist und der Saftigkeitsbereich über einer Gleichgewichtsfeuchtigkeit von 73-75% liegt, sind längere Haltbarkeitszeiten nur in gefrorenem Zustand erreichbar.

Die Geruchsneutralität des Packstoffes und des verwendeten Druckes ist vor allem bei porösen und bei schokoladeüberzogenen Dauerbackwaren besonders wichtig.

<u>Knabber-Artikel</u> (Kartoffelchips, -sticks und extrudierte Erdnußsnacks)

Ihr Genußwert wird vor allem durch den Verlust der Rösche entscheidend vermindert. Der Wassergehalt darf 4% (besser 3%) nicht überschreiten. Der Sauerstoffeinfluß ist innerhalb der üblichen Umschlagszeit im allgemeinen gering, falls der Inhalt durch Einfärbung oder Druck der Verpackung weitgehend vor Lichteinwirkung geschützt wird. Für eine Haltbarkeit von 8 Wochen sollte die Wasserdampfdurchlässigkeit niedriger als 1 $g/m^2 d$ sein. Bei Wasserdampfdurchlässigkeiten < 0,5 $g/m^2 d$ ist bei absolut lichtdichter Verpackung eine Haltbarkeit von 12-15 Wochen bei Kartoffelchips und von 16 Wochen bei extrudierten Erdnußsnacks erreichbar. Dies ist z.B. mit Beuteln aus lackiertem Zellglas/PVDC/lackiertem OPP (innen) möglich. Auch mit einseitig metallisiertem 12 µm PETP/ 50 µm LDPE sind Wasserdampfdurchlässigkeiten unter 1 $g/m^2 d$ erreichbar. Werden noch längere Haltbarkeitszeiten (bis 1 Jahr) verlangt, braucht man Schutzgas und Verbunde von Aluminiumfolie mit LDPE. Verbunde aus PETP/Alu/LDPE werden für inertgasverpackte geröstete Mandeln verwendet.

<u>Fertiggerichte</u>

Fertiggerichte sind Lebensmittelzubereitungen, die als Hauptgerichte verzehrt bzw. aus Teilgerichten zu einem Hauptgericht zusammengestellt werden können.

Dabei werden folgende Konservierungsverfahren angewandt:
a) Tiefgefrieren,
b) Kühlen,
c) Pasteurisieren und Kühlen,
d) Sterilisieren,
e) Trocknen.

Welches dieser Verfahren für ein bestimmtes Produkt qualitativ und wirtschaftlich optimal ist, ergibt sich aus der Erfahrung bzw. den Möglichkeiten und Anforderungen bei der Zwischenlagerung und beim Vertrieb. Der Erfolg dieser Verfahren ist an folgende Voraussetzungen geknüpft: Bei c) und d) keine Nachinfektion, bei a) Aufrechterhaltung der Gefrier- bzw. bei b) und c) der Kühlkette ohne merkliche Temperaturschwankungen und bei e) Aufrechterhaltung des erforderlichen niedrigen Wassergehalts. Bei c) und d) muß verpackungstechnisch nicht nur Lecksicherheit, sondern eine vollständige Bakteriendichtigkeit erreicht werden, bei a) bis e) eine weitgehende Licht- und bei d) und e) häufig eine hohe Sauerstoffdichtigkeit. Bei e) sind die Anforderungen an die Wasserdampfdichtigkeit besonders hoch; sie dürfen aber auch bei a) und d) nicht außer acht gelassen werden. Bei a) wird angestrebt, daß das Fertiggericht in der Verpackung aufgetaut, vielfach auch in ihr auf Eßtemperatur erhitzt und aus ihr verspeist wird. Zunehmend gilt dies auch für b) und c), in Sonderfällen für d), für e) jedoch erst relativ selten (Semmelknödel, Reis), zunehmend in den USA.

Tiefgefrieren: Worauf die Abwertung der geschmacklichen Qualität bei gegebener Temperatur (-18°C) und Lagerung im Dunkeln im einzelnen beruht, ist noch nicht genau bekannt. Neben oxidativen Veränderungen spielt aber der wechselseitige Austausch von Aromastoffen der Füllgutbestandteile eine beträchtliche Rolle. Tiefgefrorene proteinreiche Fertiggerichte können während der Lagerung Konsistenzveränderungen erleiden (Strohigwerden), Emulsionen können brechen, Temperaturschwankungen führen zu Gefrierbrand. Das Abkühlen nach der Garung muß rasch erfolgen. Für die Gefrierlagerung reichen LDPE-Verbunde völlig aus, für Kochbeutel werden HDPE, PA/PE- oder PETP/PE-Verbunde verwendet, die evakuiert werden; erfolgt kein Erhitzen in der Verpackung oder aber im Mikrowellenofen, sind Karton/LDPE-Verbunde üblich, sonst richtet sich das Packmittel nach der Erhitzungstemperatur. Mulden, die in einem Heißluftofen erwärmt werden, müssen Temperaturen von 150-160°C aushalten, beim Erhitzen im Küchenherd jedoch 225-250°C. Man verwendet tiefgezogene Mulden aus PA/LDPE oder aus LDPE/Karton/LDPE bis 100°C (Wasserbad), tiefgezogene Mulden aus PP oder aus PP/Karton/PP bis 150°C; Mulden aus PETP/Karton/PETP bis 225°C, Aluminiumschalen bis 250°C. Die Auswahl richtet sich auch danach, ob die Packung auf den Tisch kommt bzw. aus ihr gegessen wird. Für die Wiedererhitzung von Fertiggerichten in Kantinen verwendet man abgedeckelte größere Aluminiumschalen oder, sowohl in Konvektions- wie auch in Mikrowellenöfen, PP- bzw. PETP-Kartonkombinationen.

6.5 Verpackung einiger schutzbedürftiger Lebensmittel

Pasteurisieren: Hierbei wird nach dem Kochen und der Füllung im heißen Zustand in heißsiegelfähige Packmittel und nach Entfernung des Restsauerstoffes durch Evakuieren, (für mindestens 10 min) bei 80°C Kerntemperatur pasteurisiert und anschließend rasch auf 3°C abgekühlt. Die Lagerfähigkeit beträgt 2-3 Wochen je nach der Art des Gerichts. Der Qualitätsabfall erfolgt bei mikrobiologisch dichten Verpackungen im angegebenen Haltbarkeitszeitraum abiotisch, wobei Sauerstoff und Licht eine erhebliche Rolle spielen. Man wählt möglichst lichtdichte Verpackungen mit einer Sauerstoffdurchlässigkeit < 100 $Ncm^3/m^2 d$ bar z.B. aus PA/PE, PA/PP oder PETP/PE in Form von Beuteln oder von Schläuchen, letztere nur aus PETP, die an beiden Enden verklippt werden, wobei die Bakteriendichtigkeit der Klippverschlüsse beim Abkühlen besondere Aufmerksamkeit erfordert. Sie werden auch zum Gefrieren verwendet [64].

Sterilisieren: Da hier mit langen Lagerzeiten gerechnet werden muß, erfolgt die Verpackung mit möglichst wenig Kopfraum und hermetisch abschließend, d.h. in Weißblech, lackiertem Aluminiumblech oder in Glas. Dabei wird im letzten Fall vorausgesetzt, daß Kopfraum und Füllgut so weitgehend sauerstofffrei sind, daß die Lichteinwirkung keine Rolle spielt. Eine neuere Alternative sterilisierfester Packmittel bilden Weichpackungen aus 12 μm PETP/12 μm Al/70-75 μm PP (bis 120°C) oder aus 12-15 μm PETP/7-9 μm Al/15 μm PA-6/50 μm PP (bis 135-140°C), die zum Schutz gegen Beschädigungen vor allem an Heißsiegelnähten in Faltschachteln fixiert werden sowie halbstarre Alu-Leichtbehälter aus 100-120 μm lackiertem Al/50-60 μm PP. Entscheidend ist das Abfüllen ohne Verschmieren des Heißsiegelbereichs. Will man anstelle von Aluminiumkombinationen Kunststoffverbunde verwenden, so darf deren Sauerstoffdurchlässigkeit 2-3 $Ncm^3/m^2 d$ bar, z.B. durch Verwendung von 12 μm PETP/30 μm PP/12 μm PVDC/50 μm PP, nicht überschreiten, wenn eine Haltbarkeit von 3-5 Monaten erreicht werden soll (vgl. Abschn. 4.1.1). Für einen raschen Umschlag kommen auch Kombinationen aus PETP oder PA mit PE oder PP in Betracht. Dabei muß für einen lichtschützenden Druck gesorgt werden. Da die Packmittel beim Sterilisieren Temperaturen bis zu 135°C annehmen, ist ihre Geruchs- und Geschmacksfreiheit besonders wichtig. Bezüglich des Vergleichs der Eigenschaften und der Wirtschaftlichkeit von halbstarren Behältern, flexiblen Beuteln, Konservengläsern und Weißblechdosen vgl. [63].

Trocknen [2]: Wenn man von einigen Ausnahmen wie z.B. Knabbererzeugnissen absieht, gehören die getrockneten Fertiggerichte zur Gruppe der kochfertigen Gerichte. Sie sind meist besonders feuchtigkeitsempfindlich.

Wie hoch die Wasserdampfdichtigkeit des Packmittels für eine bestimmte
Umschlagszeit sein muß, läßt sich errechnen, wenn man die Toleranzgrenze für die Wasserdampfaufnahme kennt. Manche davon, wie Pulver für rohe
Kartoffelklöße, schnellkochender Reis und Teigwaren erfordern in unserem
Klima keinen Feuchtigkeitsschutz, andererseits können Suppenwürfel wegen ihres erheblichen Salzgehalts durch Wasserdampfzutritt zerfließen.
Trotz eines merklichen Fettanteils ist die Sauerstoffempfindlichkeit von
Trockensuppen üblicher Rezeptur gering. Jedoch kann dabei durch Licht -
insbesondere bei Gegenwart von chlorophyllhaltigen Gemüsebestandteilen -
eine qualitätsschädigende Fettoxidation ausgelöst werden. Bei Trockengemüse und Tomatenpulver können durch Sauerstoff ein Vitamin-C- und ein
Karotinabbau und hierdurch sowie durch Bräunungsreaktionen Qualitätsschädigungen auftreten. Bei Kartoffelbreipulver ist, obwohl es nur Spuren von Kartoffelöl enthält, die Sauerstoffempfindlichkeit hoch, weshalb es zusätzlich zu einer wasserdampfdichten Verpackung auch sauerstoffdicht und unter Stickstoff abgepackt wird. Bei gefriergetrockneten
Gerichten wird man - wegen deren hoher spezifischen Oberfläche - das Vakuum immer durch Stickstoff brechen und sie sauerstoffdicht verpacken.

Diese wenigen Beispiele mögen genügen, um anzudeuten, daß es für die
Verpackung wasserarmer Fertiggerichte keine festen Regeln gibt, sondern
die Wirtschaftlichkeit der Verpackung von einer genauen Kenntnis der
spezifischen Empfindlichkeit des Füllgutes und der Umschlagsdauer abhängt [2]. Für letzteres mag folgendes als Beispiel gelten: Eine Selbstbedienungsorganisation der Schweiz, die einen ziemlich raschen Warenumschlag garantiert, läßt Trockensuppen ohne Verwendung von Aluminiumfolie
verpacken, was dann nicht möglich ist, falls eine Haltbarkeitszeit von
einem Jahr vom Handel gefordert wird.

Fruchtsäfte

Die Literatur über den abiotischen Verderb von Fruchtsäften, welche
durch eine geeignete thermische Vorbehandlung mikrobiologisch nicht gefährdet sind, ist spärlich. Zahlreiche Fruchtsäfte sind nicht nur licht-,
sondern auch besonders sauerstoffempfindlich, weshalb wohl immer ein
größerer luftgefüllter Kopfraum von Schaden ist, (ausgenommen bei Verwendung sehr sauerstoffdurchlässiger Behältnisse aus PS oder ABS, bei
welchen die Qualitätsabwertung ohnedies schon so rasch erfolgt, daß die
Größe des Kopfraumes nicht mehr ins Gewicht fällt.) Fruchtsäfte, Nektare und Fruchtsaftgetränke werden in der BRD z.Z. zu etwa 70% in Glas
verpackt. Der kleine Kopfraum in Glasflaschen, kombiniert mit schaumfreiem Abfüllen, scheint bei diesem absolut sauerstoffdichten Packstoff

während einer Umschlagszeit von Ernte zu Ernte keinen merklichen Qualitätsverlust verursachen zu können, vielfach offenbar auch ohne Glaseinfärbung. Sicher ist deshalb auch eine Verpackung aus LDPE/Karton/LDPE/Alu/LDPE, wenn die Abfüllung mit geringem oder ohne Kopfraum dergestalt erfolgt, daß wenig Luft mitgerissen wird. Die Beherrschung der Umschlagszeit im Falle eines partiellen Verzichts auf Sauerstoff- und Lichtdichtigkeit, also bei Verwendung weniger anspruchsvoller Packstoffe würde eine viel genauere Kenntnis der Einflußgrößen voraussetzen. Nach empirischen Feststellungen sind Zitrussäfte, Tomatensäfte und tomatenhaltige Gemüsesäfte erheblich empfindlicher als Trauben-, Kirsch- und Johannisbeersäfte. Bei Orangensäften soll zudem die Vorgeschichte eine große Rolle spielen. Vielfach tritt zuerst ein Vitamin-C-Abbau und erst danach eine Veränderung der Farbe und des Geschmacks in Erscheinung. Bei wenig anspruchsvollen Fruchtsaftarten sowie bei Fruchtsaftgetränken soll sich in PVC-Bechern eine Haltbarkeitszeit von etwa zwei Monaten erreichen lassen [65], was für manche Einsatzzwecke ausreicht, jedoch die Angabe des Verfalldatums nötig macht.

Literatur zu Kapitel 6

1 Robinson, L. (ILV): Sensorische Verfahren zur Qualitätsbeurteilung von Lebensmitteln. Chemie, Mikrob., Tech. d. Lebensm. 6 (1979) Nr. 1, 11-16
2 Heiss, R. (ILV): Haltbarkeit und Sorptionsverhalten wasserarmer Lebensmittel. Berlin, Heidelberg, New York: Springer 1968
3 Heiss, R.; Eichner, K (ILV): Die Haltbarkeit von Lebensmitteln mit niedrigen und mittleren Wassergehalten.
Chemie, Mikrob., Techn. d. Lebensm. 1 (1971) 33-40
4a Hunter, I. R.; Houston, D. F.; Kestner, E. B.: Development of free fatty acids during storage of brown (husked) rice. Cereal Chem 28 (1951) 232-339
4b Houston, D. F.; Hunter, I. R.; Kestner, E. B.: Effect of steaming fresh paddy rice on the development of free fatty acids during storage of brown rice. Cereal Chem. 28 (1951) 394-399
4c Eichner, K. (ILV): Nichtenzymatische Veränderungen von Lebensmitteln mit niedrigen und mittleren Wassergehalten. Proceedings der 36. Diskussionstagung des Forschungskreises der Ernährungsindustrie 1977, S. 19-32.

Siehe auch Ciner-Doruk, M.; Eichner, K. (ILV): Bildung und Stabilität von Amadori-Verbindungen in wasserarmen Lebensmitteln, I. Mitteilung. ZUL 168 (1979) 9-20 sowie Eichner, K.; Ciner-Doruk, M. (ILV): desgl. II. Mitteilung ZUL 168 (1979) 360-367
5 Eichner, K. (ILV); Karel, M.: The influence of water content and water activity on the sugar-amino browning reaction in model systems under various conditions. J. Agr. Food Chem. 20 (1972) 218-223
6 Labuza, T. P.; Mc.Nally, L.; Gallagher, Denise; Hawkes, J.; Hurtado, F.: Stability of intermediate moisture foods, Part. I, J. Food Sci. 37 (1972) 154-156
7 Davies, R., et al: Intermediate moisture foods, London: 1976

8 Cerny, G. (ILV): Möglichkeiten zur Verlängerung der mikrobiologischen Stabilität von Lebensmitteln mit verringerter Gleichgewichtsfeuchtigkeit, dargestellt am Modell Sandkuchen. Chemie, Mikrob., Techn. d. Lebensm. 5 (1976) 20-26
9 Lubieniecki, M. (ILV): Vermehrung und Absterben von Mikroorganismen in Abhängigkeit vom Milieu unter Berücksichtigung kombinierter technologischer Einflüsse:

1. Mitteilung: Vermehrung und Absterben von Mikroorganismen in Abhängigkeit vom pH-Wert des Substrats.
2. Mitteilung: Über das Verhalten von Bakteriensporen bei thermischer Behandlung in Abhängigkeit von der Gleichgewichtsfeuchtigkeit der sie umgebenden Atmosphäre.
3. Mitteilung: Einfluß der relativen Feuchtigkeit auf die Hitzeresistenz verschiedener Typen von Schimmelpilzsporen.
4. Mitteilung: Die Beeinflussung des Mikroorganismenwachstums durch CO_2.

Chemie, Mikrob., Tech. d. Lebensm. 1 (1972), 89-95, 138-144; 2 (1973) 26-32; 3 (1974) 138-147, außerdem: Die Sauerstoffkonzentration als bestimmender Faktor für mikrobiologische Vorgänge in Lebensmitteln. Verpack. Rdsch. 26 (1975) TWB 1-6
10 Heiss, R. (ILV): Untersuchungen über die Kantenbildung von Butter. Verpack.-Rdsch. 11 (1960) TWB 41-45
11 Heiss, R. (ILV): Über das Mikroklima in Packungen mit Hartkaramellen. Verpack.-Rdsch. 6 (1955) TWB 77-80
12 Heiss, R. (ILV): Untersuchungen über die an Gefrierpackungen zu stellenden Anforderungen. Verpack.-Rdsch. 14 (1963) TWB 43-49
13 Herlitze, W.; Heiss, R.; Becker, K.; Eichner, K. (ILV): Die Sauerstoffempfindlichkeit von Lebensmitteln und die Berechnung einer verkaufsgerechten Kunststoffverpackung. Chemie-Ing.-Tech. 45 (1973) Nr. 8, 485-491
14 Harris, R. S.; Karmas, E.: Nutritional evaluation of food processing, Westport: 1975, pp 426-429
15 Informationsblatt des ILV: Über die Möglichkeiten einer qualitätsschädigenden Wirkung des Sauerstoffs auf Lebensmittel während des Vertriebs durch den Einzelhandel und Hinweise auf ihre Verwendung. Verpack.-Rdsch. 27 (1976) TWB 85-86
16 Heiss, R.; Robinson, L. (ILV): Verpackung sauerstoffempfindlicher Lebensmittel (Kritische Überlegungen über Einflußgrößen beim Verpakken unter Lichtausschluß) Gordian 75 (1975) 12, 359-365
17 Johnson, R. L.; Toledo, R. T.: Storage stability of 55° brix orange juice concentrate aseptically packaged in plastic and glass containers. J. of Food Sci. 40 (1975) 433-434
18 Hintze, F.; Becker, K.; Heiss, R. (ILV): Löslichkeit und Diffusion von Sauerstoff in Lebensmitteln. Fette-Seifen-Anstrichmittel 67 (1965) Nr. 6, 419-430
19 Mack, R. E.; Heldmann, D. R.; Singh, R. P.: Kinetics of oxygen uptake in liquid foods. J. of Food Sci. 41 (1976) 309
20 Singh, R. P.; Helman, D. R.; Kirk, J. R.: Kinetics of quality degradation: Ascorbic acid oxidation in infant formula during storage. J. Food Sci. 41 (1976) 304-308
21 Reinelt, G. R.; Becker, K.; Heiss, R. (ILV): Der Einfluß des Sauerstofftransports in hochviskosen, verpackten Lebensmitteln auf deren Verderbsverhalten. Lebensm.-Wiss. u. Technol. 12 (1979) 76-84
22 Karel, H.: Packaging protection for oxygen-sensitive products. Food Tech. 28 (1974) 50-60
23 Heiss, R.; Radtke, R. (ILV): Über den Einfluß von Licht, Sauerstoff und Temperatur auf die Haltbarkeit verpackter Lebensmittel. Verpack.-Rdsch. 19 (1968) TWB 17-24
24 Satter, A.; De Man, J. M.: Photo-oxidation of milk and milk-products: A Review. Brit. Rev. Fd. Sci. and Instr. 7 (1975) 13-30

25 Smith, K. C.; Hanawalt, P. C.: Molecular Photobiology, New York: Academic Press 1969
26 Reusser, P.: Study on the photochemical inactivation of folic acid in the presence of riboflavin and its inhibition by ascorbic acid. J. Intern. Vitaminology 39 (1970) 64
27 Heiss, R. (ILV): Informationsblatt über die Möglichkeiten einer qualitätsschädigenden Wirkung des Lichts auf Lebensmittel während des Vertriebs durch den Einzelhandel und Hinweise zu ihrer Vermeidung. Verpack.-Rdsch. 27 (1976) TWB 32-34
28 Farmer, E. H.; Bloomfield, G. F.; Sundralingham, A.; Sutton, D. A.: Trans. Farady Soc. 38 (1962) 3458
29 Rawls, R.; van Santen, P. J.: Possible role for singlet oxygen in the initiation of fatty acid autoxidation. J. Amer. Oil Chemists' Soc. 47 (4) (1970) 121-125
30 Semmler, U.; Radtke, R. (ILV); Grosch, W.: Photooxidation von Linolsäuremethylester-Identifizierung eines Sensibilisators. Fette-Seifen-Anstrichmittel, 81 (1979) 390-394
31 Smits, Pl.; Becker, K.; Heiss, R. (ILV): Über den Einfluß von Licht verschiedener Intensität und Wellenlänge auf den oxydativen Verderb von Speiseölen. Fette-Seifen-Anstrichmittel 72 (1970) Nr. 6, 490-497
32 Paul, G.; Radtke, R.; Heiss, R.; Becker, K. (ILV): Über den Einfluß von Licht auf den oxydativen Verderb von Speiseölen. IV. Abhängigkeit der Oxydationsgeschwindigkeit von der Wellenlänge des eingestrahlten Lichts. Fette-Seifen-Anstrichmittel 74 (1972) Nr. 6, 359-366
33 Paul, G.; Heiss, R.; Becker, K.; Radtke, R. (ILV): Über den Einfluß von Licht auf den oxydativen Verderb von Speiseölen. III: Abhängigkeit der Oxydationsgeschwindigkeit vom Sauerstoffpartialdruck und der Lichtintensität. Fette-Seifen-Anstrichmittel 74 (1972) Nr. 2, 120-126
34 Becker, K. (ILV): Über die Bestimmung der von verpackten Lebensmitteln absorbierten Lichtenergie. Verpack.-Rdsch. 11 (1960) TWB 73-78
35 Radtke, R.; Heiss, R. (ILV): Orientierende Untersuchungen über den Einfluß des Lichtes auf in verschiedenfarbigen Zellglasfolien verpacktes Butterfett und Buttergebäck. Verpack.-Rdsch. 17 (1966) TWB 9-14
36 Buchner, N.; Heiss, R. (ILV): Probleme bei der Verpackung von Röstkaffee in Vakuum- und Gaspackungen. Kaffee- und Teemarkt 13 (1963) Nr. 23, 6-13
37 Dürichen, K.; Heiss, R. (ILV): Physikalische Überlegungen zur Verpackung von Röstkaffee in Weichpackungen. Verpack.-Rdsch. 21 (1970) TWB 35-41
38 Lubieniecki - v. Schelhorn, M. (ILV): Die Sauerstoffkonzentration als bestimmender Faktor für mikrobielle Vorgänge in Lebensmitteln. Verpack.-Rdsch. 26 (1975) TWB 1-6
39 de Vore, D. P.; Solbero, L.: Oxygen uptake in postrigor bovine muscle, J. Food Sci. 39 (1974) 22-27
40 Heiss, R.; Eichner, K.: (ILV) Stand der Forschung der Verpackung von Fleisch. 1. Mitt. Fleischwirtschaft. 49 (1969) 757-764
41 Buma, T. J.: Teilchenporosität von sprühgetrockneter Milch. Milchwiss. 33 (1978) 538-540
42 Herlitze, W.; Becker, K.; Heiss, R. (ILV): Berechnung einer Kunststoffverpackung für sauerstoffempfindliche Lebensmittel. Verpack.-Rdsch. 24 (1973) TWB 51-55
43 Schrader, U.; Becker, K.; Heiss, R. (ILV): Der Einfluß von Diffusion und Löslichkeit auf die Reaktion von Sauerstoff mit kompakten Lebensmitteln. Verpack.-Rdsch. 31 (1980) TWB 33-40
44 Dürichen, K.; Heiss, R.; Becker, K. (ILV): Der zeitliche Verlauf der Gaskonzentrationen in Emmentaler-Weichpackungen. Deutsche Molkerei Ztg. 91 (1970) Nr. 10, 385-391

45 Wolfseder, H.: Bestimmung des Gasstoffwechsels im Camembert mit Hilfe von physikalisch arbeitenden Gasanalysatoren. Milchwiss. 28 (1972) 419-423
46 Heiss, R.: Über den Druckverlauf beim Sterilisieren von Lebensmitteln. ZFL 31 (1980) 117-121
47 Böhme, Chr. F.: Frischfleisch-Portionspackungen nach dem Dr. Böhme-Schutzgasverfahren. Zeitschr. f. Lebensm.-Technol. u. -Verfahrenstech. 29 (1978) 182-186
48 Jones, A.: Meat and its packaging. PIRA-Process/Product survey, Leatherhead 1976
49 Böhme, Chr. F.: Die Reifung und Lagerung von Fleisch in Verbundfolienbeuteln. Verpack.-Rdsch. 30 (1979) 744-759
50 Sander, E. H.: Increasing shelf life by carbon dioxide treatment and low temperature storage of bulk pack fresh chickens packaged in nylon/surlin film. J. Food Sci. 43 (1978) 1519-1527
51 Partmann, W.; Bomar, M. T.; Hajek, M.; Bohling, H.; Schlaszus, H.: Zur Haltbarkeit von gekühlten Schlachthühnern in kontrollierten Gasatmosphären. Fleischwirtsch. 58 (1978) 837-843
52 Effenberger G.; Schotte, K.: Verpackung von Fleisch und Fleischwaren, Alzey: Rheinhess. Druckwerkstätte 1971
53 Thomas, E. L.; Burton, E.; Ford, J. E.; Perking, A. G.: J. Dairy Res. 42 (1975) 285
54 Hanssen, E.: Durchlässigkeit von Sauerstoff bei papierverpackter Milch 29 (1975) 1301
55 Lechner, E.: Über den Gehalt der H-Milch an Sauerstoff und dadurch bedingte Veränderungen während der Lagerung. Deutsche Milchwirtsch. (1977) Nr. 4, 123-126
56 Mohar, J.; Waes, G.; Moermans, R.; Nandths, M.: Sensoric changes in UHT-milk during uncooled storage. Milchwiss. 34 (1979) 257-262
57 Jeon, I. J.; Thomas, E. L.; Reineccius, G. A.: Production of volatile flavor compounds in ultrahigh-temperature processed milk during storage. J. Agr. Food Chem. (1978) 1183-1188 vgl. auch Mogensen, G.; Poulsen, P. R. Quality of UHT milk, stored at refrigerated and ambient temperatures as compared to HTST pasteurized milk. Milchwissenschaft. 35 (1980) 552-556
58 Becker, K.; Cerny, G.; Radtke, R.; Reinelt, G.; Robinson, L. (ILV): Die Veränderungen von pasteurisierter Konsummilch in Abhängigkeit vom Sauerstoffangebot. Verpack.-Rdsch. 28 (1977) TWB 85-92
59 Odet, G.; Zachrison, C.: Technical guide for the packaging of milk products. Annual Bull. 1976, Document Nr. 92 der Internat. Dairy Federation, Brüssel, pp 64-70
60 Heiss, R.; Radtke, R. (ILV): Verpackung und Vertrieb von Röstkaffee. Kaffee- und Teemarkt 28 (1978) 3-11 und Radtke, R. (ILV): Zur Kenntnis des Sauerstoffverbrauchs von Röstkaffee und seiner Auswirkung auf die sensorisch ermittelte Qualität des Kaffeegetränks. Chem. Mikrobiol. Technol. d. Lebensm. 6 (1979) 36-42
61 Heiss, R. (ILV): Haltbarkeit und Verpackung von Schokoladenerzeugnissen. Verpack.-Rdsch. 26 (1975) 32-37
62 Thomas, B.; Juretko, A.: Fertigung und Gebäckfrischhaltung. Brotindustrie 11 (1974) 387-398
63 Ackermann, A.: Wertanalyse von Kunststoffverpackungen aus der Sicht der Lebensmittelindustrie. Alimenta. 18 (1979) 93-96
64 Böhme, Chr. F.: Fertigverpflegung aus dem Fleischerfachgeschäft. Die Fleischerei 4/79, 277-280
65 Hartmann, G.: PVC-Behälter als Packmittel für empfindliche Lebensmittel. Verpack.-Rdsch. 24 (1973) 1145-1156

7 Lebensmittel- und Eichrecht im Zusammenhang mit dem Verpacken in der Bundesrepublik Deutschland

7.1 Überblick

Für den Packstoffhersteller ist das deutsche *Lebensmittel- und Bedarfsgegenstände-Gesetz* (LMBG) vom 15. August 1974, welches den Übergang von Stoffen auf Lebensmittel folgendermaßen beurteilt, von grundsätzlicher Bedeutung:

§ 17 des LMBG regelt den Schutz des Verbrauchers vor Täuschung. Dementsprechend (Abs. 5) ist es verboten, Lebensmittel unter irreführender Bezeichnung, Angabe oder Aufmachung gewerbsmäßig in den Verkehr zu bringen.

§ 30 (1): Es ist verboten, Bedarfsgegenstände derart herzustellen oder zu behandeln, daß sie bei bestimmungsgemäßen oder vorauszusehenden Gebrauch geeignet sind, die Gesundheit durch ihre stoffliche Zusammensetzung, insbesondere durch toxikologisch wirksame Stoffe oder durch Verunreinigungen zu schädigen.

§ 31 (1): Es ist verboten, Gegenstände als Bedarfsgegenstände gewerbsmäßig so zu verwenden oder für solche Verwendungszwecke in den Verkehr zu bringen, daß von ihnen Stoffe auf Lebensmittel oder deren Oberfläche *übergehen*, ausgenommen gesundheitlich, geruchlich und geschmacklich unbedenkliche Anteile, die technisch unvermeidbar sind.

In § 32 sind Ermächtigungen zum Schutze der Gesundheit mit Hilfe von Verboten und Beschränkungen enthalten und § 35 betrifft die amtliche Sammlung von Untersuchungsverfahren.

Für die Kennzeichnung von Lebensmitteln ist die *Lebensmittelkennzeichnungs-Verordnung* (LMKV) maßgebend, die sich allerdings nicht ausnahmslos auf sämtliche Lebensmittel bezieht. Die LMKV regelt im einzelnen:
- Name und Art der Firma (§ 2, Abs. 1);
- Inhaltsangabe (§ 2, Abs. 2);
- Mengenkennzeichnung (§ 2, Abs. 3);
- Datumsangabe.

Bei Fleisch- und Fleischerzeugnissen, Fischen, Krusten-, Schalen- und Weichtieren muß nach § 2, Abs. 4 der Zeitpunkt der Herstellung unverschlüsselt nach Tag, Monat und Jahr angegeben sein; sofern das Lebensmittel nicht unmittelbar nach der Herstellung zum Zwecke der Abgabe an den Verbraucher abgepackt wird, muß anstelle der Herstellungszeit das Abpackdatum angeführt werden. Diese Angaben entfallen, wenn das Mindesthaltbarkeitsdatum angegeben wird, bis zu dem ein Lebensmittel *mindestens* "seine spezifischen Eigenschaften unter angemessenen Aufbewahrungsbedingungen behält" (vgl. Kap. 6). Letzteres scheint sich international durchzusetzen. Einbezogen in die Kennzeichnungspflicht sind in der Bundesrepublick Deutschland z.Z. Butter, diätische Lebensmittel, Eier, Feinkostsalate, Fleisch und Fleischerzeugnisse, Geflügel, Käse, Margarine, pasteurisierte Milch, Milcherzeugnisse und Tiefgefrierkost aus tierischen Erzeugnissen. Die Angaben richten sich insofern nach der Verderbsanfälligkeit, als bei rasch verderblichen Lebensmitteln wie z.B. bei Milch, Schlagsahne und Feinkostsalaten bei Angabe der Mindesthaltbarkeitsdauer auch die Lagertemperatur angegeben werden muß; sinnvoll ist dies immer, weil sich Haltbarkeitszeiten bei Unterschieden in der Lagertemperatur um 10°C üblicherweise bereits um den Faktor 2 unterscheiden. Besonders streng sind die Vorschriften bei Hackfleisch; sofern es nicht tiefgefroren wird, darf es nur am Herstellungstag in den Verkehr gebracht werden. Bei diätischen Lebensmitteln, Dauerwurst, Rohschinken, Rauchfleisch u.ä., Tiefgefrierkost beschränkt man sich dagegen auf die Angabe von Monat und Jahr. Bei Sterilkonserven - generell bei allen Lebensmitteln mit einer längeren Mindesthaltbarkeitszeit als 18 Monate - genügt die Angabe des Jahres.

Ein einschneidendes Gesetz für den Verpackungshersteller ist das Eichgesetz mit seiner wichtigsten Verordnung, der *Fertigpackungsverordnung* (vgl. Abschn. 7.2). Für Erzeugnisse in Verpackungen, die in Abwesenheit des Käufers abgepackt und verschlossen werden, sind die Vorschriften des Eichgesetzes und der Fertigpackungs-Verordnung einschlägig. Der Verpackungshersteller hat folgende Vorschriften des Eichgesetzes zu beachten: § 14 (Begriffsbestimmungen für Fertigpackungen), § 16 (Mengenkennzeichnung; diese Bestimmung gilt nicht für Lebensmittel, deren Kennzeichnung in der Lebensmittelkennzeichnungs-Verordnung oder in anderen Produktvorschriften geregelt ist), § 17 a in Verbindung mit § 35, Abs. 1, Nr. 1 des Eichgesetzes (Verbot von sogenannten Mogelpackungen) und § 17 b (Ausnahmen von den Vorschriften der §§ 15-17 sowie der aufgrund von § 17 c erlassenen Vorschriften). Für den Verpackungshersteller sind ferner von Bedeutung die aufgrund von § 17 c Eichgesetz in der Fertigpackungs-Verordnung erlassenen Vorschriften. Dies sind insbesondere § 1 (verbindliche Standardisierung von Fertigpackungen mit flüssigen Lebensmitteln), die §§ 2-4 (verbindliche Standardisierung für Flaschen, Vorschriften für Flaschen als Maßbehältnisse), §§ 5-15 (Füllmengen- und Grundpreiskennzeichnung von Fertigpackungen und andere Angaben auf Behältnissen), § 16 (Schriftgrößen für Zahlenangaben auf Flaschen als Maßbehältnisse, Füllmengenangabe auf anderen Fertigpackungen

7.1 Überblick

und Stückzahlangaben), § 21 (Herstellerangabe auf Fertigpackungen), § 21 a und § 21 b (besondere Vorschriften für Fertigpackungen mit Füllmengen von weniger als 5 g oder ml bzw. mehr als 10 kg oder Litern).

Sonstige Vorschriften und *Verbote:* Nach dem Blei- und Zink-Gesetz dürfen Konservendosen auf der Innenseite nicht mit einer Metallegierung verzinnt sein, die mehr als 1% Blei enthält oder mit einer Metallegierung verlötet sein, die mehr als 10% Blei enthält. Nach dem Farbengesetz dürfen zur Aufbewahrung oder Verpackung von Nahrungs- und Genußmitteln keine Gefäße, Umhüllungen oder Schutzbedeckungen verwendet werden, zu deren Herstellung Farben verwendet wurden, die Antimon, Arsen, Barium, Blei, Cadmium, Chrom, Kupfer, Quecksilber, Uran, Zink enthalten. Ausgenommen von diesem Verbot ist die Verwendung von Schwerspat, Barytfarblacken, Chromoxid, Kupfer, Zinn, Zink und deren Legierungen als Metallfarben, Zinnober, Zinnoxid, Schwefelzinn und alle in Glasmassen, Glasuren oder Emails eingebrannten Farben.

Das Abfallbeseitigungs-Gesetz ermächtigt in § 14 die Bundesregierung, bestimmte Verpackungen zu verbieten, die besondere Probleme bei der Abfallbewirtschaftung bewirken. Vorerst wurde hiervon noch kein Gebrauch gemacht. Solange die Menge der Abfälle und bestimmter Komponenten nicht zunimmt, gibt die Bundesregierung freiwilligen Lösungen der betreffenden Wirtschaftskreise den Vorzug.

Auch das Bundesimmissions-Gesetz spielt insofern in den Verpackungssektor hinein, als aufgrund der technischen Anleitung zur Reinerhaltung der Luft die Grenzwerte für die Emmission von Lösungsmitteln bei Bedruckungs- und Lackiervorgängen drastisch reduziert wurden.

Für Verpackungsmaschinen sind das Maschinenschutz-Gesetz (Gesetz über technische Arbeitsmittel vom 1.12.1968), Unfallverhütungs-Vorschrift "Lärm", das Arbeitssicherheits-Gesetz vom 1.12.1974 und die VDE-Richtlinien maßgeblich.

Außerdem finden sich in den verschiedenen Produktvorschriften Anforderungen an die Kennzeichnung und Kenntlichmachung, in denen auch Verpackungen angesprochen werden. Beispiele sind die Geflügelfleischuntersuchungs-Verordnung des BMJFG vom 3.11.1976, die Butter-Verordnung (BGBl. 1 vom 1.9.1970, S. 1287); 6. Änd. vom 8.8.1977 (BGBl. 1 vom 10.8.1977, S. 1487 § 14 Abs. 4), die Hackfleisch-Verordnung vom 10.5.1976 (§ 3 Verpackung tiefgefrorener Erzeugnisse). Normen und Merkblätter bilden Orientierungshilfen.

Gegenüber dem nationalen Recht wird die Rechtsangleichung innerhalb der EG immer wichtiger, die den Abbau von Handelshemmnissen durch unterschiedliche Rechtsauffassung der Partnerstaaten zum Ziel hat (vgl. Abschn. 7.3) Zukünftig sollen verpackte Lebensmittel in allen EG-Ländern mit einheitlichen Angaben versehen werden hinsichtlich Bezeichnung, Auflistung der Zutaten, Nettofüllmenge, Mindesthaltbarkeitsdatum, Namen des Herstellers bzw. Abpackers (vgl. hierzu die EG-Kennzeichnungsrichtlinie vom 18.12.1978 79/112 EWG).

Nachfolgend werden die Auswirkungen der einschlägigen Paragraphen der Fertigpackungs-Verordnung und des Lebensmittel-Gesetzes genauer behandelt.

7.2 Anforderungen an Fertigpackungen

Die gesetzlichen Grundlagen für Fertigpackungen in der Bundesrepublik Deutschland sind im wesentlichen in den folgenden Gesetzen bzw. Verordnungen enthalten:
Gesetz über das Meß- und Eichwesen vom 11.7.1969 sowie Änderungen vom 28.12.1976 (Nr. 149),
Fertigpackungs-Verordnung vom 16.12.1971 sowie Änderungen vom 14.12.1979 (Bundesgesetzblatt I-2222) und neue Vorschriften nach § 17 Eichgesetz (1.7.1977).
Ergänzender Art sind: Verordnung über Ausnahmen von der Eichpflicht; für Fertigpackungen mit Lebensmitteln ist außerdem die Lebensmittel-Kennzeichnungs-Verordnung zu beachten.

Definition "Fertigpackung"

Beliebige Erzeugnisse, die in Abwesenheit des Käufers in beliebige Packmittel gefüllt werden und bei denen die abgefüllte Menge nicht ohne Öffnen oder merkliche Änderung der Verpackung verändert werden kann. Den Fertigpackungen weitgehend gleichgestellt sind Packungen, die der obigen Definition entsprechen, aber nicht verschlossen sind (z.B. Schalen mit Obst).

Anforderungen an die Füllmenge

Im Prinzip sind zwei Arten von Fertigpackungen zu unterscheiden: *Fertigpackungen ungleicher Nennfüllmenge*, z.B. Fertigpackungen mit Käsescheiben, Aufschnitt usw., bei denen für jede einzelne Packung die jeweilige Füllmenge ermittelt und angegeben werden muß. Diese Art von Fertigpackungen müssen mit geeigneten und geeichten Waagen hergestellt werden; im allgemeinen werden Waagen mit Preisrechner verwendet.

7.2 Anforderungen an Fertigpackungen

Fertigpackungen gleicher Füllmenge, z.B. 500 g-Beutel mit Mehl, 100 g-Tafeln mit Schokolade, 0,75-l-Flaschen für Wein. Dies sind Fertigpackungen, bei denen während der Abfüllung für jede hergestellte Packung die gleiche Nennfüllmenge angesteuert wurde und auf der Packung angegeben wird. Im Prinzip ist es bei diesen Fertigpackungen völlig gleichgültig, mit welchen technischen Einrichtungen die Dosierung der Füllmenge erfolgt. Wesentlich ist allein, daß die Füllmenge bestimmten Anforderungen genügt. Der Einsatz von Kontrollwaagen ist dann von zweifelhaftem Wert, wenn die Gewichte der Leerpackungen stark streuen.

Mittelwertforderung

Es ist nicht möglich, daß jede einzelne Verpackung genau die Nennfüllmenge enthält; es wird aber angenommen, daß die Wahrscheinlichkeit geringer Untergewichte sich gegen die Wahrscheinlichkeit geringer Übergewichte aufhebt, also bei wiederholtem Kauf keine Benachteiligung des Käufers erfolgt. Dementsprechend muß die Herstellung so erfolgen, daß zum Zeitpunkt der Herstellung das Mittel der Füllmengen nicht kleiner ist als die Nennfüllmenge; d.h. wenn die Nennfüllmenge z.B. 500 g beträgt, dann darf der Mittelwert der tatsächlich dosierten Füllmengen nicht kleiner als 500 g sein. Dies gilt auch für importierte Fertigwaren.

In den Gesetzestexten wird weder unmittelbar gesagt, wie groß die Zahl der Einzelpackungen sein muß, welche der Mittelwertforderung genügen müssen, noch wie lang eine Produktionszeitspanne sein muß, in der die Mittelwertforderung erfüllt werden muß. Beides ergibt sich aber indirekt aus amtlichen Prüfanweisungen und den Vorschriften für die innerbetriebliche Kontrolle. Als Faustregel kann gelten, daß die Mittelwertforderung von Fertigungsmengen erfüllt werden soll, die während einer oder zweier Stunden entstanden sind. Hierdurch wird der Notwendigkeit Rechnung getragen, gelegentlich regulierende Eingriffe vorzunehmen, um die Mittelwert-Lage auf dem gewünschten oder vorgeschriebenen Niveau zu halten.

Zulässige Gewichtsabweichungen für die Füllmenge einzelner Packungen

Die Füllmengen einzelner Packungen sind unvermeidlich zum Teil größer, zum Teil kleiner als die Nennfüllmenge. Plusabweichungen sind unbegrenzt zulässig. Minusabweichungen unterliegen einer zweifachen Begrenzung:
- Höchstens 2% der hergestellten Fertigpackungen dürfen Füllmengen enthalten, die kleiner sind als wie die ausdrücklich festgelegte "zulässige Minusabweichung" (Toleranzgrenze I gemäß Bild 71);

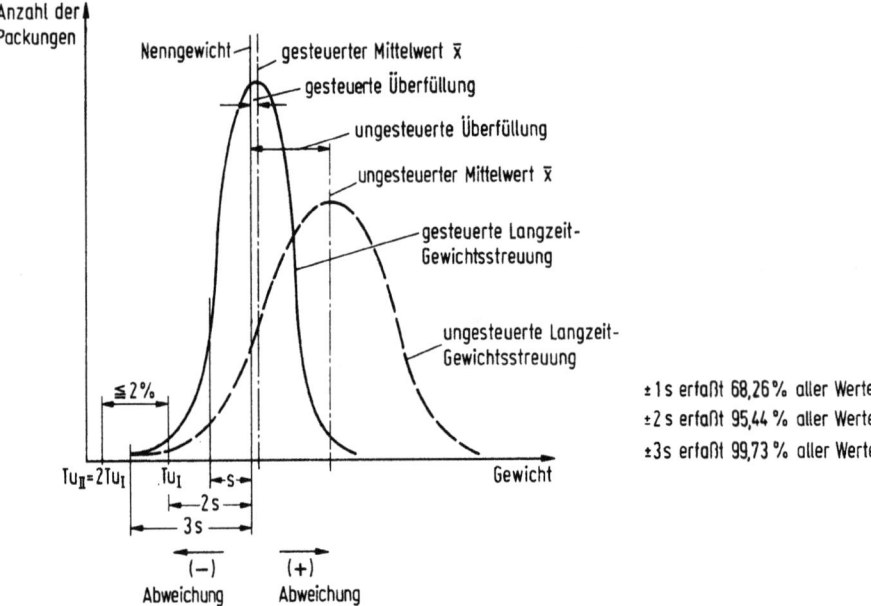

Bild 71. Darstellung von gesteuerten und ungesteuerten Gewichtsstreuungen und der Toleranzgrenzen.

- *keine* Packung darf eine Füllmenge enthalten, die kleiner ist als das Zweifache der "zulässigen Minusabweichung" (Toleranzgrenze II gemäß Bild 71, absolute Toleranzgrenze). Diese Forderungen beziehen sich auf den Zeitpunkt des ersten Inverkehrbringens.

Bezüglich der Höhe der zulässigen Minusabweichung für Einzelpackungen ist die 6. Änderungsverordnung zur Fertigpackungs-Verordnung zu berücksichtigen, in welcher eine einheitliche zulässige Abweichung für die bisherigen leicht- und schwerabfüllbaren Güter auf der Grundlage der schwerabfüllbaren Produkte festgelegt wird. Für bestimmte schwierig zu dosierende Füllgüter (z.B. großstückige Füllgüter, Backwaren, Weichkäse, Eiskremtorten, kalibriertes Schlachtgeflügel) gibt es Sonderregelungen. Die EG-Richtlinie 78/891 EG der Kommission vom 28.9.1978 (Amtsblatt der EG L 311 vom 4.11.1978, 21ff) "zur Anpassung der Anhänge folgender Richtlinien an den technischen Fortschritt: Richtlinie 75/106 EG und 76/211 EG des Rates im Bereich der Fertigpackungen" sieht nur eine einzige Klasse mit den Minusabweichungen für die bisherigen schwerabfüllbaren Füllgüter vor. Gewisse Kontrollschwierigkeiten treten auch auf bei nach Volumen gekennzeichneten pastösen Erzeugnissen mit stark schwankenden Dichten.

7.2 Anforderungen an Fertigpackungen

In jedem Fall werden die zulässigen Minusabweichungen mit steigender Nennfüllmenge relativ kleiner (vgl. hierzu § 17 der Fertigpackungs VO). Die vorstehenden Anforderungen gelten in erster Linie für Packungen, deren Füllmenge nach Volumen oder Gewicht gekennzeichnet ist. Für Packungen, deren Füllmenge nach Stückzahl angegeben wird (z.B. Briefpapier, Nägel usw.) gelten Sonderregelungen. Im allgemeinen sind Abweichungen von der angegebenen Stückzahl erst bei Stückzahlen über 100 in gewissem Umfange zulässig. Die Möglichkeit einer Stückzahlkennzeichnung ist bei Lebensmitteln allerdings stark eingeschränkt; hier sind die Stückzahlen je Packung auch so gering, daß Abweichungen von der angegebenen Stückzahl nicht erlaubt sind.

Mengenkennzeichnung

Bei Fertigpackungen mit Lebensmitteln erfolgt die Mengenkennzeichnung in der Regel nach Volumen oder Gewicht; in Einzelfällen kann auch die Stückzahl oder die "Ergiebigkeit" (z.B. bei Trockensuppen) angegeben werden.

Grundpreisangabe

Der Grundpreis ist der Preis für 1 kg oder 1 l (bzw. 100 g oder 100 ml, sofern die Nennfüllmenge gleich oder weniger als 250 g oder ml beträgt). Die Angabe des Grundpreises soll einen Preisvergleich bei "krummen" Füllmengenangaben erleichtern. Der Grundpreis braucht allgemein dann nicht angegeben zu werden, wenn die Nennfüllmengen bestimmten "geraden" Werten entspricht, z.B. 10, 20, 25, 30, 40, 50, 100, 125, 200, 250, 500 g usw. bis 10 kg. Die Pflicht zur Angabe des Grundpreises entfällt dann, wenn das Füllgut nur in Behältnissen mit ganz bestimmten Volumen (z.B. Weinflaschen, Limonadenflaschen usw.) abgefüllt werden darf oder wenn es in Gewichts- oder Volumenmengen in den Verkehr gebracht wird, welche für ganz bestimmte Füllgüter ausdrücklich zugelassen sind (z.B. 450 g bei Marmelade, 340 g bei kondensierter Milch).

Die Vorschriften über die Grundpreisangabe haben dazu geführt, daß krumme Füllmengenangaben praktisch völlig verschwunden sind. Außerdem ist hierdurch eine starke Verminderung zulässiger Packungsgrößen in der Bundesrepublik Deutschland herbeigeführt worden. Eine derartige Standardisierung hat allerdings ihre Grenzen. Insbesondere bei bestimmten Importerzeugnissen ist der Gedanke, möglichst nur gerade Füllmengen zuzulassen, aus naheliegenden Gründen nicht durchsetzbar. Innerhalb der Bundesrepublik wird - wie vorerwähnt - auf gewisse historische

Tatsachen und die Gewöhnung des Verbrauchers an ganz bestimmte Füllmengen Rücksicht genommen, und zwar auch dann, wenn es sich um "krumme" Gewichtsmenge handelt. Langfristig geht die Tendenz aber deutlich in Richtung einer weiteren Standardisierung von Packungsgrößen.

Mogelpackungen

Fertigpackungen müssen so gestaltet sein, daß sie keine größere Füllmenge vortäuschen, als in ihnen enthalten ist (hochgezogene Böden, Hohlräume, doppelte Wandungen, übergroße Verschlüsse). Nach dieser Bestimmung kann eine Mogelpackung nur dann vorliegen, wenn der Verbraucher über die Füllmenge getäuscht wird. Diese Definition hat zu erheblichen Schwierigkeiten geführt, weil einerseits die Verbraucher oft keine rechte Vorstellung davon haben, daß die eigentliche Füllmenge bestimmter Packungen aus technischen Gründen überraschend niedrig ist (z.B. Aerosolpackungen), andererseits der Verbraucher aber auch an bestimmte Packungen gewöhnt ist, die nicht mit der technisch möglichen Füllmenge gefüllt sind. Diese Schwierigkeiten haben zu einer kaum noch zu übersehenden Fülle von Einzelregelungen geführt. Im Grunde geht aber die Tendenz dahin, das Packmittelvolumen unter rein technischen Gesichtspunkten zu minimieren. Dahinter steht auch die Absicht, die Abfallmengen zu verringern. Hierzu dienen Richtlinien des Bundesministers der Finanzen und für Wirtschaft (Amtsblatt 1977, Nr. 2, S. 23 ff), wonach bestimmte Verhältniszahlen zwischen Packmittelvolumen und Nennfüllmenge nicht überschritten werden sollen. Bei Pralinen liegt demnach das Höchstmaß dieses Verhältnisses in cm^3/g bei 6 : 1, bei Backwaren je nach Art zwischen 20 : 1 und 3 : 1. Für undurchsichtige Fertigpackungen bedarf ein größerer Freiraum als 30% einer besonderen Prüfung, ob er produktbedingt oder technisch unumgänglich ist [1].

Zur Vermeidung der Beanstandung von Füllmengen (vgl. die Definition von Nutzvolumen, Leervolumen, Füllvolumen, effektiver Füllgrad, minimaler Befüllungsgrad) dient DIN 55540 [1].

Verpflichtung zu innerbetrieblichen Kontrollen

Die Hersteller von Fertigpackungen sind verpflichtet, laufend Kontrollen durchzuführen, die erkennen lassen, ob der sich ergebende Mittelwert der Nennfüllmenge entspricht und ob die vorgeschriebenen Toleranzgrenzen eingehalten werden. Die Ergebnisse dieser Kontrollen müssen für die etwa einmal jährliche Prüfung des Eichamtes aufgezeichnet und dieser Überwachungsbehörde auf Verlangen zur Einsichtnahme vorgelegt werden. Zur innerbetrieblichen Kontrolle der Füllmengen werden entweder

7.2 Anforderungen an Fertigpackungen

Kontrollkarten (im allgemeinen Urwert-Karten mit Mittelwert-Spur), dazugehörigen Kontroll- oder Warngrenzen sowie eingezeichneten Toleranzgrenzen geführt oder es werden automatisch arbeitende Kombinationen von elektronischen Waagen und Rechnern benutzt. In bestimmten Fällen werden diese Anlagen auch mit einer Tendenzmeldung ausgerüstet, die vom Rechner verarbeitet wird und zu einer automatischen Berichtigung der Dosierlage führt. Der Einsatz eines "check-weigher" reicht nicht aus, weil hiermit zwar verhindert werden kann, daß die unteren Toleranzgrenzen unterschritten werden, eine Kontrolle der Mittelwert-Lage aber nicht möglich ist.

Aus Bild 71 erkennt man, daß das notwendige Übergewicht um so größer wird, je breiter die Normalverteilung ist (z.B. als Folge von Dichteschwankungen), weil auf andere Weise die Gefahr besteht, daß T_{U_I} von mehr als 2% der Fertigpackungen und $T_{U_{II}}$ vereinzelt unterschritten werden. Bei der in der Praxis vorkommenden schiefen Häufigkeitsverteilung z.B. (durch Einrichtungen, welche ein Überdosieren, nicht jedoch ein Unterdosieren verhindern), bedarf die Einhaltung der Mittelwertforderung besonderer Sorgfalt. Bei schmaler Normalverteilung, also geringer Standardabweichung, besteht keine Gefahr, daß T_{U_I} und $T_{U_{II}}$ unterschritten werden. Dies gilt beispielsweise für Reis und (mit gesteuertem Nachdosierer) für gemahlenen Kaffee.

Bei stichprobenartigen Überprüfungen der Dosieranlage ist die Stichprobenhäufigkeit so zu bemessen, daß zwischen 2 Reguliereingriffen mindestens 5-6 Stichprobenergebnisse anfallen. Von der Möglichkeit, den im allgemeinen nicht zugänglichen wahren Mittelwert der Grundgesamtheit durch relativ kleine Stichproben unter Anwendung statistischer Beziehungen zu schätzen, wird sowohl bei der amtlichen Überwachung wie auch bei betrieblichen Kontrollen Gebrauch gemacht. Den staatlichen Prüfplänen werden statistische Qualitätskontrollen zugrunde gelegt. (Anlage 4 zur Fertigpackungs-Verordnung) [2].

Auffassung in der EG

Eine Gemeinschaftsgesetzgebung bedeutet innerhalb der EG einen völligen Abbau der Handelshemmnisse und wirkt für Drittländer handelserleichternd.

Ein wesentlicher Teil der vorstehend zusammengestellten Anforderungen ist inzwischen auch von der EG übernommen worden. Die Standardisierung in Europa macht jedoch nur langsame Fortschritte. Die Richtlinien über die Abfüllung von Flüssigkeiten nach Volumen (25/106 EG) und von bestimmten Erzeugnissen nach Gewicht oder Volumen (76/211 EG) sind durch Richtlinien der Kommission vom 28.9.1978 (78/891 EG) und vom 18.12.1979 (79/112, Artikel 8) geändert worden.

Für die Angabe des Grundpreises liegt inzwischen eine EG-Grundpreisrichtlinie (Amtsblatt C 167/4 vom 14.7.1977) vor, doch hat die EG-Richtlinie vom 19.6.1979 über den Schutz des Verbrauchers bei der Angabe von Lebensmittelpreisen (EG 79/581) die Frage der Freistellung von solchen Werten bis zum 31.12.1983 zurückgestellt. Die Verknüpfung der Verpflichtung zur Grundpreisangabe mit der Möglichkeit, durch Einhaltung bestimmter Behältergrößen davon befreit zu werden, hat in Europa immerhin schon zu einer Verringerung der Verpackungsvielfalt auf dem Dosensektor geführt. Zwischen 1969 und 1975 haben die Bundesrepublik Deutschland, Frankreich, Belgien und UK Rechtsvorschriften über die Preisangabe nach Gewicht und Volumen erlassen, Holland und Dänemark haben die notwendigen Maßnahmen eingeleitet. Mit statistischen Kontrollmethoden, denen behördliche Prüfpläne zugrunde liegen, wird derzeit nur in der Bundesrepublik Deutschland und - in geringem Umfang - in Frankreich geprüft. Maßnahmen zur Vermeidung von Mogelpackungen befinden sich innerhalb der EG derzeit erst im Anlaufen, wogegen sie in der Bundesrepublik Deutschland manchmal schon etwas überperfektioniert erscheinen. Die optimale Harmonisierungslösung hält die Mitgliedsstaaten an, alle Fertigpackungen frei verkehren zu lassen, die den EG-Vorschriften entsprechen, wozu auf der Packung ein "e-Zeichen" angebracht werden kann, während Fertigpackungen, welche dem "e-Zeichen" nicht gerecht werden, auf dem gemeinsamen Markt nicht verkauft werden dürfen. Das Gebiet der Richtlinien auf diesem Sektor ist national und vor allem international verwirrend und so sehr im Fluß, daß die Abschnitte 7.1 und 7.2 nur zur Grundorientierung dienen sollten; sie erheben keinen Anspruch auf Vollständigkeit.

7.3 Geruchliche und geschmackliche Beeinflussung von Lebensmitteln durch Packmittel

7.3.1 Einführung

Gemäß § 31 (1) des Lebensmittelgesetzes darf ein Lebensmittel geruchlich und geschmacklich nicht unzulässig beeinflußt werden. In § 17.2 (b) des LMBG ist der Begriff "nicht unerhebliche Minderung im Genußwert" enthalten, der einen Ermessensspielraum enthält. Der Zustand verminderter Qualität kann anhand von Veränderungen von Qualitätsmerkmalen beschrieben werden, die im Anfangsstadium zunächst nur sensorisch nach-

7.3 Geruchliche und geschmackliche Beeinflussung

weisbar sind (vgl. Kapitel 6). Es erscheint ratsam, hierfür geeignete sensorische Prüfmethoden in die amtliche Methodensammlung nach § 35 LMBG einzubeziehen.

Es gibt kaum einen Packstoff, der völlig geruchlos ist. Wesentlicher ist deshalb, daß unter den Bedingungen der Praxis kein Übergang von Geruchs- und Geschmacksstoffen aus der Verpackung in das verpackte Gut erfolgt bzw. daß die Übertragung so geringfügig ist, daß keine Beeinflussung des Geruchs und Geschmacks feststellbar ist. Eine Geruchsbeeinflussung ist bereits möglich, wenn zwar der Druck mit dem Lebensmittel in keine direkte Berührung kommt, jedoch der zwischen ihm und dem Lebensmittel liegende Packstoff geruchsdurchlässig ist. Werden solche geruchlich nicht einwandfreie Packmittel verwendet und die gefüllten Packungen in weitgehend geruchsdichte Folien eingesiegelt, so wächst die Gefahr einer Beeinträchtigung des Füllgutes beträchtlich. Die Empfindlichkeit von Lebensmitteln gegen Fremdgerüche hängt im Grenzfall von dem Mengenangebot an Geruchsstoffen im Vergleich zur Menge des Füllgutes ab (dies bedeutet, daß z.B. bei kleinen Milchpackungen diesbezügliche Mängelrügen häufiger sind als bei großen), von deren Flüchtigkeit und sensorischen Wirksamkeit, von der Löslichkeit im Produkt oder Adsorption an dessen porösen Oberflächen und von dessen eigener Geruchs- und Geschmacksintensität sowie natürlich von der Lagertemperatur und Lagerzeit ab. Fetthaltige Güter wie Schokolade oder Nougat sind besonders empfindlich, weil viele Geruchsstoffe fettlöslich sind. Besonders empfindlich sind auch Güter mit hoher spezifischer Oberfläche wie Puderzucker, Mehl, Stärke oder poröse Gebäcke (z.B. Zwieback). Der Diffusionswiderstand des Lebensmittels gegen einen Geruchsstoff ist insofern von Bedeutung, als bei hohem Diffusionswiderstand bevorzugt eine dünne Oberflächenschicht in Mitleidenschaft gezogen wird. Bei geringem Diffusionswiderstand dagegen durchdringt er das gesamte Füllgut, wodurch die örtliche Empfindlichkeitsschwelle später erreicht wird. Daß die Gefährdung mit wachsender Geruchsintensität zunimmt, ist selbstverständlich, doch darf man vom Eigengeruch chemischer Hilfsstoffe oder Zubereitungen noch nicht auf die nach der Verarbeitung im Fertigprodukt verbleibende Geruchsintensität schließen; erfahrungsgemäß ist beispielsweise der Geruch von Druckfarben bzw. von Kunststoffdispersionen oder von Lösungsmitteln als solche von untergeordneter Bedeutung für den Geruch der aufgebrachten Schicht nach dem Trocknen. Auch läßt der subjektiv wahrgenommene Geruch nicht unbedingt Rückschlüsse darauf zu, inwieweit der riechende Stoff ein bestimmtes Produkt beeinflußt; beispielsweise überträgt sich Fischgeruch auf wasserfreie Fette kaum, weil Trimethylamin wasserlöslich ist. Andererseits ist gemahlener Röstkaffee trotz seines starken Eigengeruchs und -geschmacks gegen verschiedene Fremdgerüche recht empfindlich. Auch bei Eigengerüchen von Packstoffen kann eine bestimmte Selektivität vorliegen, so daß sie sich nicht in allen Fällen auf das Füllgut übertragen. Als Hauptursachen kommen Monomeren, Hilfsstoffe, Lösungsmittelreste, thermische Überbeanspruchung und Oxidationsvorgänge an der Packstoffoberfläche in Betracht. Auch die Art der Verarbeitung kann von Bedeutung sein. Bei PE und PS können Überhitzungen zur Geruchsbildung führen. Da z.B. das Blasen von LDPE-Folien bei relativ mäßigen Temperaturen stattfindet, ist die Geschmacksgefährdung durch geblasene LDPE-Folien geringer als die durch Extrusionbeschichtungen. Immerhin sind aber sensorische Gefährdungen nicht ganz von der Hand zu weisen, wenn flüssige Lebensmittel in frisch geblasene, noch nicht genügend ausgekühlte HDPE-Flaschen abgefüllt werden. Da die Übereinstimmung der stofflichen Zusammensetzung eines Packstoffes mit den Empfehlungen der Kunststoffkommission nicht für seine sensorische Neutralität bürgt, muß diese jeder Abpacker hinsichtlich der von ihm verpackten Labensmittel unter den praktischen Bedingungen (Zeit, Temperatur) selbst prüfen. Aus diesen Gründen ist eine laufende Kontrolle der Packstofflieferungen unbedingt nötig. Ganz besondere Aufmerksamkeit erfordert dabei natürlich die Umstellung von einem Packstoff auf einen anderen.

7.3.2 *Störungsursachen im einzelnen*

Da über Geruchsbeeinflussungsmöglichkeiten durch Papiere besonders gründlich gearbeitet wurde, werden lediglich zur Verdeutlichung der Vorgehensweise nachfolgend vorwiegend Störungsursachen an Papieren als Beispiele [3] verwendet.

Papier, Karton, Pappe

Geruchs- und Geschmacksbeeinflussungen sind möglich durch Holzschliff, durch Restspuren von Chemikalien, die zum Faseraufschluß gedient haben, durch Bestandteile des Altpapiers, durch Fabrikationshilfsstoffe und Papierveredlungsmittel, durch Spuren von Reinigungsmitteln, die in den Fertigungsanlagen Verwendung fanden, durch Bindemittel, insbesondere deren Monomeren oder durch Hilfsstoffe (Emulgatoren, Stabilisatoren), die einen starken Eigengeruch aufweisen. Da Faserstoffe und viele Hilfsstoffe hygroskopisch sind, können sie bei hohen Feuchtigkeiten zu Nährböden für Mikroorganismen werden. Der sachgerechten Lagerung von Rohstoffen aller Art und der fertigen Packstoffe kommt deshalb eine entscheidende Bedeutung zur Vermeidung von Fremdgeruch und -geschmack

7.3 Geruchliche und geschmackliche Beeinflussung

zu. In wasserarmen Sommern könnte es vorkommen, daß Papiere einen zu hohen Schwermetallgehalt aufweisen. Durch Verpackung fettlässiger Lebensmittel in solchen Papieren kann sich dann rasch ein ranziger Geruch des Ölfilms einstellen.

Bedruckung und Drucklack auf Verpackungen

Im wesentlichen unterscheidet man:
- Lösungsmittelhaltige Druckfarben für Tiefdruck, Flexodruck und Siebdruck sowie lösungsmittelhaltige Überzugslacke. Hauptgefahrenquellen sind Rohstoffe mit deutlichem Eigengeruch, Zugabe falscher oder verunreinigter Verdünner und die nicht vollständige Austreibung der Lösungsmittel aus dem Druck; die bei der Verarbeitung nicht entfernten Lösungsmittelreste und Verunreinigungen bleiben in der Rolle oder im Stapel eingeschlossen. Bei lösungsmittelhaltigen Lacken dürfen nur Weichmacher verwendet werden, die nicht oder sehr wenig flüchtig sind.
- Dispersionslacke. Für Dispersionslacke eignen sich nur monomerfreie Typen.
- Überwiegend oxidativ trocknende Druckfarben und Drucklacke für Buchdruck und Offset. Die oxidative, durch Katalysatoren beschleunigte Trocknung der Offset- und Buchdruckfarben führt in jedem Fall zur Bildung flüchtiger, durch Geruch wahrnehmbarer Nebenprodukte. Oxidativ trocknende Bindemittel müssen vorsichtig dosiert werden. Vermeidung von Trockenstoffzusätzen und von Wischwasser ist anzuraten; die Trocknungszeit ist so zu bemessen, daß die Filmbildung und die Bildung flüchtiger, stark riechender Nebenprodukte abgeschlossen ist und diese abgeführt worden sind [3].

Gute Belüftung, mehrfaches Umsetzen und spätestmögliches Verpacken der Druckerzeugnisse sind bewährte Maßnahmen, weshalb Eilbestellungen von vornherein eine Gefahr bilden. Je größer die Menge der aufgebrachten Druckfarbe, je dicker der Bedruckstoff und je höher die Ausbringung ist, desto ungünstiger sind die Möglichkeiten der Abführung von Geruchsstoffen. Dünne Lackschichten können dagegen nach der Belüftung bzw. Ausheizung auch nur wenig Restlösungsmittel enthalten. Besonders groß ist die Gefahr der Retention von Trocknungsgerüchen und Lösungsmitteln in Kunststoffbeschichtungen, wenn der Geruchsstoff nicht leichtflüchtig oder wenn er im Kunststoff gut löslich ist. Falls sich der Eigengeruch durch Ausheizen bei 50-60°C oder durch 24stündiges Belüften entfernen läßt, ist dies ein Hinweis, daß es sich bei dem Verursacher von Nebengerüchen um Restlösungsmittel oder um Verunreinigungen des verwendeten Lösungsmittels handeln kann.

Bei bekannten Lösungsmittelsystemen können Lösungsmittelreste aus Farb- und Lackfilmen mit Hilfe der Head-Space-Methode gaschromatografisch festgestellt werden. Die Geruchsbeeinflussung muß aber nicht nur von den verwendeten, eventuell nicht genügend gereinigten Lösungsmitteln stammen, sondern kann auch von zugemischten Hochsiedenden sowie vom Eigengeruch von Bindemitteln herrühren. Auf eine sensorische Ergänzungsprüfung kann schon deshalb nicht verzichtet werden [4], weil bei vielen Lösungsmitteln die analytische Nachweisgrenze im Betriebslaboratorium über der Grenze ihrer sensorischen Wahrnehmbarkeit liegt.

Beschichtungen aus wäßrigen Kunststoffdispersionen

Außer der Verwendung von Materialien mit geringem Eigengeruch haben auf den Geruch bzw. den Geschmack des Fertigerzeugnisses Trocknungsart und Temperaturführung merklichen Einfluß. Die Kunststoffdispersion soll in dünner Schicht aufgebracht werden.

Extrudierte Polyolefine

Für den Fremdgeruch von PE kann die Bildung von Carbonylgruppen als Folge einer thermischen Überbeanspruchung beim Extrudieren, das Zusammenwirken von Restmengen von Katalysatoren mit Antioxidantien sowie Restspuren niedermolekularer Fraktionen verantwortlich sein. Für die Verpackung von Lebensmitteln dürfen nur geruchsarme Produkte und ausgewählte Stabilisatoren, Pigmente und Antiblockmittel verwendet werden. Zusätzlich können geruchliche und geschmackliche Beeinflussungen durch zu intensive Vorbehandlung für das Bedrucken und Kaschieren sowie durch Retention und anschließende langsame Abgabe irgendwelcher zurückgehaltener Lösungsmittel oder Geruchsstoffe an das Füllgut verursacht werden. Die Eignung muß in eingehenden Versuchen ermittelt und durch laufende Eingangskontrollen überwacht werden. Bei Milchkartonen versucht man die Gefahr eines Fremdgeruchs und -geschmacks des extrudierten LDPE dadurch zu verringern, daß man zwar aus Gründen der Haftfestigkeit die erste Schicht z.B. bei 310°C extrudiert, aber die der Milch zugekehrte Schicht bei einer um 10 bis 20 K niedrigeren Temperatur.

Polystyrol

Hierbei können Spuren von Styrol auf das Lebensmittel übergehen und zu geschmacklichen Beeinträchtigungen führen. Ihr Auftreten hängt nicht nur von der Art des Polystyrols, sondern auch vom Typ des Lebensmittels ab. Die Geschmacksschwelle des Styrols liegt zwischen 0,2 und ca. 6 ppm, und zwar wurden die niedrigsten Werte bei fettfreien Lebensmitteln wie Tee, Magermilch, Zitronen-Fruchtsaftgetränken und Plain-Joghurt beobachtet [5].

7.3 Geruchliche und geschmackliche Beeinflussung

Klebstoffe

Für flächige Verklebungen, Kaschierungen und Beschichtungen dürfen nur sehr geruchsarme Klebstoffe verwendet werden. Dies gilt auch für sogenannte Verschlußklebungen auf Verpackungsautomaten mit gleichzeitiger Füllung. Da "eingeschlossene" Gerüche kaum mehr entweichen können, sind Lösungsmittelkleber für diesen Zweck nicht geeignet, nur zur Verklebung bei der Herstellung des Packmittels und zum Kaschieren. Kunststofffolien lassen entsprechend ihrer Permeabilität Lösungsmittel nachträglich durchtreten, wodurch geruchliche Beeinflussungen des Füllgutes längere Zeit nach dem Kaschieren eintreten können.

Wäßrige Kolloidklebstoffe sind mikrobiologisch gefährdet und müssen deshalb trocken gelagert werden.

Verwendung von Hotmelts zum Beschichten und Verkleben

Die wichtigste Gefahrenquelle für eine Geruchsbeanstandung ist hierbei eine zu starke thermische Belastung, wodurch Oxidations- und Crackerscheinungen auftreten können.

Metallische Verpackungen [6]

Der Schwellenwert für einen metallischen Fehlgeschmack ist füllgutabhängig. Für Eisen liegen folgende Werte vor (in ppm): Wasser und Bier 10, Heringsfilet in Tomatentunke 10-22, Milch 30, Orangensaft 66. Als Grenzwerte für einen durch Zinnionen hervorgerufenen metallischen Geschmack schwanken die Angaben zwischen 15 und 280 ppm.

7.3.3 Analytische Sensorik [7,8]

Allgemeines: Die sensorische Neutralität ist eine Grundvoraussetzung für den Einsatz eines Packstoffes für Lebensmittel. Da diesbezüglich immer wieder Reklamationen festzustellen sind, wobei oft hohe Werte auf dem Spiele stehen, wird in diesem Fall auf die einschlägigen Prüfverfahren näher eingegangen. Die der Qualitätssicherung dienende Prüfung auf eine ausreichende geruchliche und geschmackliche Neutralität geschieht durch eine entsprechende Wareneingangskontrolle im abpackenden Betrieb. Eine Vielzahl von Reklamationen beruht auf Nachlässigkeiten in diesem Punkt. Wichtig ist, daß die aus dem Packmittel entnommenen Proben von der Probenahme bis bis zur Prüfung so gelagert werden, daß sie keine Fremdgerüche aufnehmen und daß keine flüchtigen Substanzen aus ihnen entweichen können. (Dichtschließende Präparategläser oder unbeschichtete Aluminiumfolie.)

Die *Geruchsprüfung* wird an Analysen- und Kontrollproben, soweit solche vorhanden sind, nach einer bestimmten Aufbewahrungszeit unter definierten Bedingungen als Unterschiedsprüfung durch direktes Beriechen der Packmittel durchgeführt. Stehen keine Kontrollproben zur Verfügung, so wird der Geruch der Analysenprobe anhand einer Intensitätsskala bewertet. Die Geruchsprüfung ist eine Vorprüfung; ihr liegt nur eine Ja/Nein-Entscheidung zugrunde. Werden Geruchsdifferenzen festgestellt, so folgt ab einer bestimmten Größe des Unterschiedes eine Prüfung auf Geschmacksbeeinflussung. Sie kann sowohl durch den Luftraum als auch mittels direkter Berührung geprüft werden.

Zur Durchführung der sensorischen Prüfung bedient man sich eines Teams von Prüfern, die für ihre Aufgabe geeignet und auf die spezielle Fragestellung vorbereitet sein müssen.

Einführung in die Prüfaufgabe: Die Prüfpersonen sind über den Prüfzweck zu unterrichten und sollen über die zu erwartenden oder in Frage kommenden Geschmacksabweichungen vorweg informiert werden.

Zahl der Proben: Von Lebensmitteln mit stark belegendem, lang haftendem oder adstringierendem Geschmack (z.B. Schokolade, Kaffee) können nur wenige Proben (2-5) nacheinander gekostet werden. Man muß Pausen einlegen, weil alsbald eine Ermüdung der Geschmackswahrnehmung einsetzt. Bei neutraler schmeckenden Modellsubstanzen oder Lebensmitteln (z.B. Wasser, Quark) kann die Probenzahl höher sein, wenn der Fehlgeschmack weder zu stark ist, noch belegend wirkt. Die Probenzahl soll aber auch hier 7-10 nicht übersteigen. Sensorische Prüfungen dürften niemals unter Zeitdruck durchgeführt werden, da sie eine hohe Konzentrationsfähigkeit erfordern.

Durchführung der Geruchsprüfung des Packmittels als Vergleichsprüfung
Zuschnitte von 10 dm^2 Fläche werden leicht geknüllt in eine Weithals-Standflasche, die mit Glasstopfen verschlossen wird, oder in ein 1l-Haushaltkonservenglas eingelegt. Die Lagerung erfolgt bei Raumtemperatur im Dunkeln, das Beriechen unmittelbar nach dem Öffnen der Flasche. Falls bei mehrschichtigen oder bedruckten Packstoffen nur eine Oberfläche geprüft werden soll, werden daraus Tetraeder oder Flachbeutel geformt, bei denen die zu prüfende Fläche die Innenseite bildet. Geprüft wird die Geruchsabweichung gegen ein Standardmuster von einwandfreier Beschaffenheit.

7.3 Geruchliche und geschmackliche Beeinflussung

Intensitätsskale 0: keine wahrnehmbare Geruchsabweichung,
1: gerade wahrnehmbare Geruchsabweichung (schwer definierbar),
2: schwach wahrnehmbare Geruchsabweichung (definierbar),
3: deutlich wahrnehmbare Geruchsabweichung
4: starke Geruchsabweichung.

Ab Intensität 2 wird die Art der Abweichung beschrieben.

Geschmackliche Beeinflussung des Füllgutes

Geschmacksabweichung: Die gleiche Skale wie für die Geruchsprüfung wird auch für die Geschmacksabweichung gegenüber der Kontrollprobe angewandt. Die Prüfung wird durchgeführt, sobald die Intensität der Geruchsabweichung 2,5 überschreitet. Die Durchführung richtet sich nach der Aufgabe: Reklamation oder Prüfung eines Packstoffes auf sensorische Unbedenklichkeit.

Prüfung einer Reklamation: Man muß sich darüber im klaren sein, daß letztlich nur die sensorische Prüfung des Inhalts der Gebrauchspackung unter Berücksichtigung der spezifischen Gegebenheiten (Temperatur, Zeit, Füllgut) einen sicheren Aufschluß über ihre Eignung ergibt. Deshalb erfolgt auch die Prüfung einer Reklamation sinnvollerweise mit dem Originalfüllgut, möglichst in Originalpackungen gegen eine nicht beanstandete Packung als Kontrollprobe. Steht diese nicht mehr zur Verfügung, stellt man aus dem beanstandeten Packmittel und einem unbeanstandeten Packmittel späterer Fabrikation oder Provenienz Ansätze her, die dem praktischen Fall möglichst nahekommen.

Prüfung eines neuen Packstoffes: Wenn die Einsatzfähigkeit eines Packstoffes prinzipiell geprüft werden soll, dann verwendet man ein breites Spektrum von Modell-Lebensmitteln, eventuell unter Bevorzugung wahrscheinlicher Einsatzbedingungen. Als empfindlich und leicht zu verkosten haben sich folgende Testlebensmittel bewährt:

Als Modell für fette Lebensmittel:	
(über den Luftraum)	geriebene Milchschokolade, Butterkeks;
(bei Berührung):	ungesalzene Butter;
trockene, fettfreie Lebensmittel:	Puderzucker, Löffelbiskuit;
wäßrige Lebensmittel:	Wasser, Apfelsaft, Magermilch, Magerquark;
für alkoholische Getränke:	eventuell 10%igen Alkohol.

Prüfansatz für Geschmacksprüfungen

- Wirkung über den Luftraum (ohne direkte Berührung): Wie bei der Geruchsprüfung werden Zuschnitte von insgesamt 10 dm^2 Fläche leicht geknüllt oder gefältelt in ein Haushaltkonservenglas eingebracht. In das Glas werden zusätzlich ungefähr 50 g der Prüfsubstanz in eine Petrischale gelegt. Das Haushaltskonservenglas (Bild 72 a) wird mit einem Schliffdeckel verschlossen und im Dunkeln bei Raumtemperatur aufbewahrt (Analysenprobe). Weitere Anteile der Prüfsubstanz werden in gleicher Weise, nur ohne das zu prüfende Packmittel, in einem anderen Haushaltkonservenglas gelagert, eventuell zusammen mit einem Standardpackmittel (Kontrollprobe) [9].

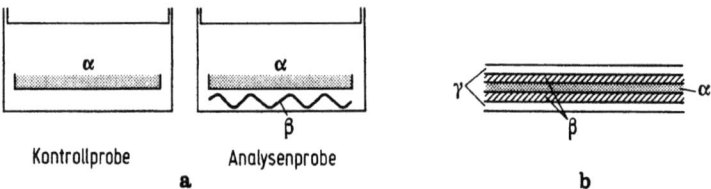

Bild 72. Sensorische Prüfungen von Packstoffen
       a) Wirkung über den Luftraum
           α: Modellsubstanz (z.B. geriebene Milchschokolade)
           ß: Packstoff
       b) Veranschaulichung der Sandwichmethode
           α: Modellsubstanz (z. B. Butter)
           ß: Packstoff
           γ: Glasplatten
           (Modellsubstanz: Falls pastös z.B. Butter, Quark; falls pulverförmig z.B. Puderzucker, Milchpulver).

- Mit Berührung: Bei der Sandwichmethode wird eine Paste in etwa 10 mm dicker Schicht zwischen je zwei 1 dm^2 große Packstoffzuschnitte gebracht (Bild 72 b). Diese Sandwichproben werden in großen Petrischalen verschlossen gelagert oder in unlackierte Aluminiumfolien eingeschlagen.

In flüssige Prüfsubstanzen legt man das zu prüfende Packmittel hinein, sofern es beidseitig geprüft werden soll und zwar zwei 1 dm^2-Zuschnitte (4 dm^2 Oberfläche) in 200 cm^3 Prüfsubstanz. Soll dagegen nur die dem Lebensmittel zugekehrte Seite geprüft werden, formt man flache Schalen oder siegelt Flachbeutel und füllt sie mit soviel Prüfsubstanz, beispielsweise Apfelsaft, daß ebenfalls das vorerwähnte Verhältnis Oberfläche zu Prüfsubstanz eingehalten wird. Die gleiche Intensitätsskale wie für die Geruchsprüfung wird auch für die Geschmacksabweichung der Analysenprobe von der Kontrollprobe angewandt. Die Temperatur wählt man in Anpassung an die Praxisbedingungen.

7.3 Geruchliche und geschmackliche Beeinflussung

Durchführung der Geschmacksprüfung

Als *Vorprüfung* für die Geschmacksprüfung wird in allen Fällen eine "offene Prüfung" angewandt. Werden Intensitätsunterschiede im Geschmack festgestellt, dann muß eine *verschlüsselte Prüfung* folgen. Diese wird häufig als Dreieckstest (Triangeltest) durchgeführt [10], wobei gleichzeitig drei Proben vorgelegt werden, von denen zwei identisch sind. Die abweichende Probe soll gegenüber den identischen herausgefunden werden. Dies ist das bevorzugte Verfahren bei Schiedsanalysen, wofür mindestens fünf voneinander unabhängige Prüfergebnisse vorliegen müssen.

In bestimmten Fällen kann es zweckmäßig sein, Unterschiede, z.B. die Richtung der Abweichung, zu charakterisieren, ihre Intensität zu bestimmen, bzw. zu ermitteln, welche Probe bevorzugt wird. Für orientierende Zwecke verwendet man die weniger arbeitsaufwendige "paarweise Unterschiedsprüfung"[1] und für eine Vielzahl von Proben [10] die "Reihenprüfung"[2]. Die notwendige Lagerzeit für die Prüfansätze kann verschieden sein. Für eine Geruchsprüfung an einem Packmittel genügt üblicherweise 1 Tag. Für eine Geschmacksprüfung hängt sie von der Geschwindigkeit der Desorption des Geruchsstoffes vom Packmittel (z.B. dicke Pappen, Offsetdruck, langsam) und von dessen Flüchtigkeit sowie von seiner Löslichkeit im Lebensmittel ab. Die Zeiten liegen zwischen einem Tag und einer Woche. Eine gewisse Beschleunigung des Testergebnisses ist möglich, wenn man das Verhältnis Packmittel zu Füllgut erhöht und die absorbierende Oberfläche des Lebensmittels wesentlich vergrößert (z.B. geriebene Schokolade statt Tafelschokolade beim sogenannten Robinsontest) [9]. Eine Umrechnung der Zeit zur Erreichung des kritischen Grenzwertes (Intensität > 2) vom Schnellversuch auf die tatsächlichen Gegebenheiten ist jedoch nicht möglich. Alles, was über eine qualitative Aussage hinausgeht, ist eine Frage der Erfahrung. Eine Beschleunigung durch Steigerung der Lagertemperatur über die Raumtemperatur ist deshalb nicht zulässig, weil sich dadurch die Art und Menge der aus dem Packstoff austretenden Geruchs- und Geschmacksstoffe und deren selektive Löslichkeit im Lebensmittel in nicht voraussehbarer Weise ändern kann.

---

[1] Erstere besteht darin, daß Probenpaare vorgelegt werden, die nach einem Zufallssystem abwechselnd je eine Analysenprobe und eine Kontrollprobe enthalten. Die Aufgabe ist es, aus jedem Paar (mindestens 2) die Analysenprobe herauszufinden.

[2] Letztere beruht darauf, daß eine größere Anzahl von Proben nach steigender Intensität eines bestimmten Merkmales eingeordnet wird.

Ein *analytischer Nachweis* der aus dem Packstoff austretenden Geruchs- und Geschmacksstoffe ist mit Ausnahme der bereits erwähnten Rückstände definierter Zusatzstoffe (falls deren Nachweisgrenze niedrig genug liegt) nur in den seltensten Fällen möglich, zumal die Ursache sensorischer Veränderungen eine Summe von äußerst geringen Spuren von im einzelnen nicht nachweisbaren Stoffen sein kann. Ob der analytische Nachweis lohnt, ist ohnedies fraglich, weil mit den erzielten Werten noch nichts über die tatsächliche sensorische Beeinflussung im Lebensmittel selbst ausgesagt ist. Im allgemeinen ist die Zuordnung von sensorischer Wirksamkeit und Analysenergebnis nicht möglich. Ein wichtiger Grund dafür ist, daß die analytische Bestimmung eine differenzierende Prüfung vorstellt, welche Einzelbestandteile quantifiziert, während der Mensch einen Sinneseindruck integriert und in seiner Gesamtheit "bewerten" kann.

7.4 Lebensmittelkontaminationen durch Verpackungen[*]

Ein Stoffübergang Null aus einem Packstoff auf ein Füllgut ist nicht erreichbar; im Spurenbereich findet zumindest in ein flüssiges Füllgut immer eine Migration statt: Glas gibt Spuren von Silikaten ab, Metalle können korrodieren, Papiere enthalten lösliche Hilfs- und Füllstoffe, lassen sich aber ohnedies unmittelbar für flüssige Lebensmittel nicht einsetzen. Kunststoffe sind im Prinzip makromolekulare Stoffe, die ihrem hohen Molekulargewicht entsprechend in Wasser und in den meisten Lebensmitteln unlöslich sind. Sie enthalten jedoch von Fall zu Fall lösliche Anteile, sei es Restmonomeren oder Zusatzstoffe aus der Verarbeitung, die unter bestimmten Bedingungen auf das Lebensmittel übergehen können. Die Frage ist damit, ob geringe migrierte Mengen irgendwie zu toxikologischen Bedenken Anlaß geben könnten, ob sie mit dem geltenden Lebensmittelrecht in Widerspruch stehen und wie sie analytisch erfaßbar sind.

Das Lebensmittel- und Bedarfsgegenstände-Gesetz (LMBG) vom 15.8.1974 beurteilt die stoffliche Zusammensetzung von Bedarfsgegenständen und den Übergang von Stoffen auf Lebensmittel in den §§ 30 und 31. (Texte vgl. Abschn. 7.1). Eine Auslegung hierzu liegt vorläufig in Form von Empfehlungen für Bedarfsgegenstände aus Hochpolymeren (Kunststoffe, Zellglas, Gummi, Papier und Pappe) vor.

---

[*] Unter freundlicher Beratung von Frau Dr. L. Robinson (ILV).

7.4 Lebensmittelkontaminationen durch Verpackungen

Die Summe der migrierenden Stoffe darf nicht gesundheitsschädlich, auch nicht gesundheitlich bedenklich sein, weiterhin müssen sie geruchlich und geschmacklich inert und schließlich auch noch technisch geeignet sowie technisch unvermeidbar sein. Im einzelnen ist dies Inhalt zahlreicher *Empfehlungen* der *Kunststoffkommission* des Bundesgesundheitsamtes (BGA). Diese Empfehlungen sind in einem Ringbuch [10] zusammengefaßt, welches im 1. Teil die Empfehlungen mit den "Positivlisten", im 2. Teil die Analytik enthält. Für die Aufnahme in die "Empfehlungen" sind vom Antragsteller chemische, physikalische und toxikologische Daten sowie Migrationswerte vorzulegen. Man wählte in der Bundesrepublik Deutschland die Form der Empfehlung, weil dadurch in optimaler Weise die Möglichkeit einer elastischen Anpassung an einen in Gang befindlichen technischen Entwicklungsprozeß besteht. Die Abgrenzung ihrer rechtlichen Bedeutung wird folgendermaßen dargestellt:

"Die Empfehlungen sind keine Rechtsnormen, sie stellen aber nach dem derzeitigen Stand der Wissenschaft und Technik fest, unter welchen Bedingungen ein Bedarfsgegenstand aus hochpolymeren Stoffen den Anforderungen des § 31 (1) des Lebensmittel- und Bedarfsgegenstände-Gesetzes entspricht. Werden Bedarfsgegenstände aus Kunststoffen abweichend von den Empfehlungen des BGA hergestellt, so tragen Hersteller und Anwender bei etwaigen Beanstandungen aufgrund lebensmittelrechtlicher Vorschriften nach § 30 und 31 LMBH alleine die Verantwortung" (Ringbuch "Kunststoffe im Lebensmittelverkehr", Teil A, S. 3).

Wenn der Hersteller die in den Empfehlungen festgelegten spezifischen Stofflisten und Mengenbegrenzungen für Hilfs- und Zusatzstoffe sowie die sonstigen Bedingungen einhält, kann der Verbraucher die Gewißheit haben, daß jede noch mögliche Migration aus dem Bedarfsgegenstand in das Lebensmittel im Sinne des § 31 (1) unbedenklich ist. Die Zusicherungen des Herstellers auf Einhaltung der Empfehlungen muß analytisch nachprüfbar sein, sowohl was die Zusammensetzung eines Materials als auch die Einhaltung spezifischer Migrationsgrenzwerte betrifft. Diese Grenzwerte müssen einerseits toxikologisch gesichert sein, dürfen aber andererseits nicht höher liegen als technisch unvermeidbar ist.

Aufgrund der Harmonisierungsbestrebungen in der *Europäischen Gemeinschaft* (EG) wurde eine *Rahmenrichtlinie* für Bedarfsgegenstände ausgearbeitet (Amtsblatt der Europäischen Gemeinschaften Nr. L 340/19-29 vom 9.12.76). Diese Richtlinie muß nach einem festgelegten Fristenablauf in das nationale Recht der Mitgliedstaaten übernommen werden. Sie entspricht jedoch inhaltlich so weitgehend dem bereits geltenden deutschen Lebensmittelrecht, daß dieses dadurch keine Abänderung erfahren wird. Insbesondere entspricht Artikel 2 sinngemäß den §§ 30 und 31 LMBG der deut-

schen Gesetzgebung und auch dem Prinzip anderer europäischer Länder.
Er besagt, daß an die Lebensmittel keine Bestandteile in einer Menge
abgegeben werden dürfen, die "geeignet ist
- eine Gefahr für die menschliche Gesundheit darzustellen oder
- die Zusammensetzung oder die Eigenschaften der Lebensmittel in Geruch, Geschmack oder Aussehen nachteilig zu beeinflussen".

Nach Artikel 3 der Rahmenrichtline sind *Einzelrichtlinien* vorgesehen
[11], welche die besonderen Vorschriften für bestimmte Gruppen von Bedarfsgegenständen enthalten und mit Hilfe derer die Kriterien des Artikels 2 erfüllt werden können. Diese Einzelrichtlinien können insbesondere umfassen:
- Wenn möglich und wenn erforderlich, die Liste derjenigen Stoffe und Zubereitungen, deren Verwendung unter Ausschluß aller anderen gestattet ist;
- die Reinheitsanforderungen für diese Stoffe und Zubereitungen;
- die besonderen Bedingungen für die Verwendung dieser Stoffe und Zubereitungen und/oder der Bedarfsgegenstände, in denen sie verwendet worden sind;
- die Grenzen für den spezifischen Übergang bestimmter Bestandteile oder Gruppen von Bestandteilen in oder auf Lebensmittel;
- eine Grenze für den gesamten Übergang der Bestandteile in oder auf Lebensmittel;
- wenn erforderlich, Vorschriften zum Schutz der menschlichen Gesundheit vor etwaigen Gefahren, die sich aus einem oralen Kontakt mit den Bedarfsgegenständen ergeben;
- andere Vorschriften, die es erlauben, die Einhaltung der Bestimmungen des Artikels 2 sicherzustellen;
- die Grundregeln, die für die Kontrolle der Einhaltung der unter den Buchstaben d),e),f) und g) vorgesehenen Vorschriften erforderlich sind.

Einige dieser Einzelrichtlinien sind z.Z. bereits in Bearbeitung, so z.B. eine Richtlinie über die Gesamtmigration. Weiterhin liegen bereits Entwürfe von Richtlinien für Zellglas, Glas und Keramik vor. Sie müssen ebenfalls nach ihrer Verabschiedung mit Fristenablauf in nationales Recht übertragen werden.

Ein wesentlicher Gesichtspunkt für die Harmonisierung ist, daß nach Artikel 7 der Rahmenrichtlinie eine einheitliche Kennzeichnungspflicht für Bedarfsgegenstände, und damit auch für Packmittel für Lebensmittel im Warenverkehr zwischen den Mitgliedsstaaten eingeführt werden soll, wie sie in einigen Ländern der Gemeinschaft schon praktiziert wird.

7.4.1 *Gesamtmigration*

Die Bestimmung der Gesamtmigration (Globalmigration) am fertigen Bedarfsgegenstand soll Angaben über die insgesamt aus einer Verpackung auf ein Lebensmittel übergehende Menge an migrierbaren Stoffen liefern.

7.4 Lebensmittelkontaminationen durch Verpackungen

Hierzu muß die Zusammensetzung des Migrats nicht bekannt sein; einen Hinweis auf die toxikologische Relevanz des Migrats liefert sie nicht. Die EG hat als oberen Grenzwert der Gesamtmigration vorläufig 60 mg/ Mensch und Tag bzw. 60 mg/kg Lebensmittel und Tag vorgeschlagen; dies sind umgerechnet 0,006% eines Lebensmittels. Nimmt man an, daß 1 kg Lebensmittel im Durchschnitt mit 6 dm^2 Packstoff in Berührung steht, dann entspräche dies einer flächenbezogenen Migration von 10 mg/dm^2. Außer der Reinerhaltung der Lebensmittel soll dieser Grenzwert auch dem Zweck dienen, den aufwendigen analytischen Aufwand für die spezifische Migration von Substanzen zu verringern, da diese Prüfung dann nur noch für solche Zusatzstoffe angewandt werden muß, bei denen bereits eine tägliche Aufnahme von unter 60 mg aus toxikologischen Gründen nicht mehr tragbar ist. Prinzipiell sieht das Lebensmittelrecht vor, daß Migrationsuntersuchungen am Lebensmittel selbst vorgenommen werden. Für die Gesamtmigration ist dies jedoch nicht möglich, da es sich - wenn auch um insgesamt toxikologisch unbedenkliche - zumeist um chemisch nicht definierte Substanzen handelt. Außerdem können Migrationsuntersuchungen jeglicher Art nur am unbenützten Packstoff bzw. Packmittel durchgeführt werden. Deshalb sind zur Ermittlung der Gesamtmigration Versuche mit Modellcharakter unter Standardbedingungen vorgesehen, bei denen nach Möglichkeit anstelle der Verpackung der unbenutzte Packstoff und anstelle des Lebensmittels ein geeignetes Prüflebensmittel (Simulans) verwendet wird. Für die bei der Lagerung auftretenden Zeiten und Temperaturen werden ebenfalls entsprechende Standardbedingungen festgelegt. Die Wahl der Prüflebensmittel richtet sich nach der Zusammensetzung der Lebensmittel, für die der Packstoff verwendet werden soll. Beispielsweise ist die Prüfung auf Gesamtmigration in *wäßrigen Simulantien* (Wasser, 3% Essigsäure, 15% Alkohol) dann angezeigt, wenn der Packstoff zur Verpackung wäßriger Lebensmittel in Betracht kommt. Schwieriger ist die Erfassung der Gesamtmigration in Fett, die als "Differenzmethode" ausgeführt werden muß. Teil B der Empfehlungen der Kunststoffkommission enthält hierzu eine radiometrische Methode mit dem synthetischen radioaktiv markierten Triglycerid HB 307, die auch für Migrationswerte von 5 mg/dm^2 noch reproduzierbare Ergebnisse liefert. In der EG wurde eine Gemeinschaftsmethode vorgeschlagen, bei der natürliches Öl (vorzugsweise Olivenöl) als Prüflebensmittel dienen und die Bestimmung der migrierten Fettanteile gaschromatographisch erfolgen soll [12].

7.4.2 *Spezifische Migration*

Die spezifische Migration liefert Angaben über die Menge eines spezifischen Bestandteils des betreffenden Bedarfsgegenstandes, der beim Kontakt mit einem Lebensmittel auf dieses übergehen kann. Sie setzt also die Kenntnis der Zusammensetzung der zu prüfenden Packmittel voraus, was im Überwachungsfall einen erheblichen experimentellen Aufwand erfordern kann. Sie wird vor allem als Grundlage für Zulassungsverfahren durchgeführt, weiterhin zur Kontrolle der Migration von Stoffen, für die ein toxikologisch bedingter Grenzwert vorliegt. Für Stoffe, die cancerogen sind oder für die kein toxikologischer "no effect level" ermittelt werden kann, werden vorläufig keine Grenzkonzentrationen im Lebensmittel festgesetzt; sie müssen unter einer in entsprechenden Versuchen festzulegenden analytischen Nachweisgrenze einer ausreichend empfindlichen standardisierten Analysenmethode liegen. Zur Sicherheit des Verbrauchers wird angestrebt, sich in solchen Fällen bei als besonders kritisch angesehenen Stoffen auf eine Limitierung der Menge im Packmittel zu einigen, die so niedrig liegt, daß die Sicherheit einer zu vernachlässigenden Migration gegeben ist. Zum Beispiel liegen für VC in PVC sowohl in der Bundesrepublik Deutschland als auch in der EG unter diesem Gesichtspunkt erstellte Richtlinienentwürfe vor: Als Grenzwert für VC im Kunststoff ist derzeit 1 ppm vorgesehen; durch eine Analysenmethode, die noch 0,01 ppm erfaßt, darf im darin verpackten Lebensmittel kein Monomer nachweisbar sein.

Die *analytische Erfassung* der *spezifischen Migration* sollte am Lebensmittel selbst durchgeführt werden. Hierbei ist je nach Zusammensetzung des Lebensmittels von Fall zu Fall mit beträchtlichen analytischen Schwierigkeiten zu rechnen. Deshalb verwendet man auch in diesem Fall Prüflebensmittel (Simulantien) sowie die dem Verwendungszweck angepaßten standardisierten Prüfbedingungen. Die Durchführung der bei Kunststoffen besonders interessierenden Fettmigration erfolgt ebenso, aber vorzugsweise unter Verwendung des Synthesefettes HB 307, um Störungen des Analysenganges zu vermeiden.

In Kunststoffen liegen Monomeren und Hilfsstoffe zumeist in relativ geringer Menge vor (Antioxidantien und Stabilisatoren 0,1-2%, Gleitmittel 1-8%; nur Weichmacher bilden gelegentlich einen höheren Anteil). Rechnerisch läßt sich aus dem Gewichtsverhältnis von Packmittel zu Lebensmittel feststellen, wie hoch die *maximale* Migration eines Hilfsstoffes liegen *könnte* und ob dabei Grenzwerte überschritten würden.

Zusätzlich kann vorausgesetzt werden, daß in den meisten Fällen eines Kontaktes des Kunststoffes mit dem Lebensmittel daraus nur ein Bruchteil der löslichen Hilfsstoffe migriert. Frawley [13] ist aufgrund solcher Überlegungen zu dem Schluß gekommen, daß bei Zusatzmengen von 2 ppm im Kunststoff eine Konzentration von 0,01 ppm im Lebensmittel

7.4 Lebensmittelkontaminationen durch Verpackungen

praktisch nie überschreitbar ist, ein Wert, der für die meisten Stoffe mäßiger und abgrenzbarer Toxizität völlig unbedenklich sein dürfte.

Die Migration von Hilfsstoffen aus einem Kunststoff ist ein Diffusionsvorgang, der durch das Einwandern von Bestandteilen des Lebensmittels (z.B. Wasser, ätherische Öle, Fettbestandteile) ausgelöst bzw. wesentlich gefördert werden kann. Besonders bei der Fettmigration spielt die Anquellbarkeit des Kunststoffes durch Fettbestandteile eine wesentliche Rolle, aber auch das Löslichkeitsverhalten des migrierenden Hilfsstoffes im Lebensmittel. Die Übertragbarkeit der unter Standardbedingungen mit einem reinen Prüffett gewonnenen Migrationsdaten auf das Lebensmittel ist nicht ohne weiteres gegeben. Bei fetthaltigen Lebensmitteln entscheidet nicht der absolute Fettgehalt über das Verhalten gegenüber migrierfähigen Stoffen sondern mehrere Kriterien, darunter vor allem die Menge und die Art der frei beweglichen Fettanteile ("Ausfetten"), sowie gegebenenfalls der Emulsionszustand des Fettes ("Öl in Wasser" bzw. "Wasser in Öl"). Bei sehr vielen hochfetthaltigen Lebensmitteln (mehr als 50% Fett i.Tr.) kann deshalb die tatsächliche Migration eines Hilfsstoffes wesentlich niedriger liegen als bei einem Prüffett [14]. Dies zeigen Modellversuche, wie sie in der ausschnittsweise wiedergegebenen Tabelle 18 dargestellt sind.

Tabelle 18. Zusammenhang zwischen Fettlässigkeit von Lebensmitteln und spezifischer Migration eines Antioxidans aus LDPE nach 5 d bei 23°C [14,15]

Lebensmittel	Absol. Fettgeh. %	Fett i. Tr. %	Fett in der Folie $\mu g/20\ cm^2$	Antioxidans im Lebensmittel μg migriert aus $20\ cm^2$ Folie
HB 307	100	100	3840	138,8
Olivenöl	100	100	1760	134,0
Margarine	80,2	99,3	2320	128,3
Mayonnaise	82,2	96,1	960	39,7
Schlagrahm	33,4	83,9	1924	108,4
Rahm	32,3	84,1	455	3,1
Goudakäse	27,2	49,0	3420	156,0
Schmelzkäse	26,0	50,1	325	39,7

Als Ergebnis dieser Versuchsreihen [15,16] kann gefolgert werden, daß sich fetthaltige Lebensmittel in guter Annäherung in drei Gruppen mit unterschiedlichem Fett-Migrationsverhalten aufteilen lassen: Einmal in solche mit niedrigen Migrationswerten, die sich eher wie wäßrige Lebensmittel verhalten. Hierzu gehören auch stabile Fett-in-Wasser-Emulsionen mit mittlerem Fettgehalt, bei denen Wasser die Kontaktphase ist, wie Schmelzkäse und Kaffeesahne. Eine Gruppe mit mittleren Migrationswerten umfaßt Lebensmittel mit mittlerem Fettgehalt, aber auch mit hohem Fettgehalt wie Mayonnaise als stabile Fett-in-Wasser-Emulsion. Die eindeutig "fettenden" Lebensmittel mit hohen Migrationswerten sind reine Fette, Speiseöl, Hartkäse, sowie Margarine und Butter als Wasser-in-Öl-Emulsionen. Eine Änderung des Emulsionszustandes bewirkt auch eine Veränderung des Migrationsverhaltens (vgl. ungeschlagenen Rahm gegen Schlagsahne, Naturkäse gegen Schmelzkäse.)

Aufgrund dieser Ergebnisse läßt sich das Migrationsverhalten in drei Grundtypen einteilen:
- Es besteht keine Wechselwirkung und praktisch auch keine Diffusion des Additivs aus dem Packstoff in das Lebensmittel. Eine geringfügige anfängliche "Migration" ist auf kleine Additivanteile im Oberflächenbereich zurückzuführen. Beispiel: Hart-PVC-Organozinnstabilisator in Sonnenblumenöl 60 Tage bei Raumtemperatur.
- Es besteht keine Wechselwirkung, wohl aber eine merkliche Diffusion. Dieses Verhalten wird häufig bei inerten niedermolekularen Bestandteilen gefunden. Die Diffusion ist abhängig von der Konzentration der Bestandteile im Kunststoff und der Zeit. Beispiel: VC in PVC.
- Durch Einwanderung von Bestandteilen des Lebensmittels in den Kunststoff wird die Diffusionsrate der Packstoffbestandteile deutlich erhöht und damit der Übergang deutlich beschleunigt. Beispiel: Auswanderung eines Zinnstabilisators aus PVC in das Synthesetriglycerid Tricaprylin sowie Diffusion von Acrylnitril aus ABS nach Anquellen mit Wasser.

Wenn man dazu noch bedenkt, daß jeder Zusatzstoff bestimmter Ausgangskonzentration in einem vorgegebenen System bei einer bestimmten Temperatur eine spezifische Migration abhängig von der Zeit aufweist, wird klar, wie komplex das hier vorliegende Problem ist [17].

Der *Europarat* hat in einer alphabetischen Liste (Dokument P-SG (78) 26) die in Bedarfsgegenständen aus Kunststoffen verwendeten Monomeren und Hilfsstoffe zusammengestellt; soweit sie bekannt sind, wurden auch deren toxikologisch tolerierbare Grenzwerte angegeben. Diese ADI-Werte ("Admissible Daily Intake") sollen als Richtwerte für die Festsetzung von

7.4 Lebensmittelkontamination durch Verpackungen

Grenzwerten und für die Überwachung des Migrationsverhaltens dieser Stoffe dienen und bilden somit die Grundlage für die vorgesehenen spezifischen Richtlinien der EG. Diese Regelung strebt also die Limitierung der in die *Lebensmittel* übergehenden Menge auf toxikologisch bedingte Grenzwerte an. In Deutschland wurde bisher die Sicherung des Migrationsverhaltens vorwiegend über eine Beschränkung des Zusatzes auf die Limitierung von Hilfsstoffen zum *Kunststoff* auf das technologisch einhaltbare Mindestmaß vorgenommen, mit dem Erfolg, daß nur noch die "technisch unvermeidbaren" Mengen migrieren können, die zumeist deutlich unter den toxikologisch aus dem ADI-Wert sich ergebenden Mengen liegen. Die Zusammensetzung eines Kunststoffes und die Einhaltung von Mengenbegrenzungen für Hilfsstoffe kann anhand ausgearbeiteter Analysengänge überprüft werden. Danach hat das in Deutschland praktizierte Prinzip, abgesehen von den Vorteilen einer recht übersichtlichen Kontrollierbarkeit, eindeutige Vorteile über das im Rahmen der Harmonisierung innerhalb der EG angestrebte System.

Nach den gegenwärtigen Anschauungen der EG wird die Untersuchung von Kunststoffen am fettigen Bedarfsgegenstand als vorrangig angesehen. Sie baut auf der Untersuchung der Gesamtmigration auf, für die ein Grenzwert festgesetzt werden soll. Ergänzend dazu sind spezifische Migrationsuntersuchungen vorgesehen. Statt speziell auf bestimmte Kunststoffe abgestellte Stofflisten ist vorläufig das summarische Verzeichnis aller Ausgangs-, Hilfs- und Zusatzstoffe geplant.

7.4.3 *Antragsverfahren und Prüfmöglichkeiten*

Um Neuentwicklungen auf dem Gebiet der Kunststoffe, sei es, daß es sich um einen neuen Kunststofftyp, sei es, daß es sich um einen neuen Hilfsstoff handelt, in ein bestehendes System eingliedern zu können, bedarf es der Klärung, ob sie den Kriterien dieses Systems entsprechen. Das Verfahren, das hierzu eingeschlagen wird, hängt von der Art der Gesetzgebung ab. Da der Verkehr mit Bedarfsgegenständen in Deutschland durch Empfehlungen geregelt ist, gibt es keine Erteilung einer "Zulassung" im eigentlichen Sinne, vielmehr wird eine Aufnahme in die Empfehlung angestrebt. Welche Unterlagen und Angaben dazu nötig sind, kann aus den Fragebögen A und B des Bundesgesundheitsamtes (s. Abschnitt "Antragsverfahren", Ringbuch Teil 1 Seite XV ff) entnommen werden [18].

Es sei ganz besonders darauf hingewiesen, daß hierbei neben den üblichen toxikologischen physikalischen und chemischen Daten auch die Angaben über die technische Bedeutung und Notwendigkeit eine Rolle spielen, insbesondere wird auch nach der zur Erreichung des technischen Zwecks un-

242   7 Lebensmittel- und Eichrecht in der Bundesrepublik Deutschland

bedingt nötigen Menge eines Hilfs- und Zusatzstoffes gefragt. Letzteres ist ein wichtiger Gesichtspunkt, um die Gesamtmenge migrierender Stoffe niedrig zu halten. Nach dem Bearbeitungsstand der Richtlinien der EG soll die Zulassung vor allem durch Aufnahme in Positivlisten erfolgen, wobei die zulässigen Migrationswerte durch den toxikologischen ADI-Wert gegeben sein sollen. Liegt dieser über 60 mg/Mensch und Tag, so ist durch die auf diesen Wert angelegte Abgrenzung der Gesamtmigration eine Untersuchung der spezifischen Migration nicht mehr nötig. Für ADI-Werte < 60 mg werden entsprechende Grenzwerte der Migration in das Lebensmittel festgelegt, und zwar entweder in mg/kg Lebensmittel oder - wo dies nicht möglich ist - in mg/dm^2 Packstoff. Die Verantwortung, ob das Migrationsverhalten eines Materials lebensmittelrechtlich einwandfrei ist, trifft nach § 31 LMBG letztendlich denjenigen, der den Bedarfsgegenstand gewerbsmäßig verwendet oder in den Verkehr bringt. Soweit möglich, wird der Versuch gemacht, die damit verbundene Prüflast zu reduzieren; wenn z.B. eine Empfehlung mit Positivliste für einen bestimmten Kunststoff erstellt ist, besteht die Möglichkeit, daß Hersteller und Verarbeiter die Einhaltung der Empfehlung jeweils für ihren Bereich dem Verwender (z.B. Abpacker) rechtsverbindlich zusichern und diesem damit zumindest einen Teil der Verantwortung abnehmen, die er vor dem Gesetz hat. Diese "Zurückdelegation" entlastet ihn jedoch nicht davon, sich seinerseits zu versichern, ob nicht gegebenenfalls eine Beschränkung auf besondere Verwendungsbedingungen vorliegt, daß die technische Eignung gesichert und daß die geruchliche Neutralität für das betreffende Packgut entsprechend § 31 (1) gegeben ist. Dieses System hat sich aufgrund seiner großen Flexibilität bestens bewährt, viel kostspieligen Prüfaufwand erspart und dem Anwender und Verbraucher Sicherheit und Schutz garantiert.

7.4.4 *Korrosionsfolgen bei metallischen Verpackungen* [19,20]

Lebensmittelrechtliche Überlegungen bei der Beurteilung metallischer Verpackungen müssen davon ausgehen, daß die meisten Metalle in unterschiedlicher Menge in Lebensmitteln ubiquitär sind. Deshalb hat es wenig Sinn, Grenzwerte für den Übergang von Metallionen aus Packmitteln in Lebensmittel festzusetzen. Vielmehr bemühen sich FAO-WHO um die Festsetzung von Richtwerten für die tolerierbare wöchentliche Aufnahme, die insbesondere bei toxischen Schwermetallen von Bedeutung sind. Solche Richtwerte beziehen sich auf den Gesamtwert von Metallspuren in der Nahrung, also auf die Summe der ursprünglich vorhandenen und der gegebenenfalls aus Bedarfsgegenständen aufgenommenen Menge. Auf die Limitierung von Metallen in Bedarfsgegenständen beziehen sich nur wenige le-

7.4 Lebensmittelkontaminationen durch Verpackungen 243

bensmittelrechtliche Regelungen, z.B. das Farbengesetz und das Blei-Zink-Gesetz, von dem z.B. die Verwendung und Zusammensetzung von bleihaltigem Lot in Konservendosen erfaßt wird.

Besonders kritisch muß der mögliche Übergang von Blei und Cadmium aus Packmitteln auf das Lebensmittel angesehen werden, da allein schon die in der natürlichen Nahrung enthaltenen Mengen recht nahe an die FAO-WHO-Grenzwerte herankommen können. Aufgrund des Pro-Kopf-Verbrauchs von Weißblechdosen und unter Annahme eines durchschnittlichen *Bleigehalts* von 0,5 ppm im Lebensmittel, errechnet sich eine wöchentliche Pro-Kopf-Aufnahme von 0,3 mg. Es ist deshalb beruhigend, daß z.B. die tolerierbare Bleibelastung (ADI-Wert) derzeit zu 3 mg/Woche Person (60 kg) angegeben wird. Die in Dosenkonserven gefundenen - vom Lot herrührenden - Bleimengen tragen also zwar im allgemeinen wenig zur Erreichung des tolerierbaren Richtwertes bei, jedoch muß aufgrund der gesundheitsschädlichen Wirkung des Bleis auf Ausreißer besonderes Augenmerk gelegt werden. Maßnahmen zur Verbesserung der Dosenfertigung ergaben, daß der Mittelwert auf 0,12 ppm gesenkt werden kann mit einer Schwankungsbreite von 0,02-0,033 ppm. Günstig wirkt wenig Sauerstoff im Kopfraum. Ähnliche Überlegungen gelten für *Cadmium*, das insbesondere aus farbigen keramischen Bedarfsgegenständen stammen könnte. Die *Chromaufnahme* aus TFS-Dosen (vgl. Abschn. 4.5.1) liegt im Intervall 0,1-0,3 ppm. Chrom III wird im Körper nicht absorbiert und akkumuliert.

Andere Metalle wie Eisen und Zinn sind zwar nicht toxisch, aber in größeren Mengen unerwünscht, da sie dann u.a. auch das Lebensmittel sensorisch beeinträchtigen: Höhere Aufnahmen sind mit Korrosionen verknüpft, die zu einem Ausfall der Packung führen können. Himbeer- und Erdbeerkompotte sowie Bohnen lösen beispielsweise vor allem Eisen, schwarze Johannisbeeren sowohl Eisen wie Zinn. Schon eine geringe *Eisenkonzentration* ($\sim$ 30 ppm) kann in zahlreichen Füllgütern eine Geschmacksbeeinflussung hervorrufen (vgl. Abschn. 7.3.2), doch wird im allgemeinen dieser Wert nicht erreicht (5-15 ppm). In einigen Fällen ist bekannt, daß gelöste *Zinnionen* zu einer helleren Farbe beitragen, z.B. bei Spargel, Sellerie, Pilzen, Kondensmilch. In der Bundesrepublik Deutschland, im UK, in Frankreich und in der Schweiz wird ein 250 mg/kg (250 ppm) übersteigender Sn-Gehalt in Lebensmitteln beanstandet, während im Codex alimentaris bis 150 ppm für pflanzliche Lebensmittel als zulässig angesetzt wurde. Eine Herabsetzung auf 100-150 ppm bei Fruchtsäften und Babykost wird in Erwägung gezogen. Spontanentzinner sind Tomatenerzeugnisse, Spargel, Bohnen, Spinat, Pfirsiche, Orangengetränke mit hohem Nitratgehalt sowie die Oxalsäure in Rhabarber, Stachelbeeren und Spinat. Im allgemeinen wird auch in unlackierten Dosen 100 ppm nicht erreicht, man sollte aber zweckmäßigerweise unlackierte Weißblechdosen mit Kondensmilch nicht offen stehen lassen, sondern umleeren; sowohl bei Grapefruchtsaft wie auch bei Kondensmilch kann die *Zinnaufnahme* beim Offenstehenlassen den tolerierbaren Grenzwert nach 3-4 Tagen überschreiten. In lackierten Weißblechdosen werden üblicherweise weniger als 10 ppm Sn, selten über 50 ppm gefunden.

Die tägliche *Aluminiumzufuhr* des Menschen aus der Nahrung liegt im Bereich von 5-10 ppm; die Aluminiumaufnahme aus Konservendosen liegt weit darunter. Außerdem wird Aluminiumoxid/Hydroxid nur in sehr geringen Mengen aufgenommen.

Ergänzend sei darauf hingewiesen, daß Papiere, welche Spuren von Schwermetallen enthalten, die oxidative Ranzigkeit darin verpackter fettender Lebensmittel beschleunigen können.

Literatur zu Kapitel 7

1. Mazurkowski, F.: Mogelpackungen? Verpack.-Rdsch. 27 (1976) 670-672 sowie Bestimmung des Füllungsgrades von Fertigpackungen. Neue Verpack. 30 (1977) 1094-1110.
2. Buchner, N.: Wie werden die Forderungen der FPVO bei vollautomatischen Verpackungsmaschinen bzw. Verpackungslinien erfüllt? Verpack.-Rdsch. 30 (1979) 1602 und 31 (1980) 29-34 sowie Europäische FPVO-Forderungen an den Maschinenbauer. Neue Verpackung 32 (1979) 1488-1496.
3. ILV: Merkpunkte zur Vermeidung geruchlicher und geschmacklicher Beeinträchtigung von Packgütern durch Verpackungen. Verpack.-Rdsch. 26 (1975) TWB 67-74
4. Jaecklin, A. P.; Buri, M.: Beitrag zur Bestimmung von Restlösungsmitteln in Farb- und Lackfilmen. Verpack.-Rdsch. 28 (1977) TWB 19-28
5. vom Bruck, C. G.; Hammerschmidt, W.: Ermittlung des Fremdgeschmacksschwelle in Lebensmitteln und ihre Bedeutung für die Auswahl von Verpackungsmaterialien. Verpack.-Rdsch. 28 (1977) TWB 1-4
6. Zacharias, B.; Tuorila, H.: Der Reiz- und Erkennungsschwellenwert für Metallverbindungen in verschiedenen Prüfmedien. Lebensm.-Wissensch. u. Technol. 12 (1979) 36-40
7. Robinson, L. (ILV): Sensorische Beurteilung von Packstoffen. Zucker- und Süßwarenwirtsch. 30 (1977) 7-9
8. Robinson, L. (ILV): Sensorische Methoden zur Qualitätsbeurteilung von Lebensmitteln. Chemie, Mikrob., Techn. d. Lebensm. 6 (1979) 21 Nr. 1, 11-17
9. Robinson, L. (ILV): Untersuchung der Übertragbarkeit von Verpackungsgerüchen auf Schokolade und Maßnahmen zu ihrer Vermeidung. Verpack.-Rdsch. 12 (1961) 17-22
10. Augenblicklicher Stand der deutschen Normung, soweit davon die sensorische Verpackungsprüfung betroffen ist:
    DIN 10 950 (Nov. 1973) Allgemeine Grundlagen der Sensorik; Begriffe
    DIN 10 951 (Sep. 1978) Sensorische Prüfverfahren; Dreiecksprüfung

DIN 10 952 (Okt. 1978) Allgemeine Grundlagen der sensorischen Prüfung: Begriffe sensorischer Prüfverfahren; Bewertende Prüfung mit Skale; Prüfverfahren
DIN 10 953 (Juni 1976) Anwendung sensorischer Prüfverfahren
DIN 10 954 (Nov. 1977) Sensorische Prüfverfahren; Paarweise Unterschiedsprüfung
DIN 10 955 (Aug. 1973) Sensorische Prüfungen; Prüfung von Packstoffen und Packmitteln für Lebensmittel
Weiterhin: NAL-SE Nr. 4-79 Allgemeine Grundlagen der sensorischen Prüfung, Begriffe
NAL-SE Nr. 5-79 Normen für sensorische Prüfungen (Prüfraum)
ISO/DIS 5495. 2. Sensoranalysis-methodology-paired comparison test.

11 Frank, R.: Kunststoffe im Lebensmittelverkehr. Berlin: Carl Heymanns-Verlag 1975 (Ringbuch) Teil A: Empfehlungen und Positivlisten. Teil B: Analytik
12 Rossi, L.: Prospects of european regulation of plastic materials and articles intended to come into contact with foodstuffs. Mod. Plast. Intern. 6 (1977) 15-23 und
Rossi, L.: Activities of the european economic community in connection with materials and articles intended to come into contact with foodstuffs. Tecniche dell' imballagio: 12 (1977) 326
13 Vgl. Bundesgesundheitsblatt 18 (1975) 27 und Ringbuch "Kunststoffe im Lebensmittelverkehr" Teil B I 2, 13 und 17
14 Frawley, J. P.: Toxicological evaluation of migratory food additives. Food and Cosmeticas Toxicol. 5 (1967) 293
15 Koch, J.; Robinson, L. (ILV); Figge, K.: Bestimmung der Fettlässigkeit von Lebensmitteln. Fette, Seifen, Anstrichmittel 78 (1976) 371-377
16 vom Bruck, C. G.; Eckert, W. R.; Rudolph, F. B.; Koch, J.; Figge, K.: Übergang von Packstoffbestandteilen in fettende Lebensmittel. Fette, Seifen, Anstrichmittel 80 (1978) 72-76
17 Koch, J.; Figge, K.: Bestimmung der Fettlässigkeit von Lebensmitteln. 2. Mitteilung: Anwendung der Methode auf weitere Lebensmittel. Fette, Seifen, Anstrichmittel 80 (1978) 158-161
18 Kupfer, W.: Kunststoffe im Kontakt mit Lebensmitteln. DLR 72 (1976) 81-90
19 Vgl. auch Antragsverfahren zur Aufnahme von neuen Fabrikations-Hilfs- und -Zusatzstoffen in die Empfehlungen des BGA: Bundesgesundheitsblatt 21 (1978) 295 und DLR 75 (1979) 32-35
20 Kolb, H. (ILV): Überblick über die Metallaufnahme des Füllgutes in Konservendosen. Verpack.-Rdsch. 26 (1975) TWB 75-80
21 Nehring, P.: Lebensrechtliche Aspekte von Migration und Korrosion im Hinblick auf Metallverpackungen. Verpack.-Rdsch. 27 (1976) 1368-1376, 1496-1498

Übersichtsliteratur:

Frank, R.: Gesundheitliche Beurteilung von Packstoffen heute. Fette, Seifen. Anstrichmittel 80 (1978) 9-14
Robinson, L. (ILV): Tendenzen in der Behandlung der Lebensmittelverpackung im Rahmen der Lebensmittelgesetzgebung im EG-Raum. Verpack.-Rdsch. 25 (1974) TWB 59-62
Robinson, L. (ILV): Augenblickliche Situation der Migration aus Packstoffen in Lebensmittel und deren Beherrschung durch analytische Maßnahmen. Preprints der 2. IAPRI-Konferenz München 1976, S. 87-103 sowie
Robinson, L. (ILV): Anwendung des Lebensmittelrechts auf Packmittel aus Papier, Karton oder Pappe. Verpack.-Rdsch. 29 (1978) TWB 9-12
Heiss, R.: Zur Problematik der Datumskennzeichnung von Lebensmitteln. Ernährungsumschau 27 (1980). H. 7. 212-217

8 Anhang: Packstoffe aus der Sicht ihrer Verarbeitungsfähigkeit

8.1 Heißsiegeln und Schweißen

8.1.1 *Allgemeine Gesichtspunkte*

Nach DIN 55 405 ist Heißsiegeln "Verbinden der thermoplastischen Schichten von Packstoffen durch Wärme und Druck, wobei die Träger der thermoplastischen Schichten nicht plastisch werden". Schweißen ist dagegen nach DIN 1910 "das Vereinigen von thermoplastischen Kunststoffen unter Anwendung von Wärme und Druck". Da sich bei Kunststoff-Verbund-Packstoffen Heißsiegeln und Schweißen nicht mehr gegenseitig abgrenzen läßt, entspricht es dem englischen Sprachgebrauch "heatsealing" als Sammelbegriff zu verwenden. Durch die Energiezufuhr bis zum Schmelzen erreicht man die erforderliche Verschiebbarkeit der Moleküle der Thermoplasten. Die Druckanwendung bewirkt die notwendige Vermischung der geschmolzenen Oberflächen. Die gewünschte feste Verbindung der beiden Oberflächen entsteht erst nach der Abkühlung. Die Druckausübung kann in der Aufheizphase (Kontaktschweißen), in der Abkühlphase (Heißgasschweißen) oder in beiden Phasen erfolgen (Impulsschweißen).

Varianten: Temperatur, Druck, Dauer der Wärme- und Druckausübung, wobei der Anpreßdruck weitgehend maschinenbedingt und die Heißsiegelzeit durch die erforderliche Ausbringung bestimmt ist. Es bleibt deshalb vielfach nur die Temperatur als Regelgröße.

In Bild 73 ist schematisch die Spaltfestigkeit einer Heißsiegelnaht abhängig von der Heißsiegeltemperatur dargestellt. Zur Erleichterung der Temperaturregelung wäre es günstig, wenn das Maximum nicht allzu spitz, sondern flach wäre. Die Polyolefinfamilie bestreicht einen breiten Siegelbereich [1], lediglich bei OPP ist er nur 20 K. Der Kurvenverlauf in Bild 73 hängt nicht nur davon ab, ob die Beanspruchung statisch oder dynamisch ist, sondern auch vom Anpreßdruck.

Temperatur und Zeit: Angestrebt wird eine sichere Naht in kürzester Zeit. Wenn man durch Erhöhung der Siegelnahttemperatur eine bestimmte Tempe-

8.1 Heißsiegeln und Schweißen

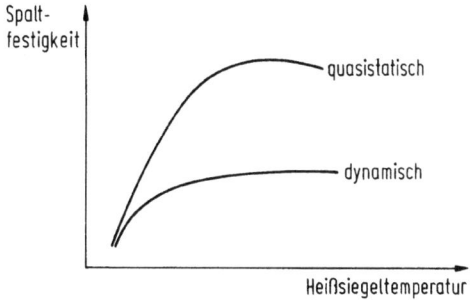

Bild 73: Spaltfestigkeit in Abhängigkeit von der Heißsiegeltemperatur bei quasistatischer und dynamischer Belastung (schematisch).

ratur an der Siegelfläche erreichen will, verringert sich die Siegelzeit mit steigender Backentemperatur erheblich (Bild 74), außerdem sinkt sie annähernd mit dem Quadrat der Foliendicke. Man ist dabei nach oben begrenzt durch die Zersetzungstemperatur, durch Blasenbildung (in Kombinationen mit Papieren und Zellglas), durch Versprödung von Zellglasfolie (bei ca. 150°C), durch Schäden an Druckfarben (über ca. 160°C) und Ablösen von Kaschierschichten. Die Verhältnisse werden in Bild 75 verdeutlicht. Wendet man eine hohe Heizquellentemperatur (a) an, muß

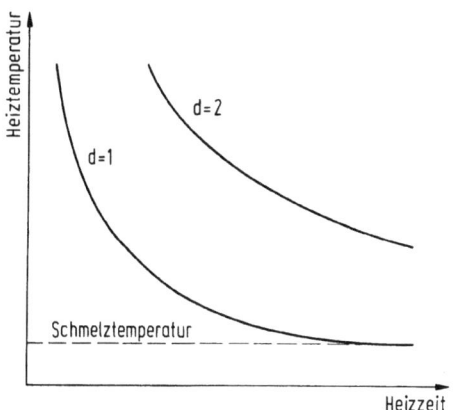
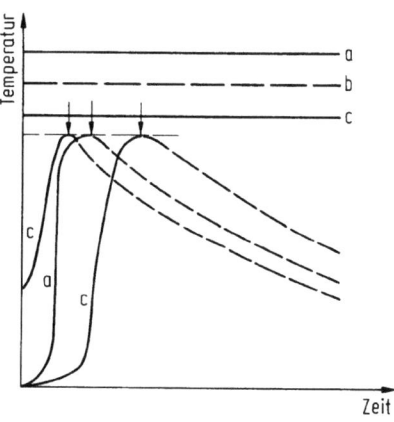

Bild 74. Zusammenhang zwischen der Oberflächentemperatur des Heizwerkzeuges und der notwendigen Heizzeit zur Erzielung der gleichen Temperatur in der Siegelfläche (nach Buchner) (d = 2 gilt für doppelte Packstoffdicke gegenüber d = 1).

Bild 75. Temperaturverlauf einer Folie beim Kontaktsiegeln (schematisch), abhängig von den Außenbedingungen
(a) Heizquelle von hoher Temperatur,
(c) Heizquelle von mäßiger Temperatur,
(b) Zersetzungstemperatur des Thermoplasten
↓ Öffnen der Backe.

man sehr darauf achten, daß die Folie ihre Zersetzungstemperatur nicht überschreitet. Eine kürzere Siegelzeit ließe sich aber auch mit einer niedrigeren Heizquellentemperatur (c) erreichen, wenn man den Packstoff vorwärmt. Die Zersetzungstemperatur (b) bedeutet eine um so größere Gefahr, je näher sie an der im Hinblick auf die Ausbringung notwendigen Heißsiegeltemperatur liegt. Das Verhältnis der Zersetzungstemperatur zur Temperatur für die maximale Spaltfestigkeit bei gleicher Siegelzeit liegt bei Weich-PVC etwa zwischen 1,0 und 1,1, bei PA bei 1,3, bei PS bei 1,4, bei PE bei 1,5 und bei PP bei 2,0.

Für eine LDPE-Beschichtung ergibt sich aus Bild 76, daß die zunächst geringe Spaltfestigkeit im Bereich I mit zunehmender Siegeltemperatur steil ansteigt. Dieser Vorgang ist am Kristallitschmelzpunkt (ϑ_K = 106-108°C) abgeschlossen. Im Bereich II befindet sich die Beschichtung in

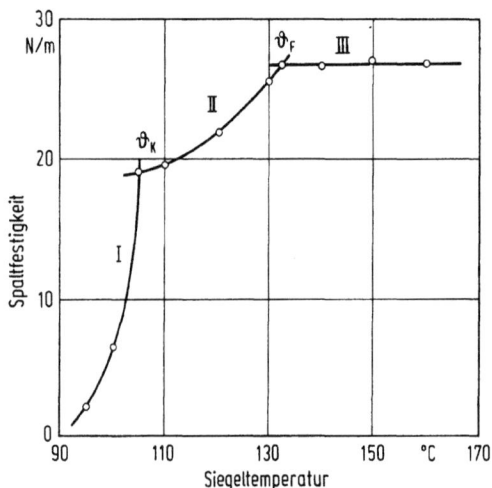

Bild 76. Siegelverhalten von LDPE-Beschichtungen;
ϑ_K: Kristallitschmelzpunkt, ϑ_F: Fließtemperatur
(nach Bartusch).

einem amorphen, mit steigender Temperatur immer weicher werdenden Zustand. Nach Überschreiten von ϑ_F tritt ein Verfließen zu einem homogenen Ganzen ein, wobei sich vorübergehend eine konstante Siegelnahtfestigkeit einstellt [2].

Art der Wärmeübertragung: Der Kontaktzone einer Schweißnaht kann die Schmelzwärme auf dreierlei Art zugeführt werden:
- Die Schmelzwärme wird der Außenlage des Packstoffes zugeführt und gelangt durch Wärmeleitung in die Kontaktzone.
- Die Schmelzwärme wird direkt in die Kontaktzone der Naht aufgebracht.
- Die Schmelzwärme wird im Packstoff selbst erzeugt und gelangt durch Wärmeleitung in die Kontaktzone.

8.1 Heißsiegeln und Schweißen   249

Schwierigkeiten im ersten Fall werden durch Verbesserung der Beanspruchbarkeit des Heizwerkzeuges umgangen, z.B. durch Sinterschichten oder Überzüge aus Polytetrafluoräthylen (PTFE, mit einer Dauerbeständigkeit bei 250°C, Handelsname: Teflon). Auf diese Weise wird Ankleben vermieden. Leider sind sie nicht sehr verschleißfest und haben einen merklichen Temperaturabfall zwischen Heizquelle und Folienoberfläche zur Folge, der durch eine höhere Heizleistung oder durch eine längere Siegelzeit ausgeglichen werden muß. Andererseits würden sich durch Ankleben häufig poröse Schweißnähte ergeben (sog. "Aufziehen"). In Bild 77 ist dargestellt, wie sich während des Aufheizens der Temperaturverlauf in der

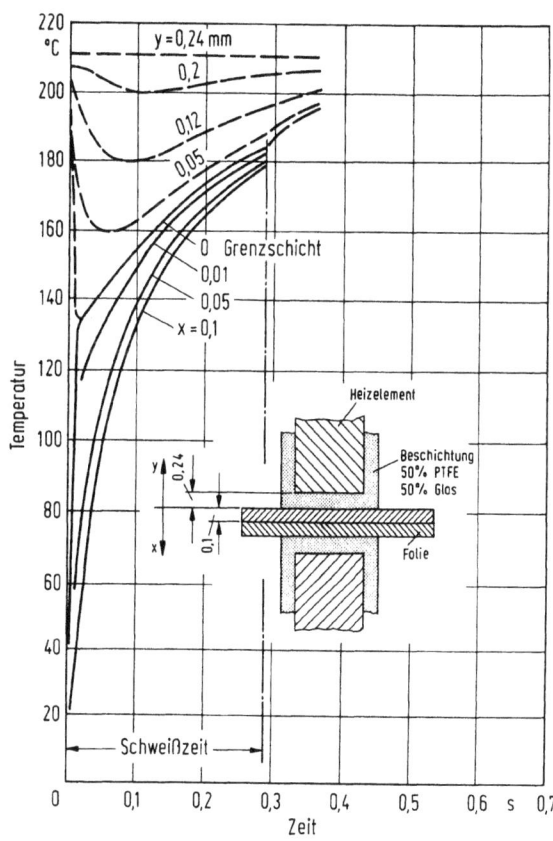

Bild 77. Temperaturverläufe beim beidseitigen Wärmekontaktschweißen [3].

Siegelschicht (x = 0,1 mm) von derjenigen in der Folienoberfläche (Kontakttemperatur) und derjenigen am Heizelement unterscheidet [3]. Wie zu erwarten, führt das Einlegen der Folie mit Umgebungstemperatur zu einer vorübergehenden Temperatursenkung innerhalb der Heizelementbeschichtung.

In den Bildern 78 und 79 sind Temperaturverteilungen in der Folie bei ein- und zweiseitiger Wärmezufuhr dargestellt. Die Kurve 3 in Bild 78 ergibt sich dadurch, daß nach Beendigung des Heizvorganges die Wärme aus den wärmeren Randzonen in die kältere Mittelzone fließt, und zwar

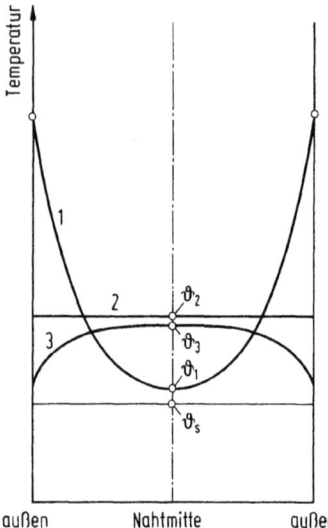
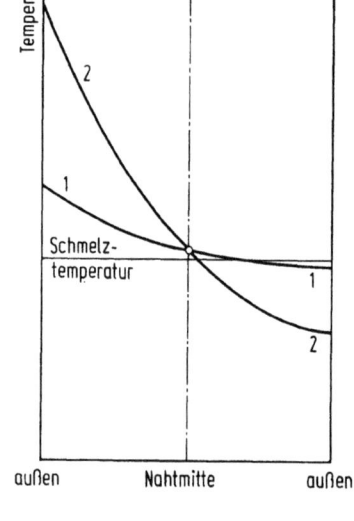

Bild 78. Temperaturverlauf im Nahtquerschnitt während und nach Beendigung des Schweißvorganges (schematisch).
1: Temperaturverlauf während des Schweißvorganges bei zweiseitiger Wärmezufuhr (ϑ_1 knapp über der Schmelztemperatur ϑ_s)
2: Temperaturverteilung kurz nach Beendigung der Wärmezufuhr bei Annahme einer thermischen Isolation der Nahtstelle.
3: Wirkliche Temperaturverteilung kurz nach Beendigung der Wärmezufuhr. (nach Buchner).

Bild 79. Temperaturverlauf im Nahtquerschnitt beim Schweißvorgang bei einseitiger Wärmezufuhr (nach Buchner)
1: bei langen Schweißzeiten und thermischer Isolation der Gegenlage.
2: bei kurzen Zeiten und thermischer Isolation der Gegenlage.

zum ungünstigsten Zeitpunkt, weil die mechanische Belastbarkeit mit wachsender Dünnflüssigkeit geringer wird [4]. Dieser Effekt ist um so stärker, je höhere Siegeltemperaturen man wählt. Bei einseitiger Beheizung (Bild 79) bleibt im Fall 2 die Temperatur der unbeheizten Pack-

8.1 Heißsiegeln und Schweißen

stofflage wesentlich unter der Schmelztemperatur, verliert also ihre
Festigkeit nicht, so daß auch die Nahtzone besser belastbar bleibt als
im Fall 1.

Wandstärken und Schichtfolgen: Heißsiegelschichten von Kartonverpackungen
für Flüssigkeiten müssen ausreichend dick sein, um eine hohe mechanische Festigkeit zu gewährleisten.

Im schraffierten Dreieck von Bild 80 liegen 5 Lagen mit 4 Siegelschich-
ten übereinander. Dies bedeutet: einseitig 3x, 4 Lagen 16x, also ist
insgesamt die Siegelzeit 48 mal länger als bei einer Naht mit beid-
seitiger Wärmezufuhr.

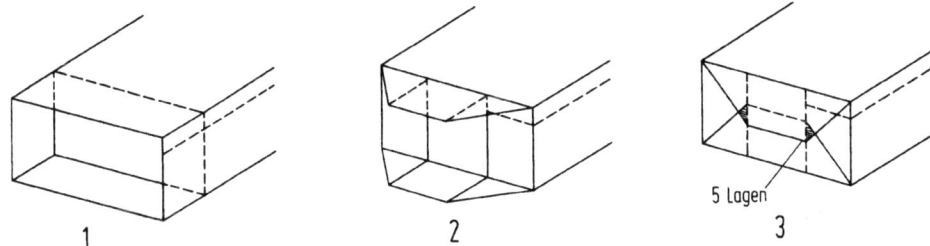

Bild 80. Faltart bei Klotzböden.
  1: Bildung des Packungsschlauches,
  2: erste Einfaltung des Stirnverschlusses am Boden,
  3: fertiger Stirnverschluß am Boden; schraffiert: 5 Packstoff-
     lagen übereinander; der Wärmestrom muß also 4 Lagen bis
     zur Heißsiegelschicht durchdringen (nach Buchner).

Infolge der Wärmeleitung des Packstoffes quer zur Heißsiegelnaht fließt
ein Teil des Wärmestromes von der Heißsiegelbacke seitlich weg in den
Packstoff [5,6]. Dies ist auch der Grund dafür, daß eine doppelseitige
Beheizung nicht die halbe Zeit einer einseitigen erfordert. Infolge
der seitlichen Wärmeableitung ergibt die zugeführte Energie eine geringere Wärmestromdichte als im eindimensionalen Fall, was durch eine
höhere Siegeltemperatur oder durch eine längere Siegelzeit ausgeglichen
werden muß.

Für den zeitlich instationären Wärmefluß beim Aufheizen und Abkühlen
ist die Temperaturleitzahl des Packstoffes a = $\lambda/c_p\rho$, für die Wärmeein-
dringungsfähigkeit b = $\sqrt{\lambda c_p \rho}$ maßgeblich. (a in m^2/h, b in $\frac{kJ}{m^2 h^{0,5} °C}$).
Diese Werte sind beim Aufheizen und Abkühlen von Kunststoffen während

des Passierens des Schmelzbereiches nicht konstant. Ungefähre Verhältniszahlen:

	Papier	LDPE	Alu
für a	1	1,1	600
für b	1	6,1	3300

Dies bedeutet, daß bei der Schichtfolge Alu/Papier/LDPE gegenüber Papier/LDPE bei ähnlicher Siegeldauer im ersten Fall ein erheblicher Betrag der der Alufolie zugeführten Wärmemenge durch diese außerhalb des Nahtbereiches abgeführt wird und dort die übrigen Schichten nachheizt. Dies bedingt eine stärkere Wärmeentnahme aus dem Heizwerkzeug. Bei einer Schichtfolge Papier/Alu/LDPE dagegen wird die Siegeldauer länger als bei Alu/PE, weil die außenliegende wärmeschützende Papierschicht die Erwärmung der Siegelnaht verzögert und die Wärme also nur gebremst die Aluschicht erreicht. Dagegen erwies sich der Betrag der Wärmeableitung nach außen in diesen beiden Fällen als wenig unterschiedlich und entsprach in etwa derjenigen des Falles Alu/Papier/LDPE [5; dort Bild 6].

Hot Tack: Daß eine Verpackungsmaschine mit möglichst kurzen Taktzeiten betrieben werden kann, ist nicht nur eine Frage der Siegelzeit. In der Praxis kritischer als sie ist vielfach, bei welcher Temperatur eine Heißsiegelverbindung beim unmittelbar auf das Heißsiegeln folgenden Füllen (z.B. Bodennähte vom Schlauchbeuteln) belastbar ist, ohne unterstützt durch Rückstellkräfte wieder aufzugehen. Die erreichbare Trennfestigkeit der Heißsiegelnaht in einer definierten Abkühlzeit bezeichnet man als Hot Tack. Der Hot Tack wird nach oben durch die Fließtemperatur, nach unten durch den Erstarrungspunkt begrenzt. Zeitbestimmend für die Entfaltung des Hot Tak sind Abkühlgeschwindigkeit und Viskositätsverhalten der Schmelze, die ihrerseits wieder von der Heißsiegeltemperatur, von den Dicken und den Wärmeleitzahlen der Schichten und auch der Nahtbreite abhängen. Eine in der Praxis des Kontaktsiegels vielfach bewährte Faustregel besagt, daß für eine ausreichende Nahtbelastbarkeit eine Abkühlzeit erforderlich ist, die dem Dreifachen der Aufheizzeit entspricht. Bei LDPE wird für den optimalen Hot Tack die Annäherung an den Kristallitschmelzpunkt entscheidend sein (vgl. Bild 76).

In Bild 81 ist für einige der vorerwähnten Schichtfolgen der Hot Tack abhängig von der Heißsiegeltemperatur nach einer definierten Siegelzeit dargestellt [7]. Gemäß Tabelle 19 hängt er stark von der seitlichen Wärmeableitung ab. Der niedrige Hot Tack im ersten Beispiel ist

8.1 Heißsiegeln und Schweißen

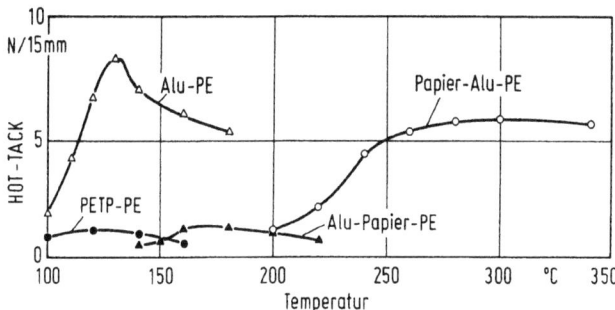

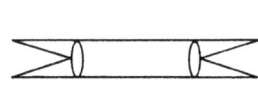

Bild 81. Hot Tack bei unterschiedlichem Folienaufbau. Siegelzeit 0,15 s; Zeitverzögerung: Ende der Heißsiegelung bis zur Hot-Tack-Messung ca. 0,18 s (nach Ernst).

Bild 82. Zum Verschweißen von Faltenbeuteln (schematisch).

Tabelle 19. Vergleich von Siegeldauer, Randableitung und Hot Tack

	Alu/Papier/ LDPE	Papier/ LDPE	Papier/Alu/ LDPE	Alu/LDPE
Siegeldauer [5]	mittel	mittel	lang	kurz
Randableitung [5]	hoch	niedrig	hoch	hoch
Hot Tock [7] (nach definierter Abkühlzeit)	niedrig	niedrig?	hoch (ϑ hoch)	hoch (ϑ niedrig)

offenbar durch den Wärmeleitwiderstand der Papierschicht bei der Abkühlung der Siegelnaht vergleichsweise zu dem Fall, daß die Aluminiumfolie direkt am Thermoplasten anliegt, zu erklären.

Ein Zwischengebiet zwischen den Bereichen I und III von Bild 76 wird beim Nachsiegeln von Vakuumpackungen bestrichen. Die Packungen durchlaufen nach dem Evakuieren einen Heißlufttunnel, wodurch alle füllgutfreien Oberflächen flächenversiegelt werden. Hierdurch wird die Gefahr von Undichtigkeiten verringert.

Anpreßdruck: Je höher die Schmelzviskosität der Siegelschicht und je größer die Gefahr ihrer Verunreinigung ist, um so höher muß der angewandte Druck sein. Im Fall einer Längsnaht ist der Flächendruck in der Kontaktzone dort, wo die Quernaht von zwei auf eine Packstoffdicke übergeht, schlecht definiert. Verwendet man keine Profilsiegelbacke, muß

man insgesamt einen höheren Druck anwenden. Dies gilt in verstärktem
Maße beim Verschweißen eines Faltenbeutels an den Stellen O des Bildes
82. Bei beschichteten Materialien wirkt sich dieser Effekt noch ungünstiger aus, da dann zusätzlich noch der Trägerstoff in die Geometrie
eingeht. In solchen Fällen darf die Beschichtung keinesfalls zu dünn
gewählt werden. Bei Kartonen ist die vorerwähnte Überlappung zweier
senkrecht zueinander verlaufender Nähte eine kritische Stelle, bei Einwicklern die dreieckigen Bereiche in Bild 80.

Dort, wo es auf höchste Dichtigkeit ankommt - bei sterilisierten Verpackungen - sind eine einfache Verschlußgeometrie (z.B. Finsealverschluß) und eine gleichmäßige Druckverteilung besonders wichtig. Dabei
ist zu bedenken, daß bei dünnen Folien bereits eine ganz geringe Abweichung in der Parallelität der beiden Siegelbacken nachteilige Folgen
auf die Gleichmäßigkeit des Anpreßdruckes haben kann (Prüfung mit Kohlepapier). Deshalb müssen die Heizwerkzeuge so gebaut werden, daß sie sich
durch die Temperaturänderung nicht verziehen. Für größere Längen hat
sich Aluminiumguß bewährt, der relativ spannungsfrei ist. Anbrennen von
Füllgut, Verzundern und Korrosion - alles Wartungsfehler - führen ebenfalls zu ungleichen Anpreßdrücken. Jede Verunreinigung der Siegelnaht,
auch wenn die Teilchen in den Thermoplasten hineingedrückt werden, beinhaltet die Gefahr einer Undichtheit; wenn bei den auftretenden Temperaturen Gase oder Wasserdampf entstehen, können sich in der Heißsiegelnaht Blasen bilden. Beim Durchsiegeln durch Flüssigkeiten scheint die
Oberflächenspannung des Füllgutes einen gewissen Einfluß auf die Festigkeit der Siegelnaht zu haben. Deshalb wirken sich auch Fingerprints im
Siegelbereich ungünstig auf die Festigkeit der Siegelnaht aus. Beim
Durchsiegeln durch Flüssigkeiten ist es wichtig, daß durch entsprechende
Formung der Siegelbacken die Flüssigkeit weggequetscht wird. Besonders
ist die Freiheit der Siegelnaht von Füllgutrückständen wichtig bei Sterilpackungen; gleichzeitig muß der Kopfraum ausgestreift oder kleingehalten werden, damit sich zu Beginn des Abkühlens darin kein Überdruck
aufbauen kann, welcher die Spaltfestigkeit der Heißsiegelnaht überschreitet [8].

8.1.2 *Verfahrenstechnische Durchbildung* (Tabelle 20)

Nachfolgend werden die in der Verpackungsindustrie wichtigsten Verfahren
kurz behandelt.

Wärmekontaktsiegelung: (Bilder 75 bis 80 und Tabelle 20). Hauptanwendungsgebiete sind Kombinationsfolien mit einer nichtschmelzenden Außenfläche.
Im allgemeinen ist dieses Verfahren für Kunststoff-Monofolien ohne eine

8.1 Heißsiegeln und Schweißen

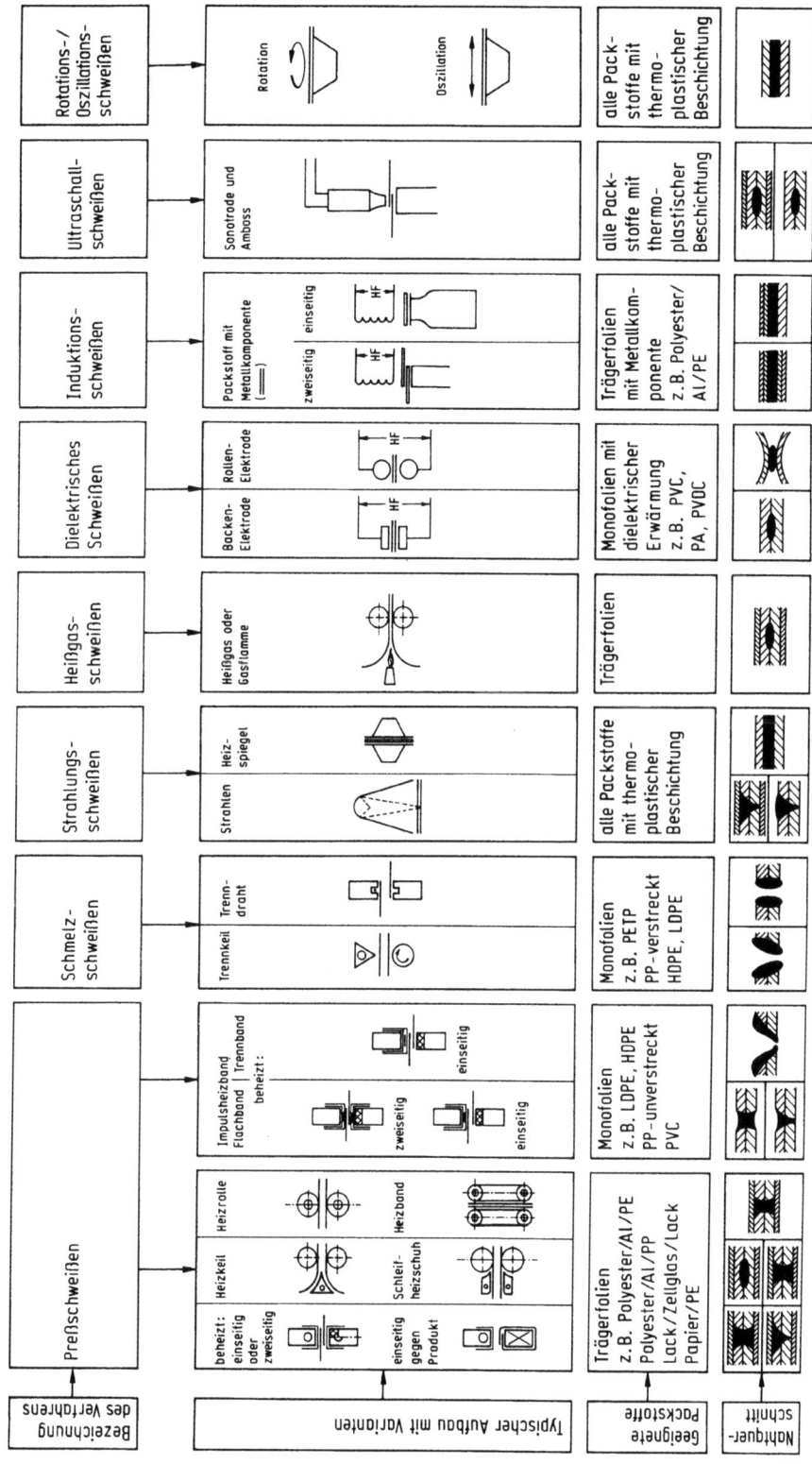

Tabelle 20 (nach Domke [11]). Die Verfahren des Heißsiegelns und Schweißens.

Zwischenlage aus teflonbeschichtetem Glasfasergewebe (vgl. Bild 77) nicht brauchbar. Da die Naht beim Abkühlen nicht unter Druck bleibt, besteht die Möglichkeit eines Wiederaufreißens. Sie ist um so größer, je steifer das Material und je niedriger die Schmelzviskosität des Thermoplasten ist. Wichtig ist, daß die Temperaturregelung aufbaut auf einer konstanten Grundlast, und daß die Feinregelung nicht zu träge ist, also der Wärmefühler der Oberfläche möglichst naheliegt. Die Temperaturkonstanz muß ebenso häufig kontrolliert werden wie die Parallelität der Siegelbacken. Besonders wichtig ist, daß die Heizpatronenverteilung dergestalt ist, daß die örtliche Temperaturkonstanz möglichst gleichmäßig wird. Bei LDPE ist bei zu hohen Siegeltemperaturen leicht eine Geruchsentwicklung möglich, die sich nachteilig auf das Füllgut auswirken kann. (Es gibt aber auch LDPE-Typen, die bereits unter der optimalen Heißsiegeltemperatur Geruchsentwicklung aufweisen). Die Regelung soll örtlich und zeitlich auf ± 5 K (besser ± 3 K) genau sein.

Die höchsten Dichtigkeiten (z.B. für Flüssigkeits- und Vakuumpackungen) erreicht man mit glatten Siegelbacken. Hierbei muß die Wartung hinsichtlich Planparallelität am sorgfältigsten sein, weshalb sie möglichst gegen eine gummibestückte Gegenlage pressen sollten. Längsprofile (Naht) werden verwendet, um Falten sicher abzuquetschen, Querprofile, um eine Versteifung der Nahtzone zu erreichen (bessere Belastbarkeit von Verschlußnähten in Schlauchbeutelmaschinen). Auf eine faltenfreie Einlage muß immer geachtet werden. Wird die Folie durch die Riffelung in Längsrichtung der Naht gedehnt, so wird ein Teil der Dehnung als Verformung zurückbleiben und beim Öffnen der Backen elastisch zurückfedern. Der Tiefe der Riffelung sind vom Trägermaterial her Grenzen gesetzt (kein zu spitzer Winkel, keine zu tiefe Riffelung, vor allem bei außenliegenden Aluminiumfolien). Die Profile beider Backen müssen sehr genau ineinanderpassen. Grobprofile sind ungünstig.

Beim Aufsiegeln von Deckeln auf kunststoffbeschichteten Leichtbehältern soll die Siegelnahtbreite mindestens 2 mm sein; besonders bewährt hat sich zweimaliges Versiegeln nacheinander an der gleichen Stelle mit verschiedenen Heißsiegelwerkzeugen [9]. Bei kunststoffbeschichteten Kartonagen für Flüssigkeiten dürfen diese an keiner Stelle mit einer offenen Schnittkante in Berührung kommen.

Wärmeimpulsverfahren (vgl. Tabelle 20 und Bild 83): Für das Wärmeimpulsschweißen benützt man Heizbacken aus einem unbeheizten, meist gekühlten Träger, auf dem elektrisch isoliert ein dünnes Heizband aufgespannt ist. Dieses wird bei jeder Heißsiegelung durch einen Stromstoß auf die

8.1 Heißsiegeln und Schweißen

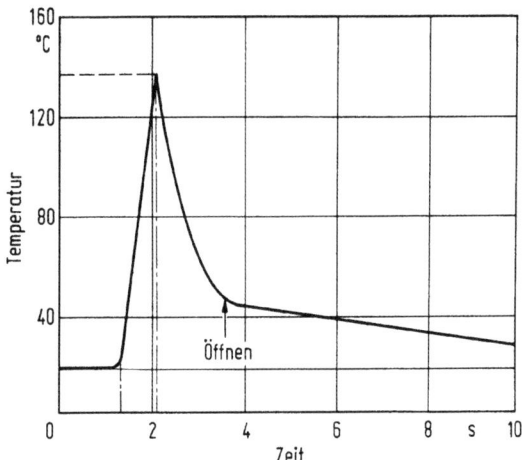

Bild 83. Zeitlicher Temperaturverlauf in der Mitte einer Schweißnaht eines Papier-LDPE-Verbundes (30/60 µm) bei Wärmeimpulsschweißung [5].

gewünschte Temperatur erhitzt. Damit keine Verklebung der Schmelze mit dem Heizdraht eintreten kann, ist dieser mit einer glasfaserverstärkten PTFE-Folie überzogen.

Die Abkühlung (Wasserkühlung) erfolgt unter Anpreßdruck. Dadurch vermeidet man weitgehend ein Ankleben (vorsorglich ebenfalls PTFE-Überzug glasfaserverstärkt). Bei einseitiger Ausführung (bis etwa 50 µm) verwendet man vorwiegend eine elastische Unterlage. Die Heizleistung muß reproduzierbar einstellbar sein, was eine ausgezeichnete Spannungskonstanthaltung voraussetzt. Es werden mit diesem Verfahren vorzügliche Schweißnähte erzielt. Durch Anschrägen des Heizbandes zur Kante hin wird eine Schwächung der Folie unmittelbar neben der Naht vermieden. Notwendig ist eine Abstimmung zwischen Preßdruck und Härte des Silikongummis der Gegenbacke. Die Verlängerung des Bandes durch Wärmedehnung wird zweckmäßigerweise durch eine federnde Einspannung beider Enden kompensiert. Die erreichbare Taktzahl ist begrenzt durch das Wechselspiel: Schließen der Backen - Erwärmen - Abkühlen unter Druck - Öffnen der Backen. Bei hoher Ausbringung haben die Heizbänder nur eine geringe Lebenszeit. Die Heißsiegelnähte müssen laufend überwacht werden.

Trennaht - Schweißverfahren (vgl. Tabelle 20): Die Besonderheit des Trennaht-Schweißverfahrens besteht darin, daß die Folienlagen beim Schweißen gleichzeitig getrennt werden; mit einem dauerbeheizten oder impulsbeheizten Glühdraht werden die Folienfolgen durchschnitten. Die Heizdrahttemperatur beträgt bei LPDE etwa 340°C. Die anliegenden Schichten werden verflüssigt. Dabei bewirkt die hohe Oberflächenspannung bei Polyolefinen ein tropfenartiges Zusammenziehen der Schmelze vom Glühband weg. Die Erwärmungszone ist sehr klein, die Schmelzwülste an der Trennstelle erhöhen die Nahtfestigkeit [11]. Durch Einspannung der Folie (siehe Tabelle 20) lassen sich auf diese Weise auch verstreckte Folien verschweißen. Die Gefahr von Porenbildung ist hierbei bei Monofolien größer als bei Kombinationsfolien.

Hochfrequenzschweißung (vgl. Tabelle 20): Zwischen den Elektroden einer HF-Schweißanlage als Teil eines Arbeitskondensators werden zwei Folien als Dielektrikum eingeschoben. An die Elektroden wird eine hochfrequente Wechselspannung angelegt. Die Dipole der Folie suchen sich im elektrischen Feld zu orientieren, wobei die zwischenmolekularen Kräfte durch Reibung eine Verzögerung verursachen. Die Folge davon ist eine Phasenverschiebung zwischen den Schwingungen des elektrischen Feldes und den Molekülschwingungen. Der Tangens dieses Phasenverschiebungswinkels wird als dielektrischer Verlustfaktor δ bezeichnet. Die durch Reibung der Moleküle entstehenden dielektrischen Verluste werden in Wärme umgewandelt, die eine Verschmelzung der Folien bewirkt. Bei Deckeln und bei dicken Folien ist dies oft das einzig anwendbare Verfahren, vor allem bei PVC; bei dünnen Folien ist die Wärmeableitung nach außen zu hoch, auch die elektrische Durchschlagsfestigkeit setzt eine Grenze.

Sonstige Verfahren (vgl. Tabelle 20): Bei LDPE, PP, PETP und PS ist mangels dielektrischer Verluste eine Wärmeentwicklung in der Folie nicht erzielbar. Hierbei muß bei größeren Dicken die Schweißtemperatur durch Wärmezufuhr von innen erzielt werden, z.B. mittels Wärmeleitung durch Heizkeile mit unmittelbar dahinter angeordneten Druckrollen, durch Heißluft bei Kopfverschlüssen von PE-Säcken höherer Wandstärke, durch heiße Abgase, (Verschließen der Längsnaht von Kartonen mittels Propangasbrenner) oder auch durch Wärmestrahlung, letztere auch zum Erhitzen des breitgequetschten Halses von Milchflaschen. Durch Flammenschweißung und Verpressung durch eine gekühlte Walze lassen sich beschichtete Kartone (mit sehr niedriger Wärmeleitzahl) mit hoher Geschwindigkeit heißsiegeln. Während sich die erforderlichen Schweißzeiten bei Kunststofffolien zwischen 10 und etwa 150 ms zu bewegen pflegen, dauert das Schmelzkleben bei Metallen 0,2-1 s, bei Kartonen 3-6 s und das ausreichende Abbinden beim Kleben größenordnungsmäßig 6-20 s [11].

8.1.3 *Festigkeit von Heißsiegelnähten und deren Beurteilung*

LDPE-Oberflächen, die verklebt oder bedruckt werden sollen, müssen wegen der chemisch inerten Natur der Polyolefine vorbehandelt werden, damit die Klebstoffe und Druckfarben fest haften können. Bei der Extrusionsbeschichtung von LDPE kann ohne Vorbehandlung die Verbundfestigkeit zu gering sein. Sie erfolgt üblicherweise mittels einer Corona-Entladung, und zwar bei Alu-Kaschierungen sowohl auf dem Aluminium wie auch auf dem LDPE. Eine zusätzliche Ozonvorbehandlung empfiehlt sich bei mäßigen Auftragstemperaturen. Bei gestrichenen Papieren ist z.Z. die Verbesserung der Verbundhaftung durch diese Art der Vorbehandlung nicht gesichert. Bei der Corona-Entladung wird die Folie in ein energiereiches elektrisches Feld gebracht, wobei stark beschleunigte Ionen und Elektronen unter gleichzeitiger Ozonierung des Luftsauerstoffs auf die Kunststoffoberfläche aufprallen. Dabei entstehen verschiedene funktionelle chemische Gruppen, die der Oberfläche einen polaren Charakter verleihen, außerdem kommt es zu einer teilweisen Vernetzung und Amorphisierung der oberen Polymerschichten. Zur Prüfung des Vorbehandlungsgrades dient die Benetzbarkeitsprüfung. Nach Untersuchungen von Bartusch [2] (vgl. Bilder 76 und 34) ist damit eine Verschlechterung der Heißsiegelfestigkeit verbunden, und zwar verringert sich bereits in der kristallinen Phase durch die Vorbehandlung die Kristallitgröße. Über dem Kristallit-

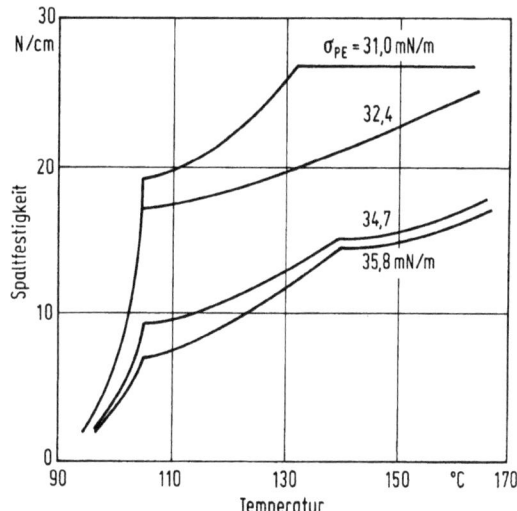

Bild 84. Siegelverhalten vorbehandelter LPDE-Beschichtungen; σ_{PE}: Oberflächenspannung (als Maß für die Vorbehandlungsintensität) der Beschichtungen. Die Vorbehandlung der Proben war am Extruder erfolgt (nach Bartusch). Oberste Kurve vgl. Bild 76.

schmelzpunkt im amorphen Bereich werden die Verzweigungsstellen der
Molekülketten angegriffen. Oberhalb der Fließtemperatur stellt sich
bei unbehandelten Proben eine konstante Siegelnahtfestigkeit ein. Um
eine gleiche Festigkeit auch bei behandelten Proben zu erzielen, muß
die Siegeltemperatur entsprechend erhöht werden. Die Vorbehandlung soll
ohne Zwischenlagerung, gleich am Extruder vorgenommen werden.[1]

Bei Gießfolie nimmt die Benetzbarkeit in Abhängigkeit von der Lagerzeit nach der Corona-Behandlung ab, auch bei der Verwendung eines Gleitmittels, nicht jedoch bei LDPE-Blasfolie [10]. Im übrigen kann sich auch durch Lagerung bei hohen Feuchtigkeiten, vor allem bei hydrophilen Folien bzw. Beschichtungen, eine Verringerung der Nahtfestigkeit ergeben.

Auch nach einer UV-Bestrahlung zur Entkeimung von Packstoffen kann sich bei LDPE- und PP-Folien sowie bei PVDC- und PVAC-Lacken eine merkliche Verschlechterung der Heißsiegelfähigkeit (Rückgang der Nahtfestigkeit) ergeben [11].

Messung der Festigkeit von Heißsiegelnähten: Erwünscht wäre, daß ein Packstück an den Heißsiegelstellen genau so fest wäre, wie wenn dort keine Verschlußstelle wäre. Eine Aussage, wie weit man diesem Ziel nahekommt, würde voraussetzen, daß man die Art der in der Praxis zu erwartenden Belastung nachvollziehen könnte. Es kann sich dabei um eine Scherbeanspruchung wie auch um eine Schälbeanspruchung handeln, sie kann langzeitig erfolgen oder dynamisch. Für die Stärke der Beanspruchung kann das auf die Einheit der Verschlußlänge wirkende Gewicht, die Kompressibilität des Füllgutes und die Größe des Kopfraumes, und ob dieser evakuiert ist, entscheidend sein. Man wird zwar im Einzelfall die Auswirkung einer statistisch vorherrschenden Beanspruchung studieren können, eine Angabe eines Meßwertes an einer Verbindungsstelle für die Sicherheit beim Umschlag eines Packstückes erscheint aber schwerlich erreichbar, d.h. die Einhaltung der optimalen Siegelbedingungen eines Packstoffes erlaubt noch keine eindeutige Aussage über den Gebrauchswert. Bei einem hygroskopischen Kombinationspartner kann im übrigen der Siegelbereich so austrocknen, daß der Packstoff versprödet und die größte Bruchanfälligkeit dort erfolgt, wo die (doppelte) Siegelnaht wieder in zwei Lagen übergeht. An dieser Stelle ist auch eine Festigkeitsabnahme bei Thermoplasten möglich.

---

[1] Vgl. hierzu auch: Potente, H. und Krüger, R.: Oberflächenspannungen und Haftfestigkeiten bei Corona-Vorbehandlung. Adhäsion 23 (1979) 381-388.

8.1 Heißsiegeln und Schweißen

Wegen der Unsicherheit bezüglich der wahrscheinlichen Belastungen eines Packstückes muß man sich mit physikalisch definierten Meßverfahren begnügen, die aber nur einen Vergleichscharakter besitzen, also lediglich eine Aussage darüber erlauben, ob bei Vorliegen einer bestimmten Beanspruchung eine Ausführung besser ist als eine andere. Die in der Praxis sehr weitgehend angewandte quasistatische Spaltfestigkeitsmessung (Bild 85 und DIN 53455) ist beispielsweise für die Überprüfung der Gleichmäßigkeit einer Heißsiegelnaht gut geeignet, da sie Festigkeitsschwankun-

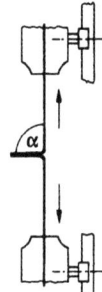
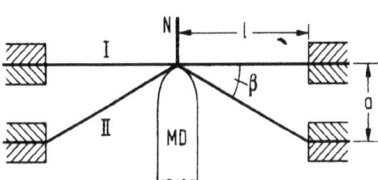

Bild 85. Quasistatische Spaltfestigkeitsmessung.

Bild 86. Dynamische Spaltfestigkeitsmessung
MD: Meßdorn, N: Naht,
I: Probe beim Aufprall,
II: Probe beim Anreißen der Naht, a: Fallweg bis zum Anreißen der Naht, l: Abstand zwischen Meßdorn und Einspannring beim Aufprallen der Probe.

gen in der Naht gut erkennen läßt. Es wäre aber fragwürdig, sie z.B. zur Charakterisierung der Festigkeit eines aufgesiegelten Deckels zu verwenden, weil die dominierende Beanspruchung beim Umschlag hierbei eine andere sein kann. Möglicherweise würde diese im Rüttelversuch besser simuliert. Die dynamische Spaltbeanspruchung (Bild 86 und DIN 53373) korreliert zum Fallversuch eines gefüllten Schlauchbeutels oder Sackes weit besser als der quasistatische Spaltversuch [1]. Aber auch sie erlaubt aus den angegebenen Gründen keine Angabe, welche Spaltfestigkeit vorzuschreiben wäre, um beim praktischen Gebrauch Beschädigungen des Packmittels in den Nähten mit Sicherheit zu vermeiden. Als Kennzeichen für die Nahtgüte wurde das Verhältnis der Energieaufnahme eines Packstoffes ohne Naht vergleichsweise zu derjenigen mit Naht vorgeschlagen [12]. Die dynamischen Bedingungen waren dabei auf einfache Weise mit Pendelschlagzugwerken realisierbar.

Hinsichtlich der Festigkeit einer Naht unterscheidet man zwischen der Kraft, bei der das Reißen beginnt: Anrißwert F_A, der während des Meßvorganges auftretenden Kraftspitze: F_{max} und der über der Nahtbreite gemittelten Kraft: mittlere Reißkraft F. Welcher Wert charakteristisch ist, ergibt sich aufgrund des jeweiligen Rißbildes. Üblicherweise erfolgt das Reißen nicht in der Heißsiegelschicht, sondern in deren Grenzflächen zum Trägermaterial (Bild 87) [13]. Aus diesem Grund steigt die Siegelnahtfestigkeit vielfach bei Verwendung eines Haftvermittlers

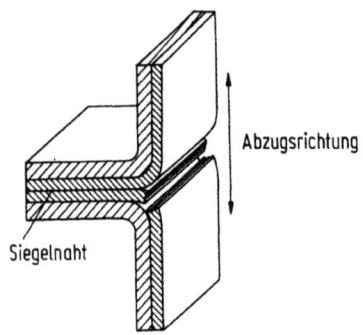
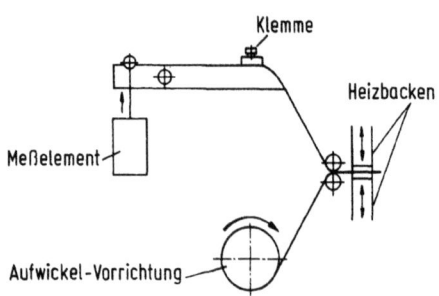

Bild 87. Bruch in der Grenzfläche zum Trägermaterial.

Bild 88. Prinzipskizze der EMPA-Meßapparatur zur Erfassung des Hot Tack [14].

infolge verbesserter Verbundhaftung. Hotmelts reißen dagegen in der Schicht. Bei Sterilisiertemperaturen verringert sich die Siegelnahtfestigkeit infolge Erweichen der Siegelschicht ganz erheblich. Bei hohen Temperaturen, die beim Abkühlen nach dem Sterilisieren Schwierigkeiten bereiten, ist über 80°C bei Kaschierungen mit LDPE dessen Festigkeit, bei niedrigeren Temperaturen aber diejenige des Kaschierklebers entscheidend. Bei Innenschichten aus PP ist im ganzen Temperaturbereich bis 120°C die Festigkeit des Kaschierklebers maßgebend [13]. Der Hot Tack muß hierbei ausreichen, um der Schälbeanspruchung in der Beutelnaht im Falle des Auftretens einer leichten Druckbelastung zu Beginn der Abkühlphase nach dem Sterilisieren gewachsen zu sein.

Eine Beanspruchung einer frischen Heißsiegelnaht auf Hot Tack durch das Füllgut besteht vor allem bei Hotmelts, die oberhalb des Schmelzpunktes derartig dünnflüssig werden, daß die Siegelnaht keine Zug- und Scherkräfte aufnehmen kann. Beim Wärmeimpulsschweißen von Kunststoffen sind diese Schwierigkeiten wegen der Nachdrückzeit bedeutend geringer als beim Wärmekontaktsiegeln. Inomere verhalten sich diesbezüglich günstiger als LDPE. Zur Bestimmung des Hot Tack wird nach dem

8.1 Heißsiegel und Schweißen

Verfahren der EMPA [14] gemäß Bild 88 der eine Teil der heißzusiegelnden Probe in eine feststehende Klemme, der andere Teil an eine Aufwickelvorrichtung befestigt. Nach dem Heißsiegeln bei gegebener Temperatur und Öffnen der Backen wird die frische Naht innerhalb von 0,1-0,15 s aufgerissen und die hierfür erforderliche Kraft piezoelektrisch gemessen (vgl. Bild 81). Weitere Meßverfahren zur Ermittlung der Trennkraft und des Trennweges vgl. [16]. Bezüglich der Dichtigkeit von Heißsiegelnähten vgl. Abschn. 5.1.

8.1.4 Blocken

Aus Bild 76 ist ersichtlich, daß bei LDPE auch in der Zone I, also unterhalb des Kristallitschmelzpunktes bzw. Erweichungsbereiches noch eine gewisse Spaltfestigkeit herrscht. Je nach der Art des Thermoplasten kann sich diese Zone bis zu Raumtemperaturen erstrecken. Ist der Anpreßdruck genügend hoch und die Anpreßzeit ausreichend lang, wird dabei auch noch eine Siegelverbindung erreicht, die aber meist unerwünscht ist. Man spricht von Blocken, wenn eine Adhäsionskraft zwischen sich ohne Lufteinschluß berührenden Oberflächen von Thermoplasten auftritt. Gestrichene, rückseitig PVDC-beschichtete Papiere, Kartone und Pappen werden als blockend bezeichnet, wenn die einzelnen Lagen nach Druckeinwirkung in der Rolle oder im Stapel nicht mehr ohne Beschädigung getrennt werden können. Bei PVDC nimmt die Blockneigung mit steigender Feuchtigkeit zu, mit wachsendem Druck durchläuft sie offenbar ein Maximum; er wird beim Wickeln von Papier in den äußeren Schichten der Rolle am höchsten sein (Wickeldrucke 1,5-4 kN/cm^2), bei PETP- und Aluminiumfolien dagegen im Kern. Zur Herstellung blockfreier Beschichtungen aus Hotmelts empfiehlt sich die Verwendung möglichst ölarmer Paraffine mit einem niedrigen Gehalt an Isoparaffin. Hotmelt-Beschichtungen mit sehr glatten Oberflächen blocken besonders leicht.

Die Prüfung von Papieren und Pappen auf das Ausmaß der Blockneigung erfolgt nach Merkblatt 12 des ILV[2], wodurch eine subjektive Einordnung nach Wertungsstufen möglich ist[3].

8.2 Kleben

Neben dem Heißsiegeln und Schweißen ist das Verkleben die Methode der Wahl, um den Inhalt einer Lebensmittelverpackung von der Außenatmosphäre abzuschließen, sowie Mengenverluste zu vermeiden. Beim Klebevor-

---

[2] Verpack.-Rdsch. 24 (1973) TWB 49-50.
[3] Vgl. hierzu auch ANSI/ASTM D 1893-67 (Reaproved 1972): Standard test method for blocking of plastic film.

gang wirken drei Faktoren zusammen: Der Packstoff, der Klebstoff und
die zur Durchführung des Klebevorganges erforderlichen maschinellen
Einrichtungen. Beim Packstoff spielt beispielsweise dessen Polarität,
Oberflächenbeschaffenheit und physikalische Struktur (kompakt oder po-
rös, amorph oder kristallin) hinein. Von der maschinellen Einrichtung erwartet man einen gleichmäßigen, störungsfreien Auftrag sowie
eine Harmonisierung zwischen Abbindegeschwindigkeit und Ausbringung.
Beim Klebevorgang selbst steht neben der Polarität die Auftragsdicke
des Klebstoffes und die Abstimmung zwischen der Festigkeit des Packstoffes und derjenigen der Klebestelle im Vordergrund.

8.2.1 *Physikalisch-chemische Grundlagen* [17]

Von einem Klebstoff muß man eine gute Haftung (Adhäsion) und gute mechanische Eigenschaften (Kohäsion) verlangen. Dies bedeutet, daß er
z.B. von Stoff A auf Stoff B (Bild 89) möglichst hohe Kräfte übertragen

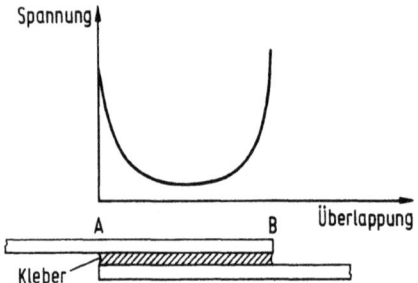

Bild 89. Schubspannungsverteilung in einer überlappenden Klebeverbindung (schematisch).

kann. Nun führt das Übertragen von Kräften in einer Klebeverbindung zu
einer inhomogenen Spannungsverteilung, in einer überlappten Klebeverbindung z.B. zu einem Schubspannungsverlauf mit parabolisch zunehmenden
Spannungsspitzen an den Überlappungsenden, wie dies in Bild 89 dargestellt wird. Sowohl Klebfilm wie auch Packstoff werden entsprechend
ihren Elastizitätsmoduln gedehnt, wobei beim oberen Blatt links, beim
unteren rechts die Dehnung am größten ist, während sich in der Mitte
ein Minimum befindet. Wir erwarten nun von einem Klebstoff, daß er
durch sein spezifisches deformationsmechanisches Verhalten die Klebeverbindung von deformierenden Spannungen dadurch freihält, daß er durch
seine plastisch-elastischen Eigenschaften die Spannungsspitzen abbaut.

8.2 Kleben

Die adhäsiven Kräfte zwischen Klebstoff und Fügeteil können chemischen Bindungscharakter (ionische Bindung, kovalente Bindung, metallische Bindung) besitzen oder aus Nebenvalenzbindungen (Wasserstoffbrückenbildung, Dipol-Dipolbindung, Dispersionskräfte, Dipol-Induktionswirkung) bestehen.

Die bei mechanischer Belastung auftretenden Schubspannungen, Querkontraktionen usw. finden in der "Inhomogenitätszone" im grenzflächennahen Bereich ihre Angriffsmöglichkeiten. Man vermutet in diesem Bereich eine Konzentrationsminderung der reaktionsfähigen Gruppen; durch Orientierung dieser Gruppen zur Oberfläche einerseits und zum Substrat andererseits entsteht neben der Adhäsionszone eine neue "Grenzfläche" mit geringerer mechanischer Festigkeit. Der Bruch einer Klebeverbindung wird im allgemeinen weder ein reiner Adhäsionsbruch noch ein Kohäsionsbruch sein, sondern er wird unmittelbar neben dem Adhäsionsbereich liegen.

Beim Auftrag muß der Klebstoff eine gute Benetzungsfähigkeit aufweisen, also niedrigviskos sein und ein günstiges grenzflächenenergetisches Verhalten Klebstoff/Oberfläche aufweisen. Für die Adhäsion benötigt er möglichst viele Freiheitsgrade der Beweglichkeit (also mono- oder oligomer) für die Kohäsionsarbeit, also der physikalischen Abbindung bzw. der chemischen Aushärtung, ebenfalls möglichst viele Freiheitsgrade der Beweglichkeit - also niedrigmolekular - und ungestörte Möglichkeit zur Nahorientierung. Bei nicht saugfähigen Fügeteiloberflächen muß mit dem Klebstoffauftrag die "Ablüftung" verbunden werden, ein Vorgang, der maßgeblich von der Diffusion der Lösungsmittelmoleküle zur Oberfläche bestimmt wird. Bei saugfähigem Untergrund dagegen ist die Viskosität die zeitbestimmende Größe neben der Veränderung des Porenradius durch Anquellen.

Soweit die Klebeverbindung durch Aushärten [18] erfolgt, ist dessen Geschwindigkeit nach der formalen Reaktionskinetik bei gegebener Temperatur eine Funktion von Konzentration und Zeit. Die damit verbundene Viskositätszunahme führt zu einer Festigkeitssteigerung der Klebeverbindung und folgt einer Exponentialfunktion mit der Zeit. Aushärtbare Klebstoffe haben aber in der Verpackungstechnik gegenwärtig noch keine allzu große Bedeutung; die Verfestigung erfolgt üblicherweise durch Trocknungs- und Erstarrungsvorgänge.

Tabelle 21. Einteilung der Klebstoffe

Art des Klebstoffes	Chemische Basis	Kennzeichnung der Klebung
1. Haftkleber	Konzentrierte Lösungen von Kautschukabbauprodukten oder niederen Polymeren aus Vinyläthern oder Isobutylen	Momentane Verklebung meist ohne Zerstörung des Substrats. Lösen durch langsames Abziehen; kaum spezifische Einflüsse der chemischen Natur von Klebstoff und geklebtem Werkstoff
2. Schmelzkleber 100 % Polymeren	Polymerharze mit Anteilen von Polyvinylacetat, Copolymeren von Vinylacetat, Äthylen und Polyamiden	Abbinden durch Erstarren der heißen Schmelze. Kein Flüssigkeitsanteil, daher extrem kurzes Abbinden möglich
3. Kontaktkleber	Beide Seiten der zu verklebenden Stoffe werden mit Klebstoff bestrichen. Herbeiführung der Klebung durch kurzen starken Druck nach Abdampfen des Lösungsmittels, wenig spezifisch	Lösungen kautschukelastischer Stoffe unter Zusatz von Harzen
4. Klebstofflösung ohne Vernetzung	Auftragen als Lösung in Wasser oder organischen Lösungsmitteln oder als Dispersion. Abbinden durch Verdampfen des Lösungsmittels oder des Dispersionsmittels. Spezifisch. Abbindung erfordert eine gewisse Zeit	Weit verbreitete Kleber wie Stärke, Dextrin, Leim, Zelluloseäther, Polyvinylacetatdispersionen für Papier, Holz und ähnliches. Dextrinkleber nur für poröse, Dispersionskleber auch für glatte, nicht für lackierte Oberflächen
5. Klebstofflösung mit Vernetzung	Abbinden durch chemische Vernetzungsreaktionen. Anwendung mit oder ohne Lösungsmittel, das während der Vernetzungsreaktion verdampft. Spezifisch. Oft längere Abbindungszeit notwendig	Harnstoff-, Phenol-, Melaminharze, Polyester Polyisocyanate, Epoxydharze, Holzverleimung, Metallklebung

8.2 Kleben

8.2.2 *Einteilung der Klebstoffe* [19,20] (vgl. Tabelle 21)

In der Praxis verwendet man vielfach auch Klebstoffe, die auf einer Kombination der in Tabelle 21 aufgeführten Typen beruhen.

8.2.3 *Übersicht über die Anwendung von Klebstoffen in der Verpackungsindustrie* [21]

Operation	Klebstoffe
1. Etikettierung von Glasflaschen	Im Normalfall Dextrinleime. Wenn gewisse Feuchtigkeitsbeständigkeit verlangt wird, Stärkeleime oder Kaseinleime.
2. Etikettierung von Blechdosen	Polyvinylazetat-Dispersionen, meist im Gemisch mit Stärkeleimen, Schmelzkleber
3. Etikettierung von Kunststoffen	Polyvinylazetat-Dispersionen, meist Haftkleber, Klebung oft sehr schwierig.
4. Kaschierung	Stärkeleime, Dispersionen von Thermoplasten für Kaschierung von Papieren und von Papieren mit Aluminiumfolien.
5. Klebung von Papiertüten und Papierbeuteln	Fließende Stärkeleime für die Seitennähte, dicke, pastige Stärkekleister für die Bodenklebung.
6. Klebung von Beuteln aus Zellulosehydrat- und Kunststoff-Folien	Dispersionen oder Lösungen von Thermoplasten: Klebung bietet oft Schwierigkeiten, die nur durch Anwendung von Haftklebern zu überwinden sind.
7. Klebung von großen Papiersäcken	Dextrinleime, Lösungen von Zelluloseäthern, meist Lösungen von abgebauten, kaltwasserlöslichen Stärken.
8. Klebung von Kartonagen	Dextrinleime, Dispersionen von Polyvinylazetat, Schmelzkleber; bei sehr schnell laufenden Maschinen, z.B. Faltschachtelautomaten Polyvinylacetat-Dispersionen.
9. Klebung von größeren Versandkartons	Dextrinleime, Gemische von Stärkeleimen und Dispersionen von Thermoplasten.
10. Klebung von repräsentativen Packungen	Dextrinleime, Glutinleime.
11. Umhüllungen, z.B. für Seife, Schokolade u. dgl.	Dispersionen von Thermoplasten, Schmelzkleber.
12. Deckelsicherung von Behältern oder Trommeln	Mit Haftklebern beschichtete Streifen von Papier oder Folien aus Kunststoffen oder Zellulosehydrat, mit Glutinleim beschichtete Papiere nach Anfeuchten.

8 Packstoffe aus der Sicht ihrer Verarbeitungsfähigkeit

8.2.4 *Verklebung von Packstoffen, in denen Klebstoffbestandteile wegschlagen*

Klebstoffe auf Dextrinbasis [22-25]: Zunächst geben die wandnahen Zonen des Klebstoff-Films Lösungsmittel an das poröse Papier ab, dann erstreckt sich die Zone mit verringertem Lösungsmittelgehalt auch auf das die Festigkeit der Klebenaht bestimmende Klebstoffinnere. Das Lösungsmittel durchwandert seinen Partialdruckgefälle entsprechend den Packstoff und tritt auf der Rückseite dampfförmig in die Raumluft über. Der Diffusionsmechanismus ist geschwindigkeitsbestimmend. Der Lösungsmittel- (Wasser-)gehalt des in den Packstoff durch Flüssigkeitsleitung kapillar eindringenden Klebstoffes nimmt vom Klebstoffinnern zur Wand und von dort aus ins Packstoffinnere stetig ab; nach einer bestimmten Eindringtiefe, die von der Klebstoffdicke abhängt und merklich kleiner als die Papierdicke sein muß, gelangt die Penetration infolge Faserquellung und Viskositätszunahme des Klebstoffes in der Penetrationsfront zum Stillstand. Da die Abhängigkeit der Viskosität von der Konzentration bei gegebener Packstoffporosität und Temperatur von der Art des Klebstoffes abhängt, wird ein Klebstoff mit einer flacheren Viskosität/Konzentrationskurve örtlich auch einen flacheren Konzentrationsgradienten im Packstoff aufweisen bzw. bei gegebener Auftragsstärke in der Fuge rascher verarmen, was ohne Verbesserung der Klebkraft zu einer Klebstoffvergeudung führen würde.

In der Praxis des maschinellen Verpackens kommt es neben einer rationellen Verwendung von Klebstoff vor allem auf eine *kurze Abbindezeit* an. Die zur notwendigen Viskositätszunahme zur Verfügung stehenden Zeiträume betragen günstigstenfalls einige Sekunden, häufig handelt es sich nur um Bruchteile einer Sekunde.

In Bild 90 ist schematisch dargestellt, daß man im groben zwischen einer sich im Gleichgewicht mit der Umgebungsfeuchtigkeit einstellenden Trockenfestigkeit und einer Transportfestigkeit der Klebestelle unterscheiden muß, welche dadurch charakterisiert ist, daß die erforderliche Manipulation mit dem Klebling ohne Beeinträchtigung der Bindung möglich ist. Bei Packstoffen mit einer saugfähigen Oberfläche kommt es darauf an, daß die Anfangshaftung (Wet Tack) durch Erhöhung des Feststoffgehaltes so rasch steigt, daß eine ausreichende Transportfestigkeit gewährleistet ist. Die Verhältnisse sind in Bild 91 veranschaulicht.

Mit Hilfe eines Schertestes wurde das Trocknungsverhalten von Dextrinklebestellen während der ersten Abbindephase genauer untersucht. Dabei ergab sich, daß die Klebestelle während der ersten Sekunden nur durch

8.2 Kleben

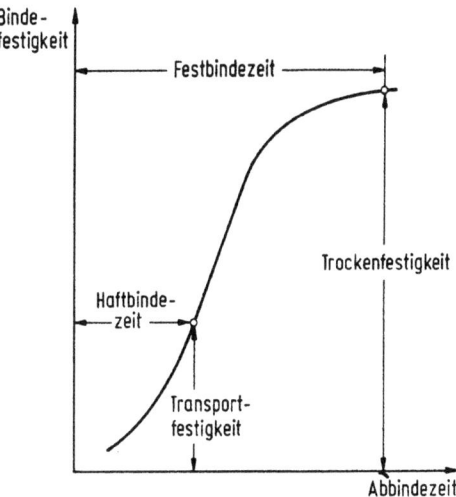

Bild 90. Abbindeverlauf einer trocknenden Klebestelle.

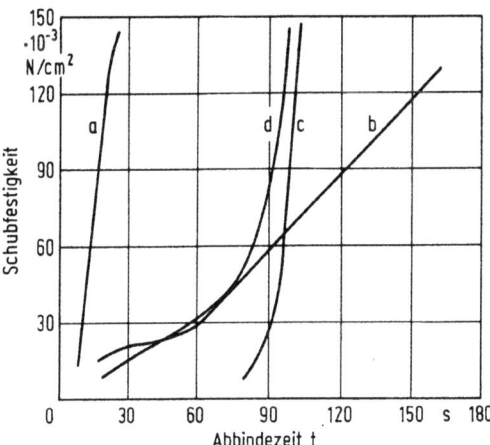

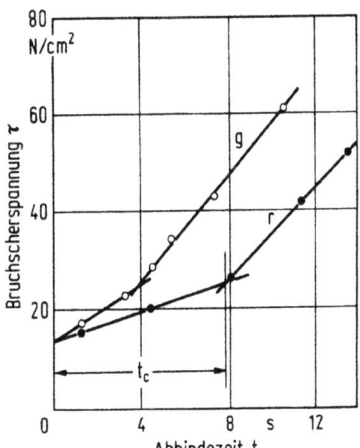

Bild 91. Abbindegeschwindigkeiten von Papierklebestellen (nach Bartusch)
Packstoff: Natronpapier, 80 g/m²;
Versuchsbedingungen: Handverklebung, Normalklima (φ = 65%, 20°C) mittl. Auftrag: 136 g Klebstofflösung/m²)
Klebstoffe:
a: Acronaldisperion 500 D; 54,3% Tr.-Subst.
b: Acronallösung 500 L; 43,3% TS,
c: Methylcellulose S 400, 4,2% TS,
d: Gelbdextrin 48,4% TS.

Bild 92. Bruchscherspannung der Klebestelle abhängig von der Abbindezeit (nach Bartusch)
Klebstoff: Gelbdextrin 65% TS; 30 μm
Papier: ZP 5;
g: glatte Seite;
r: rauhe Seite.

eine hohe Anfangsviskosität des Klebstoffes zusammengehalten wird. Das Abbinden läßt sich in zwei Abschnitte aufteilen (Bild 92), die in einem Knickpunkt zusammentreffen, auf dessen zeitliche Lage (t_c) die Struktur des Papiers einen maßgeblichen Einfluß hat. Zur Zeit t_c hat sich ein Konzentrationsgradient in der Mittelebene des Klebstofffilms ausgebildet. Während der Zeit t_c muß eine Dextrinklebestelle unter einem äußeren Druck gehalten werden, damit sie sich durch Packstoff-Rückstellkräfte nicht lösen kann. Anschließend beginnt die Dextrinkonzentration im Klebefilm rasch anzusteigen. Die zur völligen Ausbildung des Konzentrationsgradienten erforderliche Zeit steigt mit dem Quadrat der Klebstoffdicke und läßt sich deshalb durch Verringerung des Klebstoffauftrages merklich abkürzen, während die Anlaufzeit entscheidend davon abhängt, wie eng der Kontakt zwischen Klebstoff und Faseroberfläche ist. Hieraus ist der ungünstige Einfluß der Oberflächenrauhigkeit zu erklären. So können sich die Anlaufzeiten - am gleichen Papier gemessen - wie 1:3 unterscheiden, je nachdem, ob die glatte oder die rauhe Seite verklebt wird. Je höher die Viskosität des Klebstoffes ist, um so weniger wird es wahrscheinlich, daß er in alle Unebenheiten der Oberfläche eindringen kann; es können sich Luftlunker ergeben mit erhöhtem Diffusionswiderstand für den Feuchtigkeitsentzug. Bis zu einem gewissen Grade läßt sich dies durch eine Abstimmung zwischen erhöhtem Preßdruck und eventuell herabgesetzter Klebstoffviskosität regeln.

Klebstoffe auf Dispersionsbasis [23,26]: Die treibenden Kräfte für den Stofftransport (Flüssigkeitsleitung, Oberflächendiffusion) sind hier prinzipiell die gleichen wie bei Dextrinen. Der Unterschied ist aber zunächst, daß die Flüssigkeitsleitung des Dispersionsmittels höher ist als die der Dextrinlösung, und Dispersionskleber deshalb trotz niedrigerer Anfangsklebkraft sehr viel schneller abbinden als Dextrine (vgl. Bild 91). Dementsprechend sind Dextrinkleber vorwiegend dort einzusetzen, wo es auf eine starke Anfangshaftung ankommt, aber eine ausreichende Abbindezeit zur Verfügung steht, während Kunststoffdispersionen wegen ihrer kurzen Abbindezeit die Standardklebstoffe für schnellaufende Verpakkungsautomaten sind. Die auf Saugwirkung des Papiers beruhende Penetration ist die Ursache für den raschen Anstieg des Feststoffgehalts. Er wird dadurch gebremst, daß die Stabilisatoren einen zunehmend größer werdenden Widerstand gegen die Annäherung der Polymerkügelchen ausüben. Der Klebstoff verhält sich dann wie ein zunächst weiches, immer fester werdendes Gel. Dies ist der zeitbestimmende Trocknungsabschnitt, in dem der Klebling unter einem Anpreßdruck gehalten werden muß. Daran schlie-

8.2 Kleben

ßen sich Flockungserscheinungen an, verbunden mit einem leichten
Festigkeitsabfall, als deren Ursache eine Strukturauflockerung erkannt wurde. In der letzten Abbindephase schließlich wird unter einem Wiederanstieg der Festigkeit die größtmögliche Packungsdichte der
Teilchen erreicht, die dann anschließend unter Herauspressen des
Zwickelwassers zu einem Film zusammenfließen. Das raschere Abbinden
von Dispersionsklebern beruht also einesteils auf dem rascheren Eindringen des Disperionsmittels, andererseits auf der Gelbildung und
der Packungsdichte der Kügelchen, während die durch Diffusionswiderstand und Dampfdruckdifferenz bestimmte Papiertrocknung wie bei Dextrinen abläuft. Die Endfestigkeit der Klebeverbindung wird bei gleichem
Auftragsgewicht und gleichem Trockensubstanzgehalt nach etwa der gleichen Zeit erreicht, ist aber wesentlich höher.

8.2.5 *Schmelzkleber* (Hotmelts)

Hotmelts umfassen ein wasserunlösliches und wasserabweisendes heterogenes Mehrstoffsystem aus amorphen, kristallinen und makromolekularen
Bestandteilen, das bei Umgebungstemperatur zähplastisch bis flexibelhart ist und über 40°C in eine Schmelze übergeht. Der Tack-Bereich, der
nach oben durch die Fließtemperatur und nach unten durch die Erstarrungstemperatur begrenzt wird, weist ein ausgeprägt viskoseelastisches
Verhalten auf.

Schmelzklebstoffe bestehen aus thermoplastischen Polymeren und niedrigschmelzenden Harzen und/oder Paraffinen. Ein wichtiger Bestandteil
sind vielfach Copolymeren des Äthylens mit Vinylacetat, die sogenannten
EVA-Copolymeren. In Bild 93 ist die ungefähre Zusammensetzung der einzelnen Schmelzklebergruppen in einem Dreikomponentensystem dargestellt
[27]. Bei Schmelzklebern tritt anstelle der Diffusion die Wärmeleitung,
d.h. sie verfestigen durch Erstarren, als Folge der Wärmeabfuhr aus der
geschmolzenen Klebeschicht. Naßkleber verfestigen innerhalb einiger Sekunden, bei Schmelzklebern kann die offene Zeit bei Bruchteilen einer
Sekunde liegen. Nach dem Aufspritzen muß deshalb das Anpressen so rasch
wie möglich erfolgen. Die Neigung der Kurve für die Bindefestigkeit in
Bild 94 hängt von den Stoffwerten ab, welche die Geschwindigkeit der
Wärmeabfuhr bestimmen, außerdem von der durch die Rezeptur bedingten
Verschiebung der Temperatur-Viskositätskurve. B kann gegen Null absinken, wenn die Schichtdicke dünn und die Kontaktfläche kalt ist, weil
dann der Schmelzkleber gar nicht mehr benetzen kann. Die Oberfläche der
zugeführten Gegenfläche muß im Augenblick des Zusammenfügens mindestens
die Schmelztemperatur des Klebers aufweisen. Die Lage von B hängt im

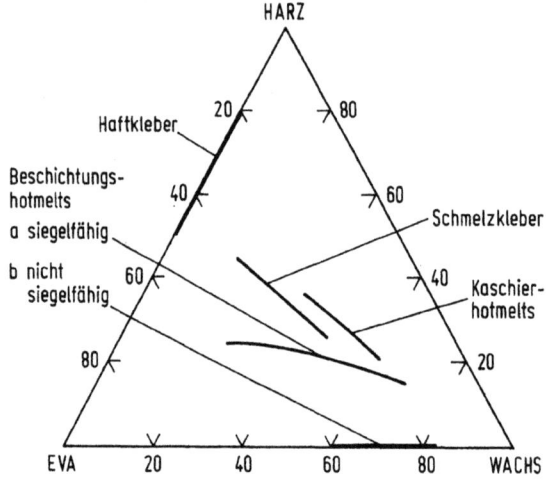

Bild 93. Schmelzkleber als Dreikomponentensysteme (nach Linhardt).

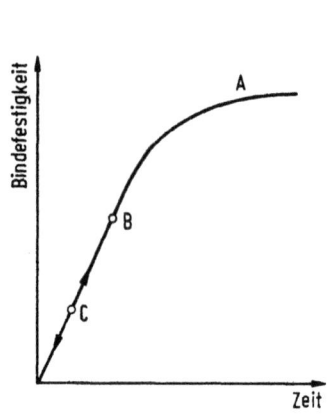

Bild 94. Bindefestigkeit
A: Abbindezeit bis maximale Nahtfestigkeit erzielt ist
B: offene Zeit ist die mögliche Zeitspanne, die zwischen Auftrag und Pressung der Klebestelle liegen darf, in der eine ausreichende Verklebung zustande kommt
C: Hot Tack-Kraft, mit welcher eine Heißklebenaht nach einer bestimmten Zeit belastet werden kann.

übrigen von der Viskosität und damit von der Temperatur ab. Bei zu hohen Temperaturen erfolgt ein oxidativer Abbau. Die Temperatur des Schmelzklebers muß auf ihrem optimalen Wert konstant gehalten werden.

Im einzelnen entscheidet die Schmelztemperatur der Wachskomponente über die Siegeltemperatur und die Temperaturstabilität eines Schmelzklebers. Hartwachse verbessern die Kohäsion und reduzieren die Blockneigung, trockenplastische Wachse verbessern die Flexibilität, klebrig-plastische Wachse unterstützen die Adhäsion, insbesondere bei tieferen Temperaturen. EVA-Copolymeren verbinden eine gute Adhäsion gegen polare Stoffe mit sehr guten kohäsiven Eigenschaften. Bei den verwendeten Harzen handelt es sich um relativ niedrig-molekulare, amorphe alicyclische Verbindungen mit guten adhäsiven Eigenschaften. Außerdem spielen Crack- und Oxidationshemmer eine wichtige Rolle.

8.2 Kleben

Vorteile von Schmelzklebern: Sie benötigen keinen Trocknungskanal, verursachen keine Geruchsprobleme und sind klebbar gegen alles, vor allem auch gegen Beschichtungen mit apolaren Bindegruppen; hohe Ausbringungen lassen sich auch dann erreichen, wenn die Klebestellen keine Saugfähigkeit besitzen. Schmelzkleber haben also dort besondere Vorteile, wo unmittelbar nach der Verklebung hohe Rückstellkräfte auftreten oder wo kein Platz für längere Abbinde-Anpreßstrecken vorhanden ist. Sie sind hervorragend geeignet, wenn mit relativ niedrigen Siegeltemperaturen und geringen Schließdrucken dichte Nähte erzeugt werden sollen. Durch die Rezeptur läßt sich zudem eine hohe Anpassungsfähigkeit an die jeweiligen Anforderungen erreichen.

Nachteile von Schmelzklebern: Wegen des "kalten Flusses" sind keine Quernähte, nur Längsnähte möglich. Das Auftragssystem ist aufwendig. Schmelzkleber sind oxidationsempfindlich, wenn sie längere Zeit höheren Temperaturen ausgesetzt bleiben. Andererseits besteht die Möglichkeit einer Versprödung der Klebstelle bei tiefen Temperaturen. Nicht geeignet sind sie für Fette. Die Kosten sind zwar höher, dafür verknüpft aber der Schmelzkleber die rasche Anfangshaftung des Dextrinklebers mit einer noch rascheren Abbindung als die Kunststoffdispersionen.

Man kann Verpackungsmaschinen für das gleichzeitige Verarbeiten von Schmelzklebern und Dispersionsklebern einrichten, wobei der Schmelzkleber durch seine hohe Abbindegeschwindigkeit die Funktion einer Verschlußfixierung übernimmt, während der Dispersionskleber eine hohe Endklebekraft bei kurzer Anpreßstrecke garantiert.

Haupteinsatzbereiche auf dem Verpackungsgebiet [28]: Verkleben von Versandpappeschachteln, Faltschachteln, Mehrlagenpapiersäcken, kunststoffbeschichteten Schachteln. In diesen Fällen hätte man beim Heißsiegeln hohe Wärmedurchgangswiderstände. Im übrigen besteht eine gute Einsatzmöglichkeit bei der Metallverklebung, als Kaschierkleber und für Etiketten.

Prüfverfahren: Für die Prüfung von Klebenähten gelten die gleichen Gesichtspunkte wie bei Heißsiegel- bzw. Schweißnähten; vgl. hierzu Abschn. 8.1.3 und [29].

Klebestreifen: Bei ihnen muß die getrocknete Klebstoffschicht lediglich noch durch Wasser reaktiviert werden. Über Grundlagen und Praxis der Anwendung von Klebestreifen vgl. [30].

8.3 Reibung von Packstoffen

Schwierigkeiten durch die Reibung von Packstoffen oder Packmitteln können durch zu große oder zu geringe Werte bedingt sein. Eine zu geringe Reibung von Versandschachteln, Säcken oder Schrumpfpackungen aufeinander im Stapel kann z.B. dazu führen, daß Stapel ins Rutschen kommen und einstürzen. Vor allem können aber unkontrollierte Reibungskräfte zu Betriebsstörungen in Verpackungsmaschinen führen und zwar [31]:

- Beim Folientransport erfolgt beispielsweise ein Schlupf zwischen Abzugsrollen und der Rollenbahn; die Reibung an den Vorzugswalzen ist zu klein.
Folge: Ungleiche Abzugslängen.
- Beim Folientransport kann aber beispielsweise der Reibungskoeffizient zwischen Füllrohr und Hüllstoff in einer Schlauchbeutel-Form-, Füll- und Verschließmaschine auch größer als zwischen Abzugsriemen oder -rolle sein. Die Folie hat zu hohe Reibung oder zu geringe Steifigkeit (Folie läßt sich nicht vorwärtsschieben). Die Folie ist nicht ausreichend gleitfähig, wodurch sie sich nur schwer abziehen läßt.
- Bei der Folienführung: Die Dicke, Gleitfähigkeit und Steifigkeit der Folie schwanken (Folie verläuft seitlich).
- Bei der Formatbildung: Der Packstoff verzieht sich wegen zu hoher Reibung, wodurch die Bodenfaltungen schief werden können.
- Beim Abziehen vom Dorn: Die Reibung zwischen Dornoberfläche und Packstoff ist zu hoch (Folie kann abreißen).

Um diese und ähnliche Vorgänge zu beherrschen, muß man die Abhängigkeit des Reibungskoeffizienten von den in Betracht kommenden Einflußgrößen einerseits und die zulässigen bzw. erwünschten Reibungskräfte andererseits kennen.

Grundsätzlich unterscheidet man zwischen der *Haftreibung* und der *Gleitreibung*, wobei erstere das Anlaufstadium, d.h. ruckartiges Gleiten (stickslip) charakterisiert. Die Gleitreibung gibt das Reibverhalten beim kontinuierlichen Laufen über Maschinenteile, z.B. über eine Gleitbahn, über Formschultern oder Kufen wieder.

Der Reibungskoeffizient μ ist definiert als Verhältnis von Reibungskraft R zur senkrecht auf die Berührungsfläche der reibenden Materialien wirkenden Normalkraft N, also $\mu = R/N$. Aus dieser Beziehung ersieht man bereits, daß R mit N wächst, d.h. daß R zwischen den unteren Lagen eines

8.3 Reibung von Packstoffen

Stapels höher ist als in den oberen. Bild 95 zeigt schematisch den Verlauf der Reibungskraft bei einem Versuch mit einer horizontalen Gleitbahn.

Demnach ist
$$\mu_{stat} = \frac{R_{stat}}{N}$$

und
$$\mu_{kin} = \frac{1}{N} \int_{s'}^{s''} R_{kin} \frac{ds}{s}$$

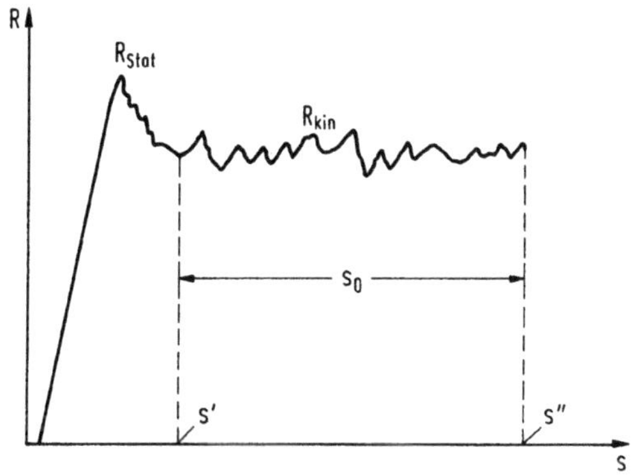

Bild 95. Abhängigkeit der Reibkraft vom Reibweg auf einer horizontalen Gleitbahn
R_{stat} : Haftreibung
R_{kin} : Gleitreibung

Einflußgrößen

Haftreibung/Gleitreibung: R_{stat} ist üblicherweise größer als R_{kin}. (Bei Folien kann es aber auch umgekehrt sein.) Die Haftreibung wird beim Einstürzen eines Stapels überschritten, weshalb man beispielsweise Deckenpapiere für Vollpappen auf einen Haftreibungskoeffizienten über 0,4 einzustellen versucht. Auch beim jeweiligen Anlauf bei diskontinuierlicher Arbeitsweise ist sie zu überwinden. Ruckartiges Gleiten (vgl. rumpelndes Geräusch beim Schieben eines Tisches bzw. das Quietschen von Bremsen), kommt nur bei extrem niedrigen Gleitgeschwindigkeiten vor: Die Relativgeschwindigkeit der Reibpartner zueinander wird immer wieder Null, bis jeweils die Haftreibung überschritten wird und der Partner zurückfedert. Dieser Vorgang wiederholt sich. Mit zunehmender Geschwindigkeit nimmt die Amplitude ab, bis das ruckartige Gleiten bei einer, von der Anordnung abhängigen Grenzgeschwindigkeit ganz verschwindet (im Intervall 0,3-0,5 m/s). Der Übergang zu einer Art von Reibschwingung wird in Bild 95 verdeutlicht, wobei man in solchen Fällen zur Charakterisierung des Reibvorganges die statistischen Abweichungen des mittleren Gleitreibungskoeffizienten benötigt. Schlechtlaufende Folien zeigen starke Schwankungen.

Rauhigkeit der Oberfläche: Bei sehr glatter Oberfläche kann eine Art "Endmaßeffekt" entstehen: Bei sehr rauher Oberfläche stellt sich andererseits ein "Verzahnungseffekt" ein, d.h. es muß das gleitende Material etwas angehoben werden, wozu Kraft erforderlich ist. Außerdem kann es zur Entstehung von Kratzern kommen ("Pflugwirkung"). Die Abhängigkeit von der Oberflächenrauhigkeit ist deshalb gemäß Bild 96 zu erwarten.

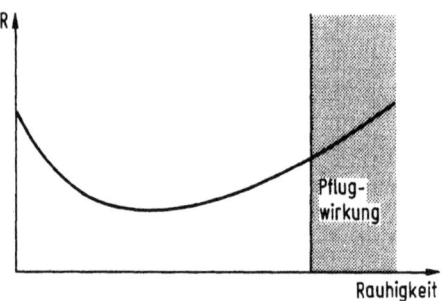

Bild 96. Reibkraft abhängig von der Oberflächenrauhigkeit (schematisch).

Mit zunehmender Rauhigkeit muß man demnach mit einer zu überwindenden Zusatzkraft gemäß der Beziehung:
$$R = FS + K$$
rechnen, worin F die tatsächliche Kontaktfläche, S die Scherkraft pro Fläche und K die Kratzwirkung (Pflugwirkung) ist.

Bei viskoelastischen Reibungspartnern kann noch eine dritte Einflußgröße, die Hysterese, dazukommen, so daß
$$\mu = \mu_{Adhäsion} + \mu_{Deformation} + \mu_{Hysterese}$$
ist [32].

Wassergehalt bzw. Gleichgewichtsfeuchtigkeit: Der Quellungszustand eines Papiers oder Kartons wirkt sich stark auf die Reibung aus. Bei einem maschinenglatten Kraftsackpapier wurden folgende Werte gemessen:

Gleichgewichtsfeuchtigkeit in %	32	65	83
μ_{stat}	0,38	0,46	0,63

8.2 Reibung von Packstoffen

Ähnlich waren die Anstiege bei Clupakpapier und bei Leichtkreppapier. Juselius [32] fand ebenfalls einen erheblichen aber im Kurvenverlauf unterschiedlichen Einfluß des Wassergehalts von Papieren im Bereich 4-25% W.G., je nachdem ob die reibende Metalloberfläche glatt oder rauh war. Die Unterschiede in den Reibungskoeffizienten zwischen 10 und 15% W.G. waren am höchsten.

Normalkraft: Theoretisch sollte der Reibungskoeffizient von der Normalkraft unabhängig sein. Dies würde allerdings voraussetzen, daß als Folge der Last keine Strukturveränderung auftritt. Dies läßt sich aber nicht immer annehmen. Bei rauhen Flächen ändert sich die Berührungsfläche mit der Last. Bei einer gedeckten Braunschliffpappe wurde z.B. in Querrichtung zur Pappe bei 20°C und 65% relativer Feuchtigkeit folgender Einfluß gemessen:

N(N)	4,9	59	147
μ_{stat}	0,44	0,49	0,55.

Da sich der Reibungskoeffizient von Pappen mit steigender Normalkraft erhöhen kann, neigen höhere Stapel (außer in den obersten Lagen) weniger zum Rutschen als niedrige.

Bei Zellglasfolien und Surlynschichten ließ sich im Intervall 4-40 N kein Einfluß feststellen. Bei glatten PE-Filmen ergab sich dagegen ein deutlicher Abfall von µ mit der Normalkraft, wenn der Reibungspartner ebenfalls eine glatte Oberfläche aufwies, nicht aber bei glattem LDPE auf sich selbst [33].

Temperatur: Hierüber liegen erst relativ wenig Messungen an Packstoffen vor. Im Bereich 15-35°C hat Hine [34] bei LDPE, HDPE und lackiertem Zellglas keinen gesicherten Temperatureinfluß feststellen können. Juselius [32] fand beim Studium der Reibung von Papieren auf beheizten Metallplatten einen Höchstwert bei der Ausgangstemperatur von 20°C, bei 80-100°C ein Minimum und bei 160°C einen erneuten leichten Anstieg.

Materialeinflüsse: Vor allem spielen Ungleichmäßigkeiten im Oberflächenprofil und in zweiter Linie auch im Material eine bedeutende Rolle auf μ_{kin}. Die Reibung ist besonders hoch, wenn gleiche oder gleichartige Materialien aufeinander reiben. Bei PE-Folie auf PE-Folie können die Reibungskräfte so hoch werden, daß die eine Folie reißt. Auch Paraffinschichten können hohe Reibungskräfte bedingen, da das Paraffin abschmiert und dadurch eine Reibung Paraffin auf Paraffin hervorgerufen wird. Der Reibungskoeffizient einer blanken Aluminiumfolie gegen poliertes Aluminium wurde bei 0,32 gefunden; lackierte man eine Seite, fiel er auf 0,22. Weitere Meßwerte: für μ_{kin}: LDPE gegen LDPE 0,42; PVDC gegen PVDC 0,26; PVDC gegen Stahl 0,16 bis 0,25; Zellglas gegen Zellglas 0,30 bis 0,41; Zellglas gegen Stahl 0,15 bis 0,24; LDPE glatt gegen Stahl geschliffen 0,70, dagegen mit LDPE rauh 0,32 [33]. Mattierung der LDPE-Oberfläche führt also zu einem besseren "Schlupf".

Gleitgeschwindigkeit: Erheblich steigt der Gleitreibungskoeffizient im Intervall 0,02-1 m/s bei aufgerauhter LDPE-Folie auf geschliffenem Stahl und zwar von 0,25 auf 0,61. Bei PETP-Folie kann er etwas ansteigen. Bei nitrolackiertem Zellglas auf geschliffenem Stahl konnte kein Geschwindigkeitseinfluß gefunden werden (μ_{kin} = 0,14), auch nicht bei PVC auf PVC (μ_{kin} = 0,32-0,35). Dagegen ist bei PP-Folien auf mattverchromtem Messing im Mittel mit einer Abnahme von 0,21 auf 0,125 zu rechnen [33]. Abhängig vom Walzenmaterial ist nach Schricker im allgemeinen eher mit einer Absenkung des Reibungskoeffizienten bei steigenden Bahngeschwindigkeiten zu rechnen. Daß dies beim Reiben zweier PE-Bahnen umgekehrt ist, könnte mit einer elektrostatischen Aufladung zusammenhängen. Bisher wurde allerdings nicht gefunden, daß bei dünnen Packstoffen die Maschinengeschwindigkeit für die Höhe der Abzugskräfte bei Schlauchbeutelform-, Füll- und Verschließmaschinen eine ins Gewicht fallende Rolle spielt [36].

Schlußfolgerungen

Die einschlägige Fragestellung bei der maschinellen Verarbeitung ist die Auffindung des optimalen Reibungskoeffizienten für jede wichtige Maschinentype oder zumindest die Vermeidung jeweils kritischer Bereiche, bei deren Über- oder Unterschreitung Störungen hervorgerufen werden können. Im Hinblick auf die Vielzahl möglicher Paarungen befindet man sich diesbezüglich erst am Anfang. Es ist auch zu bedenken, daß der Reibungskoeffizient nicht für sich allein die Maschinengängigkeit bestimmt, sondern die Biegesteifigkeit des Packstoffes für die zum Ziehen über Metallschultern erforderlichen Abzugskräfte eine ähnliche Bedeutung hat wie der Gleitreibungskoeffizient [35] und zwar steigt die Bedeutung des Gleitreibungskoeffizienten bei hoher Biegesteifigkeit. Wenn möglich, sollte man beide möglichst klein halten, weil dann auch die Bedeutung des Einlaufwinkels gering ist. Bei kunststoffbeschichteten Papieren sind die Schwierigkeiten größer als bei den entsprechenden Kunststoffen. Im allgemeinen ist die Biegesteifigkeit eines Packstoffes weitgehend durch dessen Aufbau bestimmt und sind Va-

8.3 Reibung von Packstoffen

riationen in dessen Aufbau funktionell, d.h. durch die Anforderungen, eingeengt. Deshalb wird man eine Verbesserung der Maschinengängigkeit primär über einen geringen Reibungskoeffizienten zu erreichen versuchen[4].

Wovon es abhängt, ob μ_{stat} größer oder kleiner als μ_{kin}, ist noch unklar. Für die gleichzeitige *Messung* von μ_{stat} und μ_{kin} ist die Methode der horizontalen Gleitbahn geeignet. Für höhere Geschwindigkeiten kann man eine Apparatur verwenden, auf der die Packstoffbahn mit dem Umschlingungswinkel α um eine Walze geführt und die Zugkraft im zulaufenden (K_1) und ablaufenden (K_2) Folienstück gemessen wird. Mit Hilfe der Eytelweinschen Beziehung

$$\mu_{kin} = \ln \frac{K_1/K_2}{\alpha}$$

läßt sich hieraus μ berechnen [34]. Im übrigen vgl. DIN 53375: Prüfung von Kunststoffen - Bestimmung des Reibungsverhaltens, 1972 und ASTM D 1894-63: Standard Method of Test for Coefficient of Friction of Plastic Film, wobei aber die Gleitgeschwindigkeit so gering ist, daß die "Startreibung" (Haftreibung) im Vordergrund steht.

8.4 Elektrostatische Aufladung

Elektrostatische Aufladungen entstehen, wenn zwei in engen Kontakt miteinander gebrachte Materialien *getrennt* werden. Bei Berührung entsteht eine elektrische Doppelschicht. Dabei werden Elektronen von dem einen Körper abgelöst und gehen auf den anderen über. Wenn der eine Körper mehr Elektronen verliert als der andere, erhält er eine positive Ladung, während der Gegenkörper durch Elektronenüberschuß eine negative Ladung annimmt. Bei den mit wenig Ausnahmen dielektrischen Packstoffen werden die gegensätzlichen Ladungen an den Berührungsstellen festgehalten. Die durch die Aufladung auf zwei getrennten Oberflächen mit den Ladungen Q_1 und Q_2 entstehende Kraft ist nach dem Coulombschen Gesetz:

$$K = \frac{1}{4\pi\varepsilon_0} \frac{Q_1 Q_2}{a^2}$$

mit a: Abstand und ε_0: Dielektrizitätszahl im Vakuum.

Eine der Ursachen für *Maschinenstörungen* ist dadurch begründet, daß a sehr klein ist.

---

[4] Definitive Angaben über die für unterschiedliche Maschinentypen zulässigen Gleitreibungskoeffizienten lassen sich noch nicht machen.

Berührungen und Trennungen finden bei allen Grundoperationen statt. In Bild 97 wird an einer Einschlagmaschine auf die Stellen verwiesen, an denen ladungserzeugende Trennvorgänge stattfinden, wobei die Positionen 1 bis 7 zu Störungen Anlaß geben werden [37].

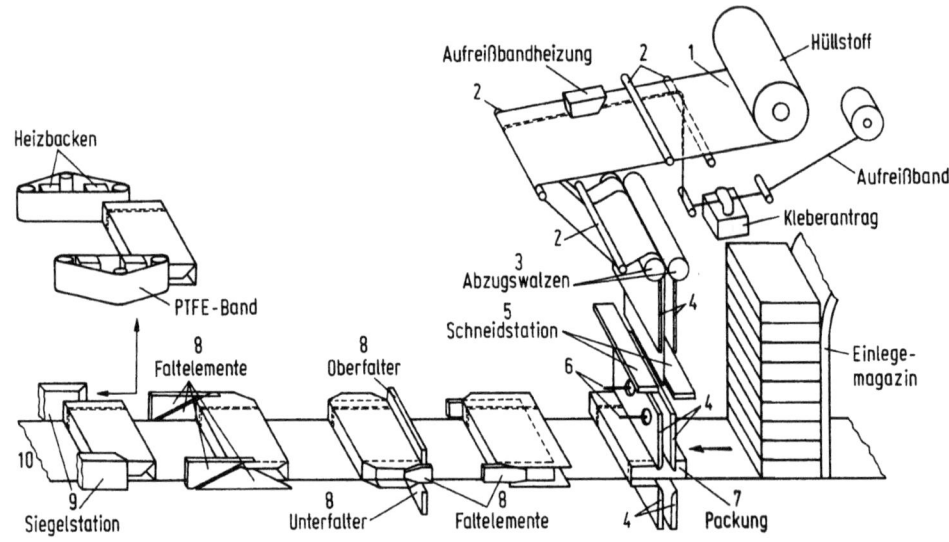

Bild 97. Trennvorgänge beim Ablauf des Packstoffes auf einer Einschlagmaschine, die zu einer elektrostatischen Aufladung des Packstoffes führen können (nach Schönbach).

1 Abrollung (Packstoffrückseite trennt sich von der Packstoffvorderseite),
2 Umlenkwalzen (Berührung und Trennung von Packstoff (Nichtleiter) und Metall einseitig, erfolgt mehrmals),
3 Vorschubwalzen (Metall-Packstoff-Metall oder Nichtleiter (Gummiwalze)-Packstoff-Metall),
4 Führungsschacht (Metall-Packstoff-Metall, fallweise Berührung),
5 Schneidmesser (Packstoff wird in sich getrennt; bei Trennung Messermetall-Packstoff),
6 Tupfer (Metallwand-Packstoff-Nichtleiter; Tupferkopf);
7 Packguteinstoß (Packgut-Packstoff-Metall (Faltschacht)),
8 Faltung (Packstoff-Metall der Faltweichen und der Gleitbahn),
9 Heißsiegelung (Packstoff-Siegelwerkzeug),
10 Abschub (Packung-Abschubbahn und Packung-Packung).

Bei anderen Maschinen können andere Störungsursachen vorliegen. Gemeinsam ist ihnen, daß sie zu einer Beeinträchtigung der Gleitfähigkeit bis zum Haftenbleiben führen können. Diese Erscheinung ist bei der Entnahme von Packstoffen aus dem Stapel und bei den zahlreichen Transport- und Umlenkwalzen, Führungen, Schächten und Formschultern gegeben. Es kann auch ein Ausweichen vor dem Messer (plisséartige Stauungen) erfolgen; Betriebsstörungen können sich auch durch Zusammenkleben von Beuteln sowie im Ablegeteil (Beutel oder Bögen legen sich nicht übereinander ab)

8.4 Elektrostatische Aufladung

ergeben. Schwierigkeiten kann auch die Aufladung des Füllgutes als Folge eines Stoßeffektes beim Fallvorgang durch Hängenbleiben von aufgeladenen Füllgutteilchen an Rohren, Rinnen und an Verschluß- und Füllorganen mit sich bringen, vor allem durch eine dadurch hervorgerufene Verschmutzung von Heißsiegelzonen. Das Anziehen von Staub durch die Außenseite lagernder Packgefäße schließlich vermittelt den Eindruck mangelhafter Hygiene. Eine Liste bekannter Störungen ist in [38] enthalten.

Diese Störeffekte sollten sich in erster Linie durch Maßnahmen zur besseren Beherrschung des Ladungsaustausches beim Berühren der betreffenden Oberflächen *verringern* lassen. Es ist eine wichtige Aufgabe des Maschinenherstellers, durch Vermeidung unnötiger Reib- und Trennvorgänge, die Möglichkeiten für das Entstehen elektrostatischer Aufladungen einzuschränken. Auch über die Wahl von Paarungen sich berührender Werkstoffe ergeben sich sowohl beim Maschinenhersteller wie auch beim Abpacker einige Möglichkeiten, die Ladung niedriger zu halten. Vor allem sollte man jedoch Umlenkrollen möglichst reibungslos lagern und das Gleiten an feststehenden Leit- und Formteilen möglichst vermeiden. Gleitvorgänge bewirken erheblich höhere Aufladungen als der kurzfristige Kontakt mit drehbaren Umlenkrollen.

Nach der Coehnschen Regel ist die Höhe der Aufladung zweier Dielektrika proportional der Differenz ihrer Dielektrizitätszahl. Dabei ist zu erwarten, daß sich das Dielektrikum mit der höheren Dielektrizitätszahl positiv auflädt. Die elektrostatische Spannungsreihe zwischen zwei sich berührenden Materialien ist so aufgebaut, daß jedes gegen das folgende positiv aufgeladen wird; sie bildet demnach einen Anhaltspunkt für die Reihenfolge: Die Werkstoffe an den beiden Enden einer solchen Reihe werden jeweils am höchsten aber mit entgegengesetzten Vorzeichen bei ihrer Berührung aufgeladen [39]. Unter den Packstoffen stehen auf der positiven Seite PA, PS und Zellglas, auf der negativen Seite PE, PETP, PVC, PVDC, Gummi. Bei Metallen kommt es auf die Termipotentiale an [40]. Leider enthalten die vorliegenden Angaben viele Widersprüchlichkeiten und umfassen auch nicht sämtliche interessanten Packstoffe. Corona-vorbehandelte Oberflächen neigen verstärkt zu einer elektrostatischen Aufladung.

Die Ladungsverteilung über eine Kunststoffbahn ist keineswegs konstant, sondern kann "Ladungsinseln" von mm bis cm Durchmesser, erhebliche Unstetigkeiten und gleichzeitig vorwiegend positive und danebenliegende negative Ladungsbereiche aufweisen [41,42]. Die einzelnen Maxima und

Minima klingen verschieden schnell ab. Durch Weichmacher sind Nivellierungsvorgänge auf dem Weg über das Folieninnere möglich. Der grundsätzlichen Möglichkeit, durch antistatisch wirksame Zusätze (wozu in geringem Umfang auch Gleitmittel gehören) die elektrische Auflaudung eine bestimmte Zeit lang zu verringern, sind bei Lebensmitteln Grenzen durch die Lebensmittelgesetzgebung gesetzt, falls das an die Oberfläche migrierende Antistatikum mit dem Lebensmittel in Berührung kommt. Als Staubschutz für Außenbehandlung sind die Möglichkeiten breiter [43]. Da die Wirkung der Antistatika auf der Feuchtigkeitsaufnahme aus der umgebenden Luft beruht, ist diese auf Umgebungsfeuchtigkeiten über ca. 55% beschränkt. Auch die Einarbeitung leitfähig machender Stoffe (Ruß, Grafit, Metallpigmente) kann sich nützlich auswirken.

Nach erfolgter Auflaudung ist in der Praxis der *Entladungsvorgang* von entscheidender Bedeutung. Maßnahmen zur Beseitigung der elektrostatischen Auflaudung sind auch vielfach umfassender und leichter realisierbar als deren Vermeidung (Bild 98). Sie hängen von der "Auflaudungsneigung" ab,

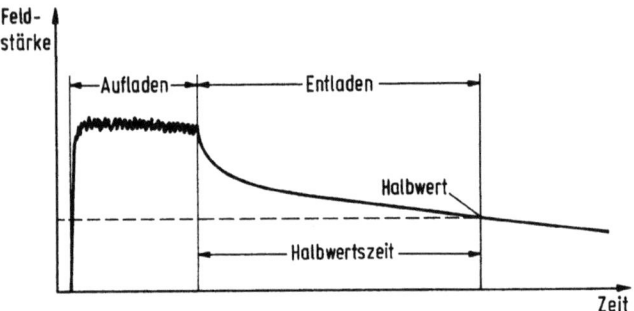

Bild 98. Auf- und Entladekurve einer Polypropylenfolie.

welche als Produkt aus Grenzauflaudung (V/cm) und Halbwertszeit der Entladung (s) definiert wird [44]. Die *Grenzauflaudung* hängt von der bereits erwähnten relativen Lage der sich berührenden Partner in der elektrostatischen Spannungsreihe ab. Bei wiederholten Berührungs- und Trennvorgängen schaukelt sich die Feldstärke als Ergebnis von Auf- und Entladevorgängen auf und kann die Grenzauflaudung erreichen. Die maximale Grenzauflaudung ist mit der Durchschlagsfeldstärke für trockene Luft (E_{max} = 30 kV/cm) erreicht. Nach erfolgter Auflaudung ist im allgemeinen in der Praxis der Entladungsvorgang von entscheidender Bedeutung. Die *Halbwertszeit* der *Entladung* gibt an, wann die ursprüngliche Feldstärke auf die Hälfte ihres Ausgangswertes gesunken ist. Welche Ladungshöhe jeweils erreicht wird, hängt von der Zahl der Trennungen in der Maschine sowie von der Länge der daran anschließenden Zeitintervalle für das Abklingen vergleichs-

8.4 Elektrostatische Aufladung

weise zur Halbwertszeit ab. Mit steigender Ausbringung bleibt zwar die Zahl der Trennungen beim Durchlauf eines Packstoffes die gleiche, aber die für das Abklingen zur Verfügung stehenden Zeiten verringern sich.

Da die Ableitung der elektrischen Ladung von Packstoffen meist über die Oberfläche erfolgt, ist der Oberflächenwiderstand (R) ein charakteristischer Kennwert. In einer groben Klassifizierung kann man die Kunststoffe in drei Kategorien einteilen [45]: In einer Gruppe, welche lackiertes Zellglas (Gleichgewichtsfeuchtigkeit 50%), antistatisch ausgerüstetes PVC und PP enthält, liegt R zwischen 10^8 und $10^9 \Omega$ und die Halbwertszeit zwischen 0,5 und etwa 6 s. Die extreme Gruppe umfaßt R = 10^{14}-$10^{16} \Omega$ und Halbwertszeiten von 1-5 h. Hierzu gehören PVC-, PS-, PETP-, LDPE- und nicht antistatisch ausgerichtete OPP-Folien. In der Zwischengruppe mit R = 10^{12}-$10^{14} \Omega$ und Halbwertszeiten von ca. 0,4-4 min liegen PA- und antistatisch behandelte OPP-Folien sowie PE mittlerer Dichte. Vor allem bei hygroskopischen Packstoffen (Zellglas, Papier, Weich-PVC, PA) läßt sich der Oberflächenwiderstand durch Befeuchten bzw. durch Erhöhen der Raumfeuchtigkeit deutlich reduzieren. Zwar braucht man zur exakten Beurteilung des zu erwartenden Ladungsprofils eines Packstoffes einen praxisnahen Maschinenversuch, immerhin bildet die Kenntnis von Oberflächenwiderstand und Halbwertszeit eine Orientierungshilfe. Vor allem kann man mit einiger Sicherheit sagen, daß man mit Packstoffen der ersten Kategorie kaum Schwierigkeiten zu erwarten hat, aber bei sehr hohen Oberflächenwiderständen und Halbwertszeiten Hilfseinrichtungen benötigt werden.

Die Ableitung der Aufladung durch *Erdung* ist für die mit dem Packstoff in Berührung kommenden Maschinenteile notwendig, aber als alleinige Maßnahme in der Regel nicht ausreichend; es können auch beim Kontakt von Packstoffen mit leitfähigen geerdeten Walzen oft erhebliche Aufladungen auftreten. Auch geerdetes Lametta als schleifender Leiter bringt nur einen bedingten Erfolg.

Feuchte Raumluft leitet elektrostatische Aufladung schneller ab, womit eine hohe Aufladung unwahrscheinlich wird. Wirklich wichtig ist bei hygroskopischen Packstoffen die Vorkonditionierung vor der Verarbeitung. Leider ist bereits bei einer relativen Feuchtigkeit von 65% - zumindest unter Einbeziehung unvermeidlicher Feuchtigkeitsschwankungen - mit dem Rosten von Maschinenteilen zu rechnen, außerdem bei hygroskopischen Packstoffen mit Blasenbildung beim Heißsiegeln sowie mit "Werfen", z.B. von Zellglas [46].

284   8 Packstoffe aus der Sicht ihrer Verarbeitungsfähigkeit

Die Wirkung von *Entelektrisatoren* besteht darin, daß die beim Aufladen erreichbare Feldstärke bedeutend geringer und zusätzlich der Entladevorgang erheblich beschleunigt wird. Die Entladung einer Kunststoffbahn kann mit geringen Kosten durch *passive* Entelektrisatoren erfolgen, mittels derer im Abstand von einigen Millimetern zur aufgeladenen Oberfläche das Feld so konzentriert wird, daß die Durchschlagfeldstärke der Luft zwischen Packstoff und geerdetem Entelektrisator überschritten wird. Auch wenn die Ladung auf einer Kunststoffbahn nicht gleichmäßig verteilt ist, kann sie durch HF-Entladung gleichmäßig entladen werden. Verwendet werden Metallbürsten, Metallkämme, Induktionsstäbe. Der Entladungsvorgang sollte vor allem bei *aktiven* Entelektrisatoren meßtechnisch gesichert werden; hierbei wird mittels Hochspannung eine kontinuierliche Büschelentladung erzielt, welche die Luft ionisiert und dadurch leitend macht. Eingesetzt werden Stäbe für Packstoffbahnen, Ringe für Kopfverschlüsse. Da direkt bei einer Metallwalze, über welche die Packstoffbahn geführt wird, ein praktisch feldfreier Raum herrscht, wäre es zwecklos, dort einen Ionisator anzubringen. Vielmehr erfolgt der Einbau an Stellen, an denen die Packstoffe freitragend sind und dadurch das davon ausgehende Feld in den umgebenden Raum hinauszugreifen vermag [39], in ca. 100-200 mm Abstand von der Trennstelle: Folie/Metallwalze, um die vom Eliminator erzeugten Luftionen an die Folie heranzuführen. Von metallischen Maschinenteilen müssen die Sprühelemente zur Vermeidung von Feldverzerrungen mindestens einen Abstand von 50 mm haben. Bei zu großen Abständen kann anstelle einer Entladung eine Umladung stattfinden (Bild 99). Da die Wirkungsweite von Sprühelementen

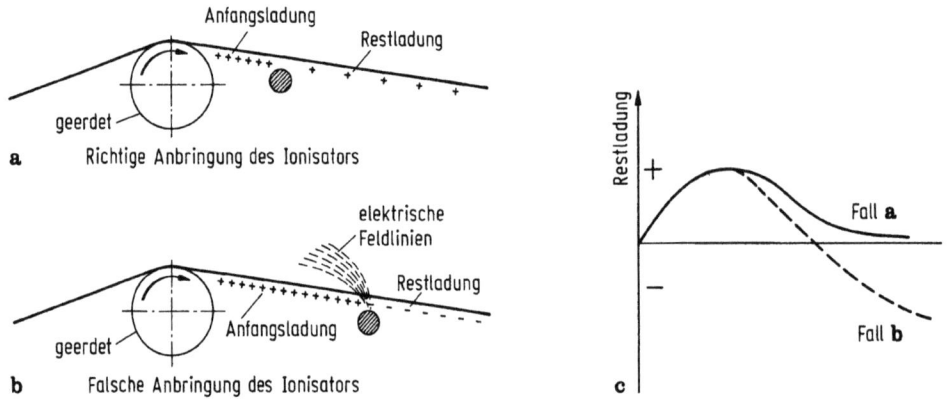

Bild 99. Richtige und falsche Anbringung eines Ionisators in der Nähe einer Metallwalze (nach einer Veröffentlichung von Du Pont).

8.5 Falten, Rückfedern (und Tiefen)

nur in der Größenordnung von 5-40 mm liegt, muß man an schwer zugänglichen Stellen aktive Ionengebläse verwenden. Dabei haben aber die Ionen auf der verhältnismäßig langen Strecke Gelegenheit zur Rekombination, womit ihr Wirkungsgrad erheblich verringert wird.

Eine Reihe von Beispielen, wie man in der Praxis Störungen infolge elektrostatischer Auflading beseitigt, ist in [38] enthalten.

Übersichtsliteratur: Gooch, J. U.: Static electricity in packaging. Bibliography 1962-1973, Nr. 655. PIRA, Leatherhead (UK).

8.5 Falten, Rückfedern (und Tiefen)

8.5.1 *Falten*

Der Zweck der Faltung ist die Formgebung eines Packstoffes z.B. auf Schlauchbeutel-, Einwickel- und Banderolliermaschinen. Damit ein Packstoffschenkel nach dem Falten nicht wieder in seine Ausgangslage zurückfedert, muß durch Überschreitung der Elastizitätsgrenze eine bleibende Verformung erreicht werden. Diese führt zwangsläufig an dieser Stelle zu einer Materialschwächung. Damit die Packung infolge der mechanischen Belastungen beim Umschlag nicht an der Faltstelle bricht[5], muß die dortige Schwächung so gering gehalten werden, daß das Ziel eben erreicht wird.

Zugversuche: Bei blanker weichgeglühter Aluminiumfolie hängt vor allem die Bruchdehnung, aber auch die Zugfestigkeit stark von der Dicke ab. Besonders wirkt sich dies wegen der Korngröße des Aluminiums bei geringen Dicken aus. Die Bruchdehnung bei 15 µm liegt bei 3,2-3,5%, bei 20 µm bei 4,5%, bei 100 µm bei 22% und beim Einkristall um 30%. Dies zwingt zu einer sinnvollen Kombination von Packstoffen. Zeppelzauer [47] fand bei Zugversuchen mit Aluminiumfolien, daß ihre Dehnfähigkeit bei einachsiger Belastung wächst, wenn diese mit bestimmten Kunststoff-Folien kombiniert werden. Dieser "Stützeffekt" läßt sich dadurch erklären, daß in einem solchen Verbund Spannungsspitzen infolge von Poren oder Gefügeunregelmäßigkeiten in der Aluminiumfolie nicht mehr auftreten können. Um die Aluminiumfolie am Fließen an Schwachstellen zu hindern, d.h. die Ausbildung von Stellen hoher Dehnung zu vermeiden, muß der Partner eine genügende Lastaufnahme und gleichmäßige Dehnung in dem in Betracht kommenden Verformungsbereich besitzen. Hierzu ist eine gleichmäßige und feste Haftung der Schichten auf der gesamten Verbundfläche

---

[5] Falze von Kunststoffsäcken können brechen, wenn sie beim Abladen z.B. an Papierrollen scheuern.

Voraussetzung. Bei der Kombination von Aluminiumfolie mit einem Kunststoff (k) mit den Dicken d_{Alu} bzw. d_k und den Elastizitätsmoduln E_{Alu} und E_k verteilen sich die Kräfte F folgendermaßen:

$$\frac{F_{Alu}}{F_k} = \frac{d_{Alu} E_{Alu}}{d_k \, E_k} ,$$

d.h. Aluminium nimmt bei einer Kombination mit Packstoffen, die dick sind oder einen hohen E-Modul besitzen, verhältnismäßig wenig Kraft auf. Elastizitätsmoduln im Bereich $2,5-7,5 \cdot 10^8$ N/m^2 bei Dicken von 20-50 µm weisen LDPE, Weich-PVC und PA, solche im Bereich $1 \cdot 10^9 - 3 \cdot 10^9$ HDPE, PP, OPP und HDPE biaxial orientiert und auch Aluminiumfolie im Dehnungsbereich bis 3% auf. Es ergaben sich in der Kombination mit Aluminiumfolie von 15 µm folgende Bruchdehnungen in %

PP ungereckt	20 µm:	5,5 - 6,5,
PVC ungereckt	30 µm:	8 - 12 ,
Zellglas	20 µm:	13 - 15 ,
PETP	15 µm:	14 - 18 ,
LDPE biaxial gereckt	15 µm:	24 - 27 ,
PP biaxial gereckt	20 µm:	18 (längs) 30 (quer).

Die *Faltung* kann in erster Annäherung als eine Biegung um einen bestimmten Krümmungsradius angesehen werden. Im halbzylindrischen Fall [48] wäre die maximale Dehnung in der Außenfaser, sobald sich die beiden Innenseiten der Faltschenkel berühren, 100%. Diese modellhafte Vorstellung von Dehnungsverhältnissen in der Faltzone würde jedoch einen Dehnungssprung beim Übergang: Faltzone - Packstoffschenkel voraussetzen. In Wirklichkeit ist aber der Schenkel an der Aufnahme der Dehnung mitbeteiligt [49]. Je weiter die Verformung in den geraden Schenkel hineinreicht, desto geringer werden die Spannungsspitzen im Scheitel. Dies gilt beispielsweise für Aluminiumfolien. Je steiler der elastische und der plastische Ast des Spannungs-Dehnungs-Diagramms und je kleiner die Elastizitätsgrenze eines Packstoffes ist, um so geringer werden die maximalen Dehnungen im Falz und um so weniger gefährdet ist er. Ideal wäre, wenn dieser Packstoff gleichzeitig eine hohe Bruchdehnung aufwiese. Diest ist aber nicht immer der Fall.

Unterschiedlich zur eindimensionalen Belastung beim Zugversuch muß bei der Falzbeständigkeit zusätzlich besonders auf die Lage der neutralen Faser geachtet werden, und zwar sollte man die Aluminiumfolie als empfindlichste Schicht so legen, daß die neutrale Faser in dieser Schicht oder doch möglichst nahe an ihr verläuft. Wesentlich hierfür ist ein

8.5 Falten, Rückfedern (und Tiefen)

richtiges Dickenverhältnis der Schichten zueinander. Am günstigsten wäre ein symmetrischer Folienaufbau mit gleicher Lastverteilung innen und außen und der Aluminiumfolie in der Mitte. Bei nur zwei Schichten darf die Aluminiumfolie (bzw. die zu schützende Schicht) nicht zu dünn gewählt werden, da sie um so mehr zur neutralen Faser hinrückt, je stärker sie wird. Die Aluminiumfolie sollte dann im Himblick auf ihre Dehnfähigkeit und ihre Lastaufnahme und wegen der Lage der neutralen Faser unbedingt eine Dicke von mindestens 15 µm aufweisen.

Unübersichtlich sind die Verhältnisse beim Mehrfachfalz, wie er an Beuteln zu beobachten ist. Es wäre wichtig, daß Klebeverbunde dabei nicht steifer sind und schärfere Ecken und Kanten ergeben (sowie der Klebstoff die Dehnung ohne Bruch übersteht) als Extrusionsbeschichtungen mit Thermoplasten. Als recht knickbruchsicher hat sich die Kombination OPA/AL/LDPE erwiesen.

Unter Nutzung dieser Erkenntnisse gelangt man auch zu ausgezeichneten *Tiefungen*, sofern die Dicke der Aluminiumfolie 40 µm übersteigt (besser um 150 µm) [50]. Während bei Kunststoff-Folien mit hohem Lastaufnahmevermögen (gestreckte Folien) die Fließspannung mit zunehmender Verformung ähnlich wie bei Aluminium ansteigt, erfolgt bei ungestreckten Kunststoff-Folien der Anstieg nur im unteren Verformungsbereich [50]. Die mögliche Tiefung nimmt mit zunehmender Kunststoffdicke zu; die besten Ergebnisse sind zu erwarten, wenn die Lastaufnahme der Kunststoff-Folie derjenigen des Aluminiumbandes entspricht. Beim sogenannten MAD-Test [50] ergab sich gemäß Bild 100, daß Kurve 3 (OPP-Folie und Aluband ohne Kaschiermittel) zwar im Verlauf derjenigen von Aluminiumfolie (Kurve 1) entspricht, aber der Riß bereits bei höherer Lastaufnahme erfolgt. Nach einem Kaschierkleberverbund (Kurve 4) entspricht zwar der Kurvenverlauf weiterhin der Kurve 3, der Tiefungswert ist aber beträchtlich höher, da durch die Kohäsions- bzw. Adhäsionskräfte des Kaschiermittels die Verformbarkeit des Verbundes wesentlich besser wird.

8.5.2 *Rückfederung*

Eine Störungsursache bei der Verarbeitung auf schnellaufenden Verpakkungsmaschinen ist das an den Faltvorgang anschließende Rückfedern des freien Packstoffschenkels. Dabei schwingt er aus der gefalteten Lage mit einer gewissen Geschwindigkeit in Richtung der unverformten Ausgangslage zurück und führt dabei eine mehr oder weniger gedämpfte harmonische Schwingung aus. Wenn die dabei erreichte Schwingungsamplitude groß ist, kann es z.B. zum Danebenfassen von Greifern kommen. Auch Aufreißen von Klebestellen kann eine Folge des Rückfederns sein. Ein prak-

288   8 Packstoffe aus der Sicht ihrer Verarbeitungsfähigkeit

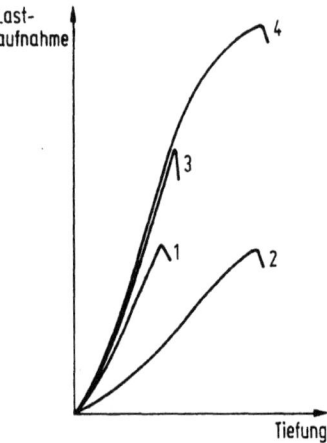

Bild 100. Aluminium und biaxial gereckter Kunststoff (OPP)
1: 40 µm Aluminium weich, 2: 20 µm biaxial gestreckter Kunststoff, 3: Aluminium und biaxial gestreckter Kunststoff ohne Kaschiermittel, 4: Aluminium und biaxial gestreckter Kunststoff mit Kaschiermittel

tisches Beispiel ist der Endverschluß von Butterverpackungen bei Verwendung stärker rückfedernder Materialien. Da praktisch nur die blanke Aluminiumfolie nicht zurückfedert, muß man sich mit dieser Erscheinung abfinden und fertigungsmäßige Gegenmaßnahmen treffen (wie z.B. Zangenvorschub) und, wenn sich die Auswahl des Packstoffes schon nicht so treffen läßt, daß er ähnlich wie Aluminiumfolie "stehenbleibt", wäre das zweitgünstigste Verhalten ein Rechteckverlauf, d.h. daß der in der Anfangsphase rasch erreichte Winkel annähernd so groß ist wie der Endwinkel.

Die Einflußgrößen auf das Rückfedern eines homogenen, viskoelastischen Packstoffes sind: Die Faltgeschwindigkeit $\dot{\varepsilon}$, die Faltschärfe ε, die Packstoffdicke δ, die freie Schenkellänge l, die Poisson-Zahl ν, die Federsteifigkeit des Packstoffes E und dessen innere Dämpfung η. Die Aufgliederung eines prinzipiellen Rückfederungsverlaufs ist in Bild 101 dargestellt [51]. Die Anstiegssteilheit $\dot{\beta}_a$ zu Beginn der Rückfederung ist eine charakteristische Größe. Daran schließt sich eine gedämpfte Schwingung um eine exponentiell steigende Null-Linie an, die durch Amplitude, Frequenz und Dämpfung bestimmt ist. Als Maß für die Steigung wird $\dot{\beta}_{0,5}$, die Tangente im Punkt $t_R = 0,5$ s, als konventionelle Größe eingeführt. Auch der Winkel der Schwingungsnullinie nach 0,5 s Rückfederungszeit muß mit zur exakten Definition herangezogen werden. Danach ist die Schwingung im wesentlichen abgeschlossen. Schließlich bleibt zum Zeitpunkt t ein Rückfederungswinkel β_e als Asymptote des

8.5 Falten, Rückfedern (und Tiefen)   289

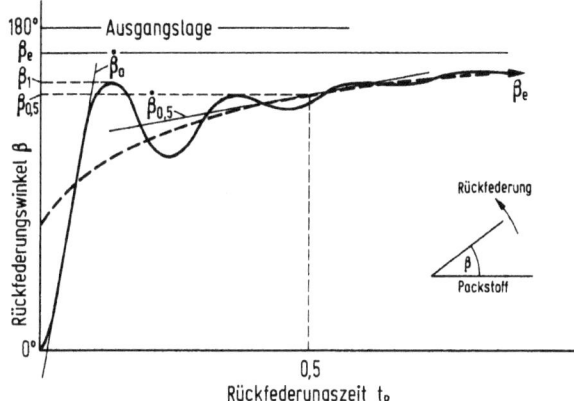

Bild 101. Aufzeichnung des Rückfederungswinkels ß einer LDPE-Folie über der Rückfederungszeit t_R und Gliederung der Rückfederungskurve in ihre charakteristischen Merkmale (nach Semmler [51]).

exponentiellen Anstiegs (meist nach 1 min erreicht). Durch den Rückfederungsendwinkel (β_e), die Anstiegssteilheit ($\dot{\beta}_a$) und die Rückfederungsschwingung (β_1, $\beta_{0,5}$ und $\dot{\beta}_{0,5}$) läßt sich also das Rückfederungsverhalten eines Packstoffes eindeutig kennzeichnen. Je elastischer eine Folie ist, um so größer werden β_e, $\dot{\beta}_a$ und β_1, um so kleiner ist aber $\dot{\beta}_{0,5}$. Es ist zu erwarten, daß mit steigender Faltgeschwindigkeit und damit abnehmender plastischer Verformung die Rückfederungsendwinkel größer werden. Aufgrund von Bild 102 ist eine überschlägige qualitative Vorabschätzung der Veränderung der Rückfederungskurve gemäß Bild 101 bei Veränderung der Einflußgrößen möglich. Für Aluminiumfolie und Papier fehlen noch entsprechende Versuche.

Durch Bestimmung des leicht zu messenden Rückfederungsendwinkels läßt sich die zu erwartende Änderung des Rückfederungsverlaufs bei einem Wechsel der Kunststoff-Folien abschätzen, wenn die Maschineneinstellung und die geometrischen Abmessungen des Packstoffes gleich bleiben [51]. Faltapparatur nach Semmler vgl. [51,52]. Ernst [53] beschrieb eine quasistatische und eine dynamische Methode zur Charakterisierung des Rückfederungsverhaltens und verglich das Haltemoment während des Heißsiegelns und Verklebens bei unterschiedlicher Klebkraftverteilung über der Laschenlänge, mit dem - zeitabhängigen - Rückfederungsmoment, das kleiner sein muß.

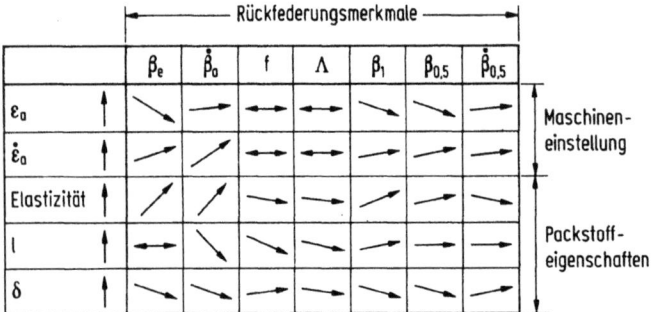

Bild 102. Darstellung der Einflußgrößen auf das Rückfedern (Abszisse) abhängig von den Rückfederungscharakteristika (Ordinate). Die Pfeilneigung in den Kästchen gibt an, in welcher Richtung sich letztere bei einer Erhöhung der jeweiligen Einflußgröße verändert (nach Semmler [51]).

8.6 Rillen von Karton

Die Eigenschaften eines Kartons hinsichtlich Aussehen, Aufrichtwiderstand, Ausbeulwiderstand, Stauchwiderstand werden durch eine Reihe von Merkmalen definiert: Flächengewicht, Dicke, Biegesteifigkeit, Rillbarkeit, Spaltfestigkeit. Dazu kommen noch Weißgrad, Wasseraufnahme und Bedruckbarkeit. Von den vorgenannten Eigenschaften hat die Biegesteifigkeit für das Aussehen eines Kartons eine besondere Bedeutung. Die Maßhaltigkeit der geklebten Faltschachtel wird dagegen entscheidend durch die Ausbildung der Rillung und durch den Faltwiderstand bestimmt. Bei ihrer Herstellung strebt man eine allseits gleichmäßige, saubere Rillung an, die kein Ausbauchen der Seitenwände, kein Einreißen in den Ekken und Kanten und eine je nach dem Verwendungszweck definierte Rückstellkraft des Verschlusses aufweist. Um die Rillbarkeit eines Kartons vorausbestimmen zu können, möchte man ein Maß für die Rillgüte besitzen und wissen, durch welche Eigenschaften sie bestimmt wird.

Die Prüfung nach DIN 55 437 erfolgt nicht unter physikalisch definierten Bedingungen, vielmehr handelt es sich um eine Nachbildung des praktischen Rillprozesses im Labor. Ein Rillprüfgerät besteht aus den wesentlichen Teilen einer üblichen Rill- und Stanzpresse: Rillmesser (Rill-Lineal oder Nutstahl) und Rillnutplatte (Patrize oder Nutform). Verstellbar sind die Breite des Rillmessers (2, 3 bzw. 4 "Punkt", entspricht 0,7, 1,05 bzw. 1,5 mm), die Rillnutbreite und Rillnuttiefe. Das Prinzip ist in Bild 103 dargestellt. Normalerweise erfolgt für übliche Kartone zwischen 0,2 und 0,6 mm Dicke die Prüfung mit einer Rillmesserbreite von 2 Punkt. Dann variiert man die Rillbreite in Stufen von 0,1 mm, die Tiefe etwa zwischen 0,1 und 0,3 mm ebenfalls in Stufen von

8.6 Rillen von Karton

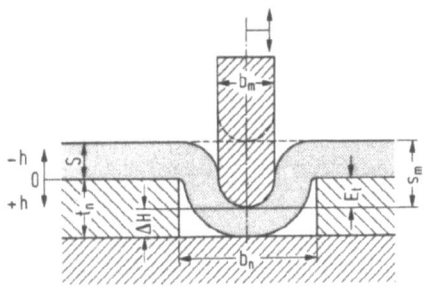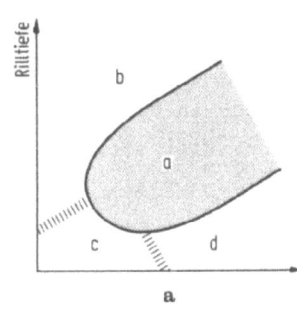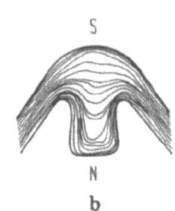

Bild 103. Schematische Darstellung einer Rillenbildung und der dazugehörigen Einflußgrößen (nach Grebe [54]);
b_m: Rillinienbreite, Rillmesserbreite,
t_n: Rillnuttiefe (Aufzugsstärke)
b_n: Rillnutbreite,
E_t: ± h = Eintauchtiefe
$E_t = t_n - \Delta H$
s_m: Weg des Rillmessers vom Aufsetzen auf das Material bis zum unteren Totpunkt
$s_m = s + E_t$
ΔH: Materialdicke im unteren Totpunkt des Rillmessers (Höhen-Unterschied zwischen Schneid- und Rillmesser)
s : Materialdicke
p : Komprimierung des Materials im unteren Totpunkt des Rillmessers, $p = s - \Delta H/s \cdot 100$ in %.
R_b: Effektive Breite der Rillung nach dem Rillvorgang $R_b > b_n$
R_t: Effektive Tiefe der Rillung nach dem Rillvorgang $R_t < t_n$.

Bild 104. a: Rillbereich eines Kartons und die ihn begrenzenden Fehler (nach Hine [55])

b: "Scharnier" und "Nuß" bei einer Rille

0,1 mm. Die Muster werden bei der Prüfung entsprechend DIN 55 437 mit drei Rillungen versehen, wobei die beiden äußeren nur die Aufgabe haben, die Spannungsverhältnisse in der Oberfläche des Kartons praxisnah nachzubilden (in einer Stanzform sind viele Rill- und Stanzmesser angebracht); letztere werden also nicht ausgewertet. Die Auswertung der mittleren Rille [55] erfolgt aufgrund des Aussehens der um 180°C von Hand gefalteten Probe nach dem Wiederöffnen auf ca. 90°C: Eine gute Rillung soll eine deutlich sichtbare Lagentrennung zeigen, also einen Wulst haben, der parallele Ränder hat und sich halbkreis- oder trapezförmig von der Kartoninnenseite abhebt; an der Außenseite darf die Decke nicht reißen [56]. (Bild 104 b).

Das Ergebnis läßt sich in einem Rillbarkeits-Diagramm darstellen, in dem Rillnuttiefe über Rillnutbreite bei konstanter Rillmesserbreite aufgetragen sind (Bild 104 a).

Bereich a: Gute Rillung: der Verarbeiter möchte über einen großen Fertigungsspielraum bzgl. Rilltiefe und Rillbreite verfügen, diesen Bereich also möglichst breit haben. In der Praxis strebt man schmale Rillen an, weil sich dadurch saubere Schachtelecken und Abmessungen ergeben. Leider pflegen die Schwierigkeiten mit abnehmender Rillbreite zuzunehmen. Die Rillnuttiefe hat im allgemeinen auf die Verringerung des Faltwiderstandes einen größeren Einfluß als die Rillnutbreite.

Bereich b: Es entstehen vor allem in der Innenschicht Risse (zu verbessern durch Erhöhung der Zugfestigkeit und Dehnfähigkeit der Innenschicht).

Bereich c: Zu schmale und flache Rillen: Hierdurch besteht die Gefahr von Rissen in der Außendecke. Hält die Außendecke, dann können sich Druckfalten neben dem Innenwulst ergeben. Damit bei enger Rillung der Karton an der Außenseite nicht reißt, muß die Außendecke eine hohe Bruchdehnung und Zugfestigkeit besitzen. Es kann das "Scharnier",(S), aber auch die "Nuß" (N) brechen (Bild 104 b).

Bereich d: Keine klaren Konturen des Wulstes, auf der Innenseite verquetschte Rill-Linien.

Diese Bewertungsrichtlinien [57] besitzen wie alle subjektiven Prüfungen einen beträchtlichen Streubereich, insbesondere dann, wenn die Prüfung nicht immer durch die gleiche Person erfolgt; immerhin hat ihre Fixierung die Gefahr von Fehlproduktionen erheblich verringert.

Es hat nicht an Versuchen gefehlt, das Auffinden der optimalen Rillbedingungen nicht nur aufgrund des optischen Eindruckes zu erreichen, sondern zu objektivieren. Das *Ausbeulen* von Kartonen stellt nicht nur einen Schönheitsfehler vor, sondern es kann auch das Abpacken von Faltschachteln mit pulverförmigen Produkten z.B. in Wrap-around-Anlagen problematisch machen; bei Festlegung der Rillmaße muß die Ausbauchung berücksichtigt werden, weil sonst die Rückstellmomente in den Verschlußklappen so groß werden, daß sie nach dem Verleimen aufspringen. Als brauchbares Maß für die Neigung eines Kartons zum Ausbeulen hat sich das Biegbarkeitsverhältnis $Br = M_g/M_{ug}$ ergeben [58]. (M_g: Biegemoment des gerillten*, M_{ug}: des ungerillten Kartons), BR kann sich zwischen 0 (Stanzung) und 1 bewegen (keine Schwächung des Materials in der Rillzone). Die für eine gute Rillung optimalen Werte liegen quer zur Faserlaufrichtung niedriger als parallel und sind für kleine Schachteln geringer als für

---

* $M_g = F_A \cdot$ Schenkellänge des gerillten Kartons.

8.6 Rillen von Karton

große [52]. Das Volumen je Flächeneinheit geht entscheidend in die Rillbarkeit ein [59]. Mit steigender Gleichgewichtsfeuchtigkeit nimmt das Biegbarkeitsverhältnis und demnach auch die Ausbeulung zu. Ausbeulungen in Maschinenlaufrichtung lassen sich vielfach durch eine entsprechende Rilltiefe regulieren.

Im Prinzip setzt eine gute Rillung eine leichte Lagentrennung bereits während des Rillens und eine hohe Zerreißfestigkeit vor allem der Außendecke voraus. Aus Bild 105 ersieht man, daß der zum Aufrichten einer

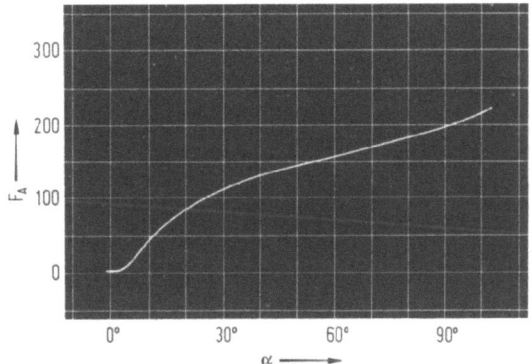

Bild 105. Oszillogramm eines Aufrichteversuchs (nach Hohmann)
F_A: Aufrichtkraft
α : Winkel beim Aufrichten einer Faltschachtel aus Chromoduplokarton.

Kartonwand zu überwindende Widerstand im Bereich des für die Lagentrennung in der Rillzone maßgeblichen Aufrichtwinkels von 20-30° relativ rasch zunimmt, dann aber bis 90° etwa linear und weniger steil verläuft [60]. Ob sich daraus folgern läßt, daß die *Aufrichtkraft* zu einem objektiven Gütewert für die Rillung führen bzw. zumindest den visuellen Befund absichern könnte, bleibt abzuwarten. Jedenfalls ist sie qualitativ für die Form des Schachtelquerschnitts (Ausbeulen, rautenförmiges Verziehen als Folge der Rückstellkraft) wesentlich. Der Aufrichtwiderstand (bzw. die Rückstellneigung) nimmt mit zunehmender Rilltiefe ab und mit wachsender Rillbreite zu. Schmale, tiefe Rillungen sind für das Aufrichten *günstiger* als breite, flache Rillungen. Weiterhin ist bei Rillungen quer zur Laufrichtung des Kartons mit höheren Aufrichtekräften (und Rückstellneigungen) zu rechnen als bei Rillungen in Laufrichtung. Im ersten Fall werden die Kartonkanten schärfer, dagegen federn die in Längsrichtung liegenden Klappen stärker zurück, weshalb hier die Rillung tiefer sein muß, um den Aufrichtwiderstand zu verringern. Die Geometrie der Schachtel wird am besten erhalten, wenn die Faserlaufrichtung quer zur längeren Schachtelkante [61] verläuft. Dann ist die Ausbeulung in der aufrechten Position am geringsten; bei parallelem Verlauf der Fasern zur Höhe der Schachtel ist diese dagegen in seitlicher Lage am stärksten belastbar. Generell ist der Rillbereich eines Materials für eine Rillung parallel zur Faserlaufrichtung enger als quer dazu.

Die zum Aufrichten notwendige Kraft steigt mit der Lagerdauer der flachliegenden Kartone merklich an. Der gerillte und gefaltete Karton "fließt". Um ein Verflachen der Rillung zu verhindern, ist es erstrebenswert, die Faltschachtel möglichst bald nach der Herstellung einzusetzen. Gerillte und noch nicht gefaltete Zuschnitte sollten auch unter günstigen Klimabedingungen höchstens einige Monate gelagert werden, gefaltete und längsgeklebte Zuschnitte nach der Klebung nur Stunden oder Tage.

Als *alleiniges* Qualitätsmerkmal für das Aufrichten eines Kartons ist die Biegesteifigkeit nicht geeignet, lediglich in Verbindung mit dem vorerwähnten Biegbarkeitsverhältnis [62]. Die Meßtechnik für die Biegesteifigkeit kann in diesem Zusammenhang nicht behandelt werden [63]. Ein hochbiegesteifer Karton wird u.a. dann benötigt, wenn der Aufrichtwiderstand hoch ist; je schwächer seine Rückstellneigung ist, um so geringer kann die Biegesteifigkeit sein. Im übrigen ist sie wichtig für einen einwandfreien Übertrag von Zuschnitten aus dem Stapel sowie für ein störungsfreies Abwickeln von der Rolle.

8.7 Rollneigung

Das Rollen eines Zuschnitts kann zur Folge haben, daß der Zuschnitt von der Abzugszange nicht erfaßt wird bzw. er sich in der Verpackungsmaschine nicht frei vorwärtsschieben läßt oder daß die Führung einer Bahn infolge eines örtlich unterschiedlichen Reibungskoeffizienten durch Bildung eines Luftpolsters nicht mehr beherrschbar ist.

Die Rollneigung einer Packstoffkombination wird in erster Linie dadurch hervorgerufen, daß die Beschichtungspartner eine unterschiedliche Hygroskopizität aufweisen. Schon ein einzelner Papierbogen kann Rollneigung ergeben, wenn die Differenz zwischen der Gleichgewichtsfeuchtigkeit des Papiers und der Raumfeuchtigkeit 10% übersteigt. Die Rollneigung nimmt mit der Zunahme der Differenz der Quellung der Kombinationspartner bei einer sich von der Gleichgewichtsfeuchtigkeit bei der Herstellung unterscheidenden Umgebungsfeuchtigkeit zu. Das Verhältnis der wirksamen Kräfte steigt außerdem mit dem Verhältnis des Produktes aus

Dicke und Elastizitätsmodul der beiden Partner. Eine zweite Ursache bildet das Beschichten eines Papiers mit einem heißen Thermoplasten. Hierdurch trocknet die Papierschicht aus. Während der Abkühlung wird der erstarrende Kunststoff eine Volumenkontraktion aufweisen, während das Papier aus der Umgebung wiederum Feuchtigkeit aufnimmt und dadurch quillt. Auch ohne hygroskopischen Partner können Kombinationen von Kunststoffen unter sich und Kombinationen von Kunststoffen mit Aluminiumfolie infolge unterschiedlicher Wärmekontraktion eine Rollneigung ergeben.

Als Rollneigung veredelter, d.h. gestrichener, beschichteter hygroskopischer Packstoffe wird das Ausmaß der Krümmung des Packstoffes aus seiner ebenen Lage nach einseitiger Befeuchtung definiert. Die Bestimmung des Winkels zwischen der Symmetrieachse, um welche die Krümmung stattfindet (Rollachse), und der Maschinenlaufrichtung eines klimatisierten Packstoffes erfolgt nach Merkblatt 22 des ILV[6] (Prüfung von Papieren/Rollneigung).

Die Rollneigung läßt sich durch geeignete Auswahl der Kombinationspartner, schonende Temperaturführung bzw. Trocknung (bei wäßrigen Dispersionen) sowie durch Vorbrechen über einer Kante zur Lockerung der Bindung der Papierfaser und durch Abbau innerer Spannungen verringern. Bei einer Leimkaschierung ungleicher Partner ist sie im allgemeinen kleiner als bei einer Heißkaschierung. Weitgehend vermeiden läßt sie sich durch einen symmetrischen Aufbau der Kombination, z.B. bei einer Dreierkombination: Außen und innen eine Polyolefinschicht gleicher Dicke, in der Mitte der Packstoff mit den ergänzenden Eigenschaften. Über die Vorausberechenbarkeit der Rollneigung aufgrund der Quell- und der thermischen Eigenschaften usw. von Kombinationspackstoffen wurden keine Hinweise gefunden.

8.8 Wirkung ionisierender Strahlen auf Packmittel

Die Anforderung an das Verpackungsmaterial für Lebensmittel, die durch ionisierende Strahlen behandelt werden, richten sich danach, ob eine Dauerhaltbarkeit bei Raumtemperatur (Dosis ca. 50 kGy oder ob nur eine erhebliche Keimzahlverminderung des Lebensmittels (Dosis 1-10 kGy erzielt werden soll. Im allgemeinen wird man die gefüllte Verpackung bestrahlen. Unter dem Einfluß der Bestrahlung treten im Packstoff folgen-

---

[6] Vgl. Verpack.-Rdsch. 25 (1974) TWB 80-82.

de chemische Reaktionen auf:
- Vernetzung der Kettenmoleküle (Beispiele PE, EVA, PS, PETP),
- Abbau der hochpolymeren Ketten (Beispiele PVDC, Cellulose).

Eine mittlere Position nehmen PP, PA, PC und ABS ein; in vielen Fällen (z.B. bei PVC) treten beide Effekte gleichzeitig in unterschiedlichem Ausmaß auf. Bei PS dominiert im Vakuum die Quervernetzung, in Luft der Kettenabbau. Der Umfang der Veränderung hängt in erster Linie von der Strahlungsdosis ab, aber auch vom Typ und der Menge der Stabilisatoren, Inhibitoren, Antioxidantien und der Anwesenheit von Sauerstoff.

Die Stabilität gegen die Einwirkung von ionisierenden Strahlen ist besonders hoch bei PS, PETP und PA (dabei wurden bisher selbst bei hohen Dosen keine Geschmacksübertragungen vom Packstoff auf das Gut festgestellt). Gering (1 - 10 kGy) ist dagegen die Stabilität bei Papier und Zellglas (größere Brüchigkeit, Verfärbung). Auch bei PP, LDPE und vor allem bei PVC und PVDC ist bei hohen Dosen (ca. 50 kGy) eine gewisse Vorsicht hinsichtlich geschmacklicher Beeinflussungen am Platze. Polyolefine geben bei der Bestrahlung Wasserstoff ab. Metallische Verpackungen werden selbst durch extrem hohe Dosen nicht beeinflußt; Glas verfärbt sich bereits bei relativ niedrigen Dosen. Bei Aluminiumdosen ist ein Ausbeulen durch den Binnendruck des als Folge der Bestrahlung entstehenden Wasserstoffes mit Hilfe eines ausreichenden Kopfraumes zu umgehen.

Da die Strahlenkonservierung von verpackten Lebensmitteln in der Praxis bisher nur zum *Pasteurisieren*, also zur Haltbarkeitsverlängerung (im allgemeinen unter bzw. um 1 kGy; zur Vermeidung des Keimwachstums von Kartoffeln, z.B. sind die Dosen noch weit geringer) eingesetzt wurde, kann die sensorische Strahlenempfindlichkeit der Packstoffe wie auch eine Verschlechterung der vom Packmittel geforderten funktionellen Eigenschaften (Festigkeit, Dichtigkeitseigenschaften) außer Betracht gezogen werden. Sobald man sich dagegen zu einer *Strahlensterilisierung* (ca. 50 kGy) entschließt, wird man unter Berücksichtigung obiger Gesichtspunkte um Kontrollversuche nicht hinwegkommen, insbesondere bei Verwendung von Kombinationspackstoffen für strahlensterilisierte, stark wasserhaltige Lebensmittel, weil durch die Bestrahlung auch die Kaschierfestigkeit beeinflußt werden kann.

<u>Ergänzende Literatur über Verpackung und ionisierende Strahlen</u>

Training Manual on food irradiation technology and techniques. International Atomic Energy Agency, Vienna 1970, Technical report Nr. 114, 75-81 (Packaging)

Turiansky, I. W.: Effect of radiation sterilization on packaging materials. Act. Rep. Research and Dev. Association for Military Food and Packg. System 29 (1978) Nr. 2, 102-103

Agarwal, S. R.; Sreenivasan, A.: Packaging aspects of irradiated flesh foods: J. Food Technol. 8 (1973) 27-37

Mehringer, W.: Verpackungsprobleme bei der Strahlenkonservierung von Lebensmitteln. Fette-Seifen-Anstrichmittel 71 (1969) 516-523.

Payne, C. O. jr.; Schmiege, C. C.: Survey of packaging requirements for radiation- pasteurised foods. USA EG Contract No AT (11-1) - 989. NY USA: Continental Can. Comp. Inc. (1962)

Elias, P. S.: Food irradiation and food packaging. Chemistry and Industry (1979) Nr. 10, 336-341

Literatur zu Kapitel 8

1 Schricker, G. (ILV): Zusammenhang zwischen der Bruchfallzahl heißgesiegelter Flachbeutel und der Spaltfestigkeit ihrer Nähte. Verp.-Rdsch. 22 (1973) TWB 67-73
2 Bartusch, W. (ILV): Einfluß einer Coronavorbehandlung auf das Heißsiegelverhalten von PE-Beschichtungen. Verpack.-Rdsch. 27 (1976) TWB 87-92
3 Potente, H.; Gabler, K.; Wöbken, G.: Der Erwärmungsvorgang beim Kontaktschweißen. Verpack.-Rdsch. 28 (1977) 1702-1705
4 Buchner, N.: Der Schweißvorgang beim Wärmeimpuls- und Wärmekontaktschweißverfahren in der Verpackungsmaschine. Verpack.-Rdsch. 18 (1967) TWB 57-64
5 Trausch, G.; Becker, K.; Heiss, R. (ILV): Untersuchungen über die zeitveränderliche Temperaturverteilung in der Nahtzone mehrschichtiger Packstoffe während des Heißsiegelns. Verpack.-Rdsch. 16 (1965) TWB 35-41
6 Frielingsdorf, H. (ILV): Berechnung des zweidimensionalen-instationären Temperaturfeldes beim Wärmekontaktsiegeln. Kunststoffe 50 (1960) 148, 154
7 Ernst, U.: Wärmedurchgang und Heißsiegeln bei Verpackungsfolien. Beim 9. IAPRI-Symposium im Mai 1977 in St. Gallen vorgelegter Bericht.
8 Heiss, R.: Über den Druckverlauf beim Sterilisieren von Lebensmitteln. ZFL. 31 (1980) 117-121
9 ILV-Empfehlungen für das maschinelle Verschließen heißsiegelbarer Aluminium-Leichtbehälter. Verpack.-Rdsch. 26 (1975) TWB 55-56
10 van der Linden, R.: Die Corona-Behandlung von PE-Folien. Kunststoffe 69 (1979) 71-75
11 Schricker, G.: Mitteilungen des ILV: Sept. 1979, S. 145 sowie Cerny, G und Schricker, G.: Entkeimungsverfahren für Packstoffe beim aseptischen Abpacken. Aluminium 54 (1978) 316-317
12 Domke, K.: Beurteilung der Güte von Schweißnähten an Verpackungsfolien. Doktordissertation an der TH Stuttgart 1971. Vgl. auch: Die Güte von Schweißnähten an Verpackungsfolien. Verpack.-Rdsch. 12 (1971) 1160-1178 und 23 (1972) 1070-1075
13 ILV-Merkblatt 33: Bestimmung der Festigkeit von Heißsiegelnähten-Quasistatische Methode. Verpack.-Rdsch. 29 (1978) TWB 72-73
14 Becker, K.: Festigkeit von Heißsiegelnähten bei höheren Temperaturen. Jahresbericht des ILV (1974) 61-62 und (1975) 61-63
15 Thalmann, W. R.: Optimierungsprobleme beim Heißsiegeln von Verbundfolien und Hot Tack-Meßprobleme. Verpack.-Rdsch. 27 (1976) TWB 71-77
16 Schönbach, G.: Messung der Hot Tack an heißsiegelbaren Packstoffen, Verpack.-Rdsch. 30 (1979) TWB 1-8
17 Michel, M.: Die physikalisch-chemischen Grundlagen des Klebevorganges und das Problem der Haftung. Farbe u. Lack 77 (1971) 659-664

18 Lilienbeck, K.: Kaschierung von Aluminiumfolien mit Polyurethanklebern. Verpack.-Rdsch. (1974) TWB 49-55
19 Senger, R.: Klebeprobleme: Das maschinelle Verkleben von Karton mit Dispersions- und Schmelzklebern. Die Ernährungswirtsch./Lebensmitteltechnik 3 (1971) 160
20 Köhler, R.: Zur Systematik der Klebstoffe: Adhäsion 27 (1964) Heft 4, 160-167
21 Bartusch, W. (ILV): Die Methoden zur Klebung von Verpackungsfolien. Verpack.-Rdsch. 11 (1960) 5-7
22 Bartusch, W. (ILV): Die Grundlagen des Klebens und Etikettierens. Verpack.-Rdsch. 7 (1956) TWB 53-58
23 Bartusch, W. (ILV): Zur Problematik der Klebetechnik in der Verpakkungsindustrie. Adhäsion 1 (1957) Nr. 1, 10-16
24 Bartusch, W. (ILV): Einfluß der Papiereigenschaften auf das Abbindeverhalten von Klebstoffen. Das Papier 29 (1975) H. 10, 52-58
25 Bartusch, W. (ILV): Verklebungsstudien an Packstoffen. Mitteilung 3: Untersuchungen über die Abbindegeschwindigkeit von Dextrinklebstoffen. Verpack.-Rdsch. 16 (1965) TWB 1-7
26 Bartusch, W. (ILV): Verklebungsstudien an Packstoffen. Mitteilung 4: Untersuchungen über das Abbindeverhalten von Dispersionsklebstoffen. Verpack.-Rdsch. 22 (1971), TWB 65-70
27 Linhardt, H.-R.: Hotmelt, ein neues Einsatzgebiet für Wachs. Fette-Seifen-Anstrichmittel 79 (1977), 151-152
28 ILV: Hinweise für die Verwendung von Schmelzklebstoffen beim Abpacken auf Verpackungsmaschinen. Verpack.-Rdsch. 27 (1976) TWB 95-102
29 Merkblätter des ILV für die Prüfung von Packmitteln. Merkblatt 6: Prüfverfahren für Kunststoffsäcke, Teil 4: Bestimmung der Bruchstandzeit von Schweiß- und Klebenähten. Verpack.-Rdsch. 23 (1972) TWB 45-48. Teil 5: Bestimmung der Schälfestigkeit von Klebenähten. Verpack.-Rdsch. 23 (1972) TWB 64-65
30 Merkblatt des ILV: Hinweise für die Verarbeitung von Klebestreifen. Verpack.-Rdsch. 30 (1979) TWB 29-32
31 ILV: Störungen bei der Verarbeitung von Folien und Papieren auf Packautomaten und Möglichkeiten zu ihrer Vermeidung. Verpack.-Rdsch. 20 (1969) TWB 35-41, 43-49
32 Juselius, A.: Friction between a metal surface and paper or board during the converting process. Proceedings of the IAPRI-Symposium 1977 in St. Gallen
33 Schricker, G. (ILV): 6th Symposium of Packaging Research Institutes, Copenhagen 1970 und Jahresberichte des ILV (1968) 73; (1969) 55; (1970) 45; (1971) 59; (1972) 51; (1973) 49; (1974) 70; (1975) 57; (1977) 48; (1978) 53-54
34 Hine, D. J.; Styles, E. K.: Measurment of the coefficient of fricrion of moving webs. Proceedings des 1. IAPRI-Verpackungskongresses, London 1972, Nr. 26, 1-4
35 Woyke, Ch.; Hohmann, H. J.: Verarbeitungsvorgänge auf Verpackungsmaschinen und ihre modellmäßige Nachbildung. Jahresbericht des ILV (1977) 39-41
36 Woyke, Ch.; Hohmann, H. J.: Abzugskräfte in einer Schlauchbeutelform-, Füll- und Verschlußmaschine. Tätigkeitsbericht 1978 ILV, 43-44
37 Schönbach, G.: Störungen auf Verpackungsmaschinen infolge elektrostatischer Auflading. Verpack.-Rsch. 19 (1968) TWB 11, 75-81
38 Vgl. Merkpunkte des ILV für die Behandlung elektrostatischer Probleme in der Verpackungstechnik. Verpack.-Rdsch. 25 (1974) TWB 4, 25-30
39 Shaskona, V. E.: Static electricity in polymers. J. Polymer-Sci. 33 (1958) 65-85
40 Krämer, H.; Meßner, D.: Probleme der elektrostatischen Auflading bei der kontinuierlichen Herstellung und Verarbeitung von flächenhaften P.R.P.-Materialien. Allgemeine Papier-Rdsch. 29 (1971) 1208-1214

41 Krämer, H.; Meßner, D.: Probleme der elektrostatischen Aufladung von Packstoffen bei der Verarbeitung auf Verpackungsmaschinen. Verpack.-Rdsch. 20 (1969) TWB 69-75
42 Krämer, H.; Meßner, D.: Zur elektrostatischen Aufladung von Kunststoff-Folien. Kunststoffe 58 (1968) 673-679
43 Pohl, W.: Antistatika, ihre Einarbeitung und Wirkungsweise in Thermoplasten. Verpack.-Rdsch. 21 (1970) TWB 11-13
44 Heyl, G.; Lüttgens, G.: Prüfapparatur für das elektrostatische Aufladeverhalten von Kunststoff-Folien. Kunststoffe 56 (1966) 51-54 sowie DIN 53486 (1969); Beurteilung des elektrostatischen Verhaltens von Kunststoffen, Kautschuk, Gummi und anderen elektrischen Isolierstoffen. Vgl. auch DIN 53482 und VDE 0303, Teil 3 § 14. (Messung des Oberflächenwiderstandes)
45 Hohmann, H. J. (ILV): Elektrostatisch optimale Werkstoffpaarungen auf Verpackungsmaschine. Tätigkeitsbericht 1978 des ILV, 45-46
46 Gabel, M.; Schön, G.: Oberflächenwiderstand von Papier in Abhängigkeit von der Umgebungsfeuchtigkeit. Das Papier 23 (1969) 600
47 Zeppelzauer, F.: Die Dehnfähigkeit dünner Aluminiumfolien in Verbundaufbauten. Verpack.-Rdsch. 13 (1962) TWB 53-59
48 Schricker, G.; Roder, H. E.; Heiss, R. (ILV): Falzverhalten von Packstoffen bei der maschinellen Verarbeitung zu Weichpackungen. Chemie-Ing.-Techn. 31 (1959) 633-642
49 Klar, P. G. (ILV): Untersuchungen über die mechanische Beanspruchung von ein- und mehrschichtigen folienartigen Packstoffen beim Falzen. Diss. München 1961
50 Langen, H.; Gerber, M.; Reichardt, E.: Formpackungen aus Aluminium-Kunststoffverbundmaterialien. Aluminium 54 (1978) 330-336
51 Semmler, M.; Hohmann, H. J.; Heiss, R. (ILV): Über das Rückfedern homogener, viskoelastischer Packstoffe nach dem Falten. Verpack.-Rdsch. 27 (1976) TWB 43-50
52 Hohmann, H. J. (ILV): Abschätzung der Maschinengängigkeit von Packstoffen. Verpack.-Rdsch. 27 (1976) TWB 31-40
53 Ernst, U.: Rückfederungsverhalten von Verpackungsfolien. Verpack.-Rdsch. 30 (1979) TWB 17-22
54 Grebe, W.; Glaser, J.: Über das Rillen von Karton und Pappe. Verpack.-Rdsch. 27 (1976) TWB 35-40
55 Hine, D. J.: Die Forschung der PATRA auf dem Gebiet der Kartonagenherstellung. Verpack.-Rdsch. 10 (1959) TWB 17-21 sowie Untersuchungen über die Rillbarkeitseigenschaften von Faltschachtelkartonen. Verpack.-Rdsch. 15 (1964) TWB 9-14
56 Young, J. R.: The creasing properties of carton board. Schriften des Zellcheming Bd. 31 (1969)
57 Merkblatt 20 des ILV: Bestimmung des Rillbarkeitsbereiches von Karton. Verpack.-Rdsch. 25 (1974) TWB 36-38 sowie Hohmann, H. J.; Mazurkowski, F.: Die Problematik der Rillbarkeitsprüfung von Karton. Verpack.-Rdsch. 25 (1974) TWB 33-36 sowie DIN 55-437: Bestimmung des Rillbarkeitsbereichs von Karton
58 Hohmann, H. J. (ILV): Studien zur Maschinengängigkeit eines Faltschachtelzuschnitts in einer Aufrichteinheit für Kartontrays. Verpack.-Rdsch. 28 (1977) TWB 95-104
59 Grebe, W.; Glaser, J.: Die Rillung als ein entscheidendes Kriterium für das Faltverhalten bei der Herstellung und Verarbeitung von Faltschachteln (I). Pap.- u. Kunststoff-Verarb. (1977) Nr. 12; 8, 10, 12, 14, 16
60 Hohmann, H. J. (ILV): Aufrichten von Faltschachteln aus Karton. Verpack.-Rdsch. 29 (1978) TWB 75-81
61 Bauer, M.: Die gegenseitigen Bedingungen und Abhängigkeiten verschiedener Komponenten beim maschinellen Kartonieren. Verpack.-Rdsch. 27 (1976) TWB 1044-1050

62 Hohmann, H. J.: Einfluß der Rillbedingungen auf das Ausrichten von Faltschachtelzuschnitten. Tätigkeitsbericht 1978 des ILV, 47-49
63 Hohmann, H. J. (ILV): Vorteile einer einheitlichen Biegesteifigkeitsbestimmung an Kartons. Das Papier (1977) 338-345 und DIN 53 121 bzw. 53 123

Sachverzeichnis

Abbindezeit 268, 270-271, 273

Abiotische Qualitätsänderung 159

Abfall-Beseitigungsgesetz 217

Absterben von Hartkaramellen 166-167

Acrylnitril-Styrol-Mischpolymerisate 69

Adhäsion 264-265, 273

Aktivierungsenergie der Permeation 116-121

Altgeschmack 201, 204

Altpapier 73

Aluminium 83-87, 97, 98

Aluminiumkombinationen 84-86

Aluminiumkorrosion 97-98, 244

Analytische Sensorik für Packmittel 234-244

Anpreßdruck (beim Heißsiegeln) 253-254

Antioxidantien 178

Antistatika 55, 282-283

Aromenabsorption 135

Aromenmessung 135-137

Askorbinsäureabbau 173, 195

Aseptisches Abpacken 153, 195-197

Ausbeulen (von Schachteln) 292-293

Auskanten von Butter 166, 200

Axialdruck auf Hohlgläser 100-101

Beschichten 52, 80, 146

Biegbarkeitsverhältnis 292, 294

Biegesteifigkeit 274, 278, 290, 294

Binnenklimata in Verpackungen 18-25

Blei- und Zinkgesetz 217

Blocken 77, 263

Bohrer (Insekten) 145

Bratfolien 70, 84

Brot 204-206

Chromoduplexkarton 80

Chromoersatzkarton 79

Chromokarton 80

Chromotriplexkarton 80

Coehn'sche Regel 281

Coextrusion 52

Conveniencewirkung von Packungen 3

Coronavorbehandlung 63, 76, 259, 281

Coulomb'sches Gesetz 280

Dauerbackwaren 206-207

Desinfektion von Lebensmitteln und Verpackungen 146-147

Desorption 164

Dextrinkleber 268-270

Dichtigkeitsberechnung 124-127

Diffusionskoeffizient 116, 119, 122, 140, 173

Dispersionskleber 270-271, 273

Drehmoment (bei Schraubdeckeln) 105

Duplexkarton 80
Durchölzeiten (bei Polyolefinen) 140

EG 218, 223, 235-236
Einweg Mehrweg-Verpackung 6
Eisenlösendes Füllgut 92
Elastizitätsmodul 286, 296
Elektrolytische Verzinnung 88-96
Elektrostatische Aufladung 279-285
Entelektrisieren 285
Entladungsvorgang 283
Enzymaktivität 163
Erdung 283
Erschütterungen beim Transport 38-41
Europarat 240-241
EVA-Copolymere 60, 271-272
Eytelweinsche Beziehung 290

Fallhöhen 44, 46
Falten, Falzen 285-287
Farbstoffe 55
Fertigpackungs-Verordnung 216, 218-224
Fettdichte und fettabweisende Papiere 74, 76
Fettdurchlässigkeit von Pergament 138-139
Fettlässigkeit 227, 239-240
Fettreif 203
Feuchtigkeitseinfluß auf Verpackungen 33
Fick'sche Diffusion 115, 122-124
Fingerprint 254
Finsealverschluß 254
Fleischwaren, gepökelt 175, 194-195
Fleisch-Reifebeutel 175, 189-190

Frischfleischverpackung 175, 189, 192
Füllstoffe 55
F-Wert 152

Gaslagerung 151, 186, 192, 194, 205
Geflügelverpackung 193-194
Gefrierbrand 163, 177-178
Gefrieren in Hohlgläsern 105
Gefrorene Lebensmittel (Lichtschutz) 26-27
Geruchs- und Geschmacksempfindlichkeit von Lebensmitteln 225-226
Geruchs- und Geschmacksursachen 226
 beim Druck 227
 bei Klebstoffen 229
 bei Kunststoffen 228
 bei metallischen Verpackungen 229, 243
 bei Papier, Karton, Pappe 227
Gesamtmigration 236-237
Gesamtstromdichte-Potentialkurve 91-93
Geschwefelte Lebensmittel 132-133
Gestrichener Karton 80
Glastemperatur 56-57
Gleichgewichtsfeuchtigkeit 161, 277, 294
Gleitgeschwindigkeit 276, 279-280
Gleitmittel 55, 261
Gleitreibung 275-276
Gray 26, 295-296
Grenzaufladung 283
Griffithsche Kerben 99, 110, 112
Grundpreisangabe 221
Gußgestrichener Karton 80

Haftreibung 274-276
Haftvermittler 52, 67, 76

Sachverzeichnis

Haltekräfte bei Kunststoffen 57
Heißsiegeln 246-262
Henrysches Gesetz 116, 119
Hochfrequenzschweißung 255, 258
Hohlraumvolumen 170, 186-187
Hotmelt 77, 262-263, 271-273
Hottack 67, 252, 263, 272
Hygroskopizität 161
Hysterese 164, 277

Immissionsgesetz 217
Indoxyl 173
Induktionsperiode 163, 177-178
Infektion von Speisefetten 149
Infektionsquellen durch Mikroorganismen 149-150
Innendruck in Verpackungen 100, 103, 107, 183-190
Insekten 144-148
Ionisierende Strahlen 295-296
Ionomere 66, 263

Käse 189, 198-199
Kaffee 201-202
Kakaoerzeugnisse 203
Kapillardruck (in Poren) 138
Karotin 182, 197, 210
Kartone 78
Kaschieren 53
Kleben 263-274
Klebestreifen 273
Klebstoffauswahl 266-268
Klebstoffeinteilung 267
Klimaeinflüsse 14-17
Knudsen Strömung 115
Kochgeschmack 195-196
Kohäsion 264, 272-273
Kohlensäurehaltige Getränke 69, 71, 103-104

Kompakte Lebensmittel 173-174
Konservierungsstoffe 152, 205
Kopplungsstrom 92
Korrosion metallischer Verpackungen 242-244
Korrosionsfördernde Stoffe 94
Korrosionspotential 92
Korrosionsursachen 89-90
Kristallitschmelzpunkt 56-58, 248, 252, 261
Krepp-Papiere 76
Kunststoffe 55-72
Kunststoffbeschichtete Papiere 75-76

Lackeinfluß auf Korrosion 89, 93-94, 96
Lactoflavin 176
Lebensmittel- und Bedarfsgegenstände-Gesetz 215, 234
Lebensmittelkennzeichnungs-Verordnung 215
Leichtglas, Wanddicke 109
Lichteinfluß (auf gekühlte und gefrorene Lebensmittel) 27-27
Lichtempfindlichkeit von Lebensmitteln 176-182, 195, 199, 207, 210
Lichtenergie 141-142
Lichtgeschmack 176, 195, 197
Lichtintensität 141, 179, 182
Lichtstabilisator 55
Linolsäure 173
Lösungsdiffusion 115, 116, 120, 121
Lösungsenthalpie 118-119
Lux 141, 180, 181

Maillardreaktion 163-165, 210
Materialsubstitution 8-9
Mengenkontrolle 222-223

Messung der Wasserdampf- und Gasdurchlässigkeit 127-132
Metallisieren von Folien 53
Migration 234-244
Mikroorganismeninfektion von Packmitteln 149
Mikrobiologischer Verderb 163, 166
Milchpulververpackung 200-201
Mindesthaltbarkeitsdatum 215-216
Mischpotentialtheorie 91
Mittelwertforderung 219-221
Mittragen des Inhalts 34-36
Mogelpackungen 222
Mulden, tiefgezogene 54
Myoglobin 175, 192

Nachinfektion sterilisierter Lebensmittel 154-155
Naßfeste Papiere 74
Nitrit-/Nitrateinfluß auf Korrosion 95

Oberflächenbehandlung 55
Oberflächenrauhigkeit 270, 276-278
Oberflächenspannung 138-139, 258, 259
Oberflächenwiderstand 283
Offene Zeit (Klebstoffe) 271-272

Packstoffgerüche 203
Packstoffkombinationen 51-55
Palmkernfett 140
Papierähnliche Kunststoffe 65
Pasteurisieren 152, 209-210
Permeationskoeffizient 116-121
Peroxidzahl 173-174
Photooxidation 177-178

Pigmente 55
Poiseuille Strömung 115, 122-124
Polyamide 69-70
Polybutylen 67
Polycarbonat 71-72
Polyolefine 60-63
Polystyrol 68
Polyterephtalsäureester 71
Polytetrafluoräthylen 249
Polyvinylalkohol 72
Polyvinylchlorid 67-68
Polyvinylidenchlorid 69

Qualitätsspezifikationen von Hohlgläsern 111
Qualitätsstufen von Lebensmitteln 160
Quantenstromdichte 141, 180-181

Randwinkel 138-139
Recycling von Packstoffen 6-8
Reibungskoeffizient 274-279, 294
Reibung von Packstoffen 274-279
Reinabsorption 141-143
Remission 141-143
Riechstoffdurchlässigkeit 133
Rillen 290-294
Rillnutbreite 291
Rillnuttiefe 291
Rollneigung 294-295
Rückfederung 287-290
Ruhepotential 91, 93

Sauerstoffdurchlässigkeit 118, 120-123
Sauerstoffeinfluß auf die Korrosion 95, 96
Sauerstoffempfindliche Lebensmittel 168-176, 201-202, 210

Sachverzeichnis

Sauerstoffkonzentration 168-169

Sauerstoffpartialdruck 168

Sauerstoffreaktionsgeschwindigkeit 171- 173, 180, 181

Seidenpapier 76

Sensibilisatoren 177-178

Sensorische Bewertung 159-160

Scharnierspannung 107

Schichtfolge beim Heißsiegeln 251-252

Schlagbeanspruchung von Hohlgläsern 100-101, 105-109

Schmelzkleber 271-273

Schnellversuche 165

Schrumpffolien 57-59

Schutz vor Feuchtigkeitsrisiken 25

Schutzwirkung von Verpackungen 3

Schweissen 246-262

Schwingungsprüfung 48-49

Siegelprofile 256

Siegeltemperatur, Temperaturverteilung 247-251

Siegelzeit 247-249, 251-252

Singulett - Sauerstoff 177-178

Sofortbruchfallhöhe 106

Sorptionsisotherme 125, 161-163, 166, 169

Spaltfestigkeit von Heißsiegelnähten 246-248, 259-262

Spannungskonzentration 107

Spannungsrißbildung und Spannungsrißkorrision 60-61, 99

Spannungsvergrößerungsfaktor 99

Spezifische Migration 237-241

Stauchwiderstand von Versandschachteln 28-31

Sterile Lebensmittel, Sterilisieren 152, 205, 209

Sterilisierfähige Kunststoffbehälter 54, 55

Stockflecken bei Butter 200

Stoffwechsel pflanzlicher Gewebe 188-189

Streckfolien 56, 60

Stromdichte - Potentialkurven 91, 93

Taupunkt 19-23

Temperaturleitzahl 251-252

Thermoschockbeanspruchung 101-102

Tiefgefrieren (Verpackung) 208

Tiefung 287

Tin-Free-Steel 88

Transmission 141-143

Transportschäden von Packstücken, Verringerung 37, 47-48

Trennaht - Schweißverfahren 255, 258

Triplexkarton 79

Trocknen (Verpackung) 209-210

Umweltfragen 2, 5-8

Ungestrichener Karton 79

Unsterile Lebensmittel 148

Unveredelte Papiere 72

UV-Entkeimung von Packungen 153

Vakuumabfüllung 105

Vakuumpackung 187, 202, 207

Veredelte Papiere 74

Vergleichsfallhöhe 44-46

Vergütung am heißen und kalten Ende 110-111

Verklumpen von Puderzucker 167

Verladestöße 43

Vermeidung von Bruchschäden 110

Verpackung im Gesamtsystem 4, 9

Verpackungsausbildung 12

Verpackungseinsparung 5

Verpackungsforschungsinstitute 11-12

Verpackungszeitschriften und -bücher 11
Vollpappe 81-82

Wachspapier 75
Wärmeimpulssiegelung 255-257, 262
Wärmekontaktsiegelung 254-256, 262
Wasserdampfdurchlässigkeit 118, 120-123
Wasserdampfempfindliche Lebensmittel 161-167
Wasserhammerschlag 105

Wasserstoffperoxid 153
Weichmacher 55
Weißblechkorrosion 87-97
Wellenlänge 180-181
Wellpappe 81
Witzbach-Aktivierung 136

Zeitabhängigkeit des Stauchwiderstandes 31-32, 34
Zellglas 62
Zinnlöser als Füllgut 92-94
Zuckerreif 203
Zulässiger Keimgehalt von Packmitteln 150-151

MIX
Papier aus verantwortungsvollen Quellen
Paper from responsible sources
FSC® C105338

If you have any concerns about our products,
you can contact us on
ProductSafety@springernature.com

In case Publisher is established outside the EU,
the EU authorized representative is:
**Springer Nature Customer Service Center GmbH
Europaplatz 3, 69115 Heidelberg, Germany**

Printed by Libri Plureos GmbH
in Hamburg, Germany